中国地质调查成果 CGS 2017-035
内蒙古自治区矿产资源潜力评价成果系列丛书

内蒙古自治区银锰锡钼镍铬磷萤石硫铁菱镁重晶石典型矿床地质—地球物理图集

NEIMENGGU ZIZHIQU YIN MENG XI MU NIE GE LIN YINGSHI LIUTIE LINGMEI ZHONGJINGSHI DIANXING KUANGCHUANG DIZHI–DIQIU WULI TUJI

孙会玲　范亚丽　吴艳君　苏美霞　阴曼宁　孟晓玲　李红威　等著

图书在版编目(CIP)数据

内蒙古自治区银锰锡钼镍铬磷萤石硫铁菱镁重晶石典型矿床地质-地球物理图集/孙会玲等著. —武汉:中国地质大学出版社,2017.12
(内蒙古自治区矿产资源潜力评价成果系列丛书)
ISBN 978-7-5625-4110-3

Ⅰ. ①内…
Ⅱ. ①孙…
Ⅲ. ①区域地质-矿床-地球物理图-内蒙古-图集
Ⅳ. ①P562.26-64

中国版本图书馆 CIP 数据核字(2017)第 203794 号

内蒙古自治区银锰锡钼镍铬磷萤石硫铁菱镁重晶石典型矿床地质-地球物理图集		孙会玲　范亚丽　吴艳君　苏美霞　阴曼宁　孟晓玲　李红威　等著
责任编辑:张燕霞　刘桂涛	选题策划:毕克成　刘桂涛	责任校对:张咏梅
出版发行:中国地质大学出版社(武汉市洪山区鲁磨路388号)		邮政编码:430074
电　　话:(027)67883511　　　传　真:67883580		E-mail:cbb@cug.edu.cn
经　　销:全国新华书店		http://cugp.cug.edu.cn
开本:787毫米×1 092毫米 1/8		字数:563千字　印张:22
版次:2017年12月第1版		印次:2017年12月第1次印刷
印刷:武汉中远印务有限公司		印数:1—900 册
ISBN 978-7-5625-4110-3		定价:298.00元

如有印装质量问题请与印刷厂联系调换

《内蒙古自治区矿产资源潜力评价成果》
出版编撰委员会

主　　任：张利平

副 主 任：张　宏　赵保胜　高　华

委　　员：（按姓氏笔画排列）

　　　　　于跃生　王文龙　王志刚　王博峰　乌　恩　田　力　刘建勋
　　　　　刘海明　杨文海　杨永宽　李玉洁　李志青　辛　盛　宋　华
　　　　　张　忠　陈志勇　邵和明　邵积东　武　文　武　健　赵士宝
　　　　　赵文涛　莫若平　黄建勋　韩雪峰　路宝玲　褚立国

项目负责：许立权　张　彤　陈志勇

总　　编：宋　华　张　宏

副 总 编：许立权　张　彤　陈志勇　赵文涛　苏美霞　吴之理　方　曙
　　　　　任亦萍　张　青　张　浩　贾金富　陈信民　孙月君　杨继贤
　　　　　田　俊　杜　刚　孟令伟

《内蒙古自治区银锰锡钼镍铬磷萤石硫铁菱镁重晶石典型矿床地质-地球物理图集》

课题负责：赵文涛　苏美霞

主　　编：孙会玲　范亚丽　吴艳君

副 主 编：苏美霞　阴曼宁　孟晓玲　李红威

编著人员(编写人员)：孙会玲　范亚丽　吴艳君　苏美霞　阴曼宁
　　　　　　　　　　　　孟晓玲　李红威　张永旺　贾瑞娟　张永财

项目负责单位：中国地质调查局　内蒙古自治区国土资源厅

编撰单位：内蒙古自治区国土资源厅

主编单位：内蒙古自治区地质调查院

序

2006年，国土资源部为贯彻落实《国务院关于加强地质工作决定》中提出的"积极开展矿产远景调查评价和综合研究，科学评估区域矿产资源潜力，为科学部署矿产资源勘查提供依据"的精神要求，在全国统一部署了"全国矿产资源潜力评价"项目，"内蒙古自治区矿产资源潜力评价"项目是其子项目之一。

"内蒙古自治区矿产资源潜力评价"项目2006年启动，2013年结束，历时8年，由中国地质调查局和内蒙古自治区政府共同出资完成。为此，内蒙古自治区国土资源厅专门成立了以厅长为组长的项目领导小组和技术委员会，指导监督内蒙古自治区地质调查院、内蒙古自治区地质矿产勘查开发局、内蒙古自治区煤田地质局以及中化地质矿山总局内蒙古自治区地质勘查院等7家地勘单位的各项工作。我作为自治区聘请的国土资源顾问，全程参与了该项目的实施，亲历了内蒙古自治区新老地质工作者对内蒙古自治区地质工作的认真与执着。他们对内蒙古自治区地质的那种探索和不懈追求精神，给我留下了深刻的印象。

为了完成"内蒙古自治区矿产资源潜力评价"项目，先后有270多名地质工作者参与了这项工作，这是继20世纪80年代完成的《内蒙古自治区地质志》《内蒙古自治区矿产总结》之后集区域地质背景、区域成矿规律研究，物探、化探、自然重砂、遥感综合信息研究以及全区矿产预测、数据库建设之大成的又一巨型重大成果。这是内蒙古自治区国土资源厅高度重视、完整的组织保障和坚实的资金支撑的结果，更是内蒙古自治区地质工作者八年辛勤汗水的结晶。

"内蒙古自治区矿产资源潜力评价"项目共完成各类图件万余幅，建立成果数据库数千个，提交结题报告百余份。以板块构造和大陆动力学理论为指导，建立了内蒙古自治区大地构造构架。研究和探讨了内蒙古自治区大地构造演化及其特征，为全区成矿规律的总结和矿产预测奠定了坚实的地质基础。其中提出了"阿拉善地块"归属华北陆块，乌拉山岩群、集宁岩群的时代及其对孔兹岩系归属的认识、索伦山-西拉木伦河断裂厘定为华北板块与西伯利亚板块的界线等，体现了内蒙古自治区地质工作者对内蒙古自治区大地构造演化和地质背景的新认识。项目对内蒙古自治区煤、铁、铝土矿、铜、铅锌、金、钨、锑、稀土、钼、银、锰、镍、磷、硫、萤石、重晶石、菱镁矿等矿种，划分了矿产预测类型；结合全区重力、磁测、化探、遥感、自然重砂资料的研究应用，分别对其资源潜力进行了科学的潜力评价，预测的资源潜力可信度高。这些数据有力地说明了内蒙古自治区地质找矿潜力巨大，寻找国家急需矿产资源，内蒙古自治区大有可为，成为国家矿产资源的后备基地已具备了坚实的地质基础。同时，也极大地鼓舞了内蒙古自治区地质找矿的信心。

"内蒙古自治区矿产资源潜力评价"是内蒙古自治区第一次大规模对全区重要矿产资源现状及潜力进行摸底评价，不仅汇总整理了原1∶20万相关地质资料，还系统整理补充了近年来1∶5万区域地质调查资料和最新获得的矿产、物化探、遥感等资料。期待着"内蒙古自治区矿产资源潜力评价"项目形成的系统的成果资料在今后的基础地质研究、找矿预测研究、矿产勘查部署、农业土壤污染治理、地质环境治理等诸多方面得到广泛应用。

2017年3月

前　言

典型矿床地质-地球物理图集（以下简称"典型矿床图集"）是依据"全国矿产资源潜力评价项目——内蒙古自治区矿产资源潜力评价——物探、化探、遥感、自然重砂综合信息评价课题重力资料应用专题研究"成果汇总编制而成。

"全国矿产资源潜力评价"项目为国土资源大调查项目，为了贯彻落实《国务院关于加强地质工作的决定》中提出的"积极开展矿产远景调查和综合研究，科学评估区域矿产资源潜力，为科学部署矿产资源勘查提供依据"的要求和精神，国土资源部部署了全国矿产资源潜力评价工作。"内蒙古自治区矿产资源潜力评价"项目为省级项目Ⅱ级课题。

"内蒙古自治区矿产资源潜力评价"项目由内蒙古自治区地质调查院承担，参加单位有内蒙古自治区地质矿产勘查院、内蒙古自治区国土资源信息院、内蒙古自治区国土资源勘查院、内蒙古自治区第十地质矿产勘查开发院、中化地质矿山总局内蒙古自治区地质勘查院、内蒙古自治区煤田地质局。项目最终完成历时8年（2006—2013年）。

典型矿床图集，是依据全区铁、铝、金、铜、铅、锌、稀土、钨、锑、磷、银、铬、锰、镍、锡、钼、硫、萤石、菱镁矿、重晶石20种重要矿产的160个典型矿床所在区域地质环境及航磁、重力场特征综合编制而成。该项成果对典型矿床所在区域的地质、地球物理特征进行了系统的总结和研究，并重点研究了重力异常与成矿的关系。该项目是在重点研究解剖典型矿床所处地质构造环境和地球物理异常特征的基础上，提取找矿标志，最终建立了适合重力异常解释的地质-地球物理模型，编制了地质-地球物理系列图集。该项成果在内蒙古自治区尚属首次，对重力资料在成矿规律、矿产预测等研究工作中的应用有重要意义。

建立地质-地球物理模型的方法是在开展典型矿床研究的基础上，编制每一种矿产预测类型不同矿种的地质构造图和地球物理系列图件，并总结预测要素及其重要性。内蒙古自治区重力测量由于没有大比例尺资料，所以本图集只编制了典型矿床区域地质-地球物理系列图。

通过充分研究内蒙古自治区矿产地质特征，本次矿产资源潜力评价共确定了以下6种预测类型。

（1）沉积型：与沉积作用有关的矿产。

（2）侵入岩体型：与侵入岩体有空间关系的矿产，一般在岩体与围岩的内、外接触带或侵入体热流体影响范围内成矿的矿产。

（3）变质型：由变质作用定位、定时的矿产。

（4）火山岩型：与火山作用有关的矿产。

（5）层控内生型：指与侵入作用时空定位有关，又受特定层位控制的矿产。

（6）复合内生型：指与沉积建造、变质建造及侵入岩、变形构造都有关的矿产。

依据每个预测类型初步确定1～2个典型矿床的原则，全区20种重要矿产共选取典型矿床160个，典型矿床图集编制即是基于160个典型矿床完成的，共分2册：《内蒙古自治区铁铝金铜钨锑铅锌稀土典型矿床地质-地球物理图集》和《内蒙古自治区银锰锡钼镍铬磷萤石硫铁菱镁重晶石典型矿床地质-地球物理图集》。图件编制主要由范亚丽、贾瑞娟、薛书印等人完成。文字总结由苏美霞、孙会玲、吴艳君、阴曼宁、李红威、孟晓玲等人完成，详细分工见下表。

图集编写人员分工一览表

内蒙古自治区铁铝金铜钨锑铅锌稀土典型矿床地质-地球物理图集	图件编制	文字编写	内蒙古自治区银锰锡钼镍铬磷萤石硫铁菱镁重晶石典型矿床地质-地球物理图集	图件编制	文字编写
铁、铝土典型矿床	范亚丽 贾瑞娟 薛书印	范亚丽 苏美霞 孟晓玲	银、锰、锡型矿床	孟晓玲 吴艳君 范亚丽	吴艳君 苏美霞 孟晓玲
金典型矿床	孙会玲 陈江均 范亚丽 贾瑞娟	孙会玲 苏美霞 陈江均	钼、镍、铬型矿床	吴艳君 张永旺 贾瑞娟	孙会玲 阴曼宁 吴艳君 张永财
铜、钨、锑典型矿床	王志利 范亚丽 吴艳君 贾大为	吴艳君 阴曼宁 王志利 贾大为	磷、萤石、硫铁、菱镁、重晶石典型矿床	李红威 孙会玲 邓琰 吴艳君	孙会玲 李红威
铅锌、稀土典型矿床	杨建军 贾瑞娟 王鑫	李红威 常忠耀 杨建军 王鑫			

许立权、张彤、贾和义、贺峰、张明、张玉清、张永清、吴之理、孙月军等提供了图册中地质部分的相关资料。

本图集是基于重力资料应用专题成果汇总完成的，在重力专题完成过程中多次受到张明华、雷受旻、乔计花、赵更新、邵积东、丁天才、滕菲等专家的悉心指导，在此一并表示感谢！

技术说明

1. 编图采用原始资料精度

地质图:采用1:25万构造建造图简化而成。

航磁类图件:采用航磁 2km×2km 网格化数据编制了 ΔT 等值线平面图、ΔT 化极等值线平面图、ΔT 化极垂向一阶导数图。

　　　　网格化数据由 1:20 万、1:10 万、1:5 万航测原始数据集成。

重力类图件:采用重力 2km×2km 网格化数据编制了布格重力异常图、剩余重力异常图、推断地质构造图。

　　　　网格化数据由 1:20 万、1:50 万、1:100 万重力测量数据集成。

2. 编图比例尺

图集中"地质矿产及物探剖析图"编图比例尺为 1:50 万,编图范围以能完整反映典型矿床所在区域的区域成矿地质背景及区域地球物理场特征为目标而选定。

3. 编图使用软件

采用 MapGIS6.X 软件。

图 例

地 层

第四系

符号	描述
Qh^n	沼泽堆积：砂砾、淤泥
Qh^{al}	冲积：砂砾、淤泥
Qh^l	湖积：砂砾及淤泥
Qh^{pl}	洪积：松散状洪积砂砾与砂质土
Qh^{esl}	残坡积：灰黄色、灰色角砾、砂砾石、砂土层、亚砂土
Qh^{all}	灰黄色、浅黄色砂砾石、砂土、亚砂土、淤泥和砂砾
Qh^{al+l}	冲积、湖积：砂砾石、淤泥
Qh^{al+n}	冲积、沼积：砂砾层、淤泥、黏土
Qh^{alp}	冲洪积：砂砾、砂土
Qh^{al+pl}	冲积、洪积：砂砾、砂土
Qh^{al+dl}	冲积、坡积：草原砂土、砂质黏土、亚砂土
Qh^{pl+dl}	洪积、坡积：洪积砂砾、砂土及堆积混合物
Qh^{dl+eol}	坡积、风积：堆积与风成砂
$Qh^{all+eol}$	砂、砾石及灰色粉砂、亚黏土夹风积砂土
Qh^{eol}	风积：风成砂、粉砂土
Qh^{eol+al}	冲湖积、风积：砂、砾石及灰色粉砂、亚黏土夹风积砂土
Qh^{aln}	冲积沼泽：砂砾、亚黏土、淤泥
Qh^{eld}	残积：砂砾石、砂土、亚黏土
Qh^{lt}	湖积沼泽：粉细砂、亚黏土、黏土、淤泥，含少量盐类
Qh^{fl}	淤泥、粉砂、泥炭层、黏土层
Qh^{ch}	化学沉积：盐、石膏、芒硝
Qh^{ch+l}	化学、湖积：淤泥、含盐及芒硝
Qh^{ma}	黄土、砂土、冲积砾土、亚砂土、亚黏土
Qh^{eleo}	亚砂(黏)土、残积砾石
$Qh^{eol}ds$	滴哨沟湾组(风积)：风成粉砂
Qp^{alp}	冲洪积：黄色、红色砂质黏土夹砂砾石层，含猛犸象化石，复成分砾岩、砂、砂砾石层
Qp^{fgl}	冰碛层：泥砂、砾石混杂堆积层
Qp_3	砂砾石、泥质粉砂岩、砂土层、粗砂和砾石粉细砂、中细砂、黏土夹砂黏土、黄土、亚砂土
Qp_3^{fl}	洪积：松散、半胶结砂砾层，含砾砂夹透镜状砂土与黏土
Qp_3^{al}	冲积：黄土状、粉砂质黏土及砂砾石层
Qp_3^{alp}	冲洪积：砂砾石、粉砂层
Qp_3^{gn}	黏土、亚黏土、含砾卵石、砂卵石及泥砾，胶结程度低
Qp_3^{pl+dl}	洪积、坡积：洪积砂砾、砂质黏土及堆积混合物
$Qp_3^{dnl+eol}$	坡冲积、风积：浅灰黄色、浅棕黄色黄土、黄土状亚砂土黏土，底部多有砂砾石层，普通含有腹足类与哺乳类化石
Qp_3a^2	阿巴嘎组二段：气孔状、杏仁状、致密块状玄武岩
Qp_3a^1	阿巴嘎组一段：碎屑岩段，半固结泥质粉砂岩、泥岩
Qp_3sq	色气河组(冲洪积)：灰褐色砂砾石层和砂层
Qp_3cc	城川组：灰黄色粉砂、泥质粉砂、亚黏土夹砂层
Qp_3m	马兰组：土黄色黄土状亚砂土、含砾亚砂土夹砂砾石透镜体
Qp_3d	大黑沟组：橄榄玄武岩、玄武质集块岩、紫褐色气孔玄武岩、浮岩、火山渣及气孔状橄榄玄武岩
Qp_2	砂砾石、砾石、砂砾岩夹砂质泥岩
Qp_2^l	湖积：黄绿色粉砂层、泥质粉砂岩、亚黏土层夹砂层
Qp_2^{pl}	洪积：砂石、砂砾石、含砾砂
Qp_2^{gl}	冰碛堆积：半胶结冰碛漂砾及冰碛、冰水沉积砾石层
Qp_{1-2}	湖积：黄灰色粉砂夹粉砂质黏土、底部浅棕红色黏土、灰黄色粉细砂互层
Qp_{1-2}^{gl}	冰积混杂堆积：冰碛、混杂堆积、泥砂、砾石
Qp_{1-2}^{al+pl}	冲-洪积：泥岩、砂岩夹砂砾岩
Qp_1^{pl}	洪积：洪积、砾石层

新近系

符号	描述
N_2tk	泰康组：砾岩、黏土及页岩
N_2k	苦泉组：砖红色砾岩、砂岩、粉砂岩及粉砂质泥岩
N_2b	宝格达乌拉组：砂质泥岩、泥岩、砂砾岩
N_2wc	五岔沟组：气孔状、杏仁状安山岩，含绿色橄榄石及蛋白石，富钠玄武岩
N_2wl	乌兰图克组：泥岩、钙质结核层及粉砂质泥灰岩
N_1hc	呼查山组：砾岩、砂砾岩间夹泥质粉砂岩、细砂岩
N_1h	汉诺坝组：橄榄玄武岩，具伊丁石化，夹砖红色泥岩
N_1hl	红柳沟组：粉砂质泥岩夹砂岩、砂质泥岩、砾岩夹砂岩、砂砾岩
N_1w	五原组：粉砂质泥岩、含砾砂岩、复成分砂砾岩
N_1t	通古尔组：泥岩、粉砂岩、砂砾岩、黏土岩

古近系

符号	描述
E	砂岩、砾岩、砂砾岩
E_3h	呼尔井组：砂岩、砂砾岩、含化石
E_3wl	乌兰戈楚组：泥岩、粉砂岩、含砾粗砂岩
E_3q	清水营组：砂质泥岩、泥岩、砂岩、含石膏
E_2a	阿山头组：泥岩、粉砂岩、砂岩
E_2s	寺口子组：砂质泥岩、泥岩、含砾砂岩与砂砾岩互层
E_2y	伊尔丁曼哈组：泥岩、粉砂质泥岩、砂岩、含化石
E_1n	脑木根组：泥岩、砂岩、粉砂质泥岩

白垩系

符号	描述
K_2g	孤山镇组：粗面岩、粗面英安岩、流纹岩，少量珍珠岩、酸性品屑岩屑、角砾凝灰岩
K_2sj	孙家窑组：砂砾岩夹泥岩
K_2j	金刚泉组：含砾细砂岩、含砾粗砂岩及粉砂质泥岩，广化石砾岩、含砾粗砂岩
K_2w	乌兰苏海组：泥质粉砂岩、细砂岩、砂岩、砂质泥岩、泥岩、砂砾岩、砾岩
K_2e	二连组：泥岩、砂砾岩、砂岩、粉砂岩、泥岩夹薄层泥灰岩、砂质泥岩
K_1s	苏红图组：玄武岩、粗安岩、安山岩及砾岩、砂岩、泥岩
K_1g	固阳组：泥岩、粉砂岩、长石砂岩、页岩、砂岩、砾岩、砂砾岩、含砾长石砂岩夹砂质页岩及玄武岩
K_1ls	李三沟组：砾岩、含砾砂岩、砂岩、长石砂岩、长石石英砂岩、粉砂质泥岩
K_1bn	白女羊盘组：石英粗面岩、流纹斑岩、流纹质角屑凝灰岩、砂质凝灰岩、安山岩、流纹岩、砂砾岩
K_1z	左云组：泥岩、砂质泥岩夹砂岩、砾岩、砂岩
K_1m	梅勒图组：中基性、中性、中酸性熔岩及其火山碎屑岩、酸性凝灰角砾岩、砂砾岩、泥质粉砂岩、安山质火山碎屑岩、粗安岩、页岩
K_1lj	龙江组：流纹岩、流纹质角砾状凝灰岩、辉细斑岩、英安质角砾熔凝灰岩、流纹质屑凝灰岩、凝灰岩、含砾砂岩、凝灰岩
K_1y	义县组：玄武岩，局部夹凝灰质砂岩及页岩、流纹岩、火山碎屑岩、中酸性凝灰岩及页岩、晶屑岩屑凝灰岩、安山岩、英安岩
K_1jj	金家店子组：玄武岩、辉石安山岩、局部夹粉砂岩、火山角砾岩、流纹质凝灰岩夹泥岩
K_1mg	庙沟组：泥质砂岩夹砂质泥岩、泥灰岩，含丰富的瓣鳃、介形虫等化石。黏质砂土与含砾砂岩互层、砾岩夹含砾砂岩
K_1lh	罗汉洞组：砂岩、泥质粉砂岩夹泥岩、砂质泥岩、杂砂岩、复成分砂砾岩
K_1ds	东胜组：砂岩夹砾岩、砂岩、长石石英砂岩、泥岩及砂质泥岩
K_1c	赤金堡组：碳质页岩、砂质泥岩、砂岩、砂砾岩、粉砂岩、长石砂岩
K_1by	巴音戈壁组：粗砾岩、旦砂岩夹长石砂岩、含砾砂岩、砂砾岩、砂岩、粉砂岩、泥岩、页岩
K_1b	巴彦花组：泥岩、砾岩、砂岩夹煤层、含砾粗砂岩、砂页岩、黏土岩、泥质岩、长石石英砂岩、粉砂岩砂页岩、硬砂岩、页岩
K_1d	大磨拐河组：砾岩、砂岩、泥岩、粉砂岩、页岩、碳质泥岩、碳质泥岩、含碳质粉砂岩夹煤层
K_1f	阜新组：砾岩、砂岩、杂砂岩夹泥岩及煤层、粉砂岩夹煤层
K_1jf	九佛堂组：粉砂岩夹泥岩岩、砂岩、粉砂岩、页岩、凝灰砂岩、页岩夹含油页岩、泥灰岩、砾岩
K_1ym	伊敏组：粉砂岩、泥岩含煤、细砂岩、砂岩、砂砾岩互层、砂岩、泥岩

系	代号	组名及岩性
侏罗系	J_3d	大青山组：砂岩、细砂岩、粉砂岩、砂砾岩、砾岩、粉砂质灰岩、长石石英砂岩、长石砂岩、含砾长石粗砂岩、泥岩
侏罗系	J_3t	十城子组：砾岩、粗砂岩、流纹质凝灰岩、凝灰质粉砂岩、灰岩透镜体，含化石
侏罗系	J_3b	白音高老组：凝灰岩、含角砾状晶屑凝灰岩、流纹岩、石英斑岩、凝灰质砂岩、砾岩、英安岩、凝灰质火山角砾岩、黑曜岩、流纹斑岩、灰岩、珍珠岩
侏罗系	J_3s	沙朵河组：硬质砂岩夹含砾岩、砂岩、泥质砂岩、含植物花化石、砾岩、含砾砂岩
侏罗系	J_3mk	满克头鄂博组：流纹岩、粗安岩、砾岩、砂岩流纹质晶屑凝灰岩、熔结火山角砾岩、含砾凝灰质砂岩、砂砾岩、石英粗面斑岩
侏罗系	J_3nn	玛尼吐组：玄武岩、粗面岩、安山岩、安山玢岩、英安岩、黑曜岩、粗面粗安岩、凝灰岩、粗安岩、细粒长石砂岩、砂岩、安山质角砾熔岩、安山质晶屑凝灰岩
侏罗系	J_2wb	万宝组：黏土岩、粉砂岩、凝灰质砂岩夹薄煤层、变成分砾岩、砂岩、泥岩、含化石
侏罗系	J_2tm	塔木兰沟组：砂砾岩、砂岩、凝灰岩、玄武岩、安山岩、玄武安山岩、凝灰质火山碎屑岩、橄榄玄武岩、粗安岩、岩石中普遍含玉髓
侏罗系	J_2x	新民组：流纹岩、流纹质岩屑晶屑凝灰岩、凝灰质砂岩、安山岩、火山角砾岩、酸性火山碎屑岩、碎屑岩、含仁丹状砾岩、页岩、砾岩夹杂色砂砾岩、粉砂岩
侏罗系	J_2l	龙凤山组：含砾长石砂岩、泥岩、含粗粒砂岩、巨砾岩、石英砂岩、火山角砾岩、岩屑晶屑凝灰岩、粉砂质泥岩
侏罗系	J_2a	安定组：泥岩夹泥灰岩透镜体、砂岩、泥岩
侏罗系	J_2z	直罗组：砂岩夹钙质砂岩、砂质泥岩、粉砂岩、砂岩含煤
侏罗系	J_2c	长汉沟组：砂岩、长石砂岩、长石石英砂岩、粉细砂岩、粉砂质泥岩、泥岩
侏罗系	$J_{1-2}w$	五当沟组：砂砾岩、长石石英砂岩、砂质页岩、长石砂岩夹粉细砂岩、粉砂泥岩夹碳质页岩
侏罗系	J_1h	红旗组：粉砂岩、长石石英砂岩、砂岩、砂岩夹含砾砂岩、板岩、泥岩、角砾岩、砂岩夹煤层
侏罗系	J_1ya	延安组：泥岩、砂岩、含煤、长石砂岩
侏罗系	J_1j	芨芨沟组：砾岩、长石石英砂岩、泥岩、页岩含煤
三叠系	T_3yc	延长组：钙质长石砂岩、长石石英砂岩、砂质泥岩、碳质页岩、砾岩、砂质页岩
三叠系	T_3sh	珊瑚井组：细砂岩、含砾砂岩、钙质硬砂岩、长石英硬砂岩、砾岩、硬砂岩、角砾岩、粗安岩、长石石英砂岩、页岩夹砂岩、砂岩夹碳质砂岩及劣质烟煤、长石英砂岩夹砂岩
三叠系	T_1h	和尚沟组：泥质砂岩与砂岩互层、长石硬砂岩、长石石英砂岩、泥岩夹长石石英砂岩、砂砾岩
三叠系	T_1l	刘家沟组：长石砂岩、长石硬质砂岩夹砂质粉砂岩及含砾砂岩、长石石英砂岩、砂岩夹长石砂岩
二叠系	P_3l	林西组：砾岩、砂岩、板岩、杂砂岩、泥岩、凝灰岩、油页岩、细砂岩
二叠系	$P_{2-3}sj$	孙家沟组：泥岩、粉砂岩夹厚层状砂岩、砂泥岩、含砾粗砂岩、长石石英砂岩、石英砂岩
二叠系	P_2j	金塔组：安山岩、安山玢岩、辉石玄武岩、玄武岩、霓辉纳长斑岩、英安质岩屑晶屑凝灰岩、凝灰质砂岩、凝灰质安山质火山角砾岩、杂砂岩、流纹岩、砂岩、砂砾岩、硅质岩
二叠系	P_2sb	双堡塘组：长石英砂岩、杂砂岩、长石英砂岩、石英砂岩、长石石英砂岩、复成分砾岩、泥岩、凝灰粉砂岩、粉砂岩、灰岩、生物碎屑灰岩、条带状大理岩夹泥质岩、硅质岩
二叠系	P_2e	额里图组：安山岩、玄武安山岩、酸性凝灰岩、上部为沉火山角砾岩安山岩、砂砾岩
二叠系	P_2y	于家北沟组：变质粉砂岩、板岩、灰岩、砾岩、砾岩夹安板岩和火山碎屑岩
二叠系	P_2s	石盒子组：泥岩、粉砂岩与石英砂互层、长石英石英砂岩含粉砂岩、含凝质砂泥岩、杂砂岩泥灰岩、煤
二叠系	P_2b	包特格组：长石石英砂岩、长石砂岩夹粉砂质页岩或粉质页岩、变质长石砂岩、变质石英砂岩、变质粉砂岩、粉砂岩、粉砂质千枚岩夹石英砂岩、结晶灰岩
二叠系	P_2zx	哲斯组：长石石英砂岩、砂岩、粉砂岩、粉砂质泥岩、酸性火山碎屑岩、碳酸盐岩、板岩生物屑灰岩透镜体、硬质砂岩、生物碎屑灰岩、砂岩、泥岩、泥灰岩、黏土岩夹大理岩
二叠系	$P_{1-2}ds$	大石寨组：英安岩、安山岩、凝灰岩、凝灰熔岩、硬质砂岩、流纹斑岩、大理岩透镜体、流纹岩、粉砂岩、泥岩、石英砂岩、板岩、细碧岩、石英角斑岩、蚀变安山岩盼岩、熔凝灰岩夹大理岩
二叠系	$P_{1-2}s$	山西组：长石石英砂岩夹页岩、煤层、石英砂岩、粉砂岩夹凝灰质页岩、含煤粗砂岩
二叠系	P_1sm	三面井组：生物碎屑灰岩、长石英砂岩及硅化灰岩、杂砂岩、岩屑砂岩夹页岩、砂岩、砂岩
二叠系	P_1ss	寿山沟组：板岩、粉砂质泥岩、粉砂岩、杂砂岩、硅质岩、硅质粉砂岩、大理岩透镜体、含植物化石碎片
二叠系	P_1s	苏吉组：安山岩、安山岩角砾熔岩、安山质角屑熔岩、英安岩、英安质角砾岩、流纹岩、流纹质晶屑凝灰岩、凝灰质砂岩
石炭系	C_2P_1g	格根敖包组：流纹岩、流纹质火山角砾岩、凝灰质粉砂岩、岩屑晶屑凝灰岩、长石石英砂岩、安山岩、英安岩、火山角砾岩、砂岩、长石石英砂岩、硅质板岩、变质砂岩
石炭系	$C_2P_1bl^2$	宝力高庙组二段：安山岩、绿帘石化凝灰质岩砂岩、长石石英砂岩
石炭系	$C_2P_1bl^1$	宝力高庙组一段：变质砾岩、变质砂岩、凝灰岩、凝灰质变泥岩
石炭系	C_2P_1sm	栓马桩组：含砾长石英砂岩、砂岩、长石石英砂岩、碳质页岩、砂岩、砂砾岩
石炭系	C_2s	石嘴子组：钙质板岩、绢云母板岩、砂岩、砂砾岩夹结晶灰岩、砂板岩、硬砂岩夹灰岩
石炭系	C_2bj	白家店组：灰岩、条带状灰岩夹砂板岩、大理岩、大理岩化灰岩、泥晶、结晶、灰岩局部夹板岩、灰岩夹板岩
石炭系	C_2x	新伊根河组：杂砂岩、粉砂岩、板岩
石炭系	C_2y	牛虎沟组：石英砂岩、细砂岩夹页岩及灰岩透镜体
石炭系	C_2t	太原组：碳质泥岩、砂质泥岩、粉细砂岩及煤层夹灰岩薄层、含砾石英砂岩
石炭系	C_2b	本溪组：碳质黏土页岩、铁铝质岩
石炭系	C_2a	阿木山组：白云石大理岩、安山岩、变质粉砂岩、白云质灰岩、生物碎屑灰岩、灰岩、结晶灰岩
石炭系	C_2j	芨芨台子组：石灰岩夹角砾状石灰岩、结晶灰岩夹结核灰岩
石炭系	C_2bb	本巴图组：玄武岩、硅化火山岩、英安岩、流纹质凝灰岩、流纹岩、灰岩、长石石英砂岩、复成分砂岩、板岩、安山玢岩、千枚岩
石炭系	C_2jj	酒局子组：砂岩、粉砂岩、泥岩、板岩、阳起石角岩、石灰岩夹泥质灰岩
石炭系	C_2q	前黑山组：灰岩、砂砾岩夹白云质灰岩
石炭系	$C_{1-2}b$	白山组：安山岩、安英岩、英安岩、英安质凝灰熔岩、夹斜长流纹岩、安山玄武岩
石炭系	$C_{1-2}l$	绿条沟组：长石石英砂岩、长石砂岩－杂砂岩、砂岩、砾岩、钙质砂岩、石英砂粉砂质泥岩夹含铁硅质岩、泥岩、砂岩、粉砂质泥岩、粉砂岩长石英质板岩、结晶灰岩
石炭系	C_1hl	红岭园组：灰岩、含海百合茎灰岩、结晶灰岩、钙质页岩、含珊瑚化石、细砂岩、石英砂岩、泥质页岩、板岩
石炭系	C_1c	臭牛沟组：灰岩夹丁英砂岩、石英砂岩夹灰质泥岩、石英砂岩夹粉砂质泥岩、结晶灰岩、粉砂岩、长石英砂岩夹砂岩
石炭系	C_1m	莫尔根河组：硅质岩、硅质砂岩、玄武岩、细碧岩、角斑岩、结晶灰岩、变质岩、大理岩、变质粉砂岩、变流纹质晶屑凝灰岩、英安岩、安山岩、凝灰质砂岩
石炭系	C_1h	红水泉组：细砂岩、斑点板岩、大理岩、泥灰岩、板岩、钙质板岩、铁质板岩、泥质粉砂岩、中细粒石英砂岩、石灰岩夹泥岩、粉砂岩、牛物碎屑灰岩
石炭系	C_1c	朝吐沟组：绢云片岩、片理化中基性熔岩及其凝灰岩夹结晶灰岩透镜体
泥盆系	D_3a	安格尔音乌拉组：绢云绿泥板岩、凝灰质板岩、粉砂岩及细砂岩、长石石英砂岩、泥岩及长石砂岩、杂砂岩、板岩、长石石英细砂岩、变质砂砾岩
泥盆系	D_3l	老君山组：砂岩、长石砂岩、砾岩、含砾砂岩、石英砂岩、含砾砂岩
泥盆系	D_3x	西屏山组：长石石英砂岩、凝灰质砂岩、砂质灰岩、砾岩
泥盆系	$D_{3-3}t$	塔尔巴格特组：凝灰岩、石英砂岩、粉砂质板岩、凝灰质绢云板岩夹砾岩、泥岩及长石砂岩、粉砂岩
泥盆系	$D_{2-3}d$	大民山组：砂岩、凝灰质砂岩、泥岩、沉凝灰岩、流纹质晶屑凝灰岩、流纹质熔结凝灰岩、大理岩、泥灰岩、中酸性火山岩、凝灰岩、灰岩、硅质岩、生物碎屑灰岩
泥盆系	D_2wt	卧都山组：长石石英砂岩、凝灰质砂岩、砾岩、含砾相粒粗砂岩
泥盆系	$D_{1-3}n$	泥鳅河组：长石石英砂岩、含砾石英变质砂岩、碳质泥岩、泥灰岩、砾岩、砂岩、钙质泥岩、粉砂岩、沉凝灰岩、泥质板岩、钙质板岩、硅质岩
泥盆系	$D_{1-2}y$	依克乌苏组：粉砂岩、长石石英砂岩、砂岩、砾岩
泥盆系	D_1q	前坤头组：砂岩、板岩夹灰岩
志留系	S_3D_1x	西别河组：石英砂岩、杂砂岩、粉砂岩、泥岩、长石石英砂岩、生物屑亮晶碳酸盐岩、安山岩、大理岩、生物碎屑结晶灰岩、长石石英砂岩、生物泥屑碳酸盐岩、粉砂质板岩、硅质岩、变质砂岩
志留系	S_3w	卧都河组：石英砂岩、泥质粉砂岩含硅质结晶灰岩及板岩、泥灰岩、泥灰岩夹灰岩、粉砂岩、长石石英砂岩、板岩、细砂岩、复成分砾岩
志留系	$S_{2-3}p$	公婆泉组：安山岩、流纹岩、斜长流纹岩、安山岩、流纹质凝灰岩、玄武岩、杏仁状安山岩
志留系	S_2w	徐尼乌苏组：砂岩结晶灰岩、结晶灰岩、硅质结晶灰岩、条带状灰岩、泥灰岩千枚岩夹钙质石英砂岩及泥岩透镜体变质砂岩、变质含砾砂岩、变质砾岩、千枚岩、粉砂质泥质千枚岩、绢云母片岩、钙质二云石英片岩、方解绢云石英片岩、变质砂岩、石灰岩透镜体
志留系	S_1y	圆包山组：粉砂岩、粉砂质泥岩、长石含杂砂岩、石英砂岩、细砂岩、灰岩、硅质岩
奥陶系	$O_{2-3}by$	白云山组：粉砂质泥岩、长石杂砂岩、细砂岩、灰岩、硅质岩、粉砂质泥岩石英长石砂岩、杂砂质泥岩、粉砂岩
奥陶系	$O_{2-3}wh$	乌兰胡洞组：（生物屑泥晶碳酸盐岩）泥晶灰岩
奥陶系	$O_{2-3}x$	咸水湖组：安山岩、安山质凝灰熔岩、玄武岩、英安岩、英安质凝灰角砾岩、硅质岩、流纹岩
奥陶系	$O_{2-3}lh$	裸河组：长石石英砂岩、石英砂岩、凝灰质板岩及生物碎屑灰岩、结晶灰岩、绢云绿泥片岩、粉砂质板岩、泥质粉砂岩、绿泥绢云板岩、岩屑砂岩夹灰岩
奥陶系	O_2k	克里摩里组：灰岩、泥灰岩、页岩
奥陶系	O_2b	巴彦呼舒组：变质长石砂岩、变质粉砂岩、变质长石石英砂岩夹变质砂岩、灰岩、粉砂泥岩、玄武岩、安山岩、英安岩、流纹岩、细碧岩
奥陶系	$O_{1-2}B$	包尔汉图群：变质中—细粒砂岩、粉砂岩、玄武岩、安山岩夹大理岩透镜体
奥陶系	$O_{1-2}w$	乌宾敖包组：结晶灰岩、碎屑灰岩、泥灰岩、变质砂岩、硅质灰岩、粉砂质板岩、绢云千枚岩、粉砂岩、粉砂质千枚岩、片状石英砂岩、丁英砂岩、丁状砂岩夹变质石英岩、含灰岩透镜体、角岩化石榴黑云板岩
奥陶系	$O_{1-2}m$	马家沟组：厚层状灰岩夹中厚层藻石条带灰岩、长石石英砂岩、石英砂岩、白云岩灰岩互层、灰岩
奥陶系	$O_{1-2}mb$	米钵山组：砾状灰岩、泥质板岩、石英砂岩、变质长石石英砂岩夹粉砂板岩、长石砂岩夹灰岩
奥陶系	$O_{1-2}l$	罗雅楚山组：长石石英砂岩、杂砂岩、粉砂岩、板岩夹灰岩、硅质岩
奥陶系	$O_{1-2}d$	多宝山组：角岩化细碧角斑岩、石英角斑岩、钠长流纹岩夹变泥岩及斑点板岩、英安岩、安山岩、玄武岩、凝灰岩、石英角斑质凝灰岩、酸性熔岩、晶屑凝灰岩、安山玢岩
奥陶系	$O_{1-2}bl$	布龙山组：长石石英砂岩、绢云母板岩、粉砂质板岩、硅质板岩、粉砂安山岩、安山质屑层凝灰岩
奥陶系	$O_{1-2}b$	白乃庙组：长石石英砂岩夹粉砂-泥岩、（中基性火山岩）片岩、凝灰岩夹砂岩
奥陶系	O_1s	山黑拉组：厚层、中厚层泥（微）晶灰岩
寒武系	$\epsilon_3 O_1x$	双鹰山组：硅质岩、条带硅质岩、硅质板岩、结晶灰岩夹硅质白云岩、硅质条带结晶灰岩、泥灰岩
寒武系	$\epsilon_3 O_1s$	三山子组：白云岩、白云质灰岩夹灰岩、硅质条带灰岩
寒武系	$\epsilon_3 j$	锦棉组：粉砂岩、粗砂岩、砾岩夹薄层结晶灰岩、粉砂质绢云板岩、变质粉砂岩夹灰岩透镜体
寒武系	$\epsilon_2 c$	炒米店：白云岩、竹叶状灰岩夹薄层灰岩、白云质泥质灰岩、薄层泥灰岩夹竹叶状灰岩

系/宇	代号	组/群名称	岩性描述
寒武系	C_2z	张夏组	竹叶状灰岩、薄层灰岩、泥质条带及白云质灰岩互层夹页岩、条带状碳酸盐岩、瘤状碳酸盐岩、变质石英砂岩夹粉砂质板岩及灰岩、粉砂质结晶灰岩
	C_2X	香山群	变质长石石英砂岩夹千枚状板岩及砂质板岩灰岩、千枚状板岩、千枚岩、长石砂岩
	$C_{1-2}m$	馒头组	页岩夹薄层灰岩、结晶灰岩夹砂岩及页岩、灰岩石英岩、灰岩石英岩、含磷碎屑岩、砂页岩、复成分砾岩
	$C_{1-2}sm$	色麻沟组	钙质砂岩、砂质页岩、砾岩、石英岩、白云质灰岩
	C_1s	双鹰山组	粉砂岩、长石质杂砂岩、长石石英砂岩、灰岩、白云岩
震旦系 南华系	Zd	大网子组	变质晶屑玻屑凝灰岩、变火山凝灰岩、变砂岩、板岩、中酸中基性火山岩、火山碎屑岩夹片岩、千枚岩、变中酸性熔岩及其碎屑岩
	Zj	吉祥沟组	变质粉砂岩、微晶黑云母板岩、大理岩、变质砂岩、砂岩、细砂岩、板岩、结晶灰岩、变质石砾岩
	ZS	什那干群	含燧石灰岩、泥灰岩夹细砂岩、结晶灰岩、白云岩、灰质白云岩夹石英岩
	Zs	腮林忽洞组	粉晶质白云岩、硅质条带白云岩、白云质灰岩夹安山质晶屑凝灰岩、变质含砾石英岩
	Ze	额尔古纳河组	大理岩、板岩、变砂岩、变酸性基性火山岩、白云质灰岩、弱硅化含泥质结晶白云质灰岩、二云英片岩、绿泥石英片岩、结晶灰岩
	ZWl	倭勒根群	变砂岩、板岩、千枚岩、石英片岩、变酸性凝灰岩、凝灰熔岩
	Zz	正目观组	砂质板岩、粉砂质板岩、冰碛砾岩
	ZH	韩母山群	下部烧火筒组为冰碛砾岩、含砾粉砂质板岩；上部草大坂组为结晶灰岩、白云岩
	Nhj	佳疙瘩组	云母片岩、云母石英片岩、绿泥绢云母石英片岩
元古宇	Pt_1a	艾勒格庙组	石英岩、厚层大理岩、绢云母石英片岩
	$Pt_{2-3}w$	王全口组	硅质白云岩、硅质条带含硅质灰岩、白云质灰岩
	$Pt_{2-3}x$	西勒图组	石英岩夹石英砂岩
	$Pt_{2-3}Y$	圆藻山群	大理岩、白云质大理岩、硅泥质岩、结晶灰岩、砾状碎屑灰岩、硅质白云岩、含钙质泥质硅质岩、含硅质泥质板岩、钙质硅质岩
	Pt_2D	墩子沟群	变质砾岩、变质砂岩、千枚岩、结晶灰岩
	Pt_2Zh	渣尔泰山群	碎屑岩、碳质页岩、粉砂岩、碳酸盐岩
	Pt_2hj	呼吉尔图群	钙质粉砂岩、粉砂岩夹石英砂岩及泥晶灰岩透镜体、钙质泥岩、泥岩、泥质粉砂岩、绢云母泥质板岩、粉砂质泥质板岩、阳起石绿帘石脊岩石、钙硅质角岩夹硅泥岩、结晶灰岩、大理岩
	Pt_2by	白音布拉格组	变质长石石英砂岩、变质石英粉砂岩、变质粉砂板岩、变质板岩、变质绢云板岩、含红柱石粉砂纳云母板岩夹薄层泥晶灰岩
	Pt_2b	比鲁特组	泥片岩、绿泥石英片岩、千枚岩、板岩
	Pt_2h	哈拉霍雪特组	变质长石石英砂岩、变质石英砂岩、灰岩、硅质灰岩
	Pt_2j	尖山组	(红柱石)碳质板岩夹石英砂岩、变质长石石英砂岩夹含砾中粗粒砂岩、碳质板岩夹砂质板岩、大理岩，含藻类化石
	Pt_2d	都拉哈拉组	变质长石石英砂岩、变质含砾长石石英砂岩、变质石英砂岩、变质砾岩
	Pt_2l	刘鸿沟组	变质长石石英砂岩夹砂砾岩及大理岩透镜体、含砾石英片岩、石英片岩、云英片岩
	Pt_2a	阿古鲁沟组	碳质板岩、碳质结晶石英岩夹石英砂岩、绢云石英片岩、千枚岩、板岩及变质砂岩
	Pt_2z	增隆昌组	结晶灰岩、碳质绢云石英千枚岩
	Pt_2sh	书记沟组	变质砾岩、石英岩、绢云绿泥片岩、云母石英片岩、变质砂岩
元古宇	Pt_2hr	哈尔哈达组	绿泥绢云石英片岩、磁铁石英片岩、绢云片岩
	Pt_2s	桑达来呼都格组	绿帘绿泥片岩夹磁铁石英片岩、绿泥石英片岩
	Pt_2G	古铜井群	石英细砂岩、长石石英细砂岩、变质粉砂岩、泥质粉质板岩
	Pt_1By	宝音图群	蓝晶十字二云母片岩、含蓝晶石英二云母（绿泥）石英片岩、方解绿泥片岩夹结晶灰岩、变质砂岩及变质绿砂岩、十字蓝晶石榴石云母片岩、石英片岩、含石墨片岩、角闪变粒岩、斜长角闪片岩、阳起（黑云）片岩；含磁铁石英片岩；片状二云母片岩、含榴石石英片岩
	Pt_1Bs	北山岩群	黑云二长变粒岩夹白云石大理岩、黑云斜长片岩（角闪斜长变粒岩）、黑云二长变粒岩与黑云二长片麻岩互层产出，夹少量含石榴石石英片岩
	Pt_1X	兴华渡口群	条带状花岗片麻岩、二云斜长片麻岩、云英片岩、石英岩、浅粒岩、眼球状混合岩
	Pt_1E	二道凹岩群	各类片岩、大理岩、变粒岩、底部变质砾岩
	Pt_1L	龙首山岩群	混合片麻岩、大理岩、斜长角闪片岩、片麻岩、变粒岩、浅粒岩、石英岩、变中酸性火山岩
	Pt_1Ma	明安山群	含砾含石榴二云长英片状片岩、含碳酸云母石英千枚岩、千枚状变质砾岩、含砂砾二云方解千枚状片岩、含十字白云石英片岩
	Pt_1gn		片麻状斜长花岗岩、花岗闪长岩
太古宇	Ar_3S	色尔腾山岩群	麻粒岩化片岩、斜长角闪片岩、斜长角闪岩、磁铁石英岩、大理岩、变粒岩
	Ar_3A	阿拉善岩群	云母（黑云）石英片岩、含蓝晶石尖晶石硅镁石（白云石、橄榄石）大理岩、含石榴斜长角闪片岩、石英岩、石榴矽卡岩、云母石英片岩、混合岩化黑云(透辉)变粒岩、变质中基性火山岩
	Ar_3l	柳树沟岩组	斜长角闪岩、二云斜长片麻岩、黑云石英片岩夹云母片岩；二云石英片岩夹黑云石英片岩、含石榴二云石英片岩、含石墨石英片岩；黑云斜长片岩、角闪斜长片麻岩夹变粒岩、片理化含砾石英岩
	Ar_3d	东五分子岩组	黑云斜长片麻岩夹角闪磁铁石英岩、二云长石英片麻岩、蛇纹石化含橄榄透辉岩夹斜长角闪岩、阳起片岩
	Ar_3dL	点力素岩组	大理岩、蛇纹石化含橄榄大理岩、大理岩夹片柱石透辉片岩、二长变粒岩
	Ar_3h	哈达门沟岩组	角闪斜长片麻岩、斜长角闪片岩、长石石英岩、角闪(黑云)斜长变粒岩、粒状岩、条带状磁铁石英岩、云母石英片岩、角闪片岩、石墨透辉大理岩
	Ar_3t	桃儿湾岩组	蛇纹石化含方镁石金云橄榄大理岩、含榴石白石英方柱透辉变粒岩、石墨岩夹透闪石岩、石墨片麻岩、石英岩、石英岩与英质片麻岩互层
	Ar_2J	集宁岩群	大理岩夹二辉二长片麻岩、钾长浅粒岩、矽线榴石钾长片麻岩、长石石英岩、含榴石变粒岩
	Ar_2W	乌拉山岩群	(含石榴、矽线)黑云斜长(二长)片麻岩、角闪斜长片麻岩、斜长角闪岩、含榴石变粒岩、混合岩夹含磁铁矿黑云斜长片麻岩、石英岩含石墨变粒石榴岩、大理岩、含磨苏黑云斜长透辉麻粒岩
	Ar_2Y	雅布赖山岩群	混合质黑云斜长片麻岩、角闪二云（斜长）变粒岩、条带状混合岩夹斜长角闪岩、(含石墨)变粒岩、尖晶(磁铁)刚玉钾片岩、刚玉二长二云母岩
	Ar_1X	兴和岩群	石榴黑云紫苏斜长麻粒岩、石榴二辉斜长麻粒岩、角闪透辉石岩、含铁石榴石英岩、长英麻粒岩
	Ar_3gn^m		新太古界二长片麻岩
	Ar_3gn^g		新太古界二长花岗片麻岩
	$Ar_{2-3}m$		中一新太古界大理岩片麻岩组合：白云石大理岩、蛇纹石化白云石大理岩夹黑云斜长片麻岩、黑云角闪斜长片麻岩、黑云角闪斜长变粒岩、黑云二长变粒岩、黑云二长片岩
	Ar_2Bgn	波罗斯坦庙片麻岩	黑云斜长片麻岩、角闪斜长片麻岩、黑云二长片麻岩
	Ar_2By	巴彦毛德混合花岗岩	斜长混合花岗岩、钾长变斑混合花岗岩为主，其次有混合石英闪长岩、混合紫苏闪长岩、混合岩二长岩
	Ar_2Cgn^t	村空山片麻岩	主要为英云闪长质片麻岩，其次有二长花岗岩片麻岩、钾长花岗岩片麻岩及少量的斜长岩
	Ar_2Tgn^k	花岗岩片麻岩	片麻状花岗岩、片麻状钾长花岗岩、混合花岗岩
	$Ar_{2-3}h$		中新太古代混合岩组合：混合岩化黑云斜长片麻岩、长英质黑云母混合岩、大理岩、黑云斜长片麻岩、角闪黑云斜长片麻岩、黑云长条斜长混合岩、均质混合岩大理岩、黑云石英片岩、角闪二长变粒岩、石英变粒岩、斜长角闪岩条带状混合岩、麦薄层大理岩、黑云石英片岩、磁铁绢云石英片岩
	Ar_1gn		片麻状斜长花岗岩、花岗闪长岩
太古宇	Ar_2gn		片麻状斜长花岗岩、花岗闪长岩
	Ar_3Mbd		变质斜长角闪辉石岩、变质辉长辉绿岩，呈脉状产出
锡林郭勒变质杂岩	XM_c^c		石英二云片岩组合：石英二云片岩夹斜长石纤闪绿泥片岩、阳起绿泥石英片岩、黑云片岩、黑云石英片岩
	XM_c^B		黑云角闪斜长片麻岩组合：黑云(角闪)斜长片麻岩夹斜长角闪岩、黑云斜长变粒岩、黑云堇青片麻岩
	XM_c^e		变基性侵入体：黑云斜长角闪岩

岩浆岩

白垩纪
符号	岩石名称
$K\gamma$	花岗岩
$K\eta\gamma$	二长花岗岩
$K\xi o\pi$	石英正长斑岩
$K_2\gamma$	花岗岩
$K_2\gamma\pi$	花岗斑岩
$K_2\gamma\beta$	黑母花岗岩
$K_2\chi\rho\gamma$	碱长花岗岩
$K_2\gamma\chi$	白岗岩
$K_2\eta\gamma$	二长花岗岩
$K_2\eta\gamma\beta$	黑云母二长花岗岩
$K_2\pi\eta\gamma$	似斑状二长花岗岩
$K_2\pi\eta\gamma\beta$	似斑状黑云母二长花岗岩
$K_2\xi\gamma$	正长花岗岩
$K_2\delta\eta o$	石英二长闪长岩
$K_2\xi o\pi$	石英正长斑岩
$K_2\eta o$	石英二长岩
$K_2\eta o\pi$	石英二长斑岩
$K_2\gamma\delta\pi$	花岗闪长斑岩
$K_2\eta\pi\delta$	花岗闪长岩
$K_1\delta$	闪长岩
$K_2\xi\pi$	正长斑岩
$K_1\lambda\pi$	流纹斑岩
$K_1\beta$	玄武岩

侏罗纪
$J\gamma$	花岗岩
$J\chi\rho\gamma$	碱长花岗岩
$J_3\gamma$	花岗岩
$J_3\gamma\beta$	黑云母花岗岩
$J_3\pi\gamma\beta$	似斑状黑云母花岗岩
$J_3\gamma\pi$	花岗斑岩
$J_3\eta\gamma$	二长花岗岩
$J_3\eta\gamma\pi$	二长花岗斑岩
$J_3\eta\gamma\beta$	黑云母二长花岗岩
$J_3\xi\gamma$	正长花岗岩
$J_3\gamma o$	斜长花岗岩
$J_3\delta o$	石英闪长岩
$J_3\eta o\pi$	石英二长斑岩
$J_3\delta$	闪长岩
$J_3\delta o$	石英闪长玢岩
$J_3\delta\mu$	闪长玢岩
$J_3\xi\pi$	正长斑岩
$J_3\lambda$	流纹岩
$J_3\lambda\pi$	流纹斑岩
$J_2\gamma$	花岗岩
$J_2\pi\eta\gamma$	似斑状花岗岩
$J_2\pi\gamma\beta$	似斑状黑云母花岗岩
$J_2\eta\gamma\beta$	黑云母二长花岗岩
$J_2\xi\gamma$	正长花岗岩
$J_2\gamma o$	英云闪长岩
$J_2\delta o$	石英闪长岩
$J_2\eta o$	石英二长岩
$J_2\gamma\delta\gamma$	石英二长岩
$J_1\eta\gamma$	二长花岗岩
$J_1\eta\gamma\beta$	黑云母二长花岗岩
$J_1\chi\rho\gamma$	碱长花岗岩
$J_1\gamma\delta$	花岗闪长岩
$J_1\delta\eta o$	石英二长闪长岩
$J_1\nu\psi$	角闪辉长岩

三叠纪
$T\gamma$	花岗岩
$T\eta\gamma$	二长花岗岩
$T\eta\gamma\beta m$	二云母二长花岗岩
$T\delta o$	石英闪长岩
$T_3\gamma$	石英闪长岩
$T_3\pi\gamma$	似斑状花岗岩
$T_3\eta\gamma$	二长花岗岩
$T_3\pi\eta\gamma$	似斑状二长花岗岩
$T_3\eta\gamma\beta$	黑云母二长花岗岩
$T_3\pi\eta\gamma\beta$	似斑状黑云母二长花岗岩
$T_3\eta\gamma m$	二云母二长花岗岩
$T_3\gamma m$	白云母花岗岩
$T_3\gamma\beta$	似斑状黑云母花岗岩
$T_3\chi\gamma$	碱性花岗岩
$T_3\gamma\delta$	花岗闪长岩
$T_3\delta$	闪长岩
$T_3\delta\varphi$	辉石闪长岩
$T_3\delta\varphi o$	辉石英闪长岩
$T_3\nu$	辉长岩
$T_2\eta\gamma$	二长花岗岩
$T_3\eta\gamma\beta$	黑云母二长花岗岩
$T_2\gamma\beta$	云母花岗岩
$T_2\chi\gamma$	碱长花岗岩
$T_2\eta\gamma\beta$	黑云母二长花岗岩
$T_1\gamma\delta o$	似斑状英云闪长岩
$T_1\delta o$	石英闪长岩
$T_1\delta$	闪长岩

二叠纪
$P\gamma$	花岗岩
$P\pi\gamma o$	似斑状黑云母花岗岩
$P\gamma\beta m$	二云母花岗岩
$P\eta\gamma\beta$	黑云母二长花岗岩
$P\gamma\delta$	花岗闪长岩
$P_2\gamma o$	斜长花岗岩
$P\delta o$	石英闪长岩
$P\delta\mu$	闪长玢岩
$P_3\nu$	辉长岩
$P_3\gamma$	花岗岩
$P_3\gamma\beta$	黑云母花岗岩
$P_3\pi\gamma\beta$	似斑状黑云母花岗岩
$P_3\pi\gamma$	似斑状花岗岩
$P_3\eta\gamma$	二长花岗岩
$P_3\eta\gamma\beta$	黑云母二长花岗岩
$P_3\gamma\delta$	花岗闪长岩
$P_3\gamma\delta o$	英云闪长岩
$P_3\eta o$	石英二长岩
$P_3\delta o$	角闪石英闪长岩
$P_3\delta$	花岗闪长岩
$P_3\delta\mu$	闪长玢岩
$P_3\nu\delta o$	闪长岩
$P_3\gamma$	花岗岩
$P_2\pi\gamma$	似斑状花岗岩
$P_2\gamma\beta$	黑云母花岗岩
$P_2\eta\gamma$	二长花岗岩
$P_2\eta\gamma\beta$	黑云母二长花岗岩
$P_2\pi\eta\gamma\beta$	似斑状黑云母二长花岗岩
$P_2\eta\gamma\beta m$	二云母二长花岗岩
$P_2\chi\rho\gamma$	碱长花岗岩
$P_2\gamma\delta$	花岗闪长岩
$P_2\gamma\delta\pi$	花岗闪长斑岩
$P_2\xi\gamma$	正长花岗岩
$P_2\delta\eta o$	石英二长闪长岩

二叠纪
符号	岩石名称
$P\delta\mu$	闪长玢岩
$P\nu$	辉长岩
$P_2\gamma$	花岗岩
$P_3\gamma\beta$	黑云母花岗岩
$P_3\pi\gamma\beta$	似斑状黑云母花岗岩
$P_3\gamma m$	二云母花岗岩
$P_3\pi\gamma$	似斑状花岗岩
$P_3\eta\gamma$	二长花岗岩
$P_3\eta\gamma\beta$	黑云母二长花岗岩
$P_3\gamma\delta$	花岗闪长岩
$P_3\delta o$	英云闪长岩
$P_3\gamma\delta o$	似斑状花闪长岩
$P_1\lambda\pi$	流纹斑岩
$P_1\gamma$	花岗岩
$P_1\pi\gamma$	似斑状花岗岩
$P_1\gamma\pi$	花岗斑岩
$P_1\gamma\beta$	黑云母花岗岩
$P_1\eta\gamma\beta$	黑云母二长花岗岩
$P_1\eta\gamma$	二长花岗岩
$P_1\pi\eta\gamma$	似斑状二长花岗岩
$P_1\xi\gamma$	正长花岗岩
$P_1\chi\eta\pi$	碱长花岗斑岩
$P_1\delta$	花岗闪长岩
$P_1\gamma\delta o$	英云闪长岩
$P_1\delta o$	石英闪长岩
$P_1\eta o$	石英二长岩
$P_1\delta\eta o$	石英二长闪长岩
$P_1\eta\pi$	二长斑岩
$P_1\sigma$	斜方辉石橄榄岩
$P_1\varphi\sigma$	二辉辉橄岩
$P_1\Sigma$	超基性岩
$C\gamma$	花岗岩
$C\delta$	闪长岩
$C\eta$	二长花岗岩
$C\delta o$	角闪辉长岩

石炭纪
$C\gamma\delta$	花岗闪长岩
$C\Sigma$	超基性岩
$C_2\gamma$	花岗岩
$C_2\pi\gamma$	似斑状花岗岩
$C_2\gamma\beta$	黑云母花岗岩
$C_2\eta\gamma$	二长花岗岩
$C_2\eta\gamma m$	白云母二长花岗岩
$C_2\eta\gamma\beta$	黑云母二长花岗岩
$C_2\pi\eta\gamma\beta$	似斑状黑云母二长花岗岩
$C_2\gamma\delta$	花岗闪长岩
$C_2\gamma\delta o$	似斑状花岗闪长岩
$C_2\gamma\delta o$	英云闪长岩
$C_2\delta o$	石英闪长岩
$C_2\gamma Z$	白岗岩
$C_2\delta$	闪长岩
$C_2\delta\mu$	闪长玢岩
$C_2\eta\pi$	二长斑岩
$C_2\nu$	辉长岩
$C_2\psi o\nu$	辉石角闪辉长岩
$C_1\gamma$	花岗岩
$C_1\pi\gamma$	似斑状花岗岩
$C_1\eta\gamma$	二长花岗岩
$C_1\eta\gamma\beta$	似斑状二长花岗岩
$C_1\chi\rho\gamma$	碱长花岗岩
$C_1\gamma\delta$	花岗闪长岩
$C_1\delta o$	石英闪长岩
$C_1\gamma\delta o$	英云闪长岩
$C_1\delta$	闪长岩

泥盆纪
符号	岩石名称
$D\delta o$	石英闪长岩
$D\gamma\delta o$	英云闪长岩

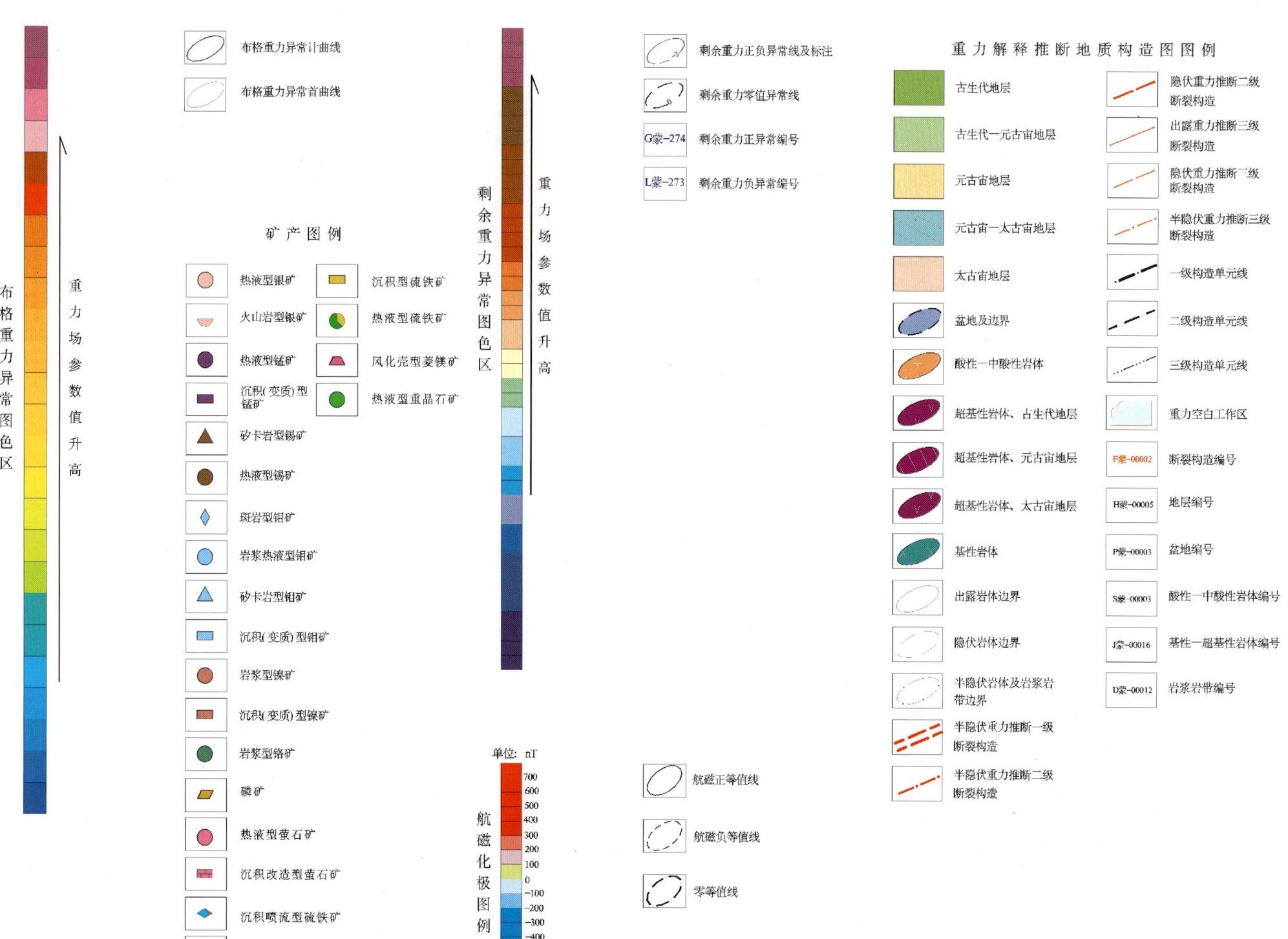

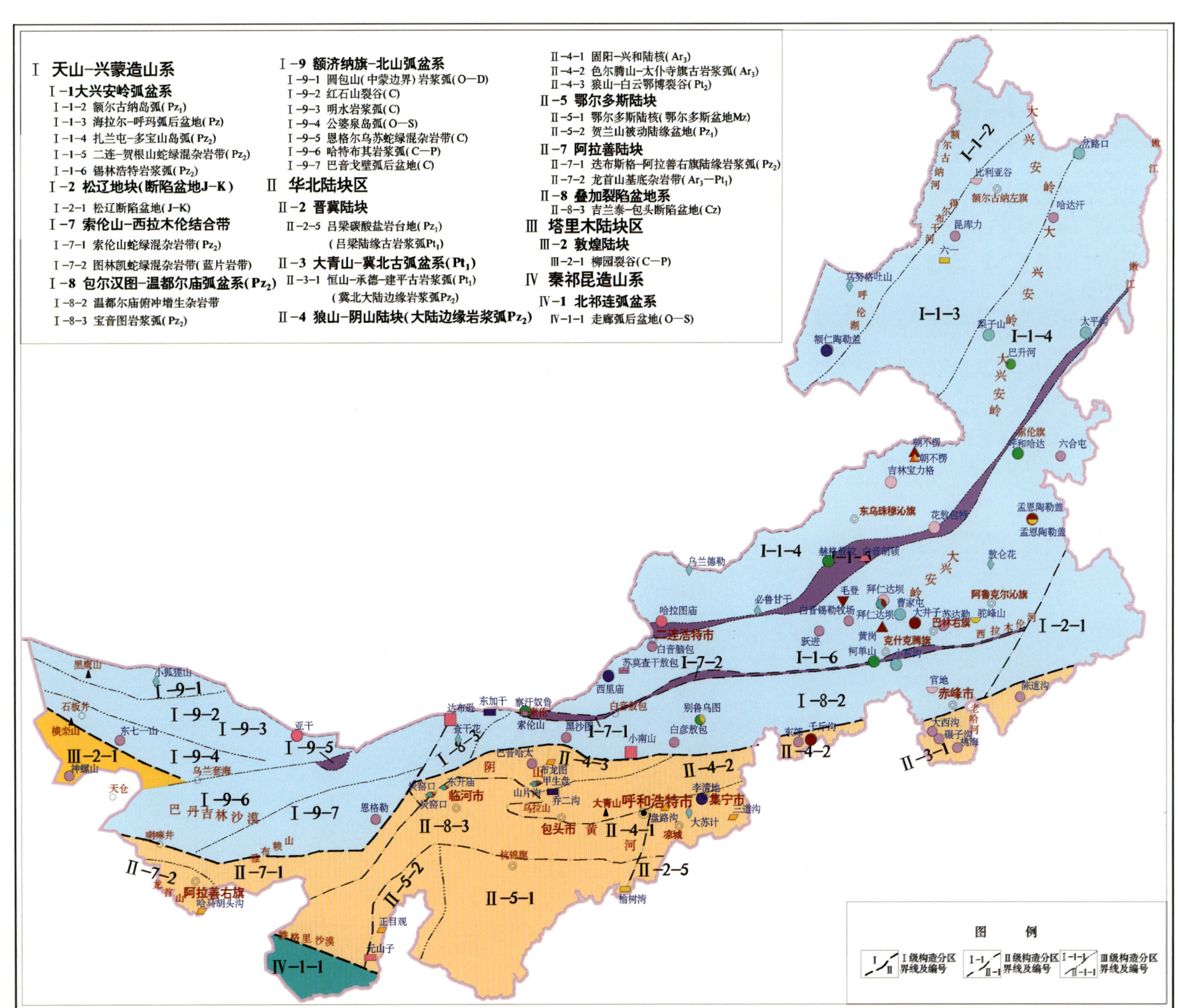

内蒙古自治区大地构造分区示意图

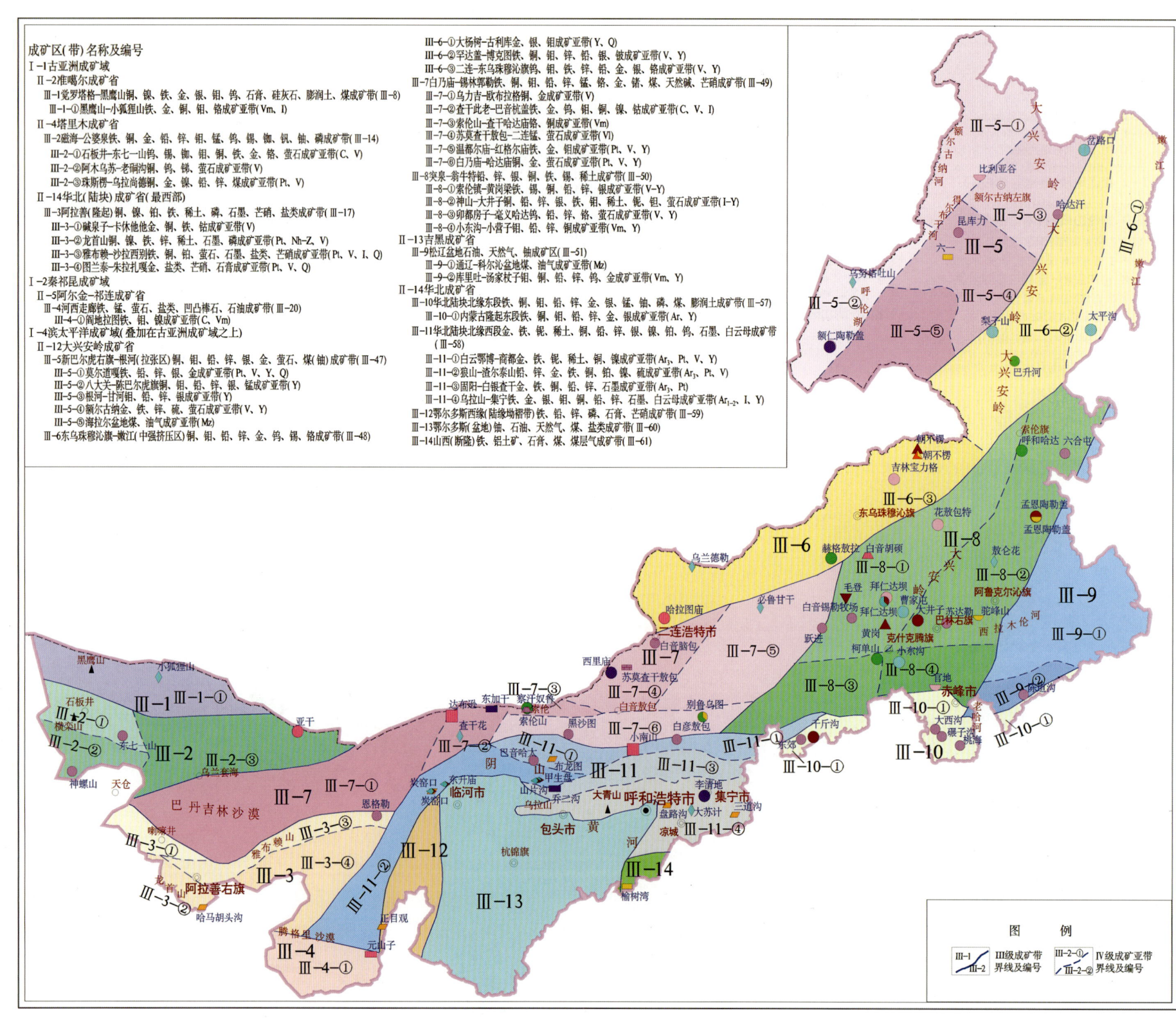

内蒙古自治区成矿区（带）划分示意图

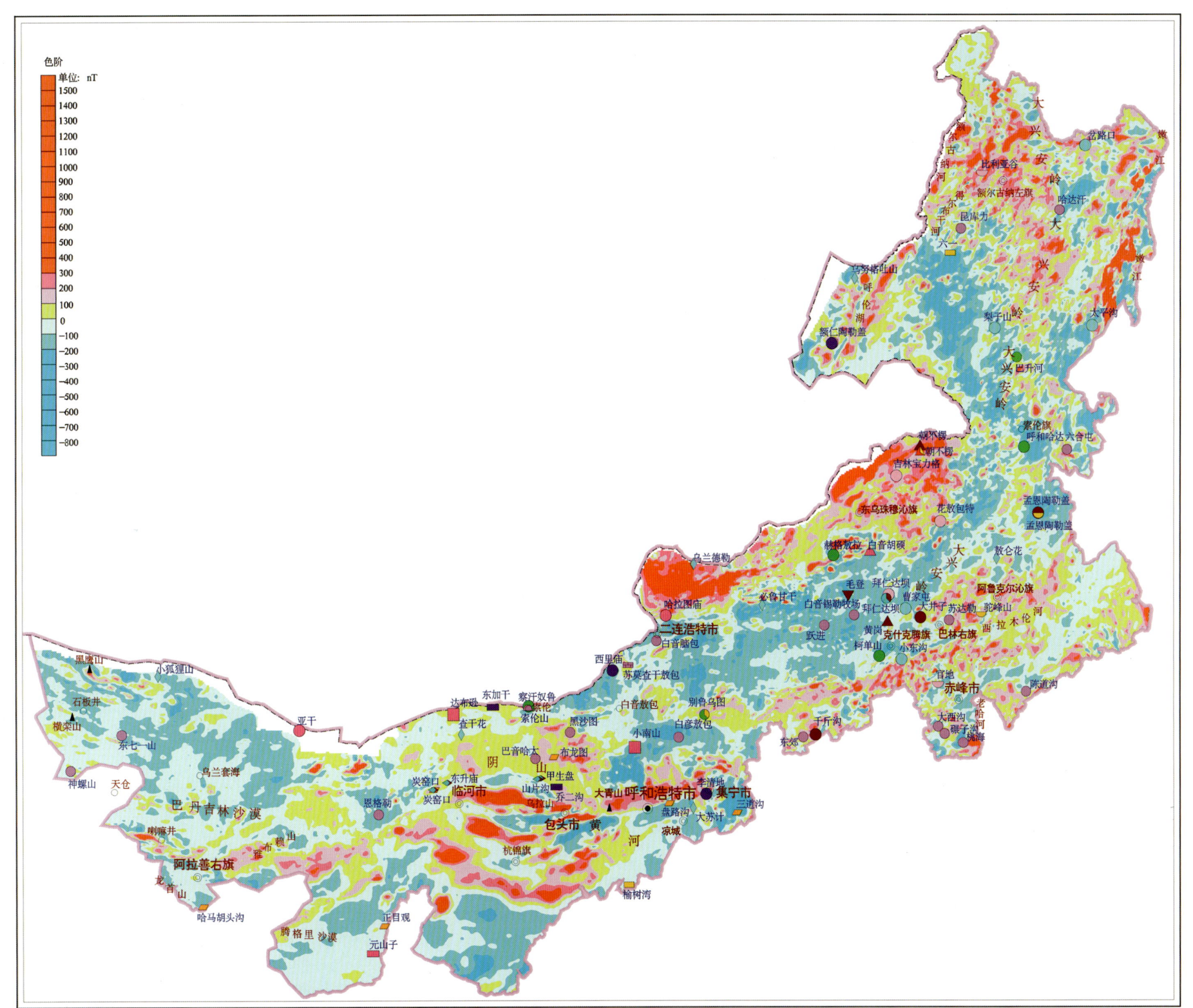

内蒙古自治区航磁 ΔT 化极等值线平面示意图

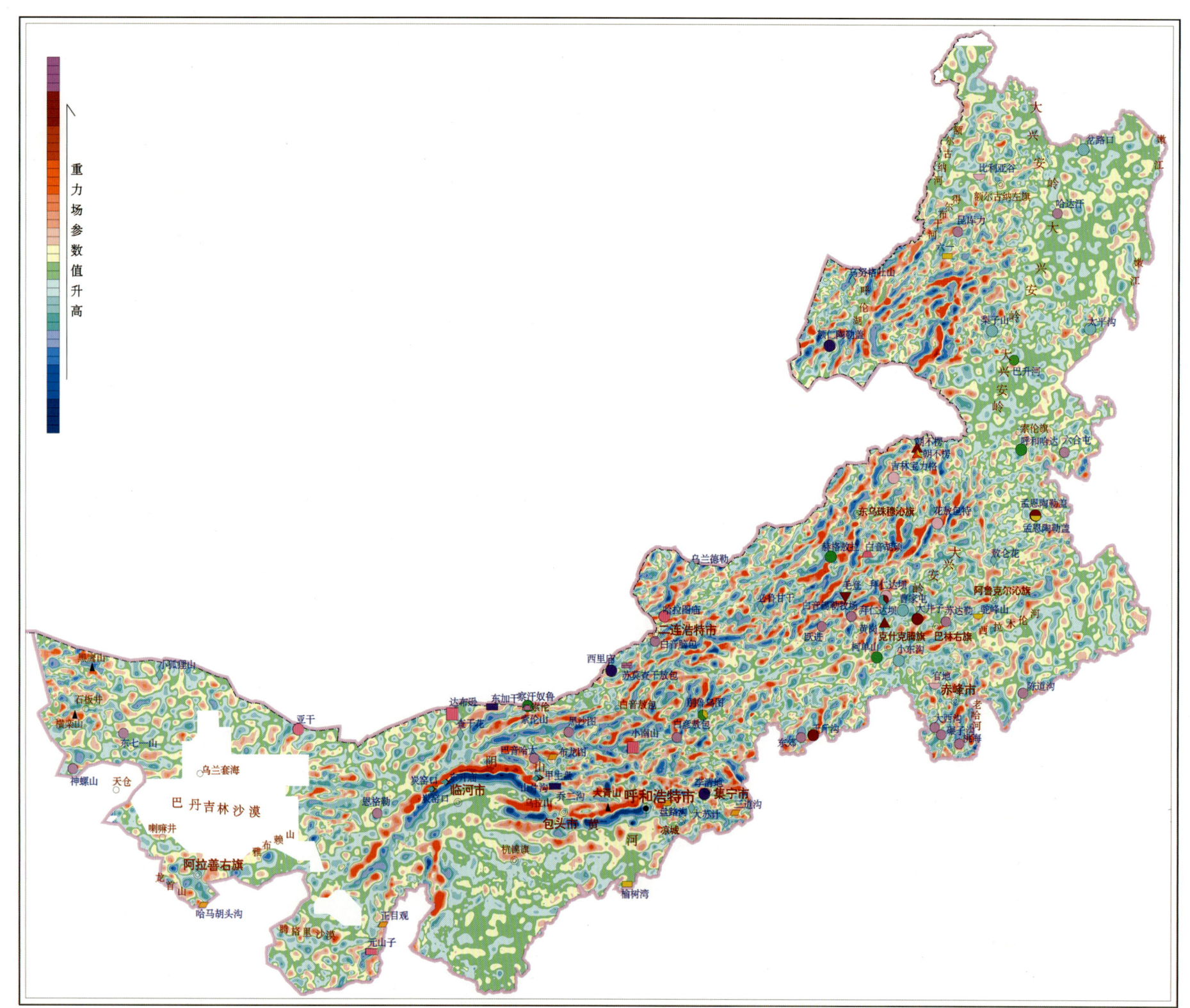

内蒙古自治区剩余重力异常平面示意图

内蒙古自治区银锰锡钼镍铬磷萤石硫铁菱镁重晶石典型矿床基本信息一览表

矿种	序号	典型矿床名称	成因类型	预测方法类型	成矿时代
银矿	1	拜仁达坝	热液型	侵入岩体型	海西期
银矿	2	花敖包特	热液型	复合内生型	晚侏罗世
银矿	3	孟恩陶勒盖	中低温热液型	侵入岩体型	侏罗纪
银矿	4	李清地	热液型	复合内生型	燕山期
银矿	5	吉林宝力格	热液型	复合内生型	燕山早期
银矿	6	额仁陶勒盖	热液型	复合内生型	燕山期
银矿	7	官地	热液型	复合内生型	燕山期
银矿	8	比利亚谷	热液型	复合内生型	燕山期
锰矿	1	额仁陶勒盖	热液型	复合内生型	燕山期
锰矿	2	李清地	热液型	复合内生型	燕山期
锰矿	3	西里庙	火山热液型	火山岩型	海西期
锰矿	4	东加干	沉积变质型	变质型	加里东期
锰矿	5	乔二沟	沉积变质型	变质型	中元古代
锡矿	1	毛登	热液型	复合内生型	燕山期
锡矿	2	黄岗	热液型	复合内生型	燕山晚期
锡矿	3	朝不楞	矽卡岩型	侵入岩体型	燕山晚期
锡矿	4	孟恩陶勒盖	中低温热液型	侵入岩体型	侏罗纪
锡矿	5	大井子	热液型	侵入岩体型	燕山早期
锡矿	6	千斤沟	热液型	侵入岩体型	燕山晚期
钼矿	1	乌兰德勒	斑岩型	侵入岩体型	燕山晚期
钼矿	2	乌努格吐山	斑岩型	侵入岩体型	燕山早期
钼矿	3	太平沟	斑岩型	侵入岩体型	燕山晚期
钼矿	4	敖仑花	斑岩型	侵入岩体型	早白垩世
钼矿	5	曹家屯	高温热液型	侵入岩体型	燕山期
钼矿	6	大苏计	斑岩型	侵入岩体型	三叠纪
钼矿	7	小狐狸山	斑岩型	侵入岩体型	印支期
钼矿	8	小东沟	斑岩型	侵入岩体型	早白垩世
钼矿	9	查干花	斑岩型	侵入岩体型	印支早期
钼矿	10	必鲁甘干	斑岩型	侵入岩体型	早侏罗世
钼矿	11	梨子山	矽卡岩型	复合内生型	海西中期
钼矿	12	元山子	沉积(变质)型	沉积(变质)型	寒武纪
钼矿	13	岔路口	斑岩型	侵入岩体型	燕山期
镍矿	1	白音胡硕	岩浆型	侵入岩体型	海西期
镍矿	2	小南山	岩浆型	侵入岩体型	志留纪—二叠纪
镍矿	3	达布逊	岩浆熔离型	侵入岩体型	海西中期
镍矿	4	亚干	岩浆型	侵入岩体型	新元古代
镍矿	5	哈拉图庙	岩浆熔离型	侵入岩体型	泥盆纪
镍矿	6	元山子	沉积(变质)型	沉积变质型	寒武纪
铬矿	1	呼和哈达	蛇绿岩型	侵入岩体型	晚二叠世
铬矿	2	柯单山	蛇绿岩型	侵入岩体型	中奥陶纪
铬矿	3	赫格敖拉	蛇绿岩型	侵入岩体型	泥盆纪
铬矿	4	索伦山	蛇绿岩型	侵入岩体型	早二叠世
磷矿	1	炭窑口	沉积变质型	变质型	中元古代
磷矿	2	布龙图	沉积变质型	沉积型	中元古代
磷矿	3	盘路沟	沉积变质型	沉积型	中太古代
磷矿	4	三道沟	沉积变质型	沉积型	中太古代
磷矿	5	正目观	沉积型	沉积型	寒武纪
磷矿	6	哈马胡头沟	沉积型	沉积型	震旦纪
萤石矿	1	神螺山	热液充填型	侵入岩体型	二叠纪
萤石矿	2	东七一山	热液充填型	侵入岩体型	石炭纪
萤石矿	3	恩格勒	热液充填型	侵入岩体型	三叠纪
萤石矿	4	巴音哈太	热液充填型	侵入岩体型	三叠纪
萤石矿	5	黑沙图	热液充填型	侵入岩体型	二叠纪—三叠纪
萤石矿	6	苏莫查干敖包	沉积-改造型	层控内生型	二叠纪
萤石矿	7	白音脑包	热液充填型	侵入岩体型	侏罗纪—白垩纪
萤石矿	8	白彦敖包	热液充填型	侵入岩体型	二叠纪、三叠纪
萤石矿	9	东郊	热液充填型	侵入岩体型	侏罗纪
萤石矿	10	跃进	热液充填型	侵入岩体型	二叠纪
萤石矿	11	苏达勒	热液充填型	侵入岩体型	燕山晚期
萤石矿	12	大西沟	热液充填型	侵入岩体型	侏罗纪—白垩纪
萤石矿	13	陈道沟	热液充填型	侵入岩体型	二叠纪—侏罗纪
萤石矿	14	昆库力	热液充填型	侵入岩体型	石炭纪
萤石矿	15	哈达汗	热液充填型	侵入岩体型	侏罗纪—白垩纪
萤石矿	16	六合屯	热液充填型	侵入岩体型	侏罗纪—白垩纪
萤石矿	17	白音锡勒牧场	热液充填型	侵入岩体型	燕山期
硫铁矿	1	炭窑口	沉积喷流型	沉积变质型	中元古代
硫铁矿	2	东升庙	沉积喷流型	沉积变质型	中元古代
硫铁矿	3	山片沟	沉积喷流型	沉积变质型	中元古代
硫铁矿	4	榆树湾	沉积型	沉积型	石炭纪
硫铁矿	5	别鲁乌图	热液型	复合内生型	二叠纪
硫铁矿	6	六一	火山沉积型	火山岩型	海西期
硫铁矿	7	朝不楞	接触交代型	复合内生型	燕山期
硫铁矿	8	拜仁达坝	岩浆热液型	复合内生型	海西期
硫铁矿	9	驼峰山	海相火山岩型	火山岩型	二叠纪
菱镁矿	1	察汗奴鲁	风化壳型	侵入岩体型	二叠纪
重晶石矿	1	巴升河	热液型	侵入岩体型	白垩纪

目 录

拜仁达坝式热液型银铅锌矿地质、地球物理特征一览表 …………………… (1)

拜仁达坝式热液型银铅锌典型矿床所在区域地质矿产及物探剖析图 ………… (2)

花敖包特式热液型银铅锌矿地质、地球物理特征一览表 …………………… (3)

花敖包特式热液型银铅锌典型矿床所在区域地质矿产及物探剖析图 ………… (4)

孟恩陶勒盖式中低温热液型银铅锌矿地质、地球物理特征一览表 …………… (5)

孟恩陶勒盖式中低温热液型银铅锌典型矿床所在区域地质矿产及物探剖析图 …… (6)

李清地式热液型银铅锌矿地质、地球物理特征一览表 ……………………… (7)

李清地式热液型银铅锌典型矿床所在区域地质矿产及物探剖析图 …………… (8)

吉林宝力格式热液型银矿地质、地球物理特征一览表 ……………………… (9)

吉林宝力格式热液型银典型矿床所在区域地质矿产及物探剖析图 …………… (10)

额仁陶勒盖式热液型银矿地质、地球物理特征一览表 ……………………… (11)

额仁陶勒盖式热液型银典型矿床所在区域地质矿产及物探剖析图 …………… (12)

官地式中低温火山热液型银矿地质、地球物理特征一览表 ………………… (13)

官地式中低温火山热液型银典型矿床所在区域地质矿产及物探剖析图 ……… (14)

比利亚谷式热液型银铅锌矿地质、地球物理特征一览表 …………………… (15)

比利亚谷式热液型银铅锌典型矿床所在区域地质矿产及物探剖析图 ………… (16)

额仁陶勒盖式热液型银锰矿地质、地球物理特征一览表 …………………… (17)

额仁陶勒盖式热液型银锰典型矿床所在区域地质矿产及物探剖析图 ………… (18)

李清地式热液型银锰矿地质、地球物理特征一览表 ………………………… (19)

李清地式热液型银锰典型矿床所在区域地质矿产及物探剖析图 …………… (20)

西里庙式热液型锰矿地质、地球物理特征一览表 ………………………… (21)

西里庙式热液型锰典型矿床所在区域地质矿产及物探剖析图 ……………… (22)

东加干式沉积变质型锰矿地质、地球物理特征一览表 ……………………… (23)

东加干式沉积变质型锰典型矿床所在区域地质矿产及物探剖析图 …………… (24)

乔二沟式沉积变质型锰矿地质、地球物理特征一览表 ……………………… (25)

乔二沟式沉积变质型锰典型矿床所在区域地质矿产及物探剖析图 …………… (26)

毛登式热液型锡矿地质、地球物理特征一览表 …………………………… (27)

毛登式热液型锡典型矿床所在区域地质矿产及物探剖析图 ………………… (28)

黄岗式热液型铁锡矿地质、地球物理特征一览表 ………………………… (29)

黄岗式热液型铁锡典型矿床所在区域地质矿产及物探剖析图 ……………… (30)

朝不楞式矽卡岩型铁锡矿地质、地球物理特征一览表 ……………………… (31)

朝不楞式矽卡岩型锡多金属典型矿床所在区域地质矿产及物探剖析图 ……… (32)

孟恩陶勒盖式中低温热液型锡多金属矿地质、地球物理特征一览表 ………… (33)

孟恩陶勒盖式中低温热液型锡多金属典型矿床所在区域地质矿产及物探剖析图

………………………………………………………………………………… (34)

大井子式热液型锡矿地质、地球物理特征一览表 ………………………… (35)

大井子式热液型锡典型矿床所在区域地质矿产及物探剖析图 ……………… (36)

千斤沟式热液型锡矿地质、地球物理特征一览表 ………………………… (37)

千斤沟式热液型锡典型矿床所在区域地质矿产及物探剖析图 ……………… (38)

乌兰德勒式斑岩型钼矿地质、地球物理特征一览表 ………………………… (39)

乌兰德勒式斑岩型钼典型矿床所在区域地质矿产及物探剖析图 …………… (40)

乌努格吐山式斑岩型钼矿地质、地球物理特征一览表 ……………………… (41)

乌努格吐山式斑岩型钼典型矿床所在区域地质矿产及物探剖析图 …………… (42)

太平沟式斑岩型钼矿地质、地球物理特征一览表 ………………………… (43)

太平沟式斑岩型钼典型矿床所在区域地质矿产及物探剖析图 ……………… (44)

敖仑花式斑岩型钼矿地质、地球物理特征一览表 ………………………… (45)

敖仑花式斑岩型钼典型矿床所在区域地质矿产及物探剖析图 …………… (46)
曹家屯式高温热液型钼矿地质、地球物理特征一览表………………… (47)
曹家屯式高温热液型钼典型矿床所在区域地质矿产及物探剖析图 …… (48)
大苏计式斑岩型钼矿地质、地球物理特征一览表 ……………………… (49)
大苏计式斑岩型钼典型矿床所在区域地质矿产及物探剖析图 ………… (50)
小狐狸山式斑岩型钼矿地质、地球物理特征一览表 …………………… (51)
小狐狸山式斑岩型钼典型矿床所在区域地质矿产及物探剖析图 ……… (52)
小东沟式斑岩型钼矿地质、地球物理特征一览表 ……………………… (53)
小东沟式斑岩型钼典型矿床所在区域地质矿产及物探剖析图 ………… (54)
查干花式斑岩型钼矿地质、地球物理特征一览表 ……………………… (55)
查干花式斑岩型钼典型矿床所在区域地质矿产及物探剖析图 ………… (56)
必鲁甘干式斑岩型钼矿地质、地球物理特征一览表 …………………… (57)
必鲁甘干式斑岩型钼典型矿床所在区域地质矿产及物探剖析图 ……… (58)
梨子山式矽卡岩型钼铁矿地质、地球物理特征一览表 ………………… (59)
梨子山式矽卡岩型钼铁典型矿床所在区域地质矿产及物探剖析图 …… (60)
元山子式沉积(变质)型钼矿地质、地球物理特征一览表 ……………… (61)
元山子式沉积(变质)型钼典型矿床所在区域地质矿产及物探剖析图 … (62)
岔路口式斑岩型钼矿地质、地球物理特征一览表 ……………………… (63)
岔路口式斑岩型钼典型矿床所在区域地质矿产及物探剖析图 ………… (64)
白音胡硕式岩浆型镍矿地质、地球物理特征一览表 …………………… (65)
白音胡硕式岩浆型镍典型矿床所在区域地质矿产及物探剖析图 ……… (66)
小南山式岩浆型铜镍矿地质、地球物理特征一览表 …………………… (67)
小南山式岩浆型铜镍典型矿床所在区域地质矿产及物探剖析图 ……… (68)
达布逊式岩浆熔离型镍矿地质、地球物理特征一览表 ………………… (69)
达布逊式岩浆熔离型镍典型矿床所在区域地质矿产及物探剖析图 …… (70)
亚干式岩浆型铜钴镍矿地质、地球物理特征一览表 …………………… (71)
亚干式岩浆型铜钴镍典型矿床所在区域地质矿产及物探剖析图 ……… (72)
哈拉图庙式岩浆熔离型镍矿地质、地球物理特征一览表 ……………… (73)

哈拉图庙式岩浆熔离型镍典型矿床所在区域地质矿产及物探剖析图 … (74)
元山子式沉积(变质)型镍钼矿地质、地球物理特征一览表 …………… (75)
元山子式沉积(变质)型镍钼典型矿床所在区域地质矿产及物探剖析图 … (76)
呼和哈达式蛇绿岩型铬铁矿地质、地球物理特征一览表 ……………… (77)
柯单山式蛇绿岩型铬铁矿地质、地球物理特征一览表 ………………… (77)
呼和哈达式蛇绿岩型铬铁矿典型矿床所在区域地质矿产及物探剖析图 … (78)
柯单山式蛇绿岩型铬铁矿典型矿床所在区域地质矿产及物探剖析图 … (79)
赫格敖拉式蛇绿岩型铬铁矿地质、地球物理特征一览表 ……………… (80)
索伦山式蛇绿岩型铬铁矿地质、地球物理特征一览表 ………………… (80)
赫格敖拉式蛇绿岩型铬铁矿典型矿床所在区域地质矿产及物探剖析图 … (81)
索伦山式蛇绿岩型铬铁矿典型矿床所在区域地质矿产及物探剖析图 … (82)
炭窑口式沉积变质型磷矿地质、地球物理特征一览表 ………………… (83)
炭窑口式沉积变质型磷典型矿床所在区域地质矿产及物探剖析图 …… (84)
布龙图式沉积变质型磷矿地质、地球物理特征一览表 ………………… (85)
布龙图式沉积变质型磷典型矿床所在区域地质矿产及物探剖析图 …… (86)
盘路沟式沉积变质型磷矿地质、地球物理特征一览表 ………………… (87)
盘路沟式沉积变质型磷典型矿床所在区域地质矿产及物探剖析图 …… (88)
三道沟式沉积变质型磷矿地质、地球物理特征一览表 ………………… (89)
三道沟式沉积变质型磷典型矿床所在区域地质矿产及物探剖析图 …… (90)
正目观式沉积型磷矿地质、地球物理特征一览表 ……………………… (91)
正目观式沉积型磷典型矿床所在区域地质矿产及物探剖析图 ………… (92)
哈马胡头沟式沉积型磷矿地质、地球物理特征一览表 ………………… (93)
哈马胡头沟式沉积型磷典型矿床所在区域地质矿产及物探剖析图 …… (94)
神螺山式热液充填型萤石矿地质、地球物理特征一览表 ……………… (95)
神螺山式热液充填型萤石典型矿床所在区域地质矿产及物探剖析图 … (96)
东七一山式热液充填型萤石矿地质、地球物理特征一览表 …………… (97)
东七一山式热液充填型萤石典型矿床所在区域地质矿产及物探剖析图 … (98)
恩格勒式热液充填型萤石矿地质、地球物理特征一览表 ……………… (99)

恩格勒式热液充填型萤石典型矿床所在区域地质矿产及物探剖析图 …………（100）

巴音哈太式热液充填型萤石矿地质、地球物理特征一览表 …………（101）

巴音哈太式热液充填型萤石典型矿床所在区域地质矿产及物探剖析图 …………（102）

黑沙图式热液充填型萤石矿地质、地球物理特征一览表 …………（103）

黑沙图式热液充填型萤石典型矿床所在区域地质矿产及物探剖析图 …………（104）

苏莫查干敖包式沉积-改造型萤石矿地质、地球物理特征一览表 …………（105）

苏莫查干敖包式沉积-改造型萤石典型矿床所在区域地质矿产及物探剖析图 …（106）

白音脑包式热液充填型萤石矿地质、地球物理特征一览表 …………（107）

白音脑包式热液充填型萤石典型矿床所在区域地质矿产及物探剖析图 …………（108）

白彦敖包式热液充填型萤石矿地质、地球物理特征一览表 …………（109）

白彦敖包式热液充填型萤石典型矿床所在区域地质矿产及物探剖析图 …………（110）

太仆寺旗东郊式热液充填型萤石矿地质、地球物理特征一览表 …………（111）

太仆寺旗东郊式热液充填型萤石典型矿床所在区域地质矿产及物探剖析图 …（112）

跃进式热液充填型萤石矿地质、地球物理特征一览表 …………（113）

跃进式热液充填型萤石典型矿床所在区域地质矿产及物探剖析图 …………（114）

苏达勒式热液充填型萤石矿地质、地球物理特征一览表 …………（115）

苏达勒式热液充填型萤石典型矿床所在区域地质矿产及物探剖析图 …………（116）

大西沟式热液充填型萤石矿地质、地球物理特征一览表 …………（117）

大西沟式热液充填型萤石典型矿床所在区域地质矿产及物探剖析图 …………（118）

陈道沟式热液充填型萤石矿地质、地球物理特征一览表 …………（119）

陈道沟式热液充填型萤石典型矿床所在区域地质矿产及物探剖析图 …………（120）

昆库力式热液充填型萤石矿地质、地球物理特征一览表 …………（121）

昆库力式热液充填型萤石典型矿床所在区域地质矿产及物探剖析图 …………（122）

哈达汗式热液充填型萤石矿地质、地球物理特征一览表 …………（123）

哈达汗式热液充填型萤石典型矿床所在区域地质矿产及物探剖析图 …………（124）

六合屯式热液充填型萤石矿地质、地球物理特征一览表 …………（125）

六合屯式热液充填型萤石典型矿床所在区域地质矿产及物探剖析图 …………（126）

白音锡勒牧场式热液充填型萤石矿地质、地球物理特征一览表 …………（127）

白音锡勒牧场式热液充填型萤石典型矿床所在区域地质矿产及物探剖析图 …（128）

炭窑口狼山式沉积喷流型硫铁矿地质、地球物理特征一览表 …………（129）

炭窑口狼山式沉积喷流型硫铁典型矿床所在区域地质矿产及物探剖析图 …………（130）

东升庙狼山式沉积喷流型硫铁矿地质、地球物理特征一览表 …………（131）

东升庙狼山式沉积喷流型硫铁典型矿床所在区域地质矿产及物探剖析图 …………（132）

山片沟狼山式沉积喷流型硫铁矿地质、地球物理特征一览表 …………（133）

山片沟狼山式沉积喷流型硫铁典型矿床所在区域地质矿产及物探剖析图 …………（134）

榆树湾阳泉式沉积型硫铁矿地质、地球物理特征一览表 …………（135）

榆树湾阳泉式沉积型硫铁典型矿床所在区域地质矿产及物探剖析图 …………（136）

别鲁乌图式热液型硫铁矿地质、地球物理特征一览表 …………（137）

别鲁乌图式热液型硫铁典型矿床所在区域地质矿产及物探剖析图 …………（138）

六一式火山沉积型硫铁矿地质、地球物理特征一览表 …………（139）

六一式火山沉积型硫铁典型矿床所在区域地质矿产及物探剖析图 …………（140）

朝不楞式接触交代型硫铁矿地质、地球物理特征一览表 …………（141）

朝不楞式接触交代型硫铁典型矿床所在区域地质矿产及物探剖析图 …………（142）

拜仁达坝式岩浆热液型硫铁矿地质、地球物理特征一览表 …………（143）

拜仁达坝式岩浆热液型硫铁典型矿床所在区域地质矿产及物探剖析图 …………（144）

驼峰山式海相火山岩型硫铁矿地质、地球物理特征一览表 …………（145）

驼峰山式海相火山岩型硫铁典型矿床所在区域地质矿产及物探剖析图 …………（146）

察汗奴鲁式风化壳型菱镁矿地质、地球物理特征一览表 …………（147）

察汗奴鲁式风化壳型菱镁矿典型矿床所在区域地质矿产及物探剖析图 …………（148）

巴升河式热液型重晶石矿地质、地球物理特征一览表 …………（149）

巴升河式热液型重晶石典型矿床所在区域地质矿产及物探剖析图 …………（150）

拜仁达坝式热液型银铅锌矿地质、地球物理特征一览表

成矿要素		描述内容		
储量		银金属量 3961.25t	平均品位	Ag 232.37×10^{-6}
特征描述		中低温热液型银铅锌矿床		
地质环境	构造背景	天山-兴蒙造山系,大兴安岭弧盆系,锡林浩特岩浆弧(Pz$_2$)		
	成矿环境	成矿区带属滨太平洋成矿域(叠加在古亚洲成矿域之上),大兴安岭成矿省,突泉-翁牛特铅、锌、银、铜、铁、锡、稀土成矿带,索伦镇-黄岗梁铁、锡、铜、铅、锌、银成亚带(V-Y)。矿床分布于海西期石英闪长岩与古元古界宝音图岩群的内、外接触带附近断裂上。矿体受近东西向压扭性断裂控制,地表风化剥蚀较强烈		
	成矿时代	海西期		
矿床特征	矿体形态	脉状、似脉状		
	岩石类型	海西期石英闪长岩		
	岩石结构	主要为半自形粒状结构、他形粒状结构、交代结构		
	矿物组合	磁黄铁矿、方铅矿、铁闪锌矿、毒砂、黄铁矿、银黝铜矿、黄铜矿等,其次还有闪锌矿、辉银矿、自然银、黝锡矿、硫锑铅矿、胶状黄铁矿、铅矾、褐铁矿、孔雀石等矿物		
	矿石结构构造	结构:半自形粒状、他形粒状、骸晶、交代、固溶体分离和碎裂结构。构造:条带状、网脉状、块状、浸染状构造,其次为斑杂状、角砾状构造		
	蚀变特征	硅化、白云母化、绢云母化、绿泥石化、碳酸盐化、高岭土化,其次还可见绿帘石化及叶蜡石化等。其中与银铅锌矿化关系密切的是硅化、绿泥石化和绢云母化		
	控矿条件	赋矿地质体为古元古界宝音图岩群(锡林郭勒杂岩)黑云斜长片麻岩、二云斜长片麻岩、角闪斜长片麻岩及石炭纪石英闪长岩。矿带和矿体的赋存明显受构造控制:北东向构造控制海西期中酸性侵入岩的分布,同时控制矿带的展布;而北北西向和近东西向构造是矿区内主要控矿构造		
地球物理特征	重力场特征	矿床区域上位于内蒙古自治区境内北北东向克什克腾旗—霍林郭勒市一带布格重力低异常带的北西侧。该异常带内不同时期的中酸性侵入岩(海西期、印支期、燕山期)呈北东向带状展布,断续出露。其密度值较低,一般为2.54~2.60g/cm^3,推断该重力低异常带是不同时期中—酸性岩浆岩活动叠加区(带)。矿床位于重力等值线同向扭曲处,且异常总体走向为北东向,推测矿区所在区域存在北东向断裂构造。重力低值区表明拜仁达坝银铅锌矿床在成因上与中—酸性岩体有关		
	磁场特征	矿床位于航磁负磁场中,所在处强度约为-100nT。其北有一呈北东向的弱正磁异常,该异常与剩余重力正异常对应。异常区内有超基性岩脉及太古宙—古元古代变质岩出露,推断磁力高、重力高异常由超基性岩及太古宙—古元古代变质岩引起		

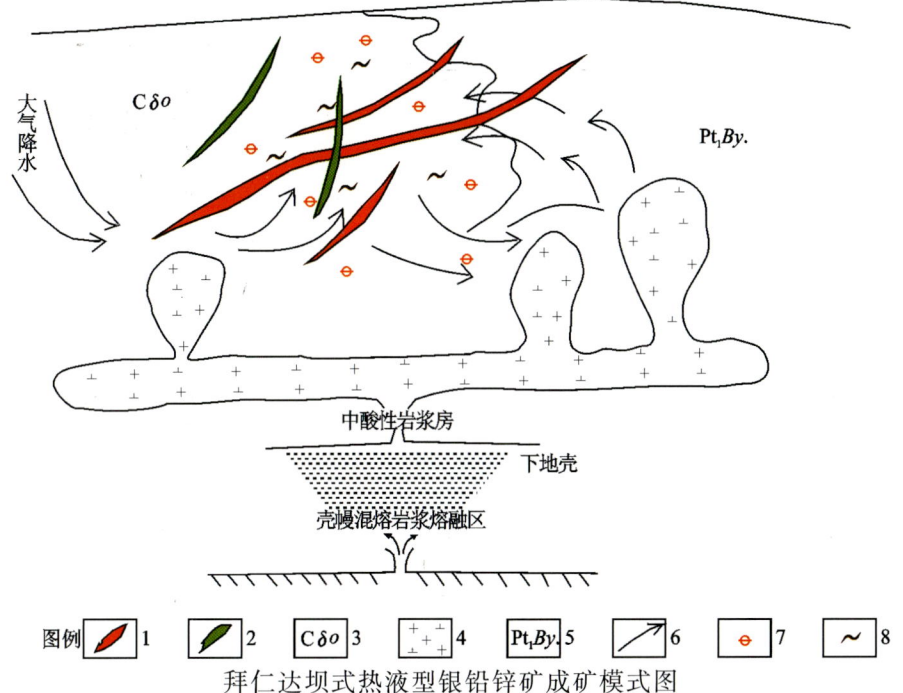

拜仁达坝式热液型银铅锌矿成矿模式图

1.矿体;2.基性岩脉;3.石炭纪石英闪长岩;4.中酸性岩浆;5.古元古界宝音图岩群;
6.流体移动方向;7.绿帘石化;8.绿泥石化

(古元古界宝音图岩群片麻岩、石炭纪石英闪长岩中成矿物质迁移富集程度较高,各成矿物质主要沿近东西向压扭性断裂迁移、充填、沉淀,矿体赋存空间即为断裂)

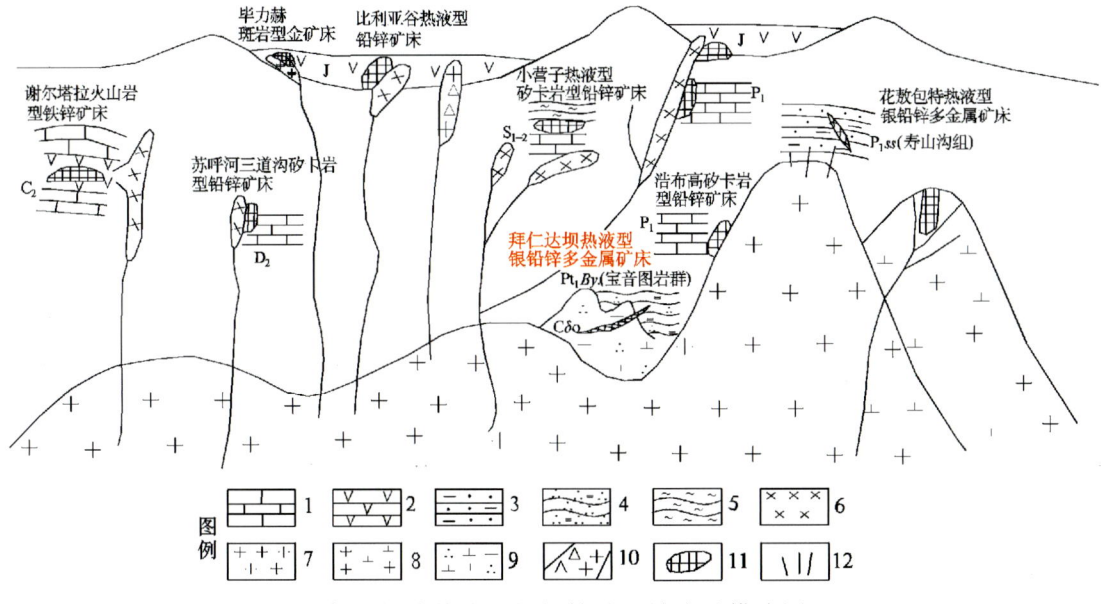

拜仁达坝式热液型银铅锌矿区域成矿模式图

1.大理岩;2.火山岩;3.泥质砂岩;4.石英片岩;5.绿泥片岩;6.次火山岩;7.花岗岩类;8.花岗闪长岩类;
9.石英闪长岩;10.隐爆角砾岩筒;11.矿体;12.热液型矿化

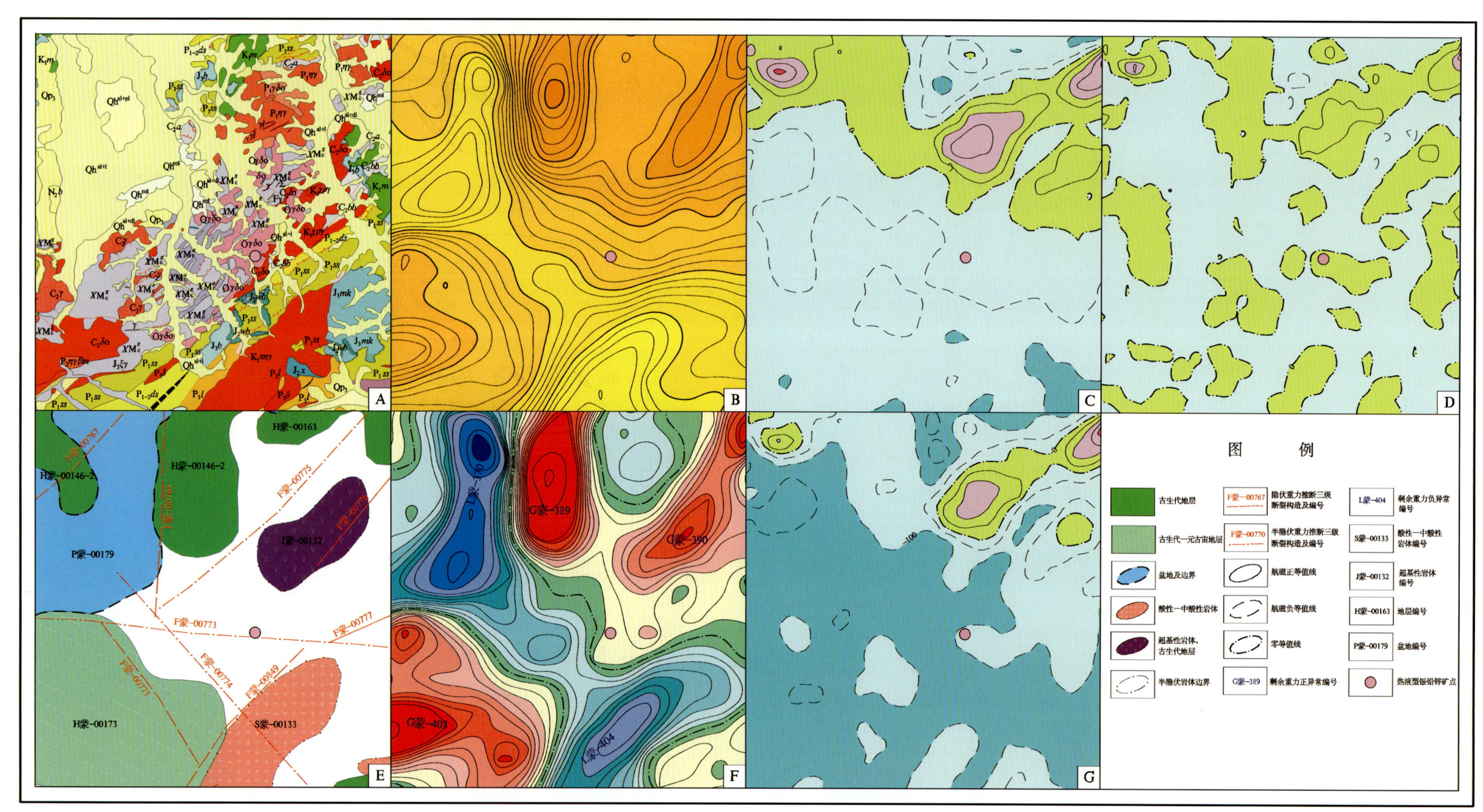

拜仁达坝式热液型银铅锌典型矿床所在区域地质矿产及物探剖析图
A. 地质矿产图；B. 布格重力异常图；C. 航磁 ΔT 等值线平面图；D. 航磁 ΔT 化极垂向一阶导数等值线平面图；E. 重力推断地质构造图；F. 剩余重力异常图；G. 航磁 ΔT 化极等值线平面图

花敖包特式热液型银铅锌矿地质、地球物理特征一览表

成矿要素		内容描述		
储量		银金属量 2692t	平均品位	Ag 3.94×10^{-6}
特征描述		中低温次火山热液型银铅锌矿床		
地质环境	构造背景	天山-兴蒙造山系,大兴安岭弧盆系,锡林浩特岩浆弧(Pz_2)		
	成矿环境	成矿区带属滨太平洋成矿域(叠加在古亚洲成矿域之上),大兴安岭成矿省,突泉-翁牛特铅、锌、银、铜、铁、锡、稀土成矿带,索伦镇-黄岗梁铁、锡、铜、铅、锌、银成矿亚带(Ⅴ-Y)。区域构造线总体为北北东向。矿区出露地层为下二叠统寿山沟组、上侏罗统满克头鄂博组、新近系上新统五岔沟组及第四系。主要赋矿地层为下二叠统寿山沟组砂岩、含砾砂岩、细砂岩、粉砂岩,少量泥岩及蚀变的含角砾火山碎屑岩。岩石较破碎,部分岩石具糜棱岩化、绿泥石化及褐铁矿化。区内岩浆岩较发育,自海西期到燕山晚期均有侵入活动,超基性岩、基性岩、酸性岩均有产出,主要有海西期蛇纹岩和燕山早期闪长岩、花岗闪长岩及花岗岩,脉岩发育。其中超基性岩、基性岩与成矿关系密切		
	成矿时代	晚侏罗世		
矿床特征	矿体形态	透镜状		
	岩石类型	砂岩、含砾砂岩、细砂岩、粉砂岩,少量泥岩及蚀变含角砾火山碎屑岩		
	矿石结构	砂粒状结构		
	矿物组合	黄铁矿、方铅矿、闪锌矿、毒砂及黄铜矿,次为银黝铜矿、磁黄铁矿、辉锑矿、辉铁锑矿、硫铜锑矿、砷黝铜矿、深红银矿、硫锑铅矿、金红石及铜蓝等		
	矿石结构构造	结构:他形晶粒状、自形粒状、半自形粒状、交代溶蚀、残余、包含和乳浊状等结构。构造:块状、致密块状、脉状、细脉浸染状、团块状、斑杂状、角砾状和条带状等构造		
	蚀变特征	绿泥石化带—绢云母化、硅化、黄铁矿化带—碳酸盐化带		
	控矿条件	(1)下二叠统寿山沟组(P_1ss)是主要的赋矿地层,矿体主要分布在其中的裂隙中。 (2)热液充填在燕山期流纹岩体附近的裂隙中形成银铅锌矿体。 (3)梅劳特深断裂为海西晚期形成的北东向压性平推断裂,走向北东东,倾向南东,倾角70°左右,继承性活动比较明显。该断裂切穿基底,为岩浆的上升提供了通道,对本区多金属矿化以及矿床的形成具有重要的控制作用		
地球物理特征	重力场特征	矿床位于布格重力异常等值线的扭曲部位,其北为重力高,$\Delta g_{max}=-78.23\times10^{-5}$ m/s²。剩余重力异常图亦反映重力正异常,异常编号为 G 蒙-199;其南侧表现为重力负异常,编号为 L 蒙-209。重力高值区地表主要出露低密度的白垩纪沉积岩(σ为2.51g/cm³),零星出露密度较高的二叠纪地层(σ为2.65g/cm³)。重力低值区地表出露低密度的侏罗纪火山岩(σ为2.52g/cm³)。结合地质及物性资料,推断北部重力高异常是由古生界引起,南部局部重力低异常为中—酸性花岗岩体的反映,表明花敖包特银铅锌矿床在成因上不仅与古生界有关,而且与中—酸性花岗岩体有关		
	磁场特征	矿床所在区域总体为区域正磁场,强度为100~200nT,在该正磁场上叠加着3个等轴状局部正磁异常,强度为600~900nT。根据地质出露情况分析,推断该区域正磁场为古生界的反映。等轴状局部正磁异常由中—酸性岩体引起		

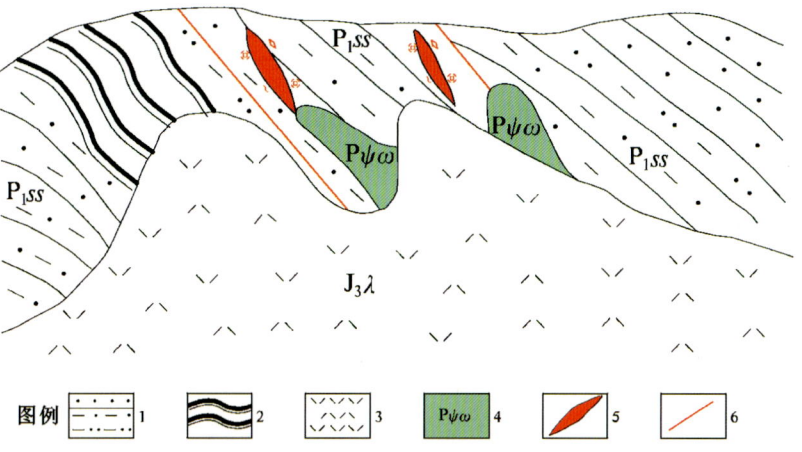

花敖包特式热液型银铅锌矿成矿模式图

1.二叠系寿山沟组(P_1ss)砂岩、粉砂质泥岩;2.二叠系寿山沟组(P_1ss)板岩;3.晚侏罗世次流纹岩($J_3\lambda$);4.二叠纪蛇纹岩(原岩为斜辉辉橄岩);5.矿体;6.断裂构造

(二叠系寿山沟组本身聚集了一定的成矿元素,经区域变质升温作用,促进元素的活化、迁移;后经断裂活动为成矿热液提供了通道,并为矿体赋存提供了空间;酸性次火山岩的侵入,又为含矿热液提供了热源,并为成矿元素提供了载体)

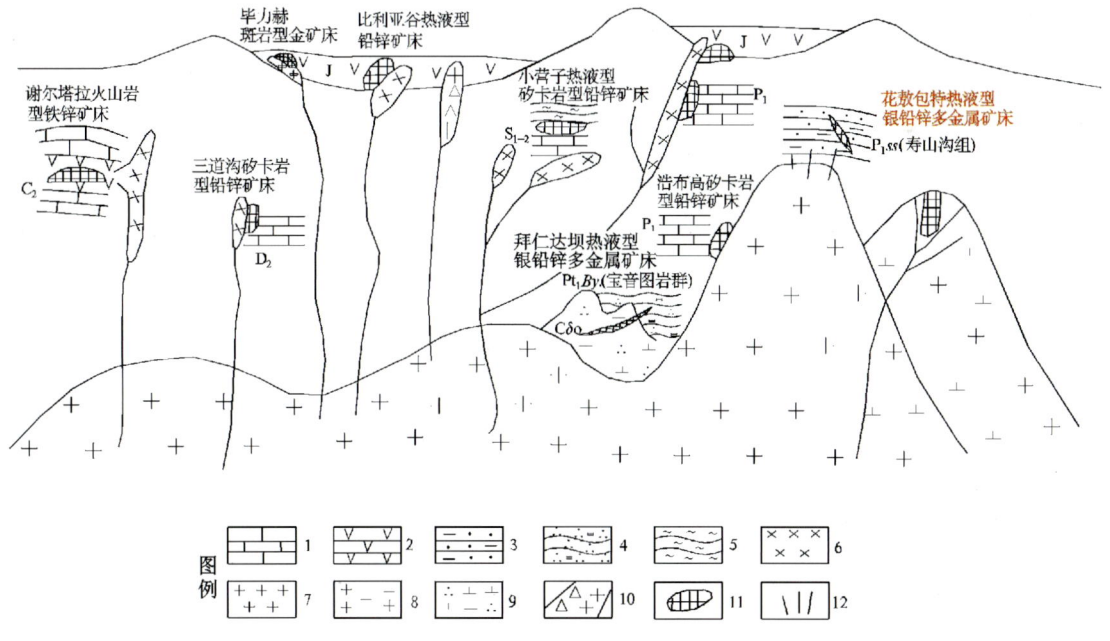

花敖包特式热液型银铅锌矿区域成矿模式图

1.大理岩;2.火山岩;3.泥质砂岩;4.石英片岩;5.绿泥片岩;6.次火山岩;7.花岗岩类;8.花岗闪长岩类;9.石英闪长岩;10.隐爆角砾岩筒;11.矿体;12.热液型矿化

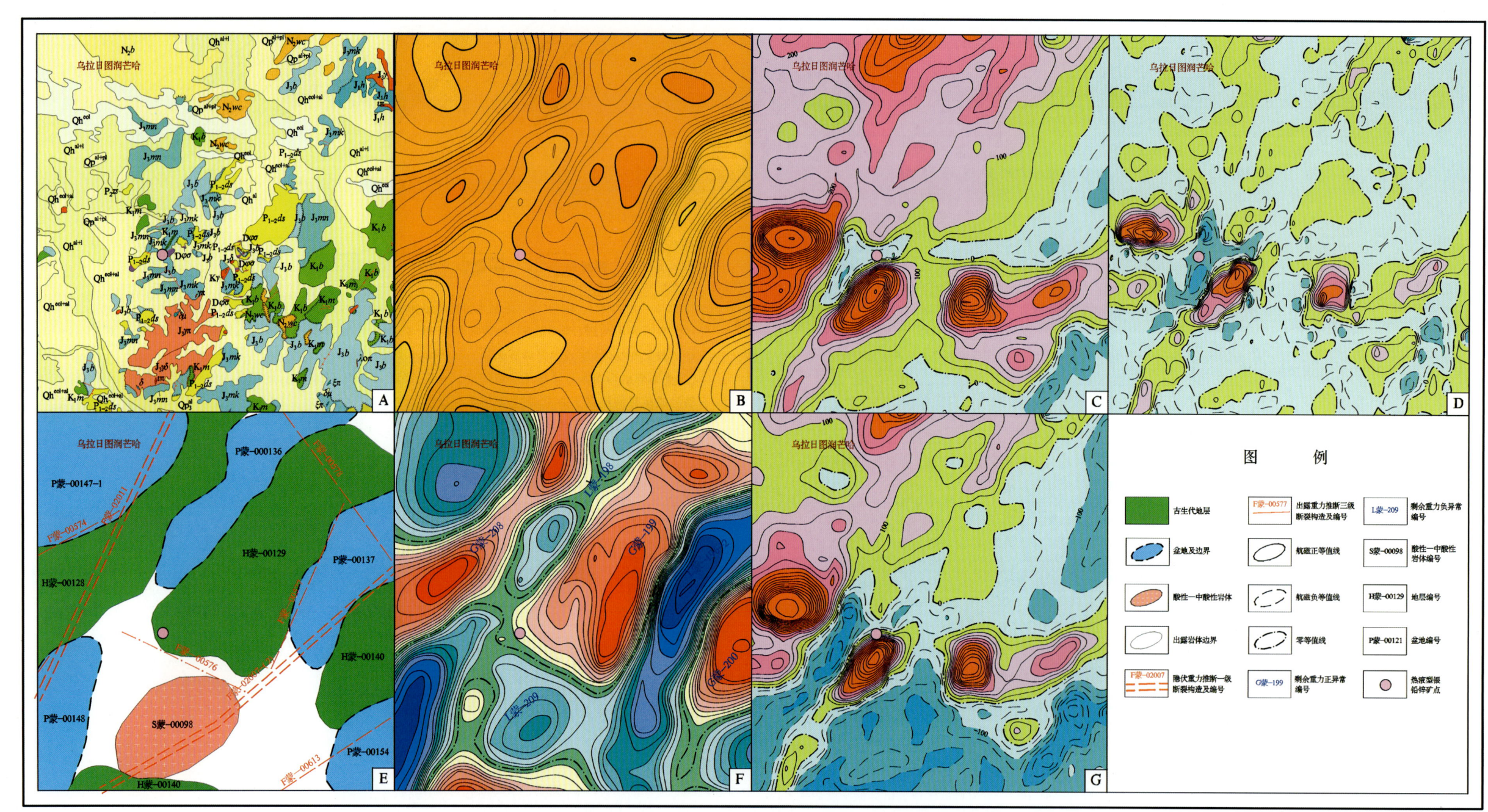

花敖包特式热液型银铅锌典型矿床所在区域地质矿产及物探剖析图

A. 地质矿产图；B. 布格重力异常图；C. 航磁 ΔT 等值线平面图；D. 航磁 ΔT 化极垂向一阶导数等值线平面图；E. 重力推断地质构造图；F. 剩余重力异常图；G. 航磁 ΔT 化极等值线平面图

孟恩陶勒盖式中低温热液型银铅锌矿地质、地球物理特征一览表

成矿要素		描述内容		
储量		银金属量1516t	平均品位	Ag 92×10⁻⁶
特征描述		中低温热液型银铅锌矿床		
地质环境	构造背景	天山-兴蒙造山系,大兴安岭弧盆系,锡林浩特岩浆弧(Pz_2)		
	成矿环境	成矿区带属滨太平洋成矿域(叠加在古亚洲洲成矿域之上),大兴安岭成矿省,突泉-翁牛特铅、锌、银、铜、铁、锡、稀土成矿带,神山-大井子铜、铅、锌、银、铁、钼、稀土、铌、钽、萤石成矿亚带(I-Y)。		
		矿区内无地层出露,近矿区见下二叠统滨海相陆源碎屑夹碳酸盐岩沉积及中酸性火山碎屑沉积。区内火山-侵入岩发育,侵入岩以二叠纪和侏罗纪—白垩纪酸性岩为主,中性岩零星分布,与孟恩陶勒盖式热液型银多金属矿有关的侵入岩为中二叠世斜长花岗岩。岩体中常出现中基性脉岩,有辉绿岩和闪长玢岩,先后穿切矿体,是燕山期区域性脉岩的一部分。近东西向断裂、北东向断裂为容矿构造		
	成矿时代	侏罗纪		
矿床特征	矿体形态	脉状、网脉状		
	岩石类型	中二叠世斜长花岗岩		
	岩石结构	花岗结构		
	矿物组合	闪锌矿、方铅矿、深红银矿、黑硫银锡矿、自然银、黄铜矿、黝锡矿、锡石、黄铁矿、磁黄铁矿和毒砂		
	矿石结构构造	结构:结晶结构、包含结构、填隙结构、胶状结构、交代溶蚀结构、固溶体分解结构、碎裂结构等。构造:浸染状、网脉状、梳状、条带状、块状、角砾状、斑杂状、球粒状—半球粒状、环带状、晶洞状构造		
	蚀变特征	绢云母化、锰菱铁矿化、硅化、黄铁矿化,其次是绿泥石化和黑云母褪色化		
	控矿条件	(1)近东西向断裂和北东向断裂是孟恩陶勒盖式热液型铅锌矿床的主要控矿构造,既提供了矿液通道,也提供了容矿空间。 (2)中二叠世斜长花岗岩是重要的含矿母岩,一方面提供了容矿空间,另一方面也提供了部分矿源。 (3)侏罗纪酸性岩体的侵位提供了热源和矿源,尤其是在岩浆晚期更为重要		
地球物理特征	重力场特征	矿床位于布格重力异常等值线扭曲部位,Δg约为-40×10^{-5}m/s²。剩余重力异常等值线平面图上,矿床位于剩余重力负异常上,该负异常走向由近东西向转为北西向,由多个局部异常组成,最小值为$\Delta g_{min}=-5.90\times 10^{-5}$m/s²。根据物性资料和地质资料分析,推断该重力低异常是中—酸性岩体的反映,异常走向变化处推断有北东段断裂构造存在		
	磁场特征	从1:20万航磁ΔT化极等值线图可知,该区反映$-100\sim0$nT的负磁场,表明该区地质体磁性矿物含量较少		

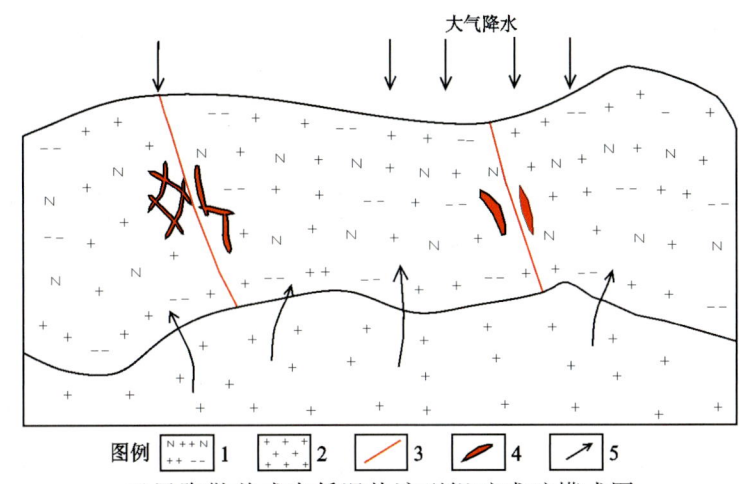

孟恩陶勒盖式中低温热液型银成矿模式图

1.黑云斜长花岗岩;2.花岗岩;3.断裂;4.银矿体;5.热液运移方向

[燕山期同熔型岩浆上升;晚期含矿热液残浆与结晶相分离;矿液向低压区运移,或与大气降水混合形成富矿环流;温度降低,在弱碱—碱性还原条件下,在燕山期岩体顶部、与围岩海西期花岗岩接触带减压区(次级断裂附近)充填成矿]

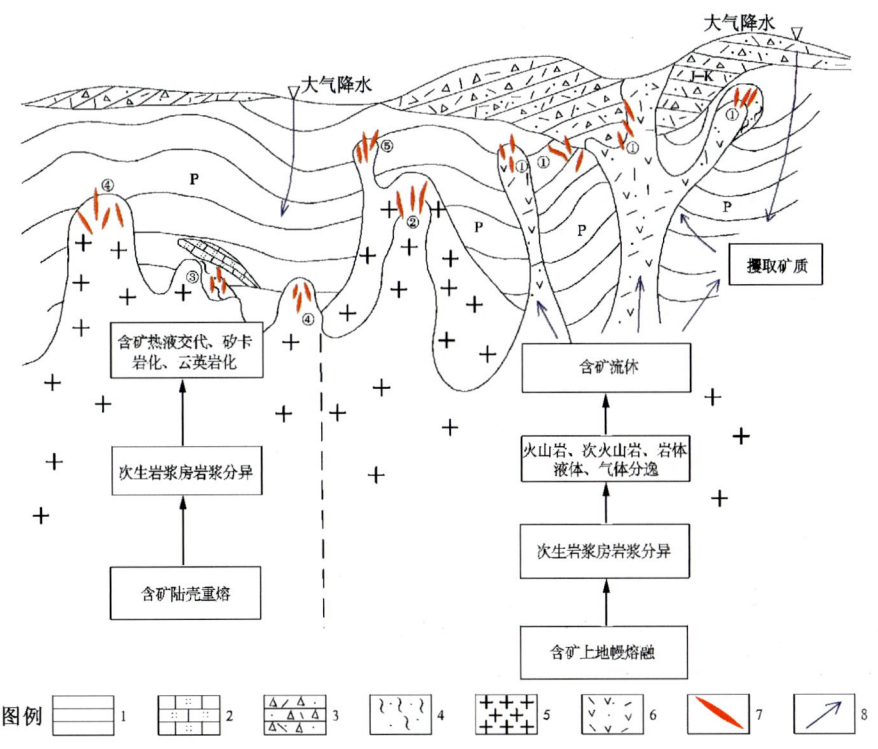

孟恩陶勒盖式中低温热液型银铅锌矿区域成矿模式图

1.二叠纪碎屑岩夹中基—中酸性火山岩;2.二叠纪碎屑岩夹碳酸盐岩透镜体;3.侏罗纪—白垩纪火山角砾凝灰岩、熔岩;4.矽卡岩;5.花岗岩;6.英安斑岩、安山玢岩;7.矿床:①大井式(火山岩-次火山岩中)、②孟恩陶勒盖式(岩体内接触带中)、③黄岗式(矽卡岩中)、④宝盖沟式(岩体顶部、接触带中)、⑤胡家店式(岩体顶部、边部);8.热液及大气水运移方向

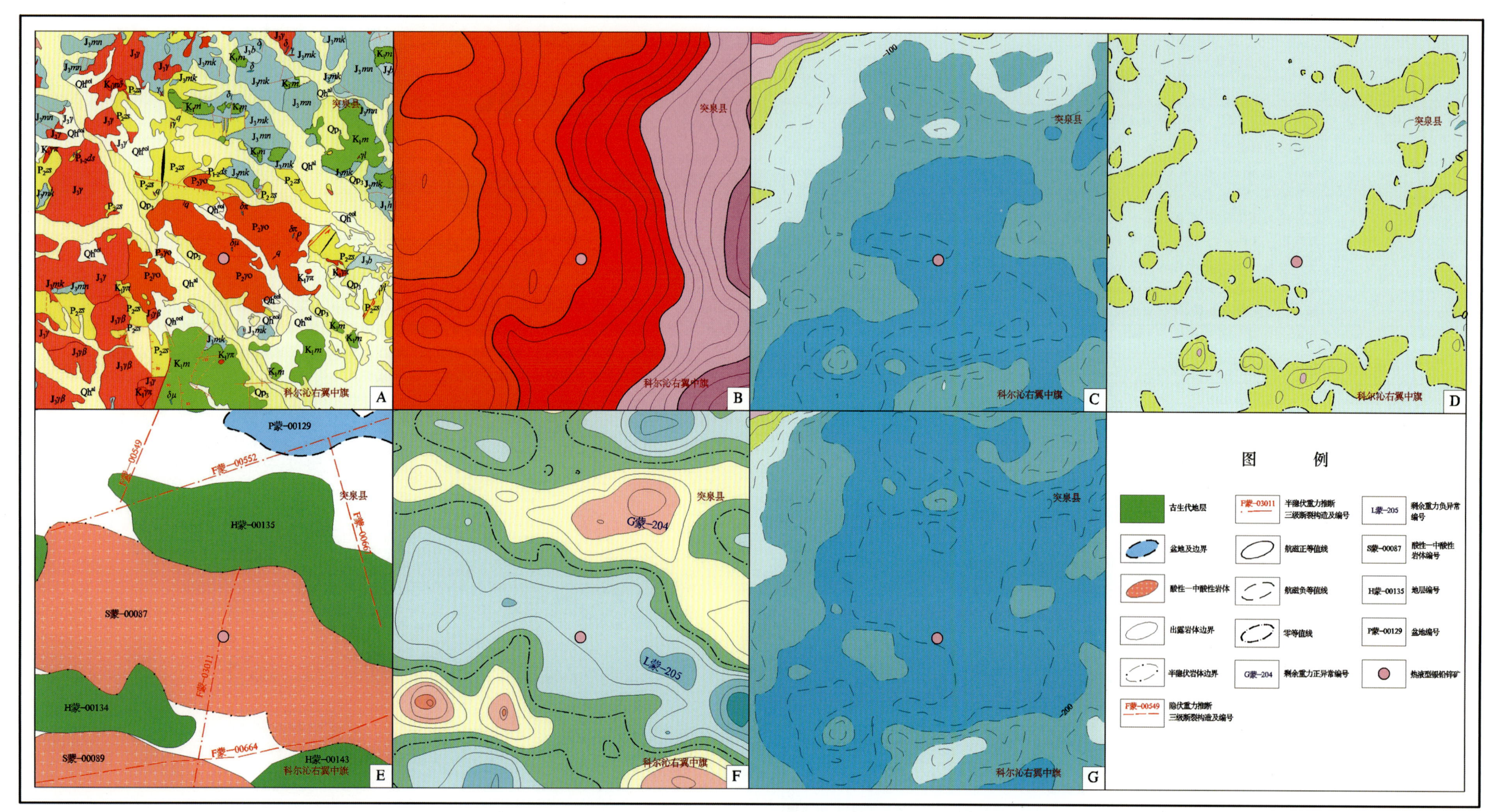

孟恩陶勒盖式中低温热液型银铅锌典型矿床所在区域地质矿产及物探剖析图

A. 地质矿产图；B. 布格重力异常图；C. 航磁 ΔT 等值线平面图；D. 航磁 ΔT 化极垂向一阶导数等值线平面图；E. 重力推断地质构造图；F. 剩余重力异常图；G. 航磁 ΔT 化极等值线平面图

李清地式热液型银铅锌矿地质、地球物理特征一览表

成矿要素		内容描述		
储量		银金属量 293t	平均品位	Ag 114.1×10^{-6}
特征描述		复合内生型中—低温热液裂隙充填型银铅锌矿床		
地质环境	构造背景	华北陆块区,狼山-阴山陆块(大陆边缘岩浆弧 Pz_2),固阳-兴和陆核(Ar_3)		
	成矿环境	成矿区带属滨太平洋成矿域(叠加在古亚洲成矿域之上),华北成矿省,华北陆块北缘西段金、铁、铌、稀土、铜、铅、锌、银、镍、铂、钨、石墨、白云母成矿带,乌拉山-集宁铁、金、银、钼、铜、铅、锌、石墨、白云母成矿亚带(Ar_{1-2},I,Y)。中太古界集宁岩群大理岩组为银铅锌成矿的赋存岩石,矿体主要产于大理岩组内北东向层间破碎带及其派生的北西向断裂内,与银铅锌成矿关系密切的岩浆岩主要是燕山期花岗岩及火山-次火山岩,该矿床为与中生代陆相火山作用有关的浅成低温热液型矿床		
	成矿时代	燕山期		
矿床特征	矿体形态	主要呈不规则脉状、透镜状、楔形囊状等		
	岩石类型	大理岩、硅化大理岩、铁白云石大理岩、中粒或中粗粒似斑状花岗岩、黑云母钾长花岗岩、石英斑岩、流纹质集块岩、流纹质火山角砾岩、流纹质熔结凝灰岩、流纹岩		
	岩石结构	中粒粒状变晶结构、斑状结构、集块结构、火山角砾结构、熔结凝灰结构、中—中粗粒似斑状结构、花岗结构		
	矿物组合	矿石矿物:黄铁矿、闪锌矿、方铅矿、白铅矿、菱锌矿、褐铁矿、菱锰矿、菱铁矿、赤铁矿、白铁矿、针铁矿、黄铜矿、辉银矿、角银矿、辉锑银矿。 脉石矿物:白云石、方解石、石英、铁白云石、锰白云石等		
	矿石结构构造	结构:自形—半自形粒状结构、他形粒状结构、隐晶质(铁锰质)结构、交代残余结构、包含结构、放射状、文象结构、反应边结构。 构造:块状、蜂窝状、胶状、角砾状、浸染状、脉状-网状构造		
	蚀变特征	硅化、铁锰矿化、碳酸盐化、绢云母化、蛇纹石化		
	控矿条件	(1)中太古界集宁岩群大理岩。 (2)集宁岩群大理岩组内北东向层间破碎带及其派生的北西向断裂。 (3)燕山期岩浆活动,不仅提供了成矿物质,也是矿区内岩石发生蚀变的主要原因		
地球物理特征	重力场特征	矿床位于布格重力低异常的边部,$\Delta g_{min} = -162.50 \times 10^{-5}$ m/s²;剩余重力异常等值线图亦反映李清地银铅锌矿位于剩余重力负异常的边部,此负异常北东走向,呈椭圆状,最小值 $\Delta g_{min} = -6.51 \times 10^{-5}$ m/s²,推断该局部重力低异常是隐伏的中生代花岗岩体的反映,表明李清地银铅锌矿与隐伏的中生代花岗岩体有关		
	磁场特征	从1:20万航磁 ΔT 化极等值线图上看,该区总体反映正磁场,强度为200~400nT。根据地质出露情况及地质体磁性特征分析,区域正磁场与前寒武纪地质作用有关		

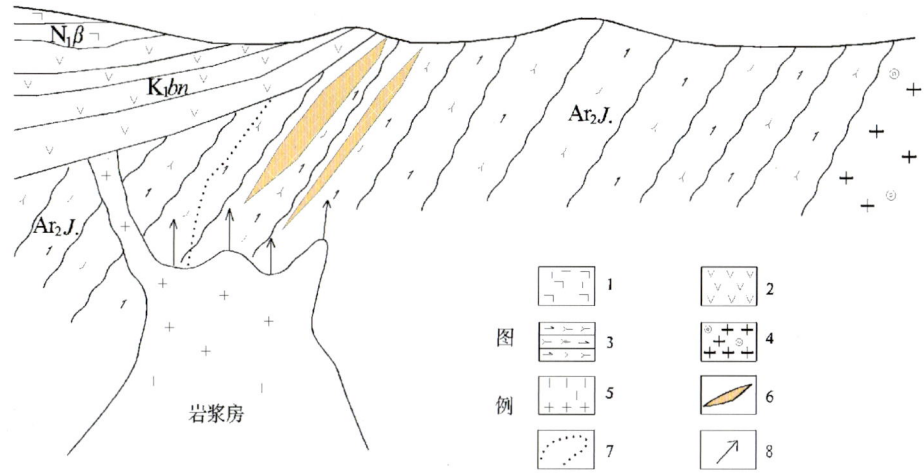

李清地式热液型银铅锌矿成矿模式图

1.中新世汉诺坝玄武岩($N_1\beta$);2.下白垩统白女羊盘组(K_1bn);3.中太古界集宁岩群($Ar_2J.$);4.中太古代含石榴石花岗岩;5.燕山期花岗岩;6.矿体;7.蚀变界线;8.岩浆热液运移方向

(中生代陆相火山作用为银铅锌多金属矿床的富集提供了热液来源,随之而产生的火山断裂为热液运移提供了有利的空间,矿体主要受控于多组方向的断裂系统,从而形成了浅成低温热液型矿床)

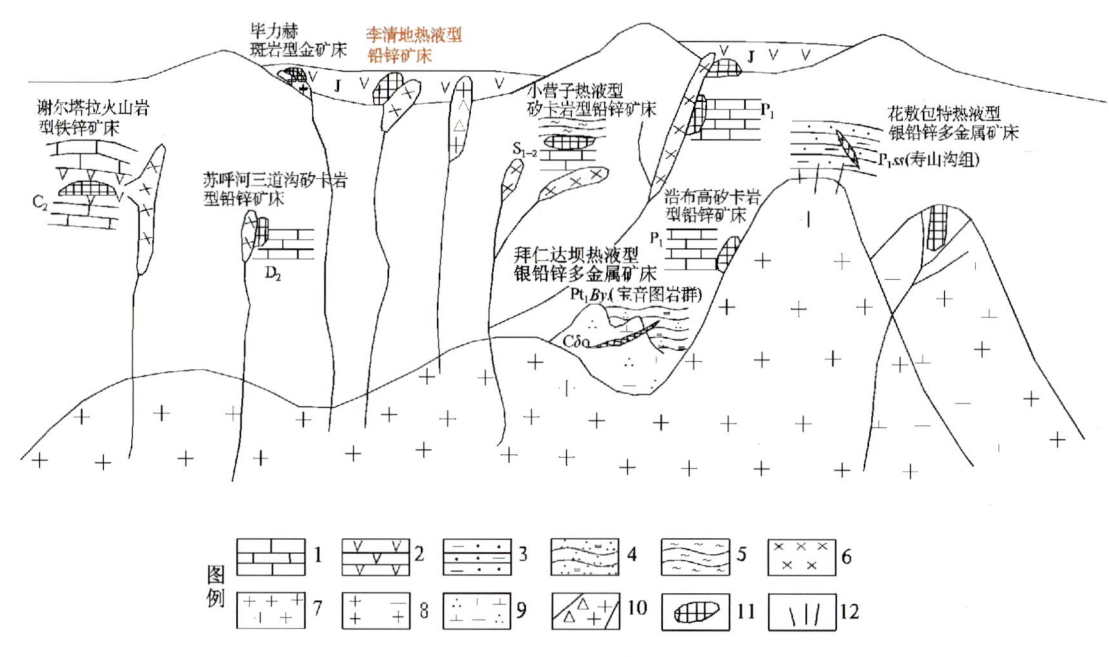

李清地式热液型银铅锌矿区域成矿模式图

1.大理岩;2.火山岩;3.泥质砂岩;4.石英片岩;5.绿泥片岩;6.次火山岩;7.花岗岩类;8.花岗闪长岩类;9.石英闪长岩;10.隐爆角砾岩筒;11.矿体;12.热液型矿化

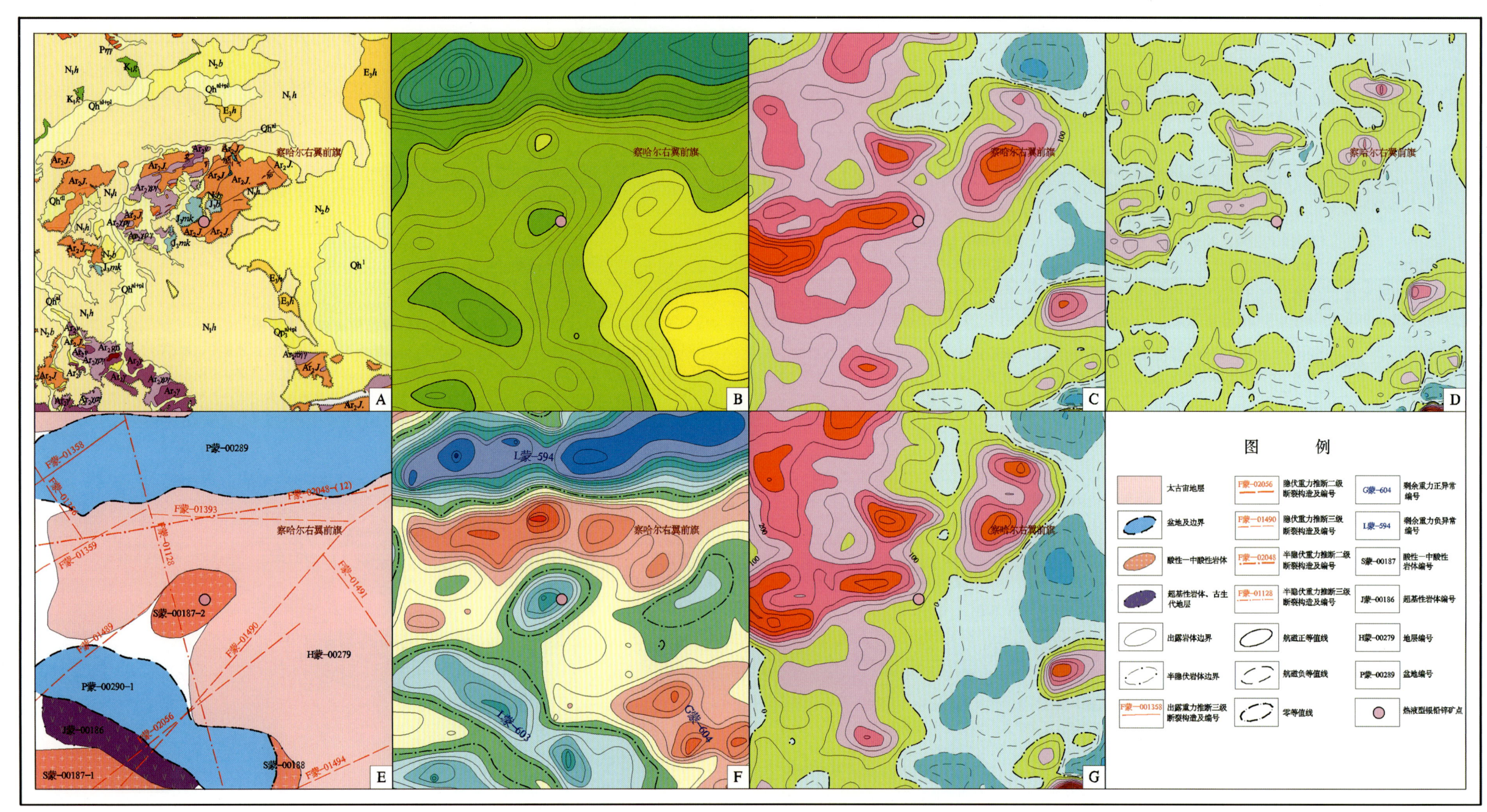

李清地式热液型银铅锌典型矿床所在区域地质矿产及物探剖析图

A. 地质矿产图；B. 布格重力异常图；C. 航磁 ΔT 等值线平面图；D. 航磁 ΔT 化极垂向一阶导数等值线平面图；E. 重力推断地质构造图；F. 剩余重力异常图；G. 航磁 ΔT 化极等值线平面图

吉林宝力格式热液型银矿地质、地球物理特征一览表

成矿要素		内容描述		
储量		银金属量1231t	平均品位	Ag 359.31×10^{-6}
特征描述		中低温热液型银矿床		
地质环境	构造背景	天山-兴蒙造山系,大兴安岭弧盆系,扎兰屯-多宝山岛弧(Pz_2)		
	成矿环境	成矿区带属滨太平洋成矿域(叠加在古亚洲成矿域之上),大兴安岭成矿省,东乌珠穆沁旗-嫩江(中强挤压区)铜、钼、铅、锌、金、钨、锡、铬成矿带,二连-东乌珠穆沁旗钨、钼、铁、锌、铅、金、银、铬成矿亚带(V,Y)。		
		矿区出露地层比较简单,基岩层主要为上泥盆统安格尔音乌拉组(D_3a),坡根和低洼处大面积分布第四系。安格尔音乌拉组(D_3a)为一套滨海-海陆交互相的泥岩为主夹砂质、粉砂凝灰质火山碎屑岩,总体展布方向为北东向。矿区构造受区域构造的制约,构造变动较为强烈,褶皱构造、断裂构造都很发育。矿区内岩浆岩不甚发育,东侧零星出露燕山早期斑状花岗岩		
	成矿时代	燕山早期		
矿床特征	矿体形态	呈脉状、透镜状及不规则形态产出,沿走向和倾向均具膨胀收缩特征		
	岩石类型	以泥岩为主,夹砂质、粉砂凝灰质火山碎屑岩		
	岩石结构	凝灰结构		
	矿物组合	氧化矿石:主要组成矿物为褐铁矿、石英、水云母、黏土,少量黄钾铁矾和毒砂。原生矿石:主要金属矿物为黄铁矿、白铁矿,少量黄铜矿、黄铜矿和方铅矿、闪锌矿、锑银矿、毒砂等;非金属矿物主要为石英、黏土、云母类,其次为长石、绿泥石、碳酸盐类		
	矿石结构构造	结构:胶状结构、环带状或皮壳状结构、次生假象结构、次生交代残留结构及自形-半自形-他形晶粒状结构。构造:以细脉浸染状、条带状构造分布最广,但蜂窝状、团块状、角砾状构造的矿石含银较高		
	蚀变特征	高岭土化、褐铁矿化(黄铁矿化)、硅化、绢云母化和绿泥石化		
	控矿条件	(1)上泥盆统安格尔音乌拉组。(2)燕山早期二云二长花岗岩,石英脉。(3)东西向、北东向、北北东向压性断裂		
地球物理特征	重力场特征	由1:20万重力测量成果可见,矿床位于局部布格重力异常相对高值区边部,其所在位置等值线发生明显的同向扭曲,推断该处有北东向的断裂构造存在。矿床的北东、南东侧重力值较高,南西、北西侧重力值相对较低,区域布格重力异常极值Δg变化范围为$(-117.20\sim-98.56)\times10^{-5}m/s^2$。布格重力高值区对应形成北东向展布的剩余重力正异常,北侧剩余重力正异常区主要出露上泥盆统安格尔音乌拉组,南侧出露石炭系-二叠系宝力高庙组,推断该剩余重力正异常与前中生代基底隆起有关。布格重力异常相对低值区,对应形成3处剩余重力负异常,北侧负异常(L蒙-316)区主要是中新生代盆地所致。南部L蒙-322异常带内地表主要出露宝力高庙组火山岩,但被密度较低的三叠纪黑云母钾长花岗岩侵入;显而易见,L蒙-322剩余重力负异常与印支期、燕山期中酸性侵入岩有关。中部L蒙-318负异常是与吉林宝力格银铅锌矿床有关的异常带,异常呈北东向展布,带内主要出露密度较低的二叠纪黑云母二长花岗岩($\sigma<2.59g/cm^3$),可见该异常与中酸性岩体有关		
	磁场特征	由航磁ΔT等值线图、地质图及地质体的磁性特征综合分析认为,吉林宝力格银矿北侧呈面状分布的航磁异常主要与侏罗纪火山岩有关,航磁异常值一般为200~450nT。南侧3处等轴状磁异常主要是由于磁性较强且不均匀的石炭系-二叠系宝力高庙组引起。该处磁异常部分与剩余重力正异常对应,二者具有同源性,但其中一处磁异常对应剩余重力负异常区,该区域地表仍为石炭系-二叠系宝力高庙组,综合分析认为,该处地层较薄,下伏应为酸性侵入岩体		

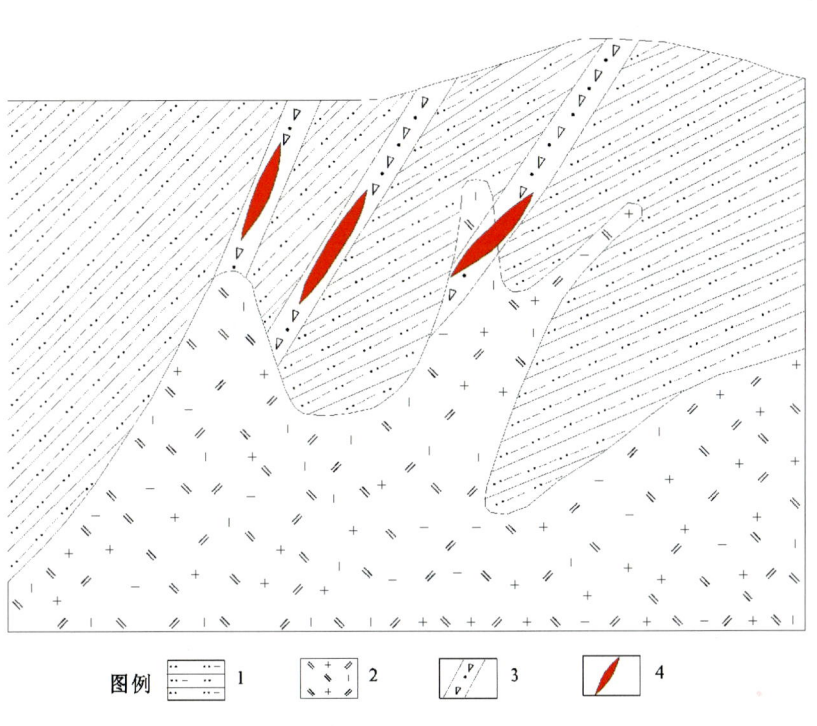

图例 | 1 | 2 | 3 | 4 |

吉林宝力格式热液型银铅锌矿成矿模式图

1.上泥盆统安格尔音乌拉组粉砂质泥岩;2.侏罗纪二长花岗岩;3.断裂破碎带;4.银矿体

(吉林宝力格银矿主要赋存在上泥盆统安格尔音乌拉组的流纹质晶屑凝灰岩、泥岩、粉砂质泥岩之中;矿脉赋存于蚀变构造角砾岩中,富矿体主要分布在石英二长花岗斑岩脉与地层接触部位,矿物共生组合为中低温矿物,因此认为本矿床应属燕山期岩浆热液成因矿床)

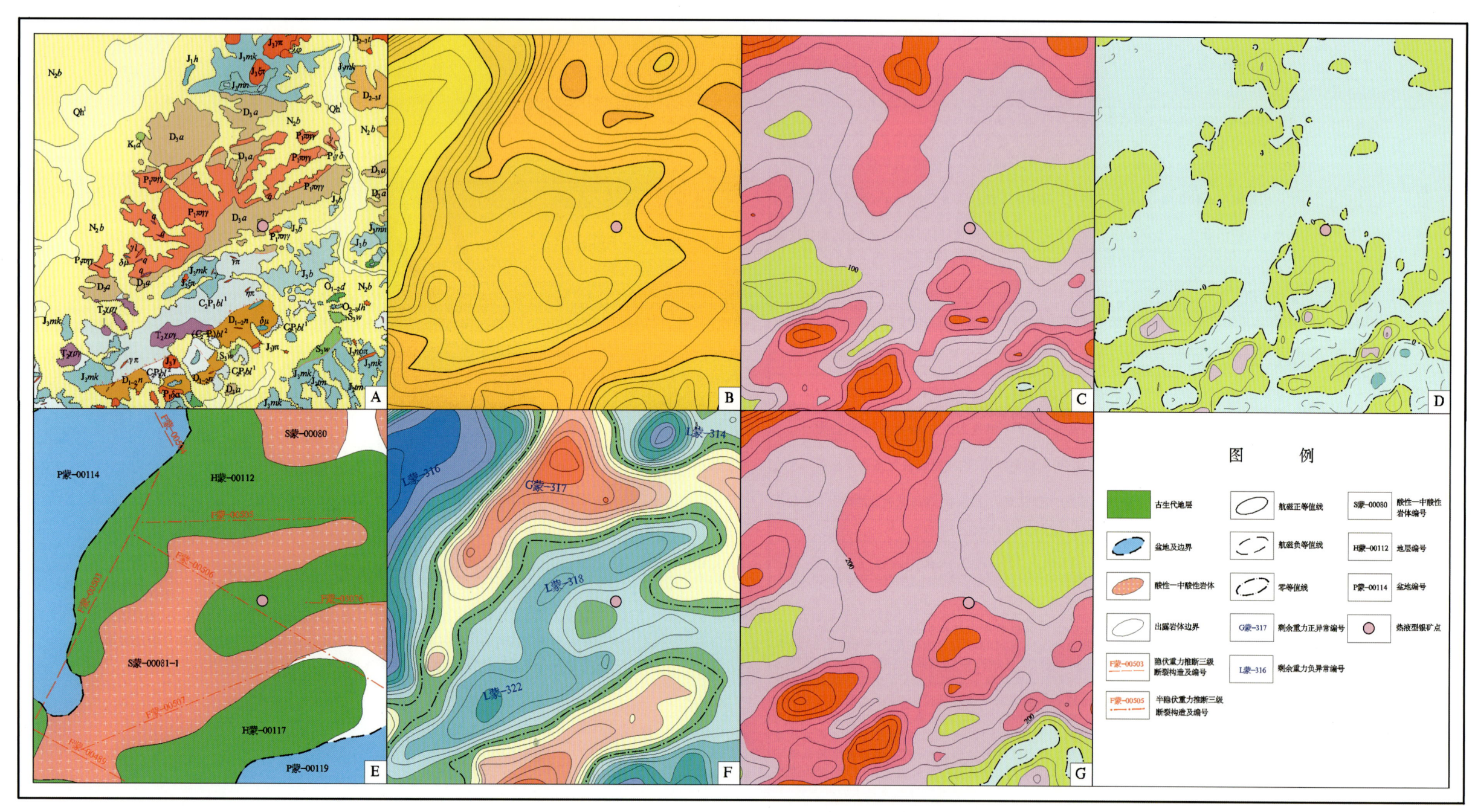

吉林宝力格式热液型银典型矿床所在区域地质矿产及物探剖析图

A. 地质矿产图；B. 布格重力异常图；C. 航磁 ΔT 等值线平面图；D. 航磁 ΔT 化极垂向一阶导数等值线平面图；E. 重力推断地质构造图；F. 剩余重力异常图；G. 航磁 ΔT 化极等值线平面图

额仁陶勒盖式热液型银矿地质、地球物理特征一览表

成矿要素		内容描述		
储量		银金属量2354t	平均品位	Ag 180.607×10^{-6}
特征描述		热液型银矿床		
地质环境	构造背景	天山-兴蒙造山系,大兴安岭弧盆系,额尔古纳岛弧(Pz$_1$)		
	成矿环境	成矿区带属滨太平洋成矿域(叠加在古亚洲成矿域之上),大兴安岭成矿省,新巴尔虎右旗-根河(拉张区)铜、钼、铅、锌、金、萤石、煤(铀)成矿带,八大关-陈巴尔虎旗铜、钼、铅、锌、银、锰成矿亚带(Y)。矿区出露地层主要为侏罗系塔木兰沟组、白音高老组,矿区西北侧见有呈岩株状产出的酸性侵入岩,呈杂岩体形式产出。岩性为黑云母钾长花岗岩和花岗闪长岩。矿区断裂总体呈北东-南西走向,延长均在千米以上,均系得尔布干断裂带的组成部分,包括汗乌拉断裂、额仁陶勒盖断裂		
	成矿时代	燕山期		
矿床特征	矿体形态	主要呈脉状,少数透镜状,矿体连续、稳定,无自然间断或被错开		
	岩石类型	安山岩,安山玄武岩,气孔状、杏仁状安山质熔岩,角砾岩,安山质凝灰角砾岩,凝灰砂砾岩及流纹质熔岩		
	岩石结构	斑状结构、气孔状结构、杏仁状结构		
	矿物组合	(1)银矿石主要矿物有辉银矿、螺状硫银矿、黄铁矿、方铅矿、闪锌矿;脉石矿物主要有石英、长石、菱锰矿。其次有角银矿、碘银矿、硬锰矿、软锰矿、方解石等;少量的自然银、自然金、金银矿、银金矿、黄铜矿、磁铁矿及副矿物锆石、磷灰石等。 (2)银锰矿石主要矿物为角银矿、硬锰矿;脉石矿物为石英。其次有辉银矿、碘银矿、锰钾矿、软锰矿、长石等;少量的溴银矿、自然金、自然银、菱锰矿、方铅矿、闪锌矿、方解石等		
	矿石结构构造	(1)银矿石:隐晶结构;致密块状、角砾状、浸染状构造。 (2)银锰矿石:同心环带状、条带状结构、自形—他形粒状结构、半自形—他形粒状结构;蜂巢状、多孔状、胶体肾状、葡萄状构造		
	蚀变特征	(1)主要有硅化、银锰矿化、绢云母化、绿泥石化、方解石化、黄铁矿化,次为绿帘石化、高岭土化、冰长石、菱锰矿化。 (2)蚀变程度随矿体产出部位而变化,近矿蚀变强,种类多,空间上重叠;远离矿体蚀变弱,种类少。 (3)与矿化有关的蚀变均为中低温热液蚀变。 (4)蚀变类型可归纳为"面型"和"线型"两种,且二者共存。 (5)蚀变阶段较为清晰,从早到晚可分为青磐岩化、方解石绿泥石绢云母化、硅化3个阶段。 (6)晚期蚀变叠加于早期蚀变之上		
	控矿条件	(1)中侏罗统塔木兰沟组。 (2)矿体受北东向主干断裂次一级北西向、北东向断裂控制(SN350°~360°,NNE20°~30°,NE40°~50°),构造交会部位的岩体与围岩外接触带,或断层交叉地段往往是矿体的集中部位。 (3)广泛的中生代火山岩背景是此矿床形成的先决条件,石英脉和硅化是找矿的最直接标志。 (4)在岩体附近寻找高阻、高极化率异常		
地球物理特征	重力场特征	矿床位于布格重力异常等值线扭曲部位;剩余重力异常图上,矿床处于由北东向转为近东西向延伸的剩余重力正异常上,形成3处局部剩余重力正异常,矿床位于剩余重力异常的边缘梯级带上,剩余重力异常值为(2~3)×10^{-5} m/s²,该正异常与元古宙基底隆起有关。在其北侧地表有侏罗纪酸性岩体分布,对应形成剩余重力负异常。可见矿床在成因上与岩浆活动及元古宇有关		
	磁场特征	矿床位于低缓正、负磁场分界线附近,异常强度约—50nT。南侧局部航磁正异常对应布格重力异常低值区,与新近系五岔沟组(N$_2$wc)的中基性火山岩有关。北侧磁异常由地表分布的侏罗纪中基性火山岩引起		

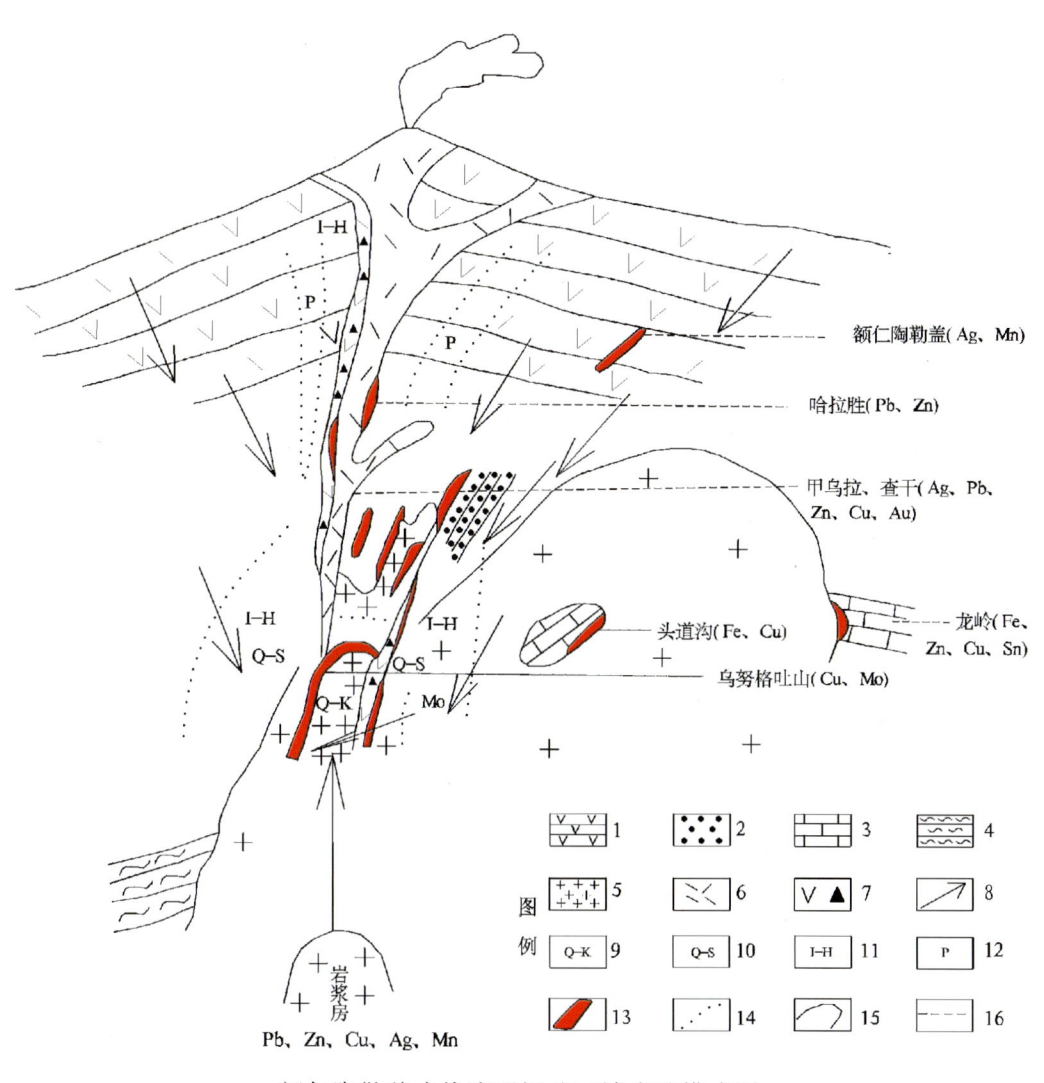

额仁陶勒盖式热液型银矿区域成矿模式图

1.侏罗系火山岩;2.二叠系砂砾岩;3.泥盆系碳酸盐岩夹砂岩;4.新元古界—下寒武统结晶片岩;5.燕山早期花岗岩;6.酸性斑岩;7.含角砾安山岩;8.热液运移方向;9.石英-钾长石化;10.石英-绢云母化;11.伊利石-水白云母化;12.青磐岩化;13.矿体;14.蚀变界线;15.地质界线;16.剥蚀界线

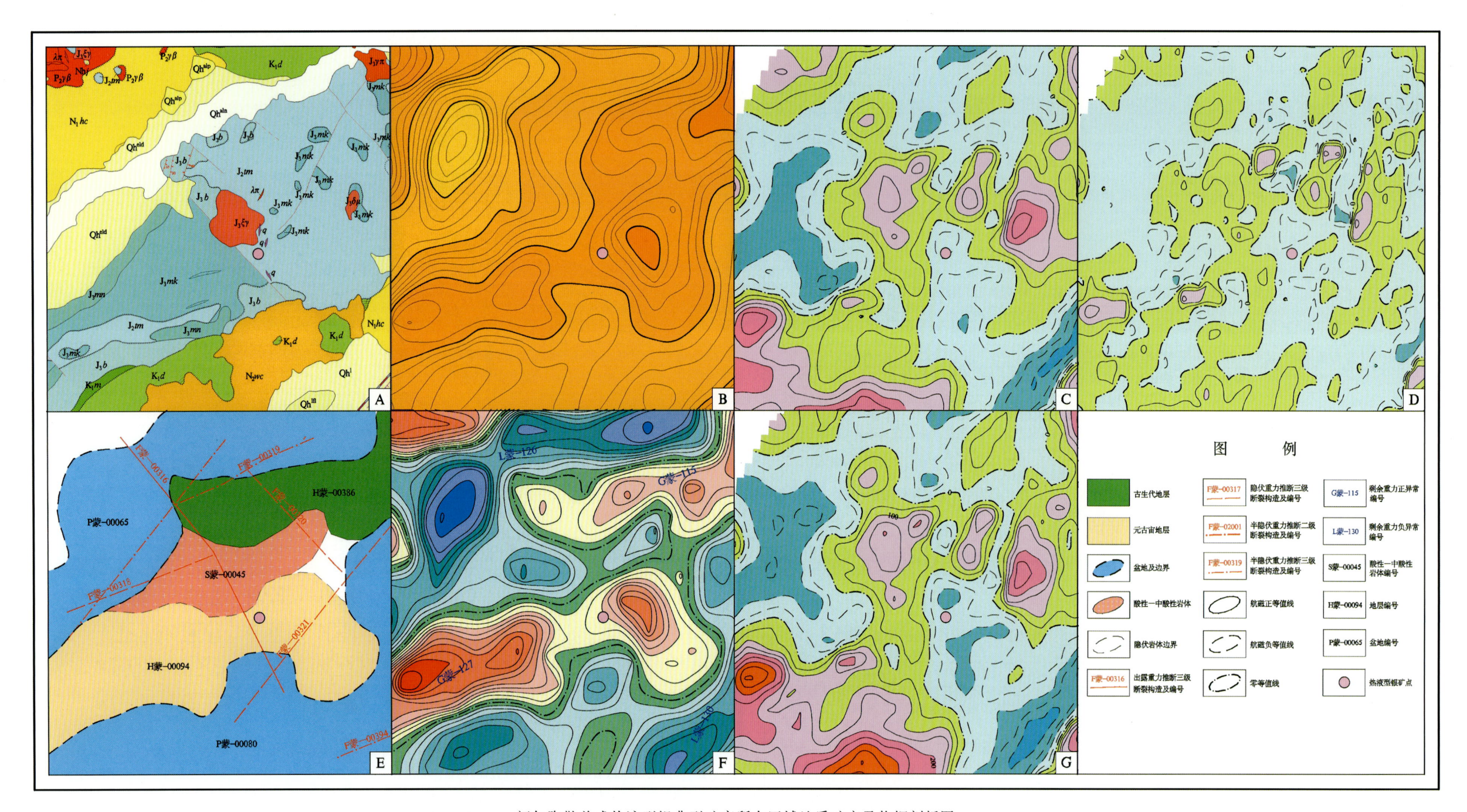

额仁陶勒盖式热液型银典型矿床所在区域地质矿产及物探剖析图

A. 地质矿产图；B. 布格重力异常图；C. 航磁 ΔT 等值线平面图；D. 航磁 ΔT 化极垂向一阶导数等值线平面图；E. 重力推断地质构造图；F. 剩余重力异常图；G. 航磁 ΔT 化极等值线平面图

官地式中低温火山热液型银矿地质、地球物理特征一览表

成矿要素		内容描述		
储量		银金属量 423.739t	平均品位	Ag 228.96×10^{-6}
特征描述		中低温次火山热液石英-碳酸盐脉型银矿床		
地质环境	构造背景	天山-兴蒙造山系,包尔汉图-温都尔庙弧盆系(Pz_2),温都尔庙俯冲增生杂岩带		
	成矿环境	成矿区带属滨太平洋成矿域(叠加在古亚洲成矿域之上),大兴安岭成矿省,突泉-翁牛特铅、锌、银、铜、铁、锡、稀土成矿带,小东沟-小营子钼、铅、锌、铜成矿亚带(Vm、Y)。矿区主要出露中二叠统额里图组(P_2e)、上侏罗统白音高老组(J_3b)、古近系和新近系及第四系黄土。中二叠统额里图组(P_2e)主要岩性为安山岩、玄武岩、中性凝灰岩、中性凝灰角砾岩夹凝灰砂岩。侵入岩均为燕山早期产物,岩浆侵入活动频繁剧烈,主要岩性有闪长岩、安山玢岩和流纹斑岩及隐爆角砾岩,另外还有闪长玢岩、花岗斑岩、石英脉等脉岩。矿区内断裂构造发育,多数断属火山构造的放射状和环状断裂系统。最重要的火山构造为官地五级火山机构,它控制了官地银金矿床的产出		
	成矿时代	燕山期		
矿床特征	矿体形态	脉状		
	岩石类型	中二叠统额里图组火山岩		
	岩石结构	斑状结构		
	矿物组合	石英-黄铁矿组合;方铅矿-闪锌矿-黄铜矿-辉铜银矿-硫铜银矿组合;黄铜矿-方铅矿-闪锌矿-银硫盐矿组合;石英-萤石矿组合		
	矿石结构构造	结构:主要为半自形—他形粒状结构、交代残余结构、乳浊状结构、镶边结构、筛状-骸晶结构。构造:主要为浸染状、团块状、脉状、网脉状构造		
	蚀变特征	硅化、绢云母化、黄铁矿化、碳酸盐化等		
	控矿条件	中二叠统额里图组(P_2e)及燕山期闪长岩、安山玢岩、流纹斑岩控矿;南北向、北西向张扭性断裂及其与隐爆构造的复合叠加构造控矿		
地球物理特征	重力场特征	矿床所在区域布格重力异常总体呈北东向展布,局部异常形态较复杂,官地银矿床位于局部重力高西侧梯级带部位,Δg为$(-98\sim-95)\times10^{-5}m/s^2$。对应剩余重力正异常G蒙-294的边部正负异常过渡带上。这一区域矿体所在位置主要出露密度较高(σ为2.81g/cm^3)的二叠系额里图组,边部有密度较低的酸性岩体出露。显然重力场特征是区域地质特征的客观反映。需要说明的是,在矿体的西北侧地表普遍覆盖新近系汉诺坝组(σ为2.48g/cm^3),但对应的是剩余重力正异常,说明覆盖较薄,其下伏仍为二叠系额里图组		
	磁场特征	矿床北东、南西两侧呈北东向展布的航磁异常主要与白垩纪黑云母花岗岩有关,北侧及其余零散杂乱的正磁异常主要与古近纪、新近纪玄武岩和侏罗纪中基性火山岩有关。银矿所在位置属平稳正磁场区,伴有银多金属化探异常		

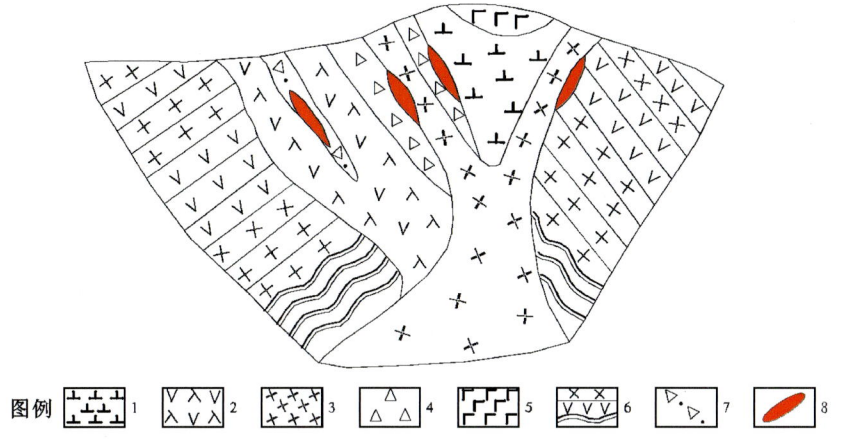

官地式中低温火山热液型银矿成矿模式图

1.燕山早期闪长岩;2.安山玢岩;3.流纹斑岩;4.隐爆角砾岩;5.玄武岩;6.额里图组板岩、安山岩、流纹岩互层;7.破碎带;8.矿体

(古生界特别是二叠系安山岩,可能是矿源。矿区内岩浆岩主要是在燕山早期多期次中—酸性次火山活动中形成的,其将矿源层中的Au、Ag沿矿区断裂带入浅部,特别是流纹斑岩及其随后的隐爆活动,进一步促使Au、Ag的活动、迁移和富集)

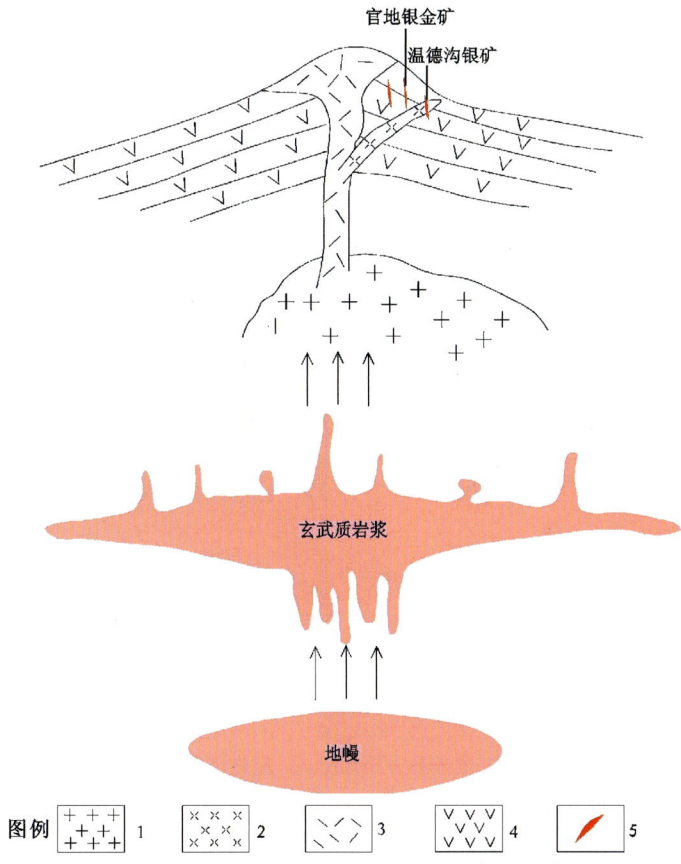

官地式中低温火山热液型银金矿区域成矿模式图

1.花岗岩;2.流纹岩;3.酸性斑岩;4.安山岩;5.矿床

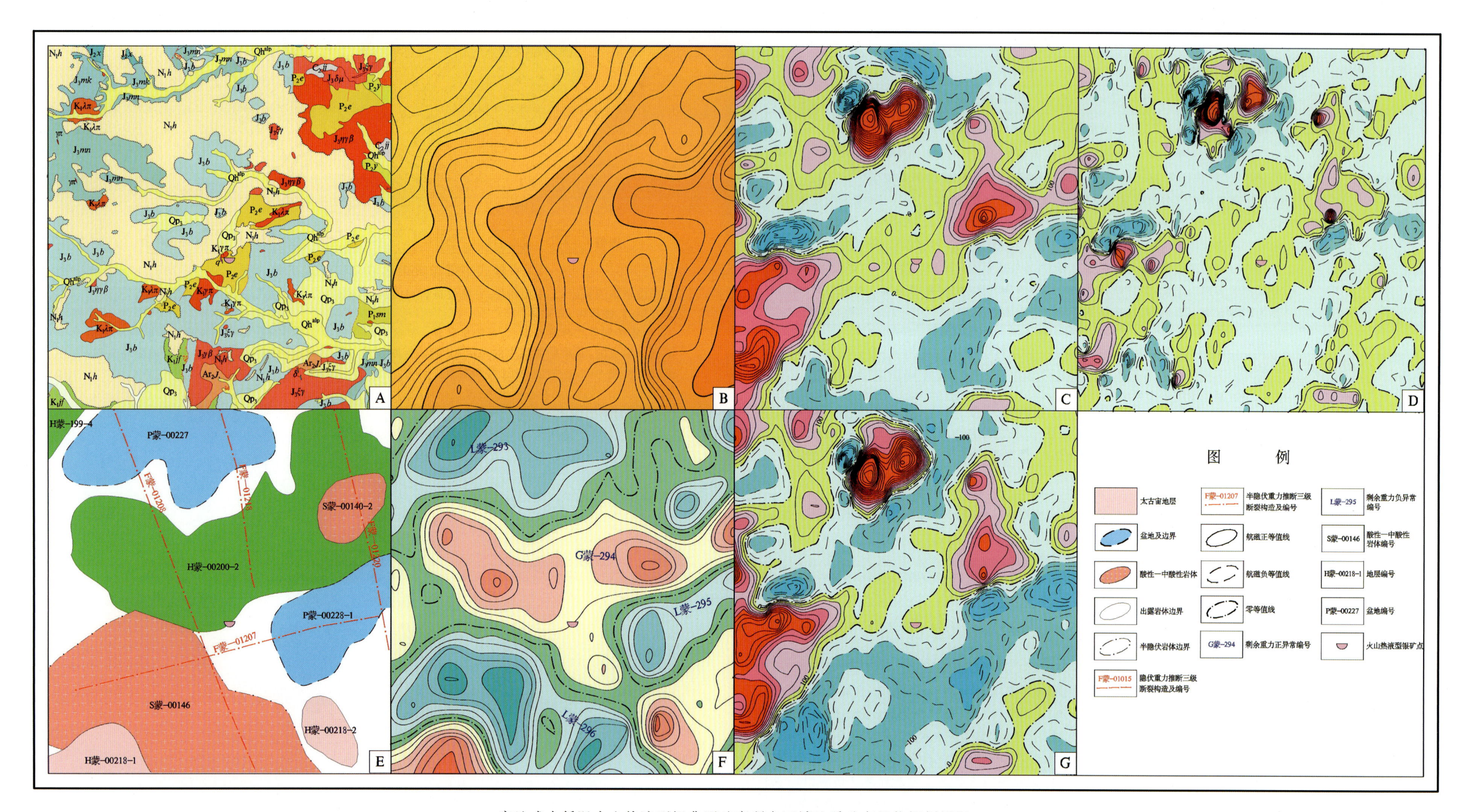

官地式中低温火山热液型银典型矿床所在区域地质矿产及物探剖析图

A. 地质矿产图；B. 布格重力异常图；C. 航磁 ΔT 等值线平面图；D. 航磁 ΔT 化极垂向一阶导数等值线平面图；E. 重力推断地质构造图；F. 剩余重力异常图；G. 航磁 ΔT 化极等值线平面图

比利亚谷式热液型银铅锌矿地质、地球物理特征一览表

成矿要素		内容描述		
储量		银金属量 544.241 5t	平均品位	Ag $25.24×10^{-6}$
特征描述		火山热液型银铅锌矿床		
地质环境	构造背景	天山-兴蒙造山系,大兴安岭弧盆系,海拉尔-呼玛弧后盆地(Pz)		
	成矿环境	成矿区带属滨太平洋成矿域(叠加在古亚洲成矿域之上),大兴安岭成矿省,新巴尔虎右旗-根河(拉张区)铜、钼、铅、锌、银、金、萤石、煤(铀)成矿带,莫尔道嘎铁、铅、锌、银、金成矿亚带(Pt、V、Y、Q)。矿区内出露中生界中侏罗统塔木兰沟组英安岩夹角砾凝灰岩和上侏罗统满克头鄂博组安山岩及第四系残坡积和冲洪积物。矿区的主要构造有比利亚谷背斜和呈北西走向的含矿构造破碎带		
	成矿时代	燕山期		
矿床特征	矿体形态	矿体多呈脉状、透镜体状产出,矿体走向295°~305°,矿体走向长度为0.053~1.55km,延深在280.00~601.26m之间。厚度一般为4.54~14.65m		
	岩石类型	上侏罗统塔木兰沟组火山岩		
	岩石结构	凝灰结构		
	矿物组合	方铅矿、闪锌矿、黄铜矿、黄铁矿、辉银矿、磁铁矿、褐铁矿、铜蓝等		
	矿石结构构造	结构:半自形-他形粒状、自形粒状结构为主,其次有包含结构、充填结构、溶蚀结构、斑状变晶结构、固溶体分离结构、反应边结构、压碎结构等。构造:条纹-条带状、块状、浸染状构造等		
	蚀变特征	硅化、绿泥石化、黄铁矿化、绢云母化、青磐岩化		
	控矿条件	(1)侏罗系塔木兰沟组火山岩发育地段是寻找铅锌及多金属矿的有利地区。(2)环形构造与北西向构造发育地段,尤其是构造交会处是成矿有利场所。(3)本区火山作用成矿显著,因而成矿类型以次火山热液型为主		
地球物理特征	重力场特征	矿床位于局部重力高异常的边部,异常呈不规则状,对应G蒙-26号剩余重力正异常。根据矿床所处的区域地质环境及物性资料分析,推断该重力高异常带主要与元古宙基底隆起有关。位于其北侧的局部重力低异常区,对应剩余重力负异常L蒙-25,为酸性侵入岩引起。表明比利亚谷银铅锌矿床在成因上不仅与元古宇有关,而且在空间上还与中—酸性岩体关系密切		
	磁场特征	从1:20万航磁 ΔT 化极等值线图可知,该区磁异常呈北东向条带状展布, $\Delta T_{max}=500nT$, $\Delta T_{min}=-100nT$。根据重力场特征及地质出露情况分析,推断条带状正磁异常主要与侏罗纪火山岩及北东向断裂构造有关,进一步说明该矿床与火山岩有关		

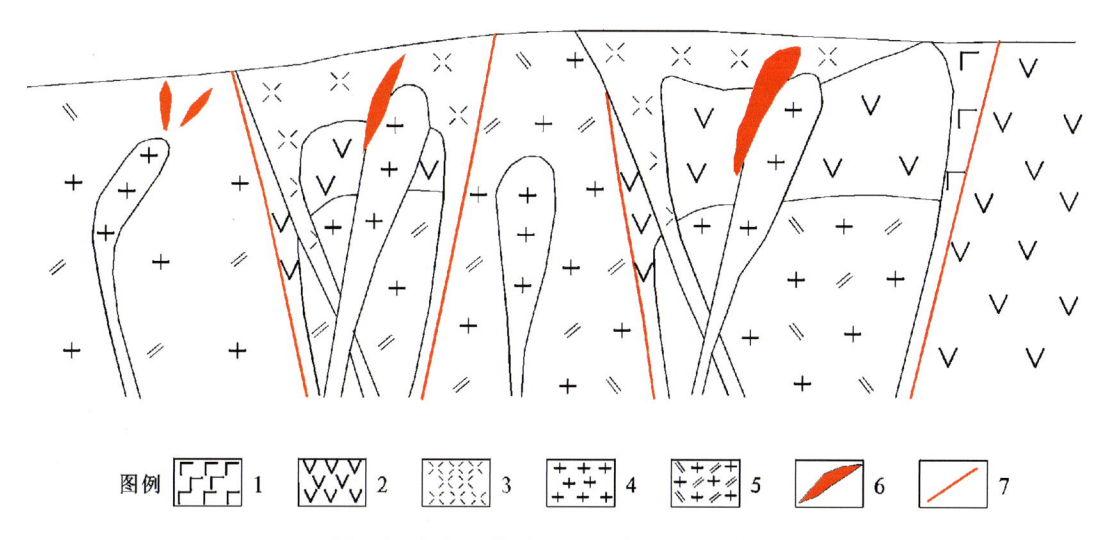

比利亚谷式火山热液型银铅锌矿成矿模式图

1.中侏罗统基性火山岩;2.中侏罗统次火山岩;3.中侏罗统酸性火山岩;4.燕山期斑状花岗岩;5.燕山期二长花岗岩;6.铅锌矿床;7.断裂

(矿体成矿期共分为碳酸盐化、硅化和次生石英化3个阶段;早期的碳酸盐化阶段有少量的方铅矿和闪锌矿、辉银矿分布在岩石中;中期硅化阶段是方铅矿、闪锌矿、辉银矿大量富集成矿的主要阶段;晚期的次生石英岩化阶段明显可见岩石的裂隙中发育有晶形完整的石英颗粒)

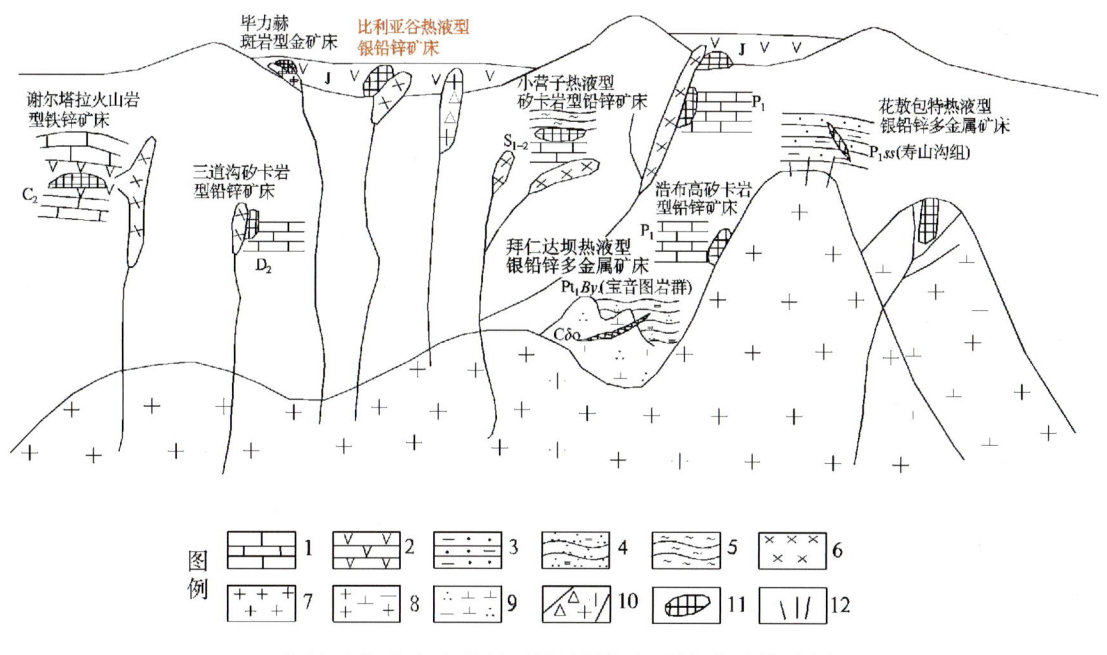

比利亚谷式火山热液型银铅锌矿区域成矿模式图

1.大理岩;2.火山岩;3.泥质砂岩;4.石英片岩;5.绿泥片岩;6.次火山岩;7.花岗岩类;8.花岗闪长岩类;9.石英闪长岩;10.隐爆角砾岩筒;11.矿体;12.热液型矿化

比利亚谷式热液型银铅锌典型矿床所在区域地质矿产及物探剖析图

A. 地质矿产图；B. 布格重力异常图；C. 航磁 ΔT 等值线平面图；D. 航磁 ΔT 化极垂向一阶导数等值线平面图；E. 重力推断地质构造图；F. 剩余重力异常图；G. 航磁 ΔT 化极等值线平面图

额仁陶勒盖式热液型银锰矿地质、地球物理特征一览表

成矿要素		内容描述	
储量		银金属量2354t,锰金属量58 230t	平均品位 Ag 180.607×10^{-6},Mn 12.89%
特征描述		小型热液型锰矿床、大型热液型银矿床	
地质环境	构造背景	天山-兴蒙造山系,大兴安岭弧盆系,额尔古纳岛弧(Pz_1)	
	成矿环境	成矿区带属滨太平洋成矿域(叠加在古亚洲成矿域之上),大兴安岭成矿省,新巴尔虎右旗-根河(拉张区)铜、钼、铅、锌、金、萤石、煤(铀)成矿带,八大关-陈巴尔虎旗铜、钼、铅、锌、银、锰成矿亚带(Y)。矿区出露地层主要为侏罗系塔木兰沟组、白音高老组,矿区西北侧见有呈岩株状产出的酸性侵入岩,呈杂岩体形式产出。岩性为黑云母钾长花岗岩和花岗闪长岩。矿区断裂总体呈北东-南西走向,延长均在千米以上,均系得尔布干断裂带的组成部分,包括汗乌拉断裂、额仁陶勒盖断裂	
	成矿时代	燕山期	
矿床特征	矿体形态	主要呈脉状,少数透镜状,矿体连续、稳定,无自然间断或被错开	
	岩石类型	安山岩,安山玄武岩,气孔状、杏仁状安山质熔岩,角砾岩,安山质凝灰角砾岩,凝灰砂砾岩及流纹质熔岩	
	岩石结构构造	斑状、气孔状、杏仁状结构;块状构造	
	矿物组合	(1)银矿石主要矿物有辉银矿、螺状硫银矿、黄铁矿、方铅矿、闪锌矿;脉石矿物主要有石英、长石、菱锰矿。其次有角银矿、碘银矿、硬锰矿、软锰矿、方解石等;少量的自然银、自然金、金银矿、银金矿、黄铜矿、磁铁矿及副矿物锆石、磷灰石等。(2)银锰矿石主要矿物为角银矿、硬锰矿;脉石矿物为石英。其次有辉银矿、碘银矿、锰钾矿、软锰矿、长石等;少量的溴银矿、自然金、自然银、菱锰矿、方铅矿、闪锌矿、方解石等	
	矿石结构构造	(1)银矿石:隐晶结构;致密块状、角砾状、浸染状构造。(2)银锰矿石:同心环带状、条带状、自形—他形粒状结构、半自形—他形粒状结构;蜂巢状、多孔状、胶态肾状、葡萄状构造	
	蚀变特征	(1)蚀变程度随矿体产出部位而变化,近矿蚀变强,种类多,空间上重叠;远离矿体蚀变弱,种类少。(2)与矿化有关的蚀变均为中低温热液蚀变。(3)蚀变类型可归纳为"面型"和"线型"两种,且二者共存。(4)蚀变阶段较为清晰,从早到晚可分为青磐岩化、方解石绿泥石绢云母化、硅化3个阶段。(5)晚期蚀变叠加于早期蚀变之上	
	控矿条件	(1)中侏罗统塔木兰沟组。(2)矿体受北东向主干断裂及一级北西向、北东向断裂控制(SN 350°～360°,NNE 20°～30°,NE 40°～50°),构造交会部位的岩体与围岩外接触带,或断层交叉地段往往是矿体的集中部位。(3)广泛的中生代火山岩背景是此矿床形成的先决条件,石英脉和硅化是找矿的最直接标志。(4)在岩体附近寻找高阻、高极化率异常	
地球物理特征	重力场特征	矿床位于布格重力异常等值线扭曲部位,剩余重力异常图上,矿床处于由北东向转为近东西向延伸的剩余重力正异常上,形成3处局部剩余重力正异常,矿床位于剩余重力异常的边部梯级带上,剩余重力异常值在(2～3)×10^{-5}m/s^2之间,该正异常与元古宙基底隆起有关。在其北侧地表有侏罗纪酸性岩体分布,对应剩余形成重力负异常。可见矿床在成因上与岩浆活动及元古宙地层有关	
	磁场特征	矿床位于低缓正负磁场分界线附近,异常强度约-50nT。矿床所在位置的元古宇对应航磁负异常,伴有化探Mn、Ag、Au、As、Sb、Cu、Pb、Zn、Co、Fe、Cr等中低温多金属元素异常及铁族元素异常,其中锰、银异常强度达到内带,且分布面积较大。南侧局部磁正异常对应布格重力异常低值区,与新近系五岔沟组(N_2wc)的中基性火山岩有关。北侧磁异常由地表分布的侏罗纪中基性火山岩引起	

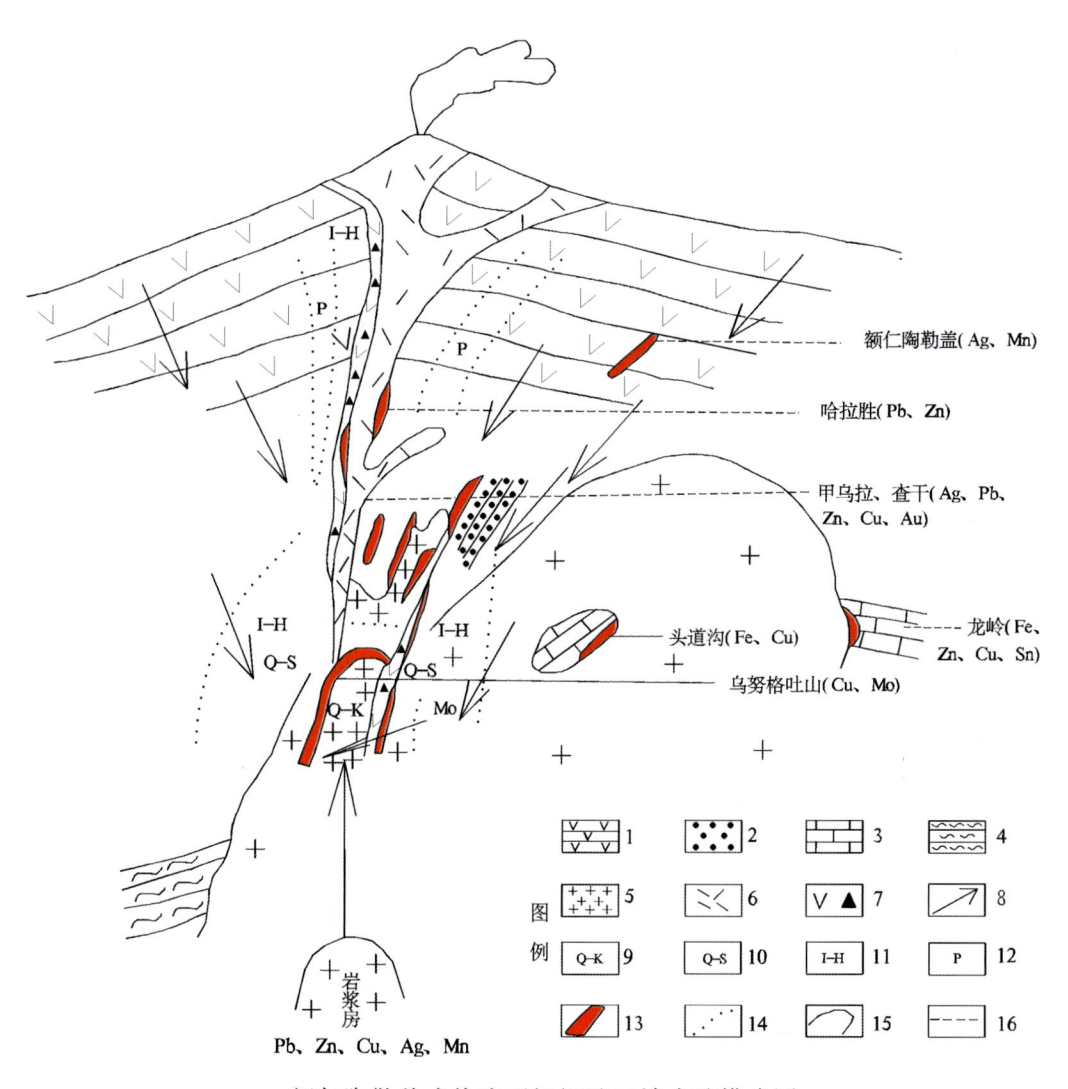

额仁陶勒盖式热液型银锰矿区域成矿模式图

1.侏罗系火山岩;2.二叠系砂砾岩;3.泥盆系碳酸盐岩夹砂岩;4.新元古界—下寒武统结晶片岩;5.燕山早期花岗岩;6.酸性斑岩;7.含角砾安山岩;8.热液运移方向;9.石英-钾长石化;10.石英-绢云母化;11.伊利石-水白云母化;12.青磐岩化;13.矿体;14.蚀变界线;15.地质界线;16.剥蚀界线

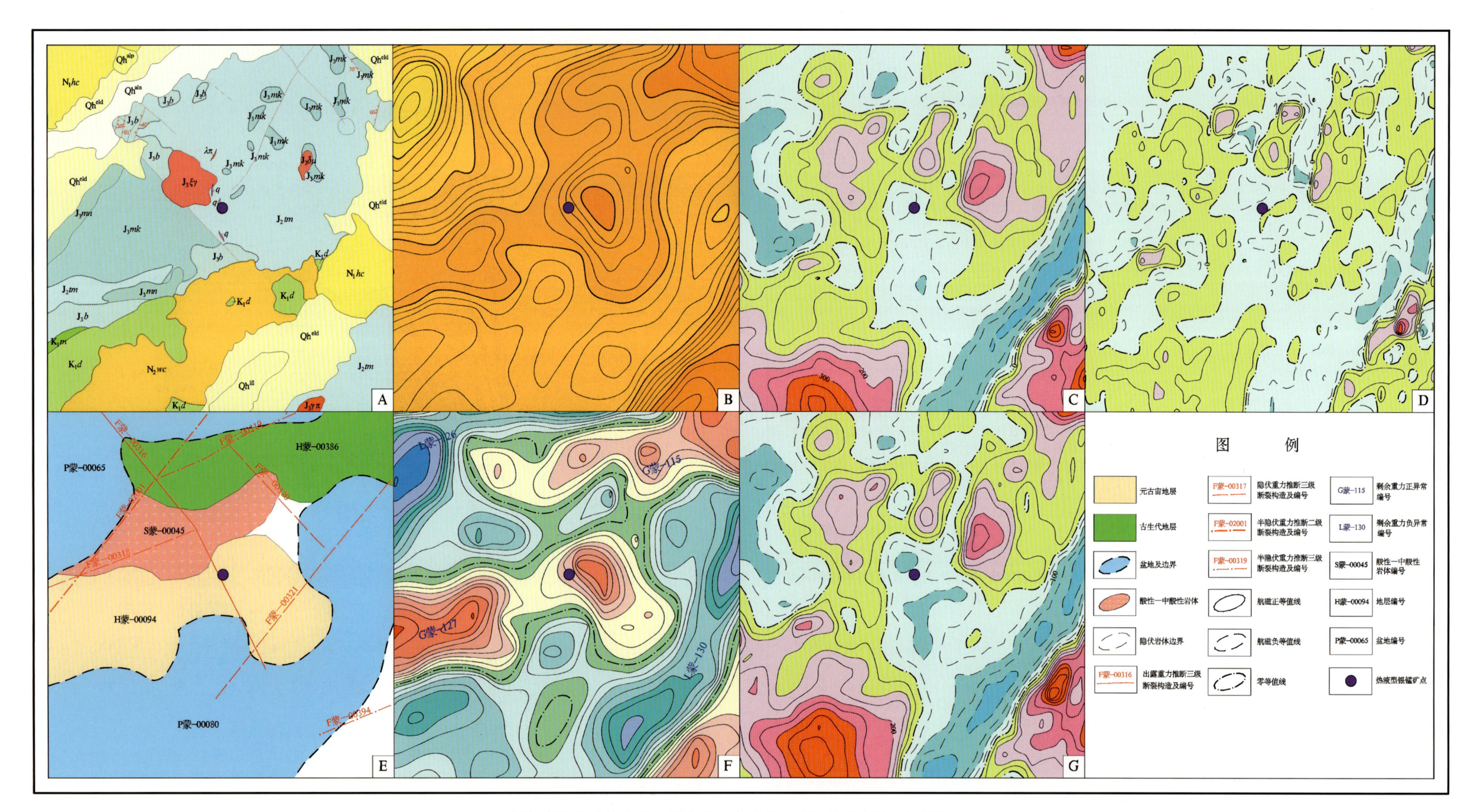

额仁陶勒盖式热液型银锰典型矿床所在区域地质矿产及物探剖析图

A. 地质矿产图；B. 布格重力异常图；C. 航磁 ΔT 等值线平面图；D. 航磁 ΔT 化极垂向一阶导数等值线平面图；E. 重力推断地质构造图；F. 剩余重力异常图；G. 航磁 ΔT 化极等值线平面图

李清地式热液型银锰矿地质、地球物理特征一览表

成矿要素		内容描述		
储量		锰矿石量 4×10^5 t	平均品位	Mn 4.79%
特征描述		复合内生型中—低温热液裂隙充填型银铅锌矿床		
地质环境	构造背景	华北陆块区，狼山-阴山陆块（大陆边缘岩浆弧 Pz_2），固阳-兴和陆核（Ar_3）		
	成矿环境	成矿区带属滨太平洋成矿域（叠加在古亚洲成矿域之上），华北成矿省，华北陆块北缘西段金、铁、铌、稀土、铜、铅、锌、银、镍、铂、钨、石墨、白云母成矿带，乌拉山-集宁铁、金、银、钼、铜、铅、锌、石墨、白云母成矿亚带（Ar_{1-2}、I、Y）。中太古界集宁岩群大理岩组为银铅锌成矿的赋存岩石，矿体主要产于大理岩组内北东向层间破碎带及其派生的北西向断裂内，与银铅锌成矿关系密切的岩浆岩主要是燕山期花岗岩及火山-次火山岩，该矿床为与中生代陆相火山作用有关的浅成低温热液型矿床		
	成矿时代	燕山期		
矿床特征	矿体形态	不规则脉状、透镜状、楔形囊状等		
	岩石类型	大理岩、硅化大理岩、铁白云石大理岩、中粒或中粗粒似斑状花岗岩、黑云母正长花岗岩、石英斑岩、流纹质集块岩、流纹质火山角砾岩、流纹质熔结凝灰岩、流纹岩		
	岩石结构	中粒粒状变晶结构、斑状结构、集块结构、火山角砾结构、熔结凝灰结构、中—中粗粒似斑状结构、花岗结构		
	矿物组合	矿石矿物：黄铁矿、闪锌矿、方铅矿、白铅矿、菱锌矿、褐铁矿、菱锰矿、菱铁矿、赤铁矿、白铁矿、针铁矿、黄铜矿、辉银矿、角银矿、辉锑银矿。脉石矿物：白云石、方解石、石英、铁白云石、锰白云石等		
	矿石结构构造	结构：自形—半自形粒状结构，他形粒状结构，隐晶质（铁锰质）结构，交代残余结构，包含结构，放射状，文象结构，反应边结构。构造：块状、蜂窝状、胶状、角砾状、浸染状、脉状-网状构造		
	蚀变特征	硅化、铁锰矿化、碳酸盐化、绢云母化、蛇纹石化		
	控矿条件	(1)中太古界集宁岩群大理岩。(2)集宁岩群大理岩组内北东向层间破碎带及其派生的北西向断裂。(3)燕山期岩浆活动不仅提供了成矿物质，也是矿区内岩石发生蚀变的主要原因		
地球物理特征	重力场特征	矿床位于北东向展布的局部布格重力低异常的边界，布格重力值 $\Delta g_{min}=-162.50\times10^{-5}$ m/s^2；剩余重力异常图亦反映矿床位于负异常的边界，$\Delta g_{min}=-6.51\times10^{-5}$ m/s^2，结合地质资料可知，该局部剩余重力负异常是隐伏的中生代花岗岩体的反映。其重力场特征表明李清地银锰矿与隐伏的中生代花岗岩体有关		
	磁场特征	从1∶20万航磁 ΔT 化极等值线图和航磁 ΔT 化极垂向一阶导数等值线图可知，该区总体反映区域正磁场，磁场强度为 200～400 nT，根据地质出露情况分析，推断区域正磁场与前寒武纪地层有关		

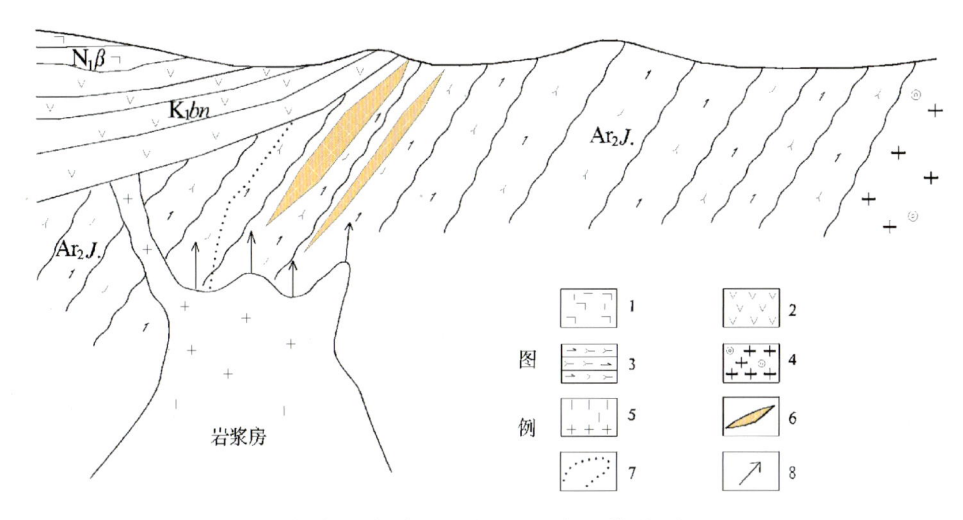

李清地式热液型银锰矿成矿模式图

1.中新世汉诺坝玄武岩（$N_1\beta$）；2.下白垩统白女羊盘组（K_1bn）；3.中太古界集宁岩群（$Ar_2J.$）；4.中太古代含石榴石花岗岩；5.燕山期花岗岩；6.矿体；7.蚀变界线；8.岩浆热液运移方向

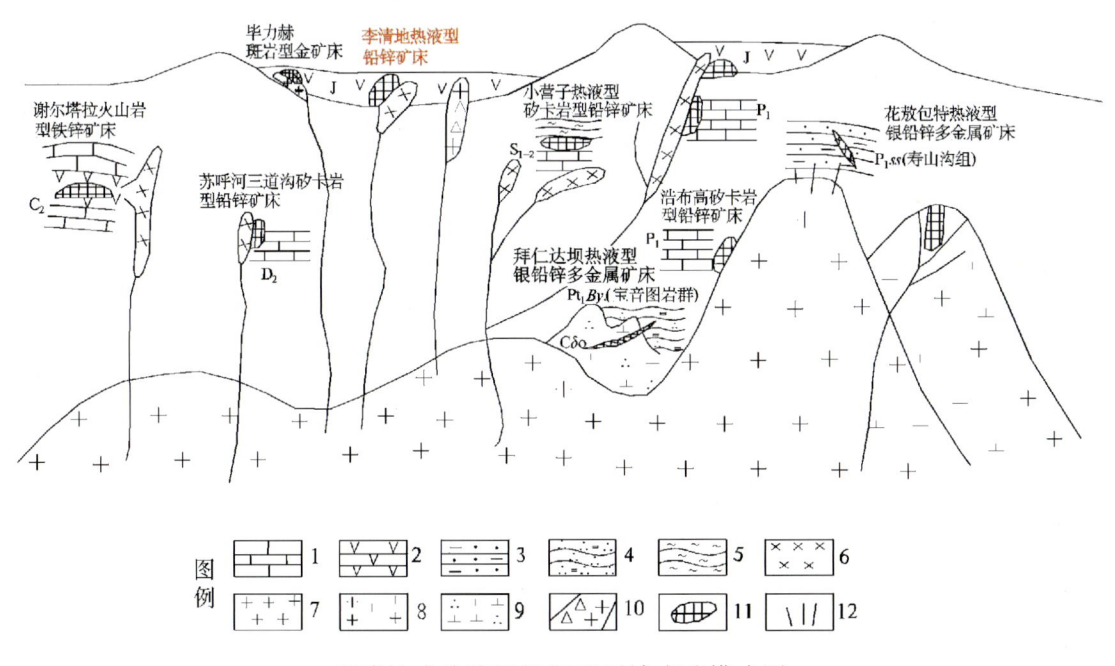

李清地式热液型银锰矿区域成矿模式图

1.大理岩；2.火山岩；3.泥质砂岩；4.石英片岩；5.绿泥片岩；6.次火山岩；7.花岗岩类；8.花岗闪长岩类；9.石英闪长岩；10.隐爆角砾岩筒；11.矿体；12.热液型矿化

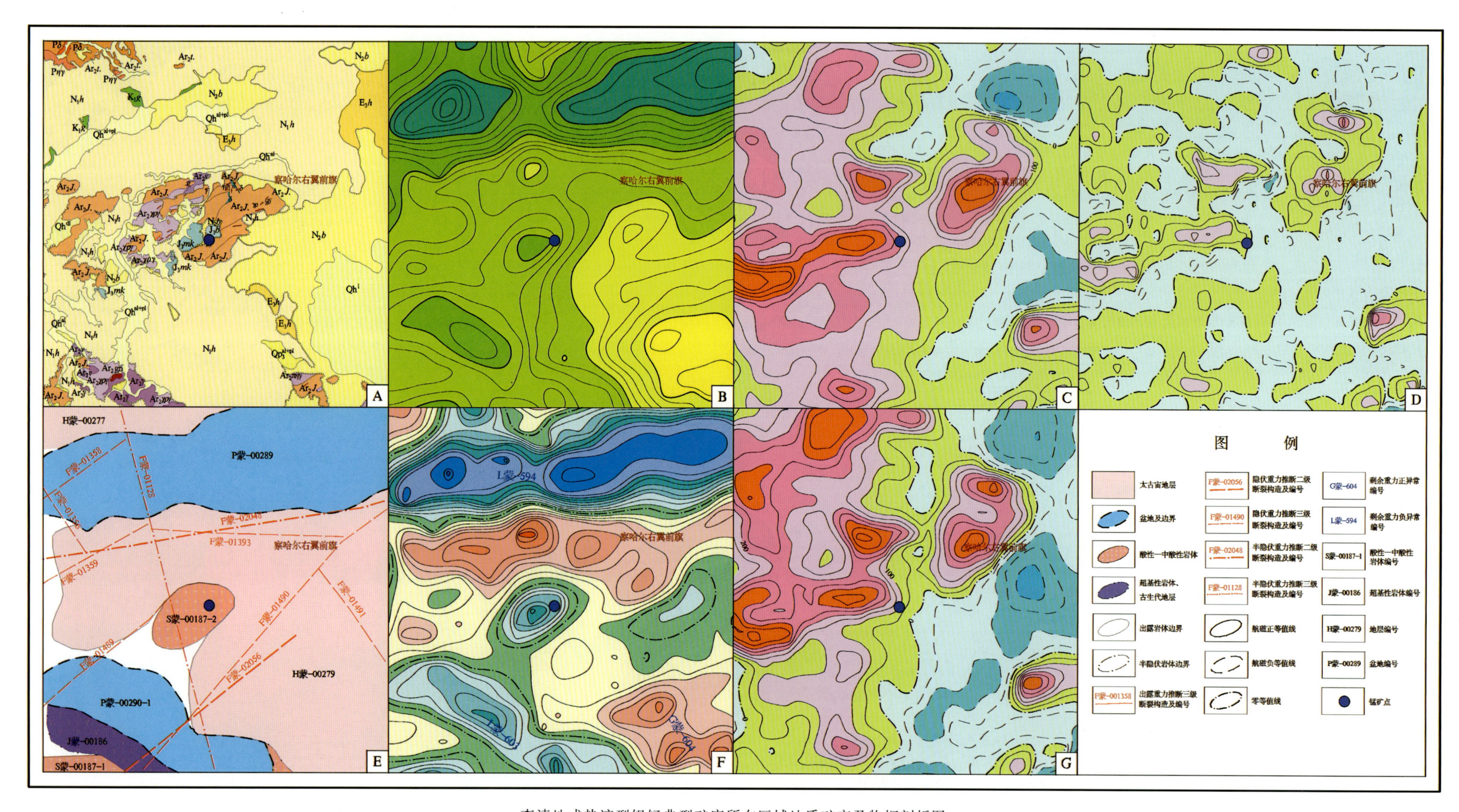

李清地式热液型银锰典型矿床所在区域地质矿产及物探剖析图

A. 地质矿产图；B. 布格重力异常图；C. 航磁 ΔT 等值线平面图；D. 航磁 ΔT 化极垂向一阶导数等值线平面图；E. 重力推断地质构造图；F. 剩余重力异常图；G. 航磁 ΔT 化极等值线平面图

西里庙式热液型锰矿地质、地球物理特征一览表

成矿要素		内容描述		
储量		锰矿石量 23.77×10^4 t	平均品位	Mn 25.54％
特征描述		火山热液型锰矿床		
地质环境	构造背景	天山-兴蒙造山系，大兴安岭弧盆系，锡林浩特岩浆弧(Pz_2)		
	成矿环境	成矿区带属滨太平洋成矿域（叠加在古亚洲成矿域之上），大兴安岭成矿省，白乃庙-锡林郭勒铁、铜、钼、铅、锌、锰、铬、金、锗、煤、天然碱、芒硝成矿带，苏莫查干敖包-二连锰、萤石成矿亚带（V1）。西里庙锰矿化带赋存于下中二叠统大石寨组二段底部砂砾岩或砾岩与厚层状大理岩的接触部位，呈 NE30°～40°方向展布，与地层产状基本一致。中二叠世的潜火山岩（流纹斑岩）与成矿关系密切。在大石寨组二段底部砂砾岩中发育有一压性的层间断层，呈北东向展布，其倾向与地层基本一致，西里庙锰矿附近的流纹斑岩的延伸受该断裂控制		
	成矿时代	海西期		
矿床特征	矿体形态	矿体形态规则，主要呈层状、似层状		
	岩石类型	含砂屑微晶灰岩，凝灰质砂砾岩，流纹质岩屑晶屑凝灰岩，微晶灰岩，砂质、泥质千枚岩		
	岩石结构	含砂屑微晶结构、千枚状结构、流纹质岩屑晶屑凝灰结构		
	矿物组合	矿石矿物：主要为硬锰矿，次为软锰矿。 脉石矿物：方解石、石英等，少许孔雀石		
	矿石结构构造	结构：填隙结构、网脉状结构、似包含结构。 构造：主要有网脉状、角砾状、块状、肾状或葡萄状构造		
	蚀变特征	锰矿化、硅化		
	控矿条件	(1)下中二叠统大石寨组与潜火山岩。 (2)近南北向的断裂构造控矿非常明显，矿化的强弱与构造密切有关，构造强则矿化强，且离开构造带矿化逐渐减弱		
地球物理特征	重力场特征	矿床所在区域布格重力异常总体展布方向为北东向，与地层走向一致。布格重力低值区分布酸性岩体，对应剩余重力负异常。西里庙向斜两翼是布格重力相对高值区，形成两处明显的局部剩余重力正异常：G蒙-510和G蒙-518。向斜核部布格重力低值区，对应形成条带状剩余重力负异常。西里庙锰矿床位于布格重力异常近东西向梯级带上，剩余重力正负异常交界处正异常一侧。北侧剩余重力负异常是由酸性侵入岩引起，正异常则由二叠系引起		
	磁场特征	矿床所在区域为平稳负磁场区，强度在－200nT 左右。东北部局部正磁异常与磁性较高的海西期黑云母花岗岩有关		

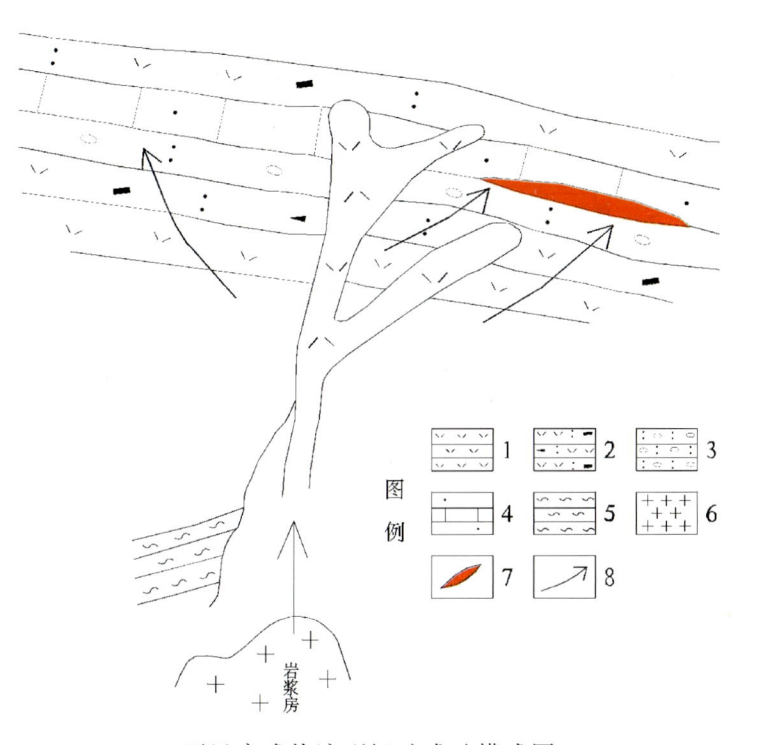

西里庙式热液型锰矿成矿模式图

1.流纹岩；2.流纹质岩屑晶屑凝灰岩；3.凝灰质砾岩；4.含砂屑微晶灰岩；5.结晶片岩；6.花岗岩；7.矿体；8.热液运移方向

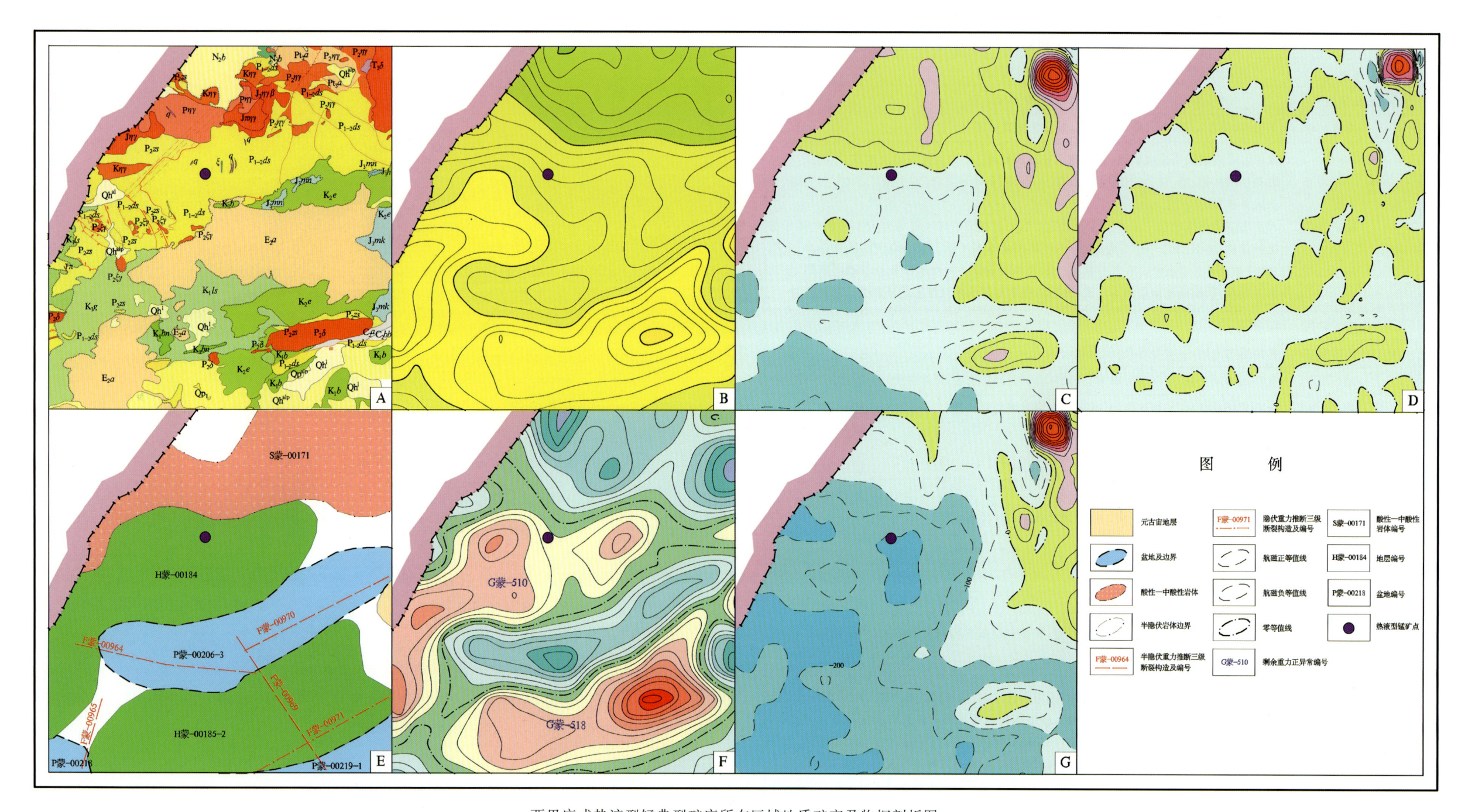

西里庙式热液型锰典型矿床所在区域地质矿产及物探剖析图

A. 地质矿产图；B. 布格重力异常图；C. 航磁 ΔT 等值线平面图；D. 航磁 ΔT 化极垂向一阶导数等值线平面图；E. 重力推断地质构造图；F. 剩余重力异常图；G. 航磁 ΔT 化极等值线平面图

东加干式沉积变质型锰矿地质、地球物理特征一览表

成矿要素		内容描述		
储量		锰矿石量 27 484.44t	平均品位	Mn 21.57%
特征描述		沉积变质型锰矿点		
地质环境	构造背景	天山-兴蒙造山系,包尔汉图-温都尔庙弧盆系(Pz_2),宝音图岩浆弧(Pz_2)		
	成矿环境	成矿区带属滨太平洋成矿域(叠加在古亚洲成矿域之上),大兴安岭成矿省,白乃庙-锡林郭勒铁、铜、钼、铅、锌、锰、铬、金、锗、煤、天然碱、芒硝成矿带(Ym),查干此老-巴音杭盖铁、金、钨、钼、铜、镍、钴成矿亚带(C,V,I)。矿区出露地层主要为下中奥陶统乌宾敖包组石英岩、大理岩,少量第四系堆积层和残坡积层。矿区内无大面积岩浆岩出露,只有石英脉较为发育,未见其他岩脉。矿区内大部分地层呈单斜构造产出		
	成矿时代	加里东期		
矿床特征	矿体形态	透镜状		
	岩石类型	绢云母千枚岩、夹白云质结晶灰岩、变质石英岩、厚层状白云质结晶灰岩		
	岩石结构	鳞片变晶结构、变余砂状结构、微晶变晶结构		
	矿物组合	矿石矿物:主要为软锰矿、硬锰矿,少量褐铁矿。 脉石矿物:白云石、方解石、泥质等		
	矿石结构构造	结构:以纤维状、隐晶状、粉末状结构为主。 构造:团块状、条带状构造		
	蚀变特征	绢云母化和碳酸盐化		
	控矿条件	(1)下中奥陶统乌宾敖包组为赋矿地层。 (2)矿体与围岩产状一致,呈整合接触。矿层底板为绢云母千枚岩,顶板为薄层白云质灰岩。白云质灰岩与矿层关系密切,灰岩厚处矿层亦厚,灰岩变薄尖灭矿层亦消失		
地球物理特征	重力场特征	矿床所在区域布格重力异常呈现北部重力高、南部重力低的特点,对应地形成近东西向展布的条带状剩余重力正、负异常,是前中生代基底隆起-凹陷引起。东加干锰矿位于平稳的布格重力高值区,主要与前中生代基底隆起及超基性岩体有关		
	磁场特征	由航磁等值线图可知,东加干锰矿所在区域呈平稳的弱正磁背景场,场值为-50~50nT		

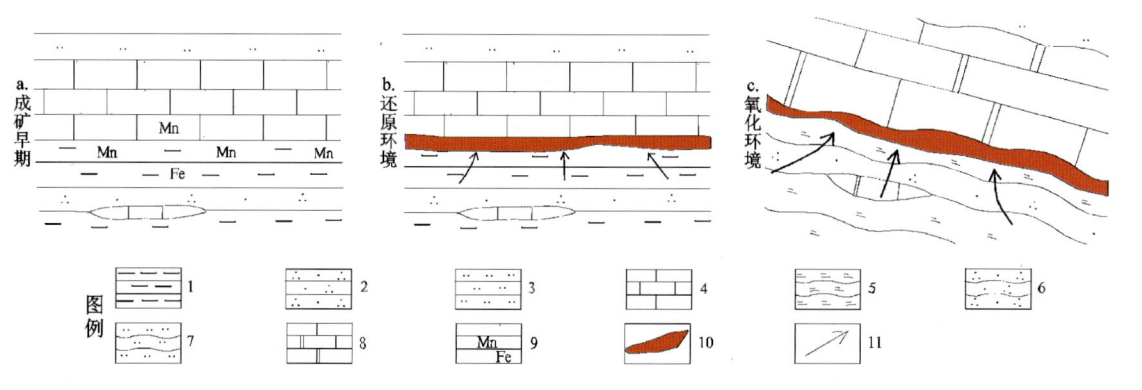

东加干式沉积变质型锰矿成矿模式图

1.泥岩;2.石英砂岩;3.粉砂岩;4.灰岩;5.绢云母千枚岩;6.变质石英砂岩;7.变质粉砂岩;8.白云质结晶灰岩;9.锰铁质;10.矿体;11.热液及流体运移方向

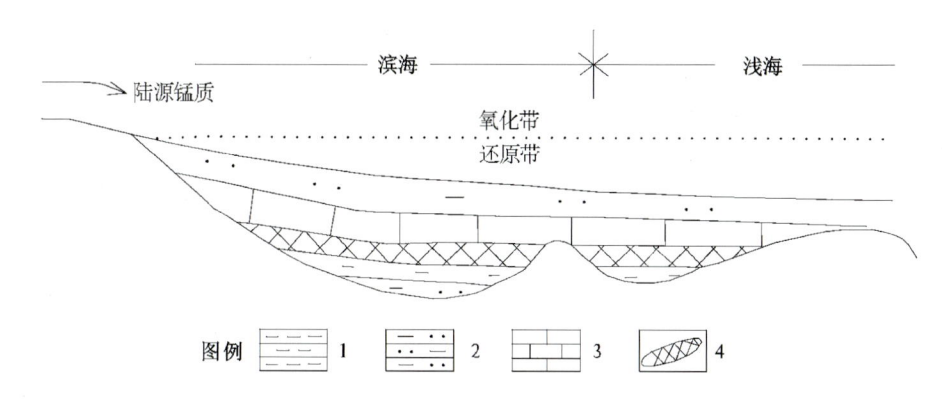

东加干式沉积变质型锰矿区域成矿模式图

1.泥岩;2.含泥粉砂岩;3.灰岩;4.矿体

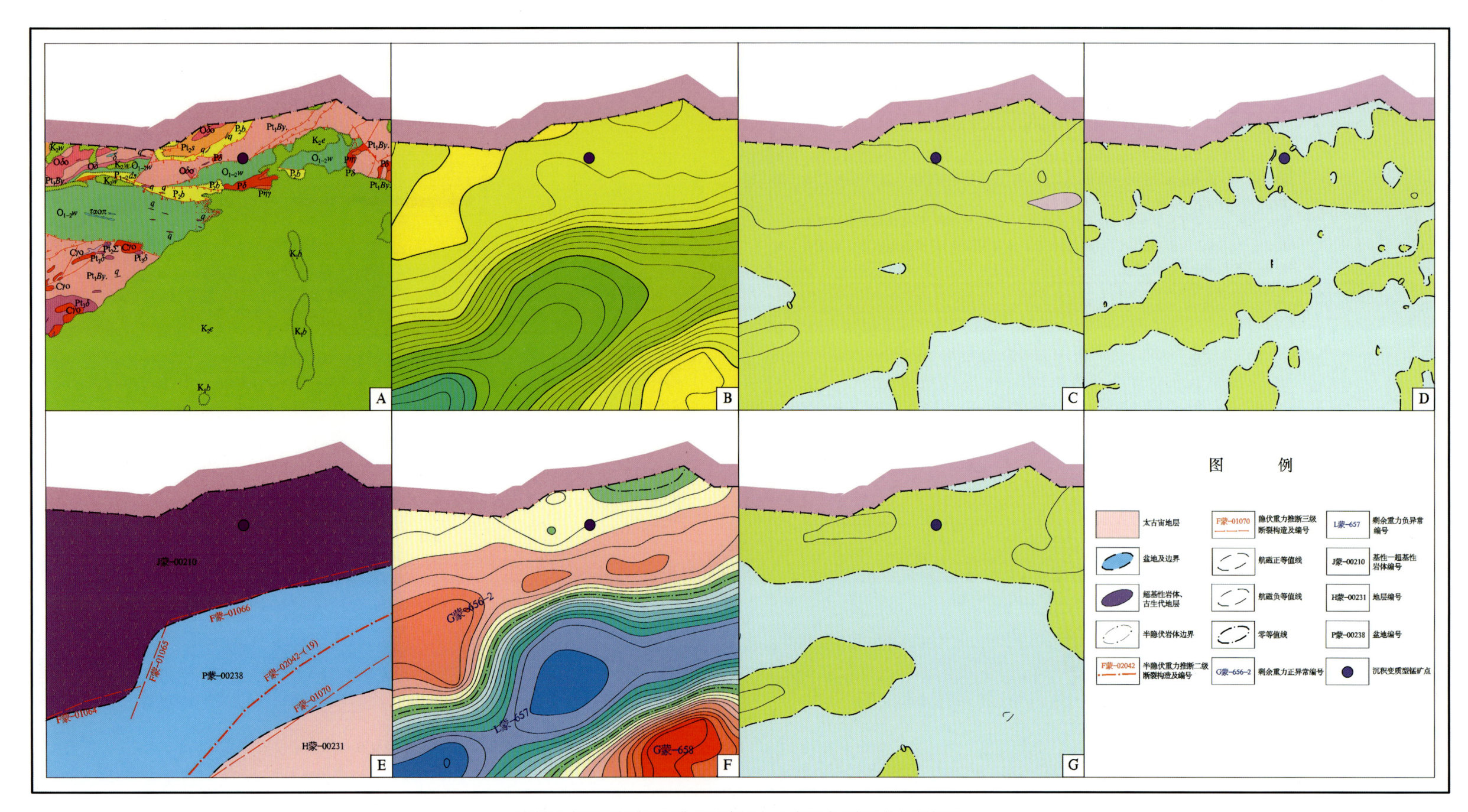

东加干式沉积变质型锰典型矿床所在区域地质矿产及物探剖析图

A. 地质矿产图；B. 布格重力异常图；C. 航磁 ΔT 等值线平面图；D. 航磁 ΔT 化极垂向一阶导数等值线平面图；E. 重力推断地质构造图；F. 剩余重力异常图；G. 航磁 ΔT 化极等值线平面图

乔二沟式沉积变质型锰矿地质、地球物理特征一览表

成矿要素		内容描述		
储量		锰矿石量 11 914 000t	平均品位	Mn 13.67%
特征描述		中型沉积变质型锰矿床		
地质环境	构造背景	华北陆块区,狼山-阴山陆块(大陆边缘岩浆弧 Pz_2),狼山-白云鄂博裂谷(Pt_2)		
	成矿环境	成矿区带属滨太平洋成矿域(叠加在古亚洲成矿域之上),华北成矿省,华北陆块北缘西段金、铁、铌、稀土、铜、铅、锌、银、镍、铂、钨、石墨、白云母成矿带,固阳-白银查干金、铁、铜、铅、锌、石墨成矿亚带(Ar_3、Pt)。 矿区内出露的地层主要为阿古鲁沟组一段,岩性为粉砂质板岩。矿区内岩浆岩不太发育,主要为元古宙闪长岩体。矿区总的构造为走向东西向的单斜构造		
	成矿时代	中元古代		
矿床特征	矿体形态	主要呈似层状产出,局部有分支复合现象		
	岩石类型	粉砂质板岩		
	岩石结构	粉砂质变余结构		
	矿物组合	矿石矿物:主要为硬锰矿,少量软锰矿及褐铁矿。 脉石矿物:主要为石英,其次为斜长石、角闪石、云母		
	矿石结构构造	结构:伟晶、粗粒、中粗粒、细粒结晶结构,鳞片花岗变晶、残余、骸晶、交叉结构,压碎结构等。 构造:块状、交错脉状及网脉状、斑块状、浸染状、梳状、晶洞构造		
	控矿条件	阿古鲁沟组一段粉砂质板岩		
地球物理特征	重力场特征	矿床所在区域布格重力异常等值线形态较复杂,异常边部等值线密集。剩余重力异常多呈条带状近东西向展布,条带状展布的剩余重力正异常与前古生代基底隆起有关。乔二沟锰矿东侧的等轴状剩余重力正异常由元古宙酸性侵入岩引起。元古宙的石英闪长岩、变质英云闪长岩等岩类平均密度值为 2.66g/cm³,所以当其达到一定规模时,会形成明显的剩余重力正异常。乔二沟锰矿位于布格重力异常梯级带上,正负剩余重力异常的交界处正异常一侧,该正异常与前古生代基底隆起有关		
	磁场特征	由航磁等值线图可知,乔二沟锰矿床位于局部正磁异常的边部,异常强度中等,场值为100~300nT。该异常主要由新太古界柳树沟岩组的石英岩、磁铁石英岩引起。矿床北部呈平稳的正磁场背景		

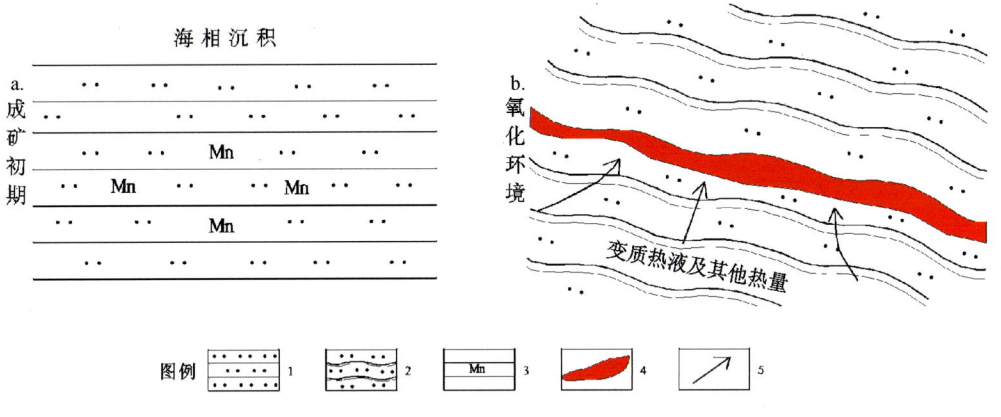

乔二沟式沉积变质型锰矿典型矿床成矿模式图

1.粉砂岩;2.粉砂质板岩;3.锰质;4.矿体;5.热液及流体运移方向

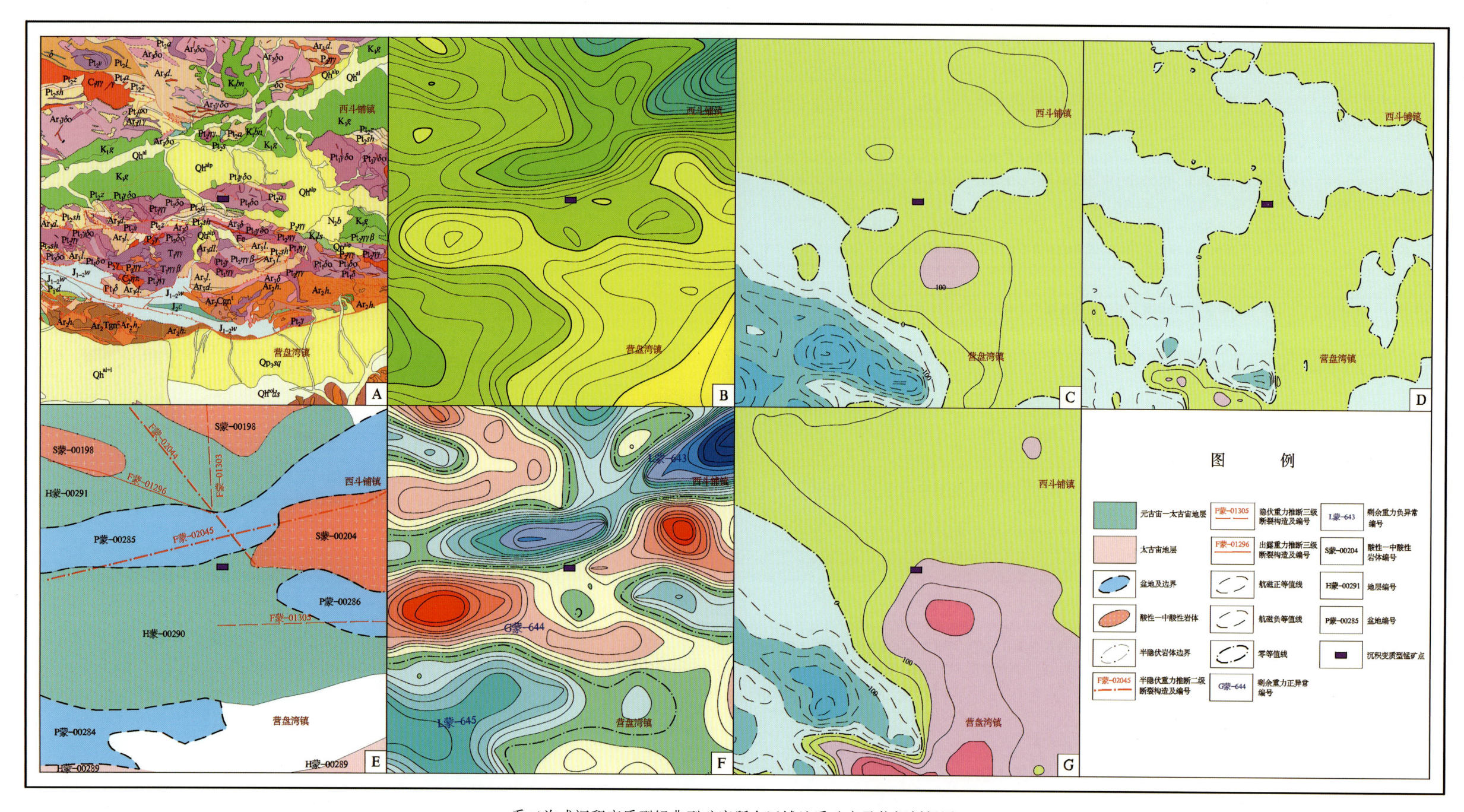

乔二沟式沉积变质型锰典型矿床所在区域地质矿产及物探剖析图

A. 地质矿产图；B. 布格重力异常图；C. 航磁 ΔT 等值线平面图；D. 航磁 ΔT 化极垂向一阶导数等值线平面图；E. 重力推断地质构造图；F. 剩余重力异常图；G. 航磁 ΔT 化极等值线平面图

毛登式热液型锡矿地质、地球物理特征一览表

成矿要素		内容描述		
储量		锡金属量 4925t	平均品位	Sn 1.1%
特征描述		热液改造型锡矿床		
地质环境	构造背景	天山-兴蒙造山系,大兴安岭弧盆系,锡林浩特岩浆弧(Pz_2)		
	成矿环境	成矿区带属滨太平洋成矿域(叠加在古亚洲成矿域之上),大兴安岭成矿省,突泉-翁牛特铅、锌、银、铜、铁、锡、稀土成矿带,索伦镇-黄岗梁铁、锡、铜、铅、锌、银成矿亚带(V-Y)。矿区内主要出露二叠系大石寨组上段碎屑岩和少量的中段火山岩及第四系,锡矿主要赋存于大石寨组上段碎屑岩中。矿区内岩浆岩出露面积较大,分布在矿区中西部和北部,形成于燕山早期,岩性为阿鲁包格山似斑状花岗岩体边缘相花岗斑岩。燕山期频繁的岩浆活动为成矿提供了热动力学条件,同时也是成矿物质的供给者。矿区地质构造完全受穹隆构造的制约,区内构造简单,以褶皱构造和断裂构造为主。矿区内断裂构造发育,发育有数条受构造控制的规模不等的硅化带,该硅化带与区内多金属成矿关系密切。区内层间裂隙构造发育,多充填断层泥和硫化物脉,是成矿的有利部位,是重要的容矿构造		
	成矿时代	燕山期		
矿床特征	矿体形态	矿体以似层状产出,沿倾向形态较稳定		
	岩石类型	含碳质变质粉砂岩,变质粉砂岩		
	岩石结构	自形—半自形晶粒结构,他形粒状结构,填隙结构,反应边结构,交代残余结构,压碎碎裂结构		
	矿物组合	主要的矿石矿物有锡石、黄锡矿、黄铜矿、方铅矿、闪锌矿、黄铁矿、斑铜矿、辉铜矿等,次生矿物为褐铁矿、孔雀石等。脉石矿物主要为非金属矿物,有石英,其次为少量白云母、萤石、绢云母、绿泥石、方解石等		
	矿石结构构造	(1)锡矿石:半自形晶粒状、反应边、压碎碎裂、填隙结构;致密块状、充填脉状、浸染状、晶簇状、蜂窝状构造。 (2)锌矿石:自形—半自形粒状、他形粒状、交代残余结构;块状、浸染状、晶簇状构造		
	蚀变特征	硅化、绢英岩化		
	控矿条件	(1)下中二叠统大石寨组。 (2)与本区成矿关系密切的背斜,呈北东方向展布。 (3)矿体主要产于变质粉砂岩或含碳质变质粉砂岩的层间裂隙中,硅化带是找矿的直接标志		
地球物理特征	重力场特征	矿床所在处布格重力场具有中部低、南北两侧高的特点,由北向南布格重力异常极值Δg变化范围为$-100×10^{-5}m/s^2→-130.93×10^{-5}m/s^2→-106×10^{-5}m/s^2$。矿床位于两处局部重力低的过渡带上,对应的形成两个剩余重力负异常,L蒙-386、L蒙-387。根据地表资料显示,矿床西侧被第四系覆盖,东侧为侏罗纪的花岗斑岩,故推断这两个负异常由盆地和酸性岩侵入岩引起。两处负异常过渡带部位出露二叠系大石寨组,其南北两侧的布格重力高值区对应形成的剩余重力正异常,也出露同一套地层,显然该区域的重力高主要与古生代基底隆起有关。毛登锡矿床东侧,在重力推断的酸性侵入岩引起的剩余重力负异常区,对应Sn元素化探内带异常(锡含量大于$6.4×10^{-6}$),同时伴有W、Mo、Cu、Pb、Zn、Ag等多金属元素异常,可见酸性侵入岩为锡矿形成提供了充分的物质来源。重力场特征反映了成矿地质环境。在该酸性岩体与南北两侧古生代地层的接触带上亦是寻找同类型锡矿的有利地区		
	磁场特征	毛登锡矿床所在区域基本为大面积平稳负磁场区,这是因为该区域主要分布的是低磁到无磁的第四系松散沉积物及中酸性火山岩类		

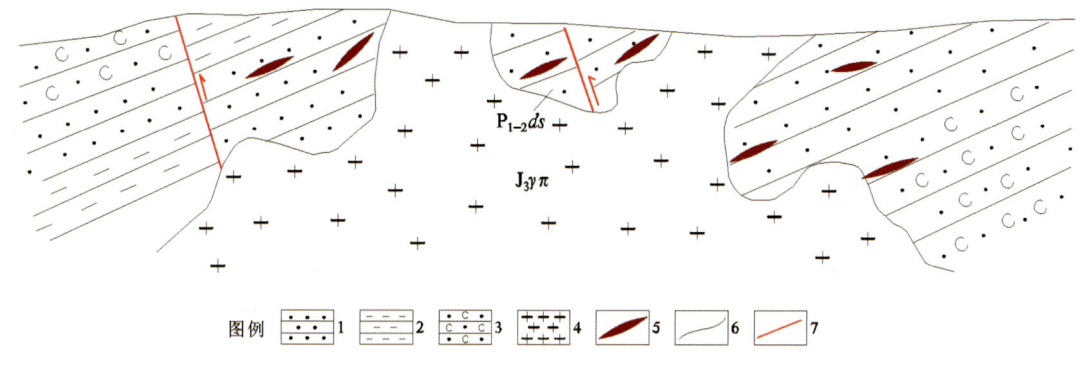

毛登式热液型锡矿成矿模式图

1.砂岩;2.泥岩;3.含碳质砂岩;4.花岗斑岩;5.矿体;6.地质界线;7.断层

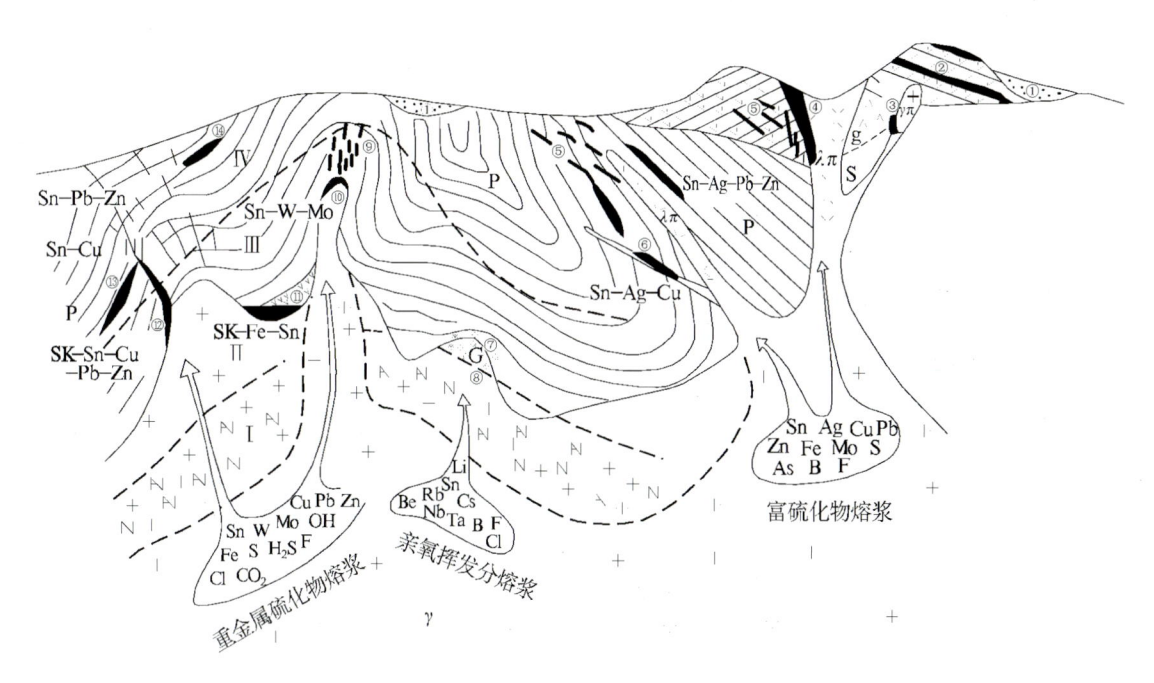

毛登式热液型锡矿区域成矿模式图

Ⅰ.钾长、钠长石化带;Ⅱ.内云英岩化带;Ⅲ.外云英岩-角岩-矽卡岩化带(绢云母化或萤石带);Ⅳ.硅化、碳酸盐化、褐铁矿、赤铁矿、高岭土化带;J.侏罗系;P.二叠系;γ.燕山早期花岗岩;π.酸性喷发岩;SK.矽卡岩化带;v.古火山岩;g.火山角砾岩;G.云英岩;S.绢云母化带;λπ.流纹斑岩;γπ.花岗斑岩;1.砂岩锡矿(小东沟、色布尔矿点);2.火山岩锡矿(白音锆矿点);3.与次火山岩有关的矽卡岩型锡矿(三合屯、狄尔达拉);4.次火山岩型内蚀变带矿体(毛登矿床);5.次火山岩型脉状断裂带矿体(毛登、上大井矿床、水泉沟、色日崩西矿点);6.次火山岩似层状矿体(上大井矿床);7.外云英岩锡矿体(石匠山矿床);8.内云英岩锡矿体(窟隆山矿床);9.裂隙脉状含锡、钨石英脉(八家东沟、朱家营子、煤窑沟矿点)10.蚀变淡色花岗岩锡矿(双河望矿点);11.矽卡岩型锡铁矿(黄岗矿床);12.矽卡岩型锡铜铅锌矿(呼和哈德、马场);13.热液层状或脉状锡铜矿体(鲁根浑迪矿点);14.热液层状或脉状锡铅锌矿体

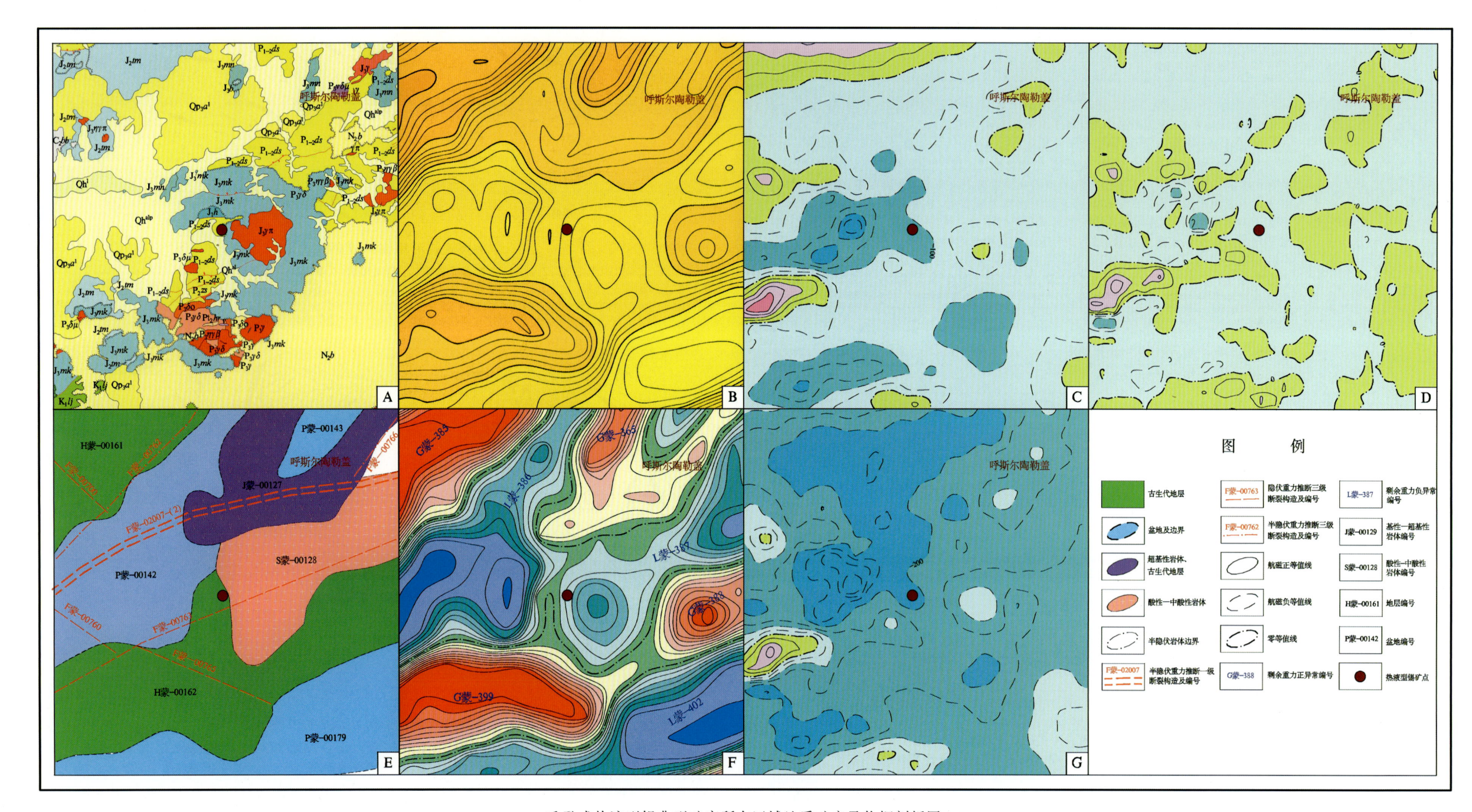

毛登式热液型锡典型矿床所在区域地质矿产及物探剖析图

A. 地质矿产图；B. 布格重力异常图；C. 航磁 ΔT 等值线平面图；D. 航磁 ΔT 化极垂向一阶导数等值线平面图；E. 重力推断地质构造图；F. 剩余重力异常图；G. 航磁 ΔT 化极等值线平面图

黄岗式热液型铁锡矿地质、地球物理特征一览表

成矿要素		内容描述		
储量		锡金属量 45.6×10⁴ t	平均品位	Sn 0.74%
特征描述		热液型铁锡矿床		
地质环境	构造背景	天山-兴蒙造山系,大兴安岭弧盆系,锡林浩特岩浆弧(Pz_2)		
	成矿环境	成矿区带属滨太平洋成矿域(叠加在古亚洲成矿域之上),大兴安岭成矿省,突泉-翁牛特铅、锌、银、铜、铁、锡、稀土成矿带,索伦镇-黄岗梁铁、锡、铜、铅、锌、银成矿亚带(V-Y)。矿区出露主要地层有:二叠系哲斯组、大石寨组和寿山沟组,呈北东-南西向带状分布于矿区中部。哲斯组由一套碳酸盐岩-火山碎屑岩沉积岩夹薄层火山熔岩组成。大石寨组以安山质为主的海相熔岩,凝灰岩夹正常沉积碎屑岩,相变非常剧烈,在黄岗梁一带的大石寨组下部还有较厚的细碧岩。中上侏罗统广泛分布在矿区,主要由一套正常火山碎屑岩-火山碎屑沉积岩组成,与二叠系常呈断层或不整合接触。岩体主要为燕山早期钾长花岗岩,少量黑云母钾长花岗岩。矿区断裂构造发育,其中北东向压性兼扭性断裂,具长期多次活动的特点,为本区成岩、成矿提供了有利条件,是控岩、导矿、容矿的主要构造		
	成矿时代	燕山晚期,辉钼矿 Re-Os 年龄为(141.2±4.3)Ma		
矿床特征	矿体形态	矿体呈似层状、透镜状、马鞍状及楔状。矿体一般长 300~400m,最长达 1475m,厚几米至数十米		
	岩石类型	二叠系哲斯组碳酸盐岩,大石寨组安山岩,燕山晚期(黑云母)钾长花岗岩		
	岩石结构	沉积岩为碎屑结构和变晶结构,侵入岩为中细粒结构		
	矿物组合	金属矿物以磁铁矿、锡石、锡酸矿、闪锌矿、黄铜矿、斜方砷铁矿、白钨矿、辉钼矿为主,其次是毒砂、辉铋矿、斑铜矿、辉铋矿、方铅矿、黄铁矿。非金属矿物主要有石榴石、透辉石、角闪石,其次为萤石、云母类、绿泥石、石英、方解石、符山石等		
	矿石结构构造	结构:半自形粒状结构、柱粒状结构、粒状鳞片结构、他形粒状结构、不规则粒状结构。构造:平行细脉状、网脉状、浸染状、团块状构造		
	蚀变特征	区内矽卡岩化强烈,钠长石化广泛,角岩化普遍,其次有绿帘石化、绿泥石化、硅化、萤石化、碳酸盐化、蛇纹石化等多种蚀变		
	控矿条件	控矿侵入岩:燕山晚期钾长花岗岩。控矿构造:北东方向的压性一扭性断裂。控矿地层:二叠系哲斯组、大石寨组		
地球物理特征	重力场特征	矿床位于布格重力异常相对低值区边部的梯级带上。布格重力异常极值 Δg 为(−147.81~−132.87)×10⁻⁵m/s²。矿床附近的重力异常极值 Δg 为−147.81×10⁻⁵m/s²。这一相对重力低值带与酸性侵入岩有关,梯级带与酸性侵入岩和古生界(二叠纪地层)的接触带对应。由剩余重力异常图可知,矿床位于剩余重力负异常 L 蒙-420 与正异常 G 蒙-415 的交界处。正异常 Δg 为(4.42~4.82)×10⁻⁵m/s²,负异常 Δg 为(−5.56~−2.73)×10⁻⁵m/s²。这一区域还伴有北东向展布的 Fe 异常带		
	磁场特征	由航磁等值线图可知,黄岗梁铁锡矿床所在区域航磁异常为平稳负磁场区,其东侧的局部正磁异常主要与地表出露的侏罗系玛尼吐组(J_3mn)的中基性火山岩有关		

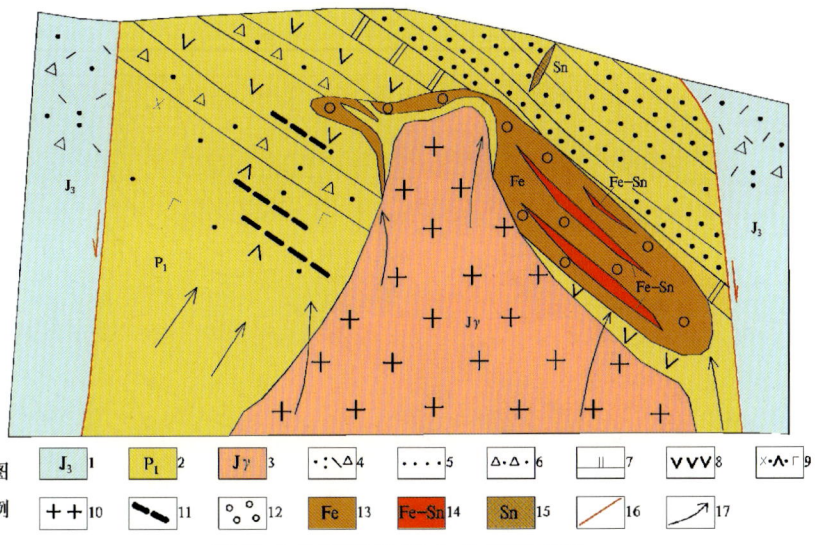

黄岗式热液型铁锡矿成矿模式图

1.上侏罗统;2.下二叠统;3.燕山期花岗岩;4.火山岩;5.砂岩;6.火山碎屑岩;7.大理岩;8.安山岩;9.细碧角斑岩;10.花岗岩;11.贫铁层位;12.矽卡岩;13.铁矿体;14.铁锡矿体;15.锡矿体;16.断层;17.热液运移方向

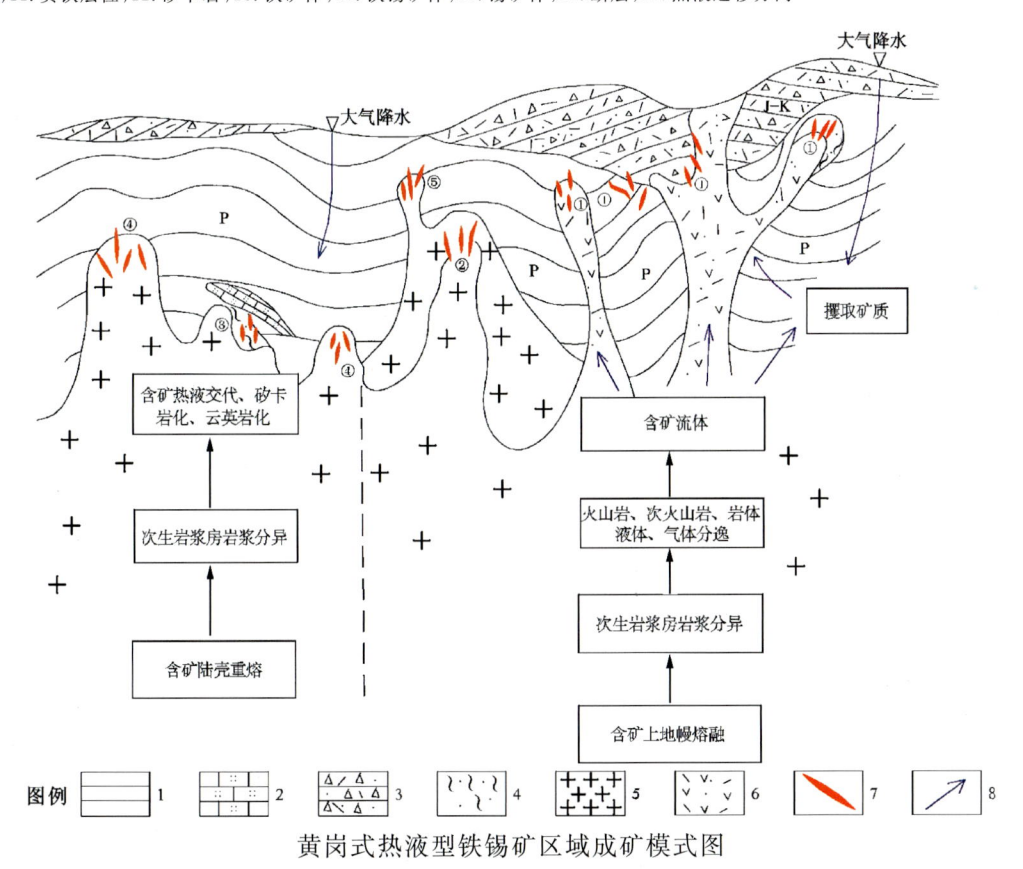

黄岗式热液型铁锡矿区域成矿模式图

1.二叠纪碎屑岩夹中基—中酸性火山岩;2.二叠纪碎屑岩夹碳酸盐岩透镜体;3.侏罗纪—白垩纪火山角砾凝灰岩、熔岩;4.矽卡岩;5.花岗岩;6.英安斑岩,安山玢岩;7.矿床:①大井式(火山岩-次火山岩中),②孟恩陶勒盖式(岩体内接触带中),③黄岗式(矽卡岩中),④宝盖沟式(岩体顶部、接触带中),⑤胡家店式(岩体顶部、边部);8.热液及大气水运移方向

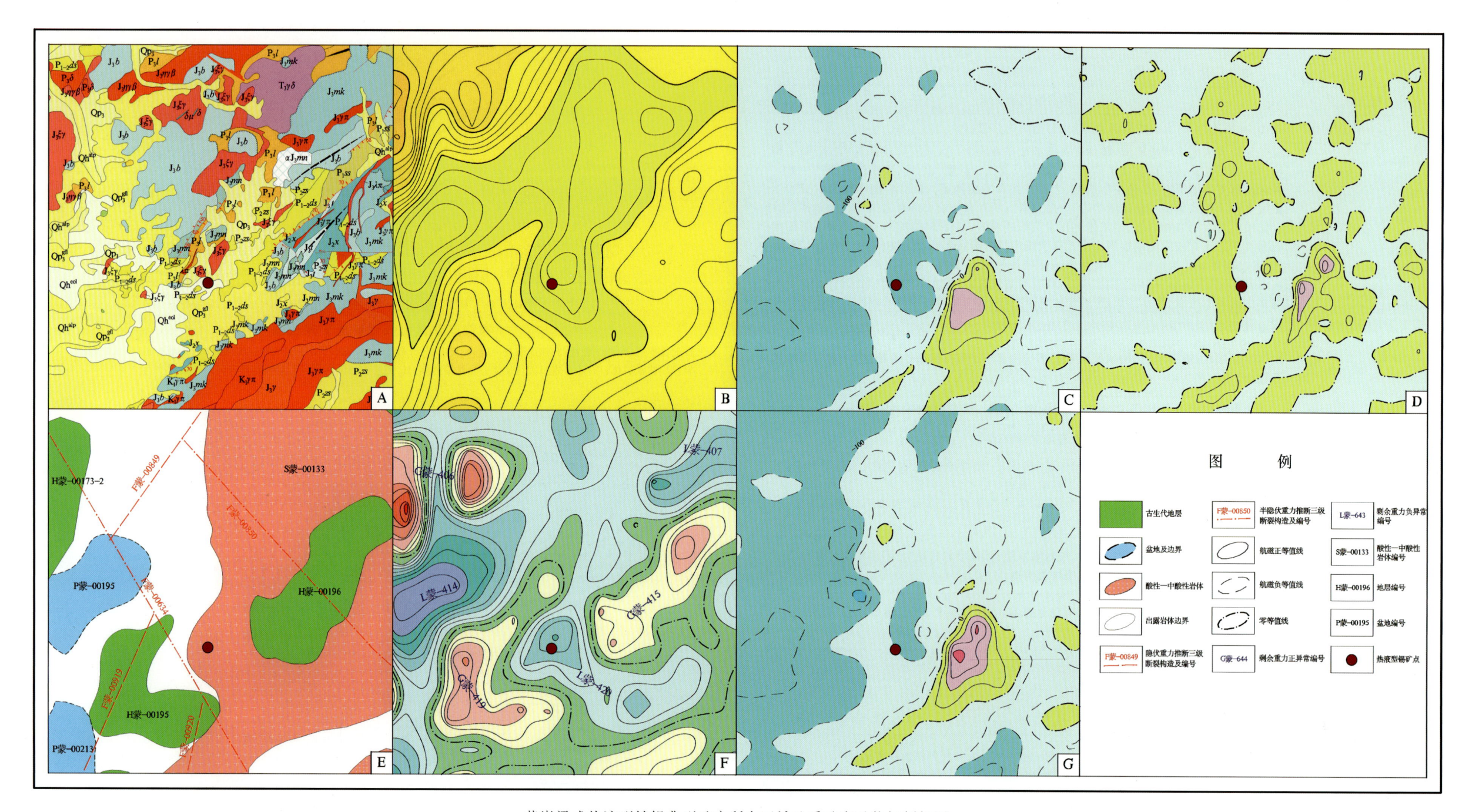

黄岗梁式热液型铁锡典型矿床所在区域地质矿产及物探剖析图

A. 地质矿产图；B. 布格重力异常图；C. 航磁 ΔT 等值线平面图；D. 航磁 ΔT 化极垂向一阶导数等值线平面图；E. 重力推断地质构造图；F. 剩余重力异常图；G. 航磁 ΔT 化极等值线平面图

朝不楞式矽卡岩型铁锡矿地质、地球物理特征一览表

成矿要素		内容描述		
储量		锡金属量 6137t	平均品位	Sn 0.0985%
特征描述		矽卡岩型铁锡矿床		
地质环境	构造背景	天山-兴蒙造山系,大兴安岭弧盆系,扎兰屯-多宝山岛弧(Pz_2)		
	成矿环境	成矿区带属滨太平洋成矿域(叠加在古亚洲成矿域之上),大兴安岭成矿省,东乌珠穆沁旗-嫩江(中强挤压区)铜、钼、铅、锌、金、钨、锡、铬矿带,二连-东乌珠穆沁旗钨、钼、铁、锌、铅、金、银、铬成矿亚带(V、Y)。矿区主要出露中上泥盆统塔尔巴格特组,为一套浅海相泥质岩夹灰岩及火山碎屑岩,还零星出露上侏罗统白音高老组酸性火山岩。区内侵入岩较发育,主要为燕山早期的黑云母花岗岩、石英闪长岩、闪长岩及其派生脉岩等。矿区内发育一条北东向长期多次活动的区域性断裂,该断裂控制了侵入岩的侵位及其展布方向。在中上泥盆统塔尔巴格特组与中酸性侵入岩接触带中形成铁多金属矿床,断裂构造长期多次活动为矿液的上升运移创造了良好的通道		
	成矿时代	燕山晚期,辉钼矿 Re-Os 年龄为 $(140.7±1.8)$Ma,黑云母花岗岩 SHRIMP 锆石 U-Pb 年龄为 $(136.9±1.5)$Ma		
矿床特征	矿体形态	矿体呈扁豆状、条带状及豆荚状成群、成带平行断续分布,在平面上呈雁行状排列,剖面上呈重叠扁豆状和不规则筒状		
	岩石类型	大理岩、砂质板岩、变质粉砂岩、变质砂岩、变质长英砂岩和变质砂砾岩等;黑云母花岗岩、石英闪长岩、闪长岩		
	岩石结构	变晶结构、细砂结构、粉砂结构、砂砾结构、细粒花岗结构		
	矿物组合	金属矿物以磁铁矿为主,锡石次之,闪锌矿少量,次要矿物有赤铁矿、镜铁矿、褐铁矿、磁黄铁矿、黄铁矿、白铁矿、黄铜矿等;非金属矿物以钙铁榴石为主,透辉石次之,次要矿物还有黑云母、角闪石、石英等		
	矿石结构构造	矿石结构:他形晶粒状、半自形晶粒状、自形晶粒状、反应边、压碎、固溶体分解结构。矿石构造:浸染状、条带状、斑杂状、斑点状、块状、角砾状构造等		
	蚀变特征	矽卡岩化、角岩化		
	控矿条件	中上泥盆统塔尔巴格特组,侵入岩为燕山晚期花岗岩,控矿构造主要为北东向断裂构造和花岗岩与塔尔巴格特组的外接触带		
地球物理特征	重力场特征	矿床位于相对较高的布格重力异常带边部的梯度带上,布格重力极值 Δg 为 $(-100.42\sim -89.07)×10^{-5}$m/s²。异常呈北东向展布,其南侧为布格重力相对低值区。由剩余重力异常图可知,朝不楞铁锡矿床位于剩余重力正异常 G 蒙-171 与负异常 L 蒙-173 的交接带上。G 蒙-171 剩余重力异常极值 Δg 为 $9.34×10^{-5}$m/s²,与泥盆纪($D_{2-3}t$)基底隆起有关;L 蒙-173 剩余重力异常极值 Δg 为 $-5.99×10^{-5}$m/s²,由酸性侵入岩引起。在正、负异常的边界附近推断有断裂构造存在。重力场特征表明,朝不楞铁锡矿床位于古生界与花岗岩体接触带上		
	磁场特征	由航磁等值线图可见,朝不楞铁锡矿床所在区域航磁异常呈北东向带状展布,主要是侏罗纪花岗岩体的反映。与岩浆岩有关的矿床、矿点及推断与矿有关的磁异常则叠加于该区域异常之上,主要是受北东向区域构造所控制,侏罗纪黑云母花岗侵入到泥盆系塔尔巴格特组($D_{2-3}t$)中,在成矿有利的外接触带内,形成矽卡岩型铁、锡、锰多金属矿床,沿断裂破碎带的某些地段有时发生热液型磁铁矿化作用,矿带、矿体的分布与北东向断裂破碎带有关		

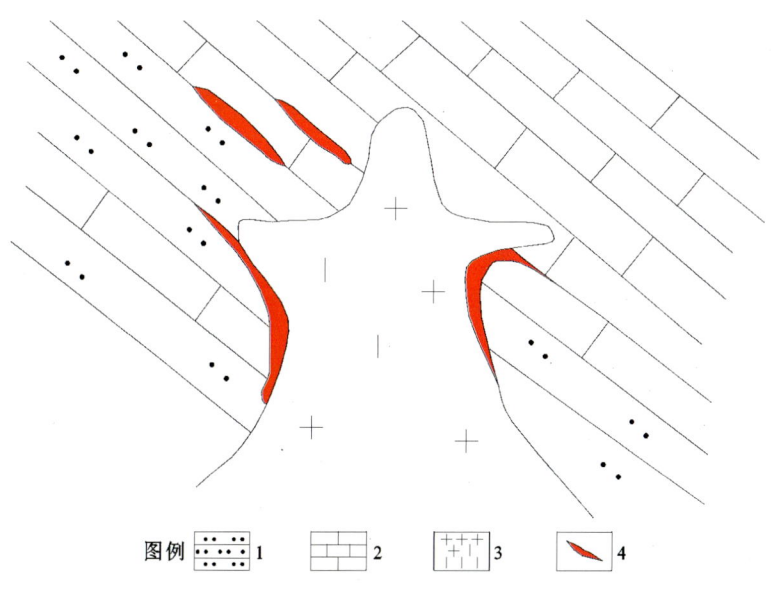

图例 1 ⋯ 2 ▦ 3 ✚ 4 ▰

朝不楞式矽卡岩型铁锡矿成矿模式图
1. 粉砂岩;2. 灰岩;3. 花岗岩;4. 锡矿体

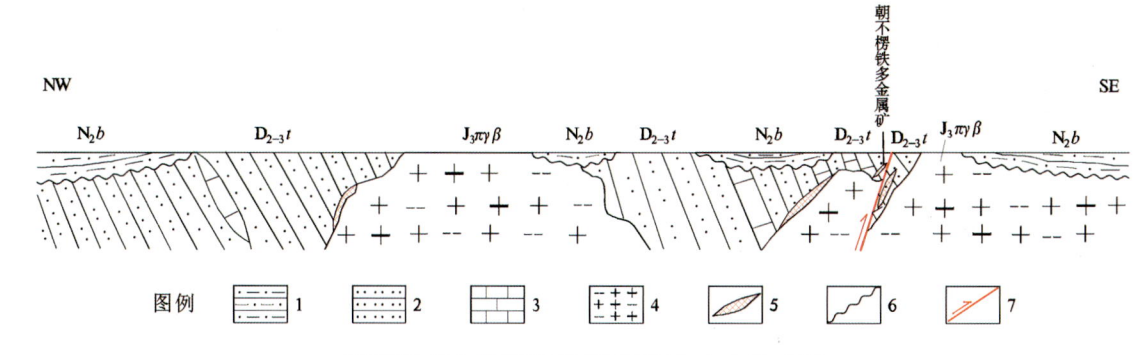

图例 1 2 3 4 5 6 7

朝不楞式矽卡岩型铁锡矿区域成矿模式图
1. 砂质泥岩;2. 粉砂岩;3. 灰岩;4. 黑云母花岗斑岩;5. 豆荚状铁锡矿体;6. 不整合界线;7. 断层

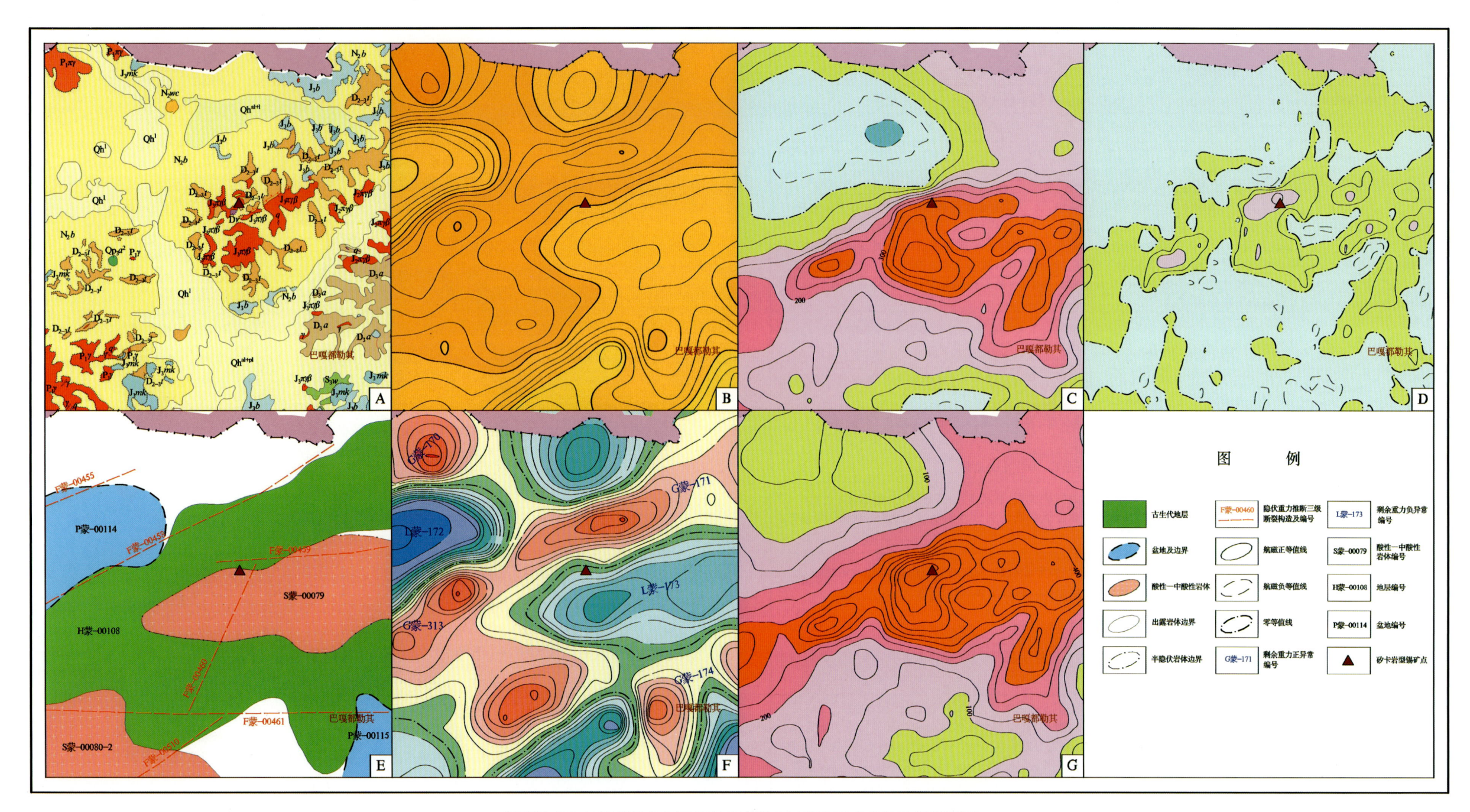

朝不楞式矽卡岩型锡多金属典型矿床所在区域地质矿产及物探剖析图

A. 地质矿产图；B. 布格重力异常图；C. 航磁 ΔT 等值线平面图；D. 航磁 ΔT 化极垂向一阶导数等值线平面图；E. 重力推断地质构造图；F. 剩余重力异常图；G. 航磁 ΔT 化极等值线平面图

孟恩陶勒盖式中低温热液型锡多金属矿地质、地球物理特征一览表

成矿要素		内容描述		
储量		锡金属量3404t	平均品位	Sn 0.022%
特征描述		中低温热液型锡多金属矿床		
地质环境	构造背景	天山-兴蒙造山系,大兴安岭弧盆系,锡林浩特岩浆弧(Pz_2)		
	成矿环境	成矿区带属滨太平洋成矿域(叠加在古亚洲成矿域之上),大兴安岭成矿省,突泉-翁牛特铅、锌、银、铜、铁、锡、稀土成矿带,神山-大井子铜、铅、锌、银、铁、钼、稀土、铌、钽、萤石成矿亚带(I-Y)。 矿区内无地层出露,近矿区见下二叠统滨海相陆源碎屑岩夹碳酸盐岩沉积及中酸性火山碎屑沉积。区内火山-侵入岩发育,侵入岩以二叠纪和侏罗纪—白垩纪酸性岩为主,中性岩零星分布,与孟恩陶勒盖锡多金属矿有关的侵入岩为中二叠世斜长花岗岩。岩体中常出现中基性脉岩,有辉绿岩和闪长玢岩先后穿切矿体,是燕山期区域性脉岩的一部分。近东西向断裂、北东向断裂为容矿构造		
	成矿时代	侏罗纪		
矿床特征	矿体形态	脉状、网脉状		
	岩石类型	中二叠世斜长花岗岩		
	岩石结构	花岗结构		
	矿物组合	闪锌矿、方铅矿、深红银矿、黑硫银锡矿、自然银		
	矿石结构构造	结构:结晶结构、包含结构、填隙结构、胶状结构、交代溶蚀结构、固溶体分解结构、碎裂结构等。 构造:浸染状、网脉状、梳状、条带状、块状、角砾状、斑杂状、球粒状—半球粒状、环带状、晶洞状构造		
	蚀变特征	绢云母化、锰菱铁矿化、硅化、黄铁矿化,其次是绿泥石化和黑云母褪色化		
	控矿条件	赋矿岩石:中二叠世斜长花岗岩。 控矿构造:主要为东西向断裂,其次是北东向断裂		
地球物理特征	重力场特征	矿床位于布格重力异常边部梯级带的扭曲部位,该梯级带为区域上推断的北东向断裂构造所在区域。剩余重力异常图上,矿床位于剩余重力负异常L蒙-205上,走向呈北西向,$\Delta g_{min} = -5.90 \times 10^{-5}$ m/s²,根据物性资料和地质资料分析推断,该重力负异常是中—酸性岩体的反映。表明孟恩陶勒盖铅锌银矿床在成因上与中—酸性岩体及区域北东向断裂构造有关		
	磁场特征	矿床所在区域为大面积负磁背景场,场值-100~0nT,表明该区域地质体磁性矿物含量较少。重磁场特征显示该区域断裂构造以北北东向为主		

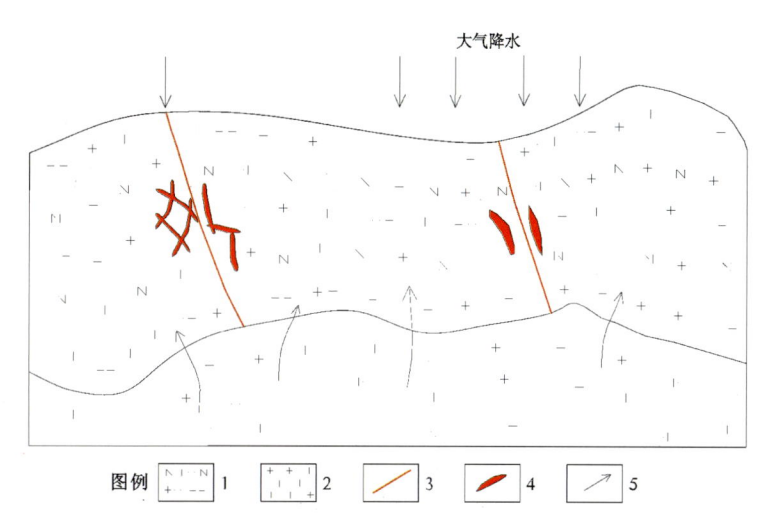

孟恩陶勒盖式中低温热液型锡多金属矿成矿模式图

1.黑云母斜长花岗岩;2.花岗岩;3.断裂;4.银矿体;5.热液运移方向

[燕山期同熔型岩浆上升;晚期含矿热液残浆与结晶相分离;矿液向低压区运移,或与大气降水混合形成富矿环流;温度降低,在弱碱—碱性还原条件下,在燕山期岩体顶部、与围岩海西期花岗岩接触带减压区(次级断裂附近)充填成矿]

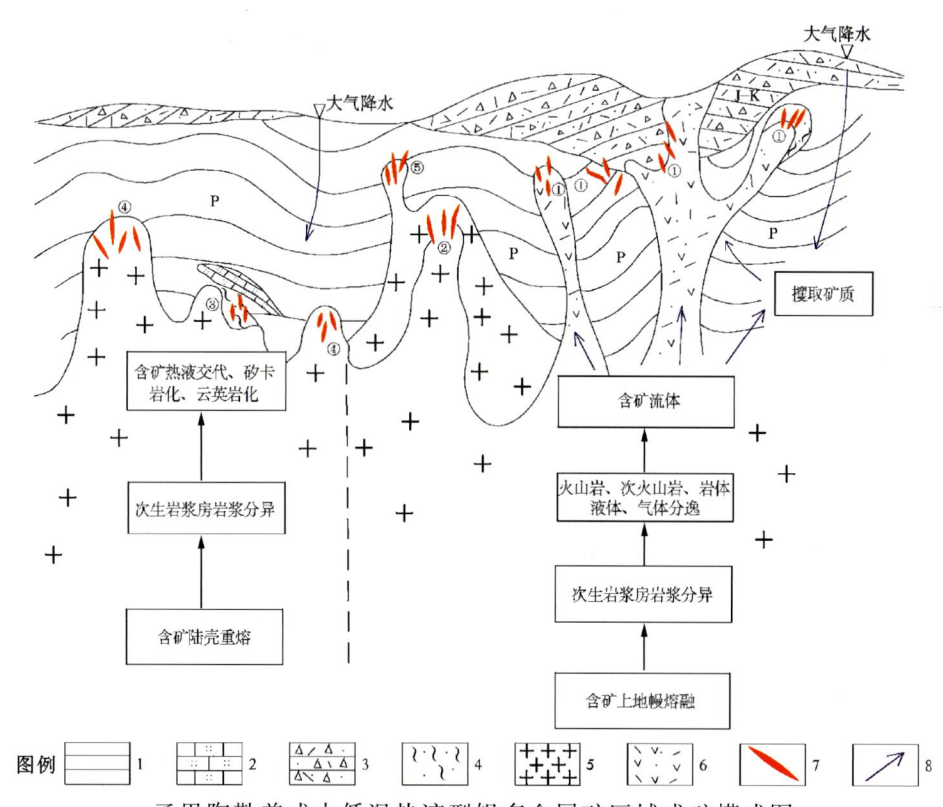

孟恩陶勒盖式中低温热液型锡多金属矿区域成矿模式图

1.二叠纪碎屑岩夹中基—中酸性火山岩;2.二叠纪碎屑岩夹碳酸盐岩透镜体;3.侏罗纪—白垩纪火山角砾凝灰岩、熔岩;4.矽卡岩;5.花岗岩;6.英安斑岩,安山玢岩;7.矿床:①大井式(火山岩-次火山岩中);②孟恩陶勒式(岩体内接触带中);③黄岗式(矽卡岩中);④宝盖沟式(岩体顶部、接触带中);⑤胡家店式(岩体顶部、边部);8.热液及大气水运移方向

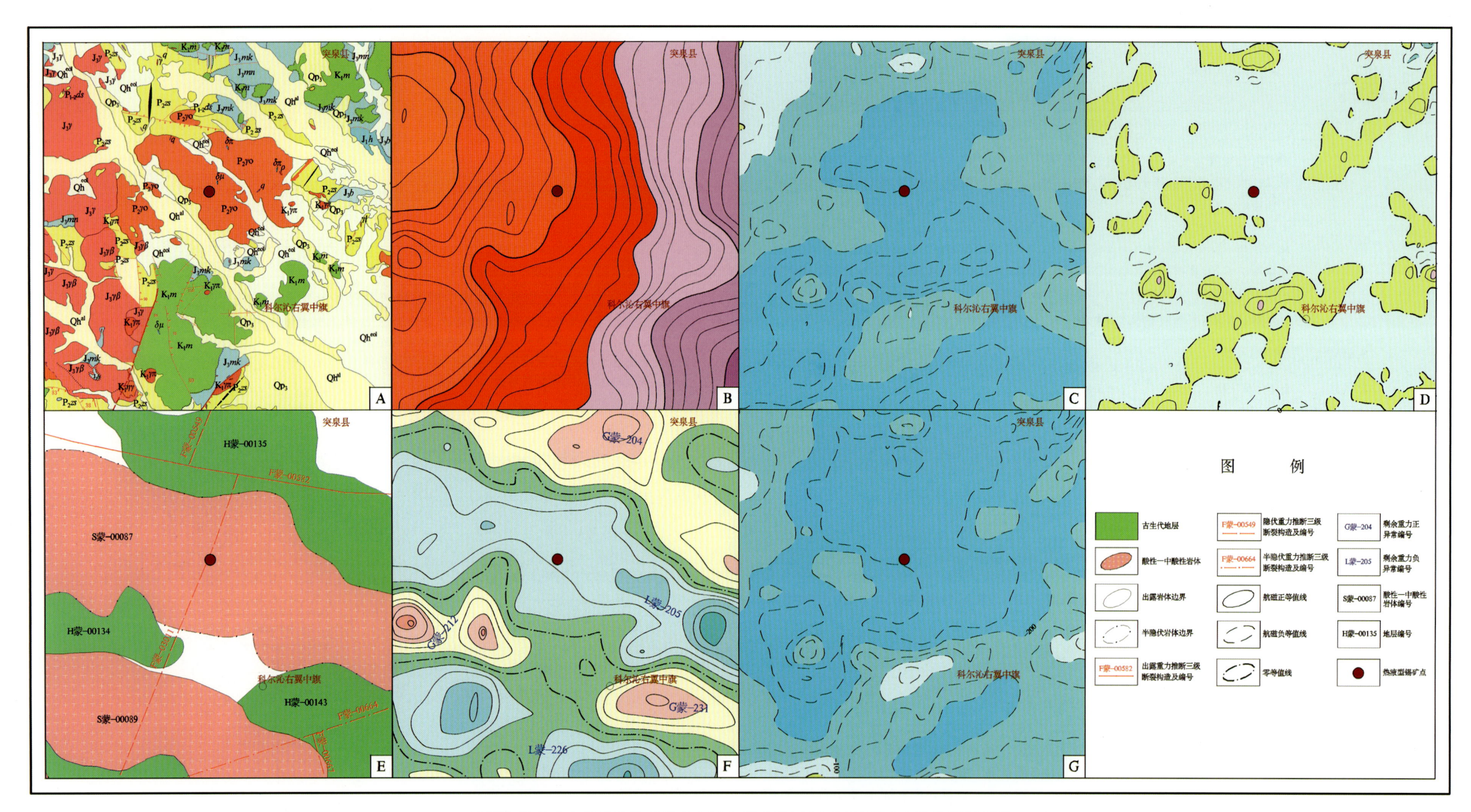

孟恩陶勒盖式中低温热液型锡多金属典型矿床所在区域地质矿产及物探剖析图

A. 地质矿产图；B. 布格重力异常图；C. 航磁 ΔT 等值线平面图；D. 航磁 ΔT 化极垂向一阶导数等值线平面图；E. 重力推断地质构造图；F. 剩余重力异常图；G. 航磁 ΔT 化极等值线平面图

大井子式热液型锡矿地质、地球物理特征一览表

成矿要素		内容描述		
储量		锡金属量 12 605kg	平均品位	Sn 4.22×10^{-6}
特征描述		次火山热液裂隙填充型锡矿床		
地质环境	构造背景	天山-兴蒙造山系,大兴安岭弧盆系,锡林浩特岩浆弧(Pz_2)		
	成矿环境	成矿区带属滨太平洋成矿域(叠加在古亚洲成矿域之上),大兴安岭成矿省,突泉-翁牛特铅、锌、银、铜、铁、锡、稀土成矿带,神山-大井子铜、铅、锌、银、铁、钼、稀土、铌、钽、萤石成矿亚带(Ⅰ-Y)。 矿区内大面积分布第四系,地层出露上二叠统林西组砂板岩,上侏罗统满克头鄂博组、玛尼吐组、白音高老组。区内无较大的岩体出露,但酸性、中性、基性岩脉非常发育,主要有霏细岩脉、英安斑岩脉、安山玢岩脉、玄武玢岩脉和煌斑岩脉,除煌斑岩脉属浅成侵入岩体外,其余均属次火山岩。矿区发育构造以断裂为主,对整个矿区的成岩成矿有着明显的控制作用,而褶皱构造不明显。北西向断裂十分发育,多被中酸性脉岩及矿脉充填,其控岩、控矿作用十分明显,是区内的主要容矿构造		
	成矿时代	燕山早期		
矿床特征	矿体形态	薄脉状,少量扁豆状、透镜状		
	岩石类型	与成矿关系密切的有安山玢岩、玄武玢岩、霏细岩		
	岩石结构	斑状结构、碎斑结构、霏细结构,基质具玻晶交织结构、填隙结构、隐晶质结构		
	矿物组合	矿石矿物:锡石、黄铜矿、方铅矿、闪锌矿、黄铁矿、磁黄铁矿、白铁矿、毒砂等。 脉石矿物:石英、绢云母、绿泥石、方解石、白云石等。 表生矿物:褐铁矿、软锰矿、硬锰矿、铜蓝等		
	矿石结构构造	结构:晶粒状结构、固溶体分离结构、填隙结构、包含-嵌晶结构、胶状结构、不等粒压碎结构、交代残余结构、骸晶结构等。 构造:网脉状、脉状、浸染斑点状、带状、角砾状、晶洞状、蜂窝状构造		
	蚀变特征	本区地层岩石的热液蚀变极其微弱,矿脉两侧或矿脉内的角砾、残留体一般蚀变现象也不明显,远离矿脉的岩石发生蚀变现象更为罕见。但是各次火山岩脉蚀变很普遍,主要有碳酸盐化、硅化、绢云母化、绿泥石化。矿化规模不大,产状也不稳定		
	控矿条件	(1)矿体对地层无选择性,本区地层对成矿有间接控制作用。 (2)断裂是本区主要的控制因素,规模较大的北东向断裂在宏观上控制了矿化产出部位。北西向和北西西向断裂为本区主要的容矿构造,直接控制了矿体的赋存部位及其规模、形态、产状。 (3)区内岩浆岩活动强烈,尤其燕山早期的次火山岩脉广泛发育,成矿和成岩物质系由同一岩浆所提供,岩浆物质的上侵、定位不仅为随之而来的矿液活动开辟了通道,而且强化了原有的一些岩石破裂,从而为成矿提供了有利的空间。本区的次火山活动对成矿起着重要的、直接的控制作用		
地球物理特征	重力场特征	矿床所在区域为大兴安岭梯级带的南段,矿床位于北东向展布的布格重力异常梯级带上,等值线较密集,其北西侧重力低,南东侧重力高,布格重力异常值 Δg 为$(-120\sim-80)\times10^{-5}$m/s^2,变化梯度为每千米 2×10^{-5}m/s^2。梯级带与区域性北东向隆起有关。矿床东侧重力场存在明显的局部剩余重力高值区。该区域剩余重力正、负异常呈北东向相间分布,正异常由古生代地层引起,负异常与侵入于隆起区的酸性岩体有关。矿床处在北东向展布的剩余重力正异常(G蒙-287)边部梯级带上,对应于二叠系与酸性侵入岩的接触带		
	磁场特征	矿床位于负磁异常区,附近场值约 -100nT。矿床四周均有不同强度的局部正磁异常存在。矿床东南侧的航磁异常主要由侏罗纪玛尼吐组的中基性火山岩引起,北部的等轴状正异常主要与三叠纪的花岗闪长岩有关		

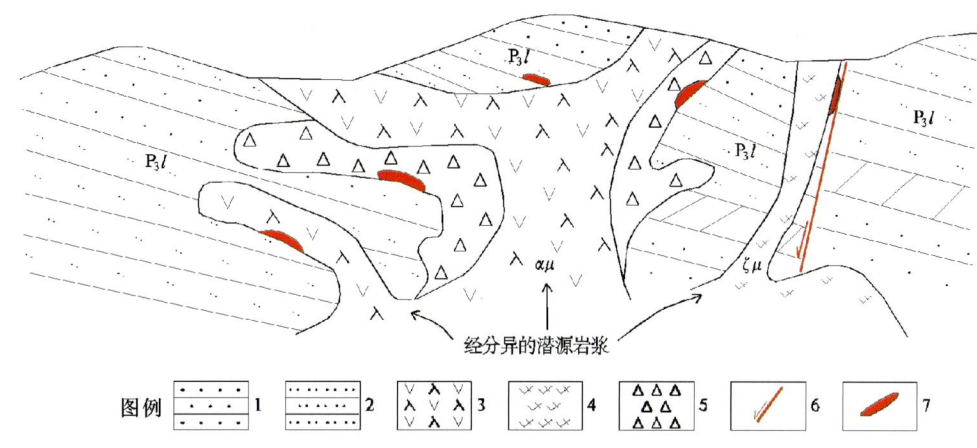

大井子式热液型锡矿成矿模式图

1.砂岩;2.粉砂岩;3.闪长玢岩;4.英安玢岩;5.隐爆角砾岩;6.正断层;7.矿体

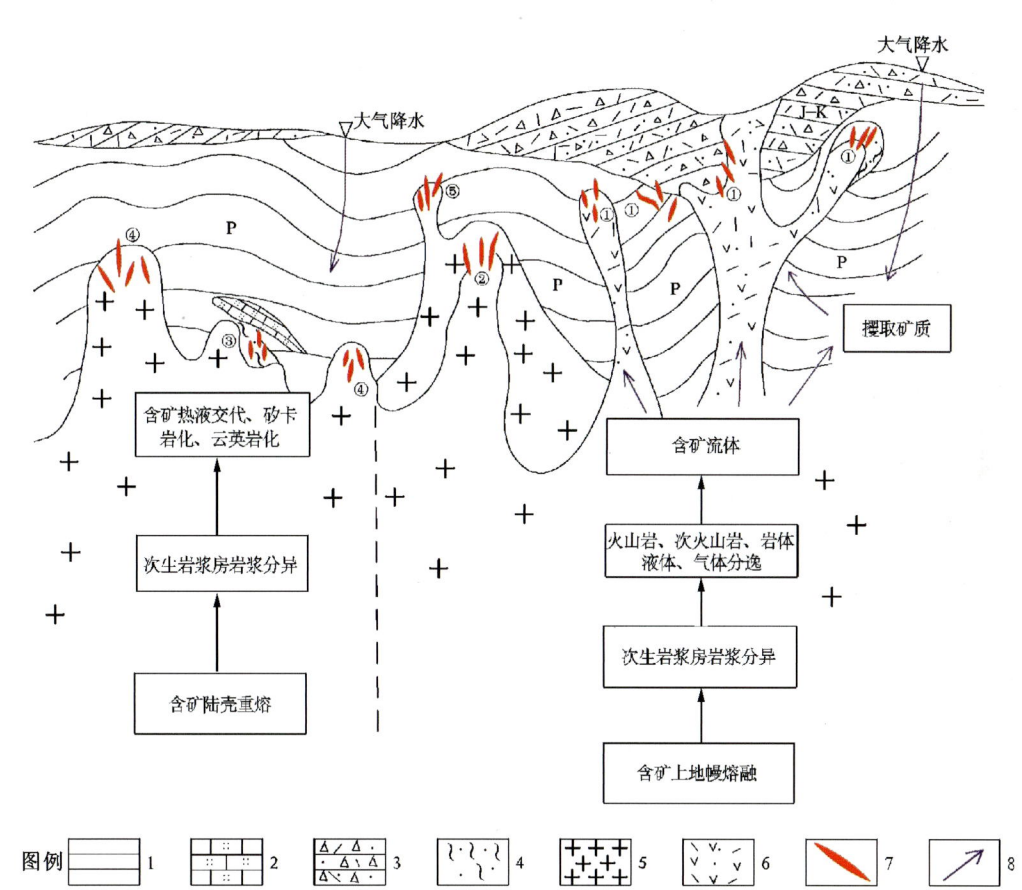

大井子式热液型锡多金属矿区域成矿模式图

1.二叠纪碎屑岩夹中基—中酸性火山岩;2.二叠纪碎屑岩夹碳酸盐岩透镜体;3.侏罗纪-白垩纪火山角砾凝灰岩、熔岩;4.矽卡岩;5.花岗岩;6.英安斑岩、安山玢岩;7.矿床:①大井式(火山岩-次火山岩中)、②孟恩陶勒盖式(岩体内接触带中)、③黄岗式(矽卡岩中)、④宝盖沟式(岩体顶部、接触带中)、⑤胡家店式(岩体顶部、边部);8.热液及大气水运移方向

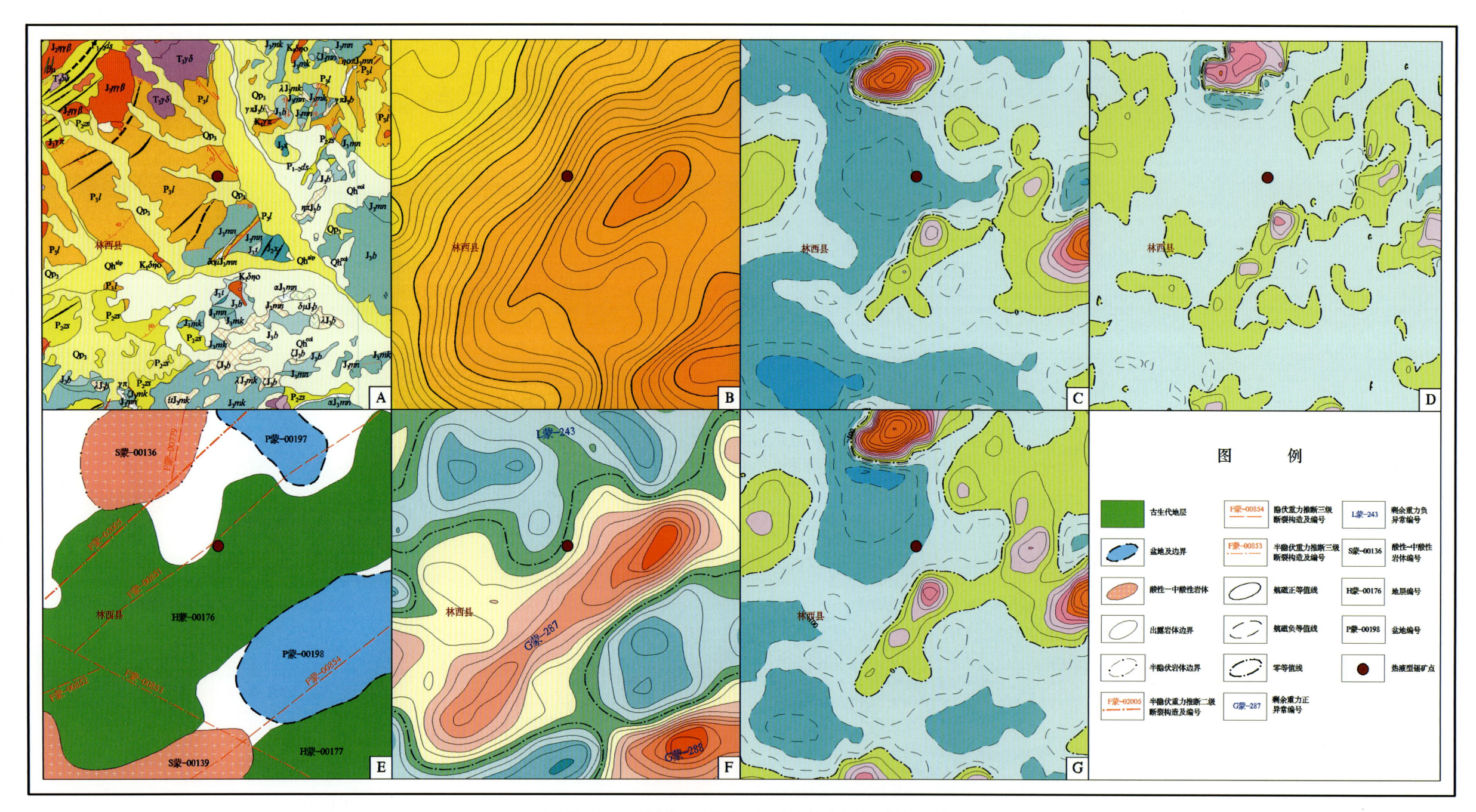

大井子式热液型锡典型矿床所在区域地质矿产及物探剖析图

A. 地质矿产图;B. 布格重力异常图;C. 航磁 ΔT 等值线平面图;D. 航磁 ΔT 化极垂向一阶导数等值线平面图;E. 重力推断地质构造图;F. 剩余重力异常图;G. 航磁 ΔT 化极等值线平面图

千斤沟式热液型锡矿地质、地球物理特征一览表

成矿要素		内容描述		
储量		锡金属量1535t	平均品位	Sn 0.23%
特征描述		高—中温热液型锡矿床		
地质环境	构造背景	华北陆块区,狼山-阴山陆块(大陆边缘岩浆弧Pz_2),色尔腾山-太仆寺旗古岩浆弧(Ar_3)		
	成矿环境	成矿区带属滨太平洋成矿域(叠加在古亚洲成矿域之上),华北成矿省,华北陆块北缘东段铁、铜、钼、铅、锌、金、银、锰、铀、磷、煤、膨润土成矿带,内蒙古隆起东段铁、铜、钼、铅、锌、金、银成矿亚带(Ar、Y)。矿区内主要出露上侏罗统玛尼吐组,岩性主要为白色—灰色粗面岩、石英粗面岩。矿区内岩浆岩从中深成到浅成、超浅成均有产出,时代为燕山早期,岩性有似斑状花岗岩、花岗斑岩、石英正长斑岩、正长斑岩。与成矿密切的岩体为似斑状花岗岩,出露矿区中部,呈岩株产出,该岩体分布受张北-沽源断裂控制		
	成矿时代	燕山晚期		
矿床特征	矿体形态	呈板状或似层状产出,较规则		
	岩石类型	似斑状花岗岩、花岗斑岩、石英正长斑岩、正长斑岩、次石英粗面岩		
	岩石结构	似斑状结构、花斑结构、斑状结构、交代结构		
	矿物组合	矿石矿物:主要为锡石、黄铜矿、闪锌矿。 脉石矿物:石英、绢云母、黄铁矿、毒砂等		
	矿石结构构造	结构:以半自形、自形、他形粒状结构为主,其次为交代骸晶结构、包含结构、环边结构及叶片状结构。 构造:块状、网脉状、细脉浸染状、脉状和斑点状构造		
	蚀变特征	主要有硅化、绿泥石化、钾化、钠化、绢云母化、萤石化和微弱的碳酸盐化等		
	控矿条件	(1)控矿侵入岩为燕山期花岗岩、花岗斑岩。 (2)本区构造以断裂为主,张北-沽源断裂通过矿区,对整个矿区的成岩成矿有明显控制作用。 (3)矿区矿体大都产于蚀变带上,主要为硅化和绿泥石化,围岩蚀变是矿区主要找矿标志		
地球物理特征	重力场特征	矿床处在两处局部布格重力高的过渡带上,重力极值Δg在-154×10^{-5}m/s^{2}左右。在其北侧为布格重力异常相对低值区,对应形成剩余重力负异常,结合地质资料可知,该负异常为酸性侵入岩引起。两处局部布格重力高,对应的剩余重力正异常主要与太古宙基底隆起有关		
	磁场特征	矿床位于北东向条带状正磁异常边部,该异常强度大于300nT。磁异常与侏罗系玛尼吐组的中基性岩及燕山期的石英正长岩有关,等值线扭曲为断裂构造引起		

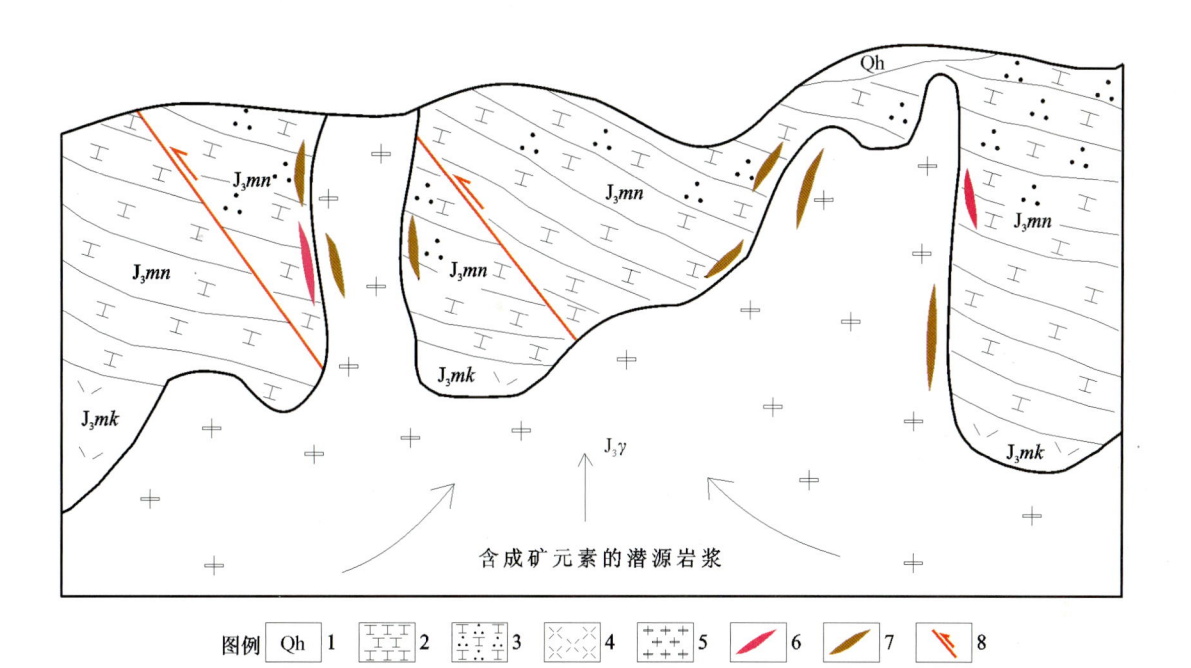

千斤沟式热液型锡矿成矿模式图

1.第四系;2.粗面岩;3.石英粗面岩;4.流纹岩;5.似斑状花岗岩;6.围岩蚀变;7.锡矿体;8.断层

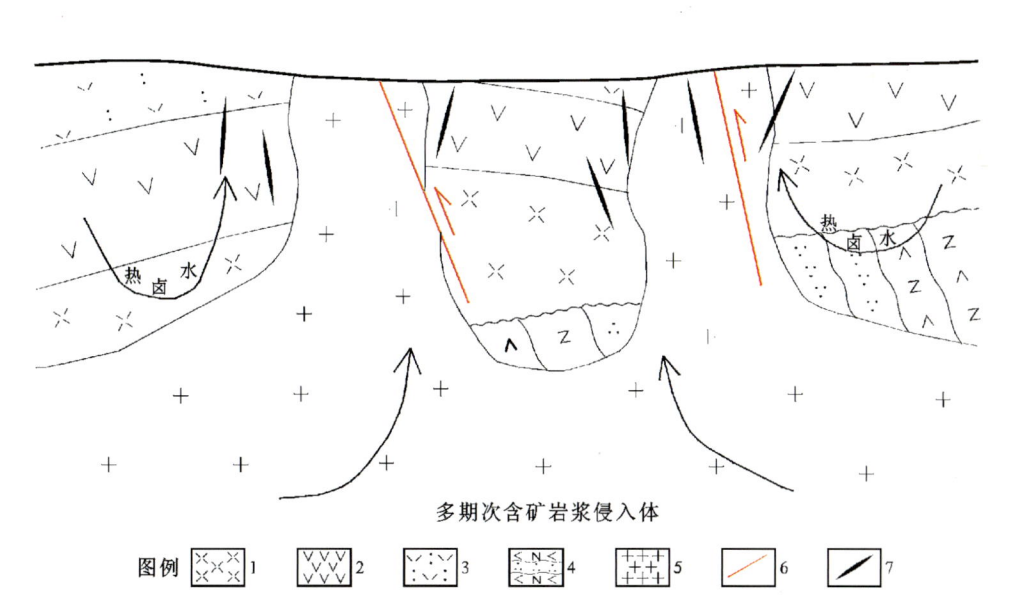

千斤沟式热液型锡矿区域成矿模式图

1.流纹岩;2.安山岩;3.流纹质凝灰岩;4.角闪斜长片麻岩、石英岩;5.花岗岩;6.断层;7.锡矿体

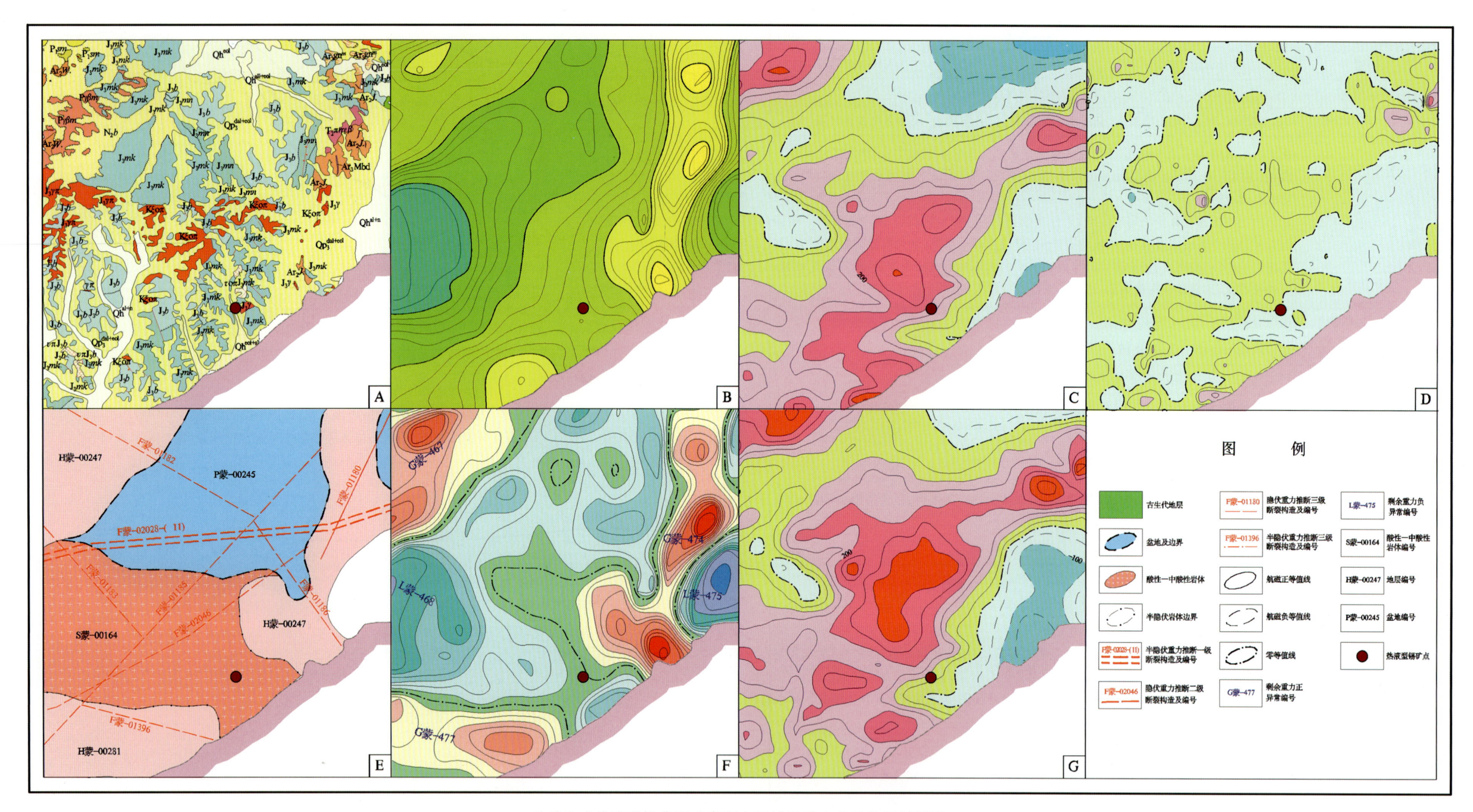

千斤沟式热液型锡典型矿床所在区域地质矿产及物探剖析图

A. 地质矿产图；B. 布格重力异常图；C. 航磁 ΔT 等值线平面图；D. 航磁 ΔT 化极垂向一阶导数等值线平面图；E. 重力推断地质构造图；F. 剩余重力异常图；G. 航磁 ΔT 化极等值线平面图

乌兰德勒式斑岩型钼矿地质、地球物理特征一览表

成矿要素		内容描述		
储量		铜金属量5 319.42t,钼(332+333)金属量53 442t	平均品位	Cu 0.22%,Mo 0.0832%
特征描述		斑岩型钼矿床		
地质环境	构造背景	所处大地构造单元:古生代属天山-兴蒙造山系,大兴安岭弧盆系,扎兰屯-多宝山岛弧;中生代属环太平洋巨型火山活动带,大兴安岭火山岩带,乌日尼图-查干敖包火山喷发带,查干敖包晚侏罗世火山盆地		
	成矿环境	成矿带区划属滨太平洋成矿域(叠加在古亚洲洲成矿域之上),大兴安岭成矿省,东乌珠穆沁旗-嫩江(中强挤压区)铜、钼、铅、锌、金、钨、锡、铬成矿带,二连-东乌珠穆沁旗钨、钼、铁、锌、铅、金、银、铬成矿亚带(V,Y)		
	成矿时代	燕山晚期		
矿床特征	矿体形态	上部矿体为脉状或脉群状;下部矿体为厚层状、巨厚层状或似桶状、柱状		
	岩石类型	砂板岩、灰红色中粗粒黑云母花岗岩、深灰色细粒黑云母花岗闪长岩及石英脉		
	岩石结构	变余粉砂结构、中粗粒、中细粒花岗结构		
	矿物组合	矿石矿物:辉钼矿、黄铜矿、闪锌矿、辉铋矿、钨矿、磁铁矿、黄铁矿。脉石矿物:石英、斜长石、钾长石、角闪石、黑云母、白云母、萤石、磷灰石		
	矿石结构构造	结构:半自形—自形鳞片状结构。构造:细脉状、浸染网脉状及稀疏浸染状、细脉浸染状构造		
	围岩蚀变	围岩蚀变以云英岩化、硅化、钾长石化、钠长石化、高岭土化、青磐岩化为主,次有褐铁矿化、绿泥石化、绿帘石化、绢云母化、碳酸盐化、萤石化。矿化与云英岩化和硅化关系密切,云英岩化强的地段辉钼矿化、黄铜矿化、黄铁矿化及萤石化较强		
	控矿条件	控矿侵入岩:燕山期细粒二长花岗岩。控矿构造:北东向断裂构造对花岗斑岩体的侵位、热液活动及成矿起着控制作用		
地球物理特征	重力场特征	乌兰德勒钼矿地处国境线附近,布格重力图上显示其处于一向北未封闭的局部低值区边部,其附近重力值为-152×10^{-5}m/s^2,剩余重力异常图上亦显示乌兰德勒钼矿处于不规则状剩余重力负异常区边部;异常区地表出露大面积花岗闪长岩等,推测负异常是低密度的酸性花岗岩的客观反映,也说明了乌兰德勒钼矿在成因上与花岗岩体有关。矿床所在区域重力场总体为北东走向,局部异常呈北西走向,反映了矿区以北东向构造为主的构造格局		
	磁场特征	矿区内高磁异常呈等轴状分布,与强磁性的石英闪长岩的分布范围相吻合。在正磁异常背景区内分布有北东向带状或串珠状局部正异常,说明区内存在北东向断裂构造		

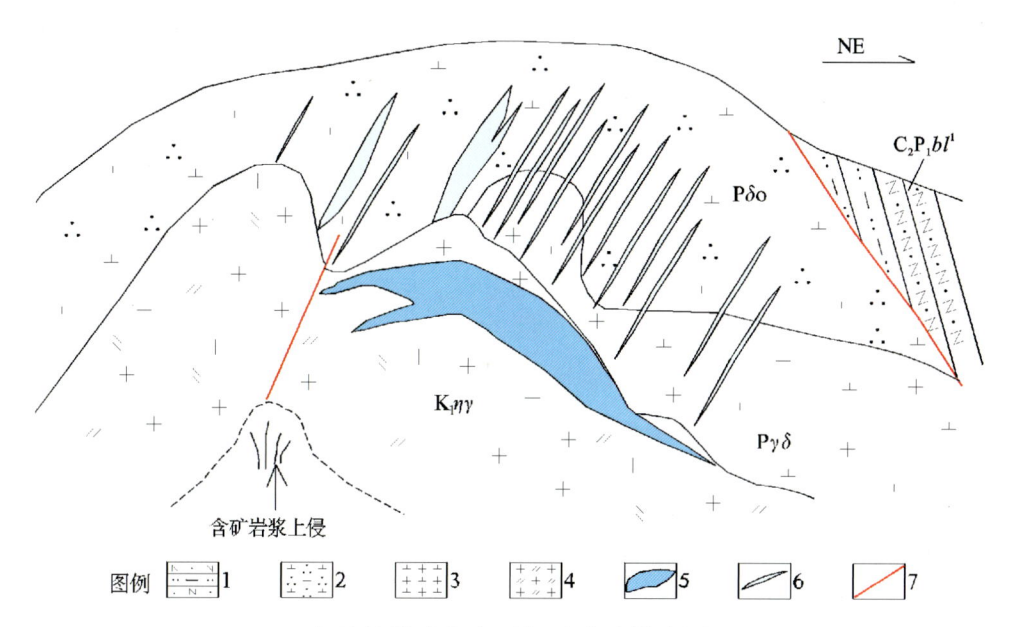

乌兰德勒式斑岩型钼矿成矿模式图

1.宝力高庙组;2.二叠纪石英闪长岩;3.二叠纪花岗闪长岩;4.早白垩世黑云母二长花岗岩;5.浸染状钼矿体;6.脉状钼矿体;7.断裂

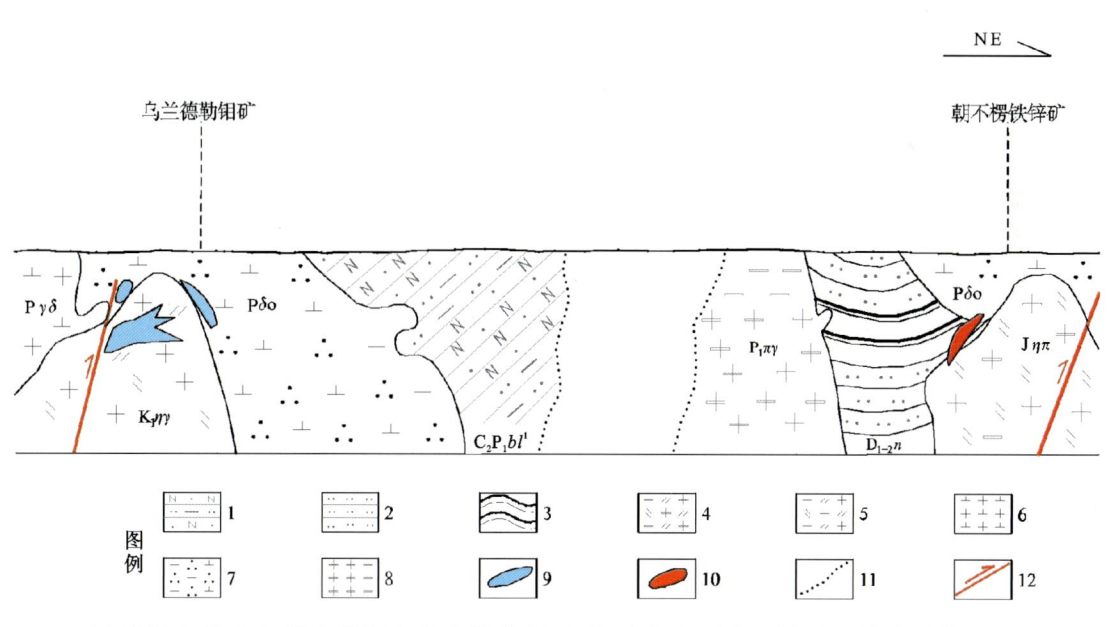

陆缘增生带上与燕山期侵入岩有关的斑岩型-矽卡岩型多金属矿区域成矿模式图

1.宝力高庙组;2.泥鳅河组砂岩;3.泥鳅河组板岩;4.侏罗纪二长斑岩;5.侏罗纪二长花岗岩;6.二叠纪花岗闪长岩;7.二叠纪石英闪长岩;8.早二叠世斑状花岗岩;9.斑岩型钼矿体;10.矽卡岩型铁锌矿体;11.不整合界线;12.正断层

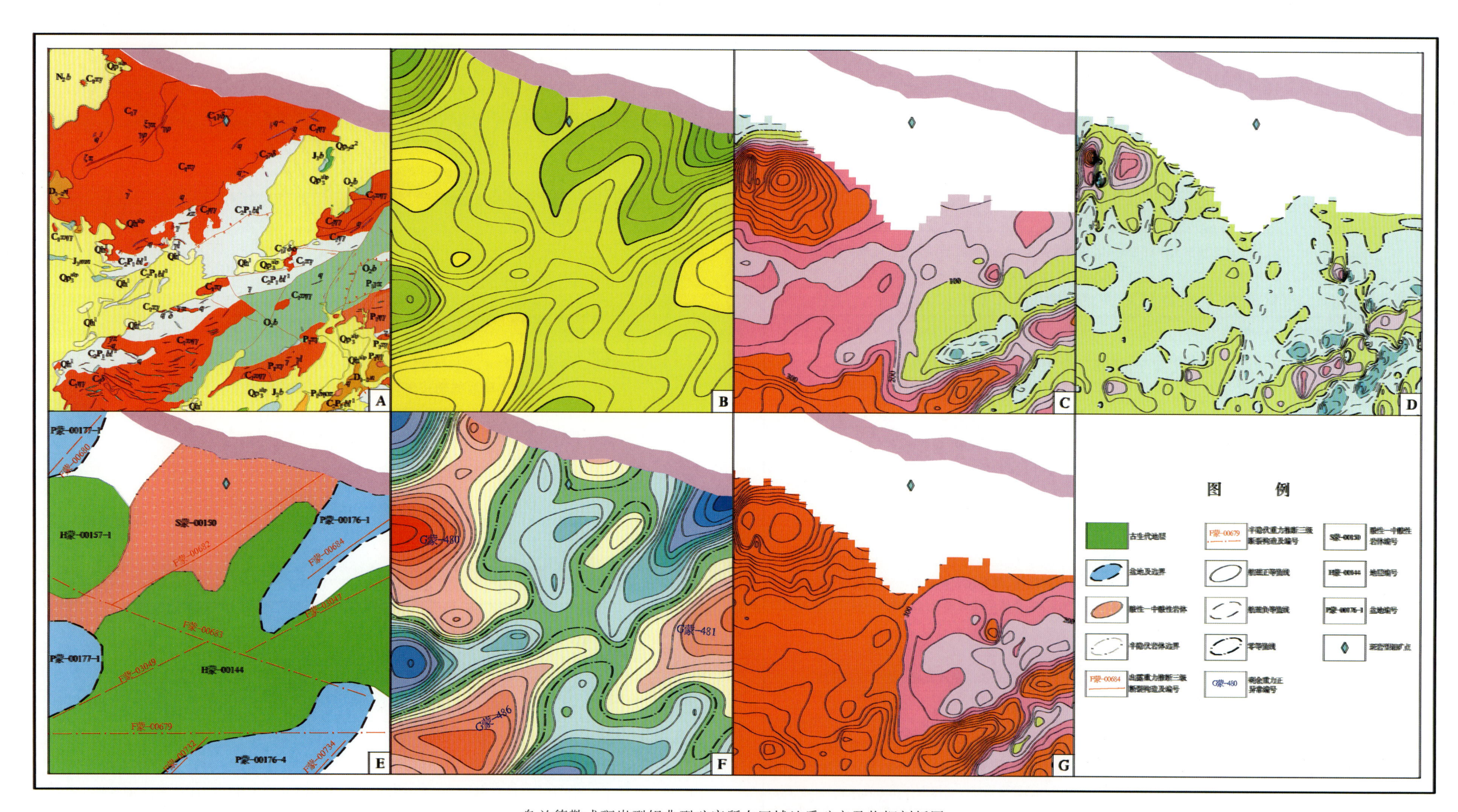

乌兰德勒式斑岩型钼典型矿床所在区域地质矿产及物探剖析图

A. 地质矿产图；B. 布格重力异常图；C. 航磁 ΔT 等值线平面图；D. 航磁 ΔT 化极垂向一阶导数等值线平面图；E. 重力推断地质构造；F. 剩余重力异常图；G. 航磁 ΔT 化极等值线平面图

乌努格吐山式斑岩型钼矿地质、地球物理特征一览表

成矿要素		内容描述		
储量		钼金属量 404 004t	平均品位	Mo 0.0385%
特征描述		斑岩型铜钼矿床		
地质环境	构造背景	所处大地构造单元：天山-兴蒙造山系，大兴安岭弧盆系，额尔古纳岛弧（Pz_1）		
	成矿环境	成矿带区划属滨太平洋成矿域（叠加在古亚洲成矿域之上），大兴安岭成矿省，新巴尔虎右旗-根河（拉张区）铜、钼、铅、锌、银、金、萤石、煤（铀）成矿带，八大关-陈巴尔虎旗铜、钼、铅、锌、银、锰成矿亚带（Y）。铜多金属成矿主要与燕山期中酸性侵入岩和次火山岩有密切的成因关系。区内金属成矿带的展布严格受北东向得尔布干深大断裂的控制		
	成矿时代	燕山早期（早侏罗世）		
矿床特征	矿体形态	矿带为一长环形，长轴长2600m，短轴长1350m，走向50°，总体倾向北西，整个矿带呈哑铃状、不规则状、似层状。北矿段矿体主要赋存在斑岩体的内接触带，矿体向北西倾斜，铜矿体向下分支。南矿带矿体形态不规则，以铜为主，铜相对少		
	岩石类型	黑云母花岗岩、流纹质晶屑凝灰熔岩、次斜长花岗斑岩		
	岩石结构	半自形—他形粒状结构为主，斑状结构		
	矿物组合	黄铜矿、辉铜矿、黝铜矿、辉钼矿、黄铁矿、闪锌矿、磁铁矿、方铜矿、石英、长石、绢云母、伊利石，少量方解石、萤石		
	矿石结构构造	结构：粒状结构、交代结构、包含结构、固溶体分离结构、镶边结构。构造：浸染状和小细脉状构造为主，局部见有角砾状构造		
	围岩蚀变	蚀变类型主要有硅化、钾长石化、绢云母化、水白云母化、伊利石化、碳酸盐化，次为黑云母化、高岭土化、白云母化、硬石膏化，少见绿泥石化、绿帘石化和明矾石化等		
	控矿条件	（1）携矿岩体是成矿的主导因素。（2）火山机构是成矿和矿化富集的有利空间。（3）矿化明显受蚀变控制。（4）矿化富集的物理化学条件		
地球物理特征	重力场特征	乌努格吐山铜钼矿在布格重力异常图上，位于局部重力低异常东侧的梯级带边部，布格重力异常值为（-109.96~-79.63）×10^{-5}m/s^2，变化率为每千米$4×10^{-5}$m/s^2；推测该梯级带由中生代陆相火山盆地边缘的断裂构造引起，推测断裂走向北东，编号为F蒙-00207。在剩余重力异常图上，乌努格吐山铜钼矿处在正异常区，异常值最高为10.66×10^{-5}m/s^2，该异常走向呈北东向，形态为不规则带状，对应于中生代陆相火山盆地边缘的古隆起部位，为元古宙地层区，钼矿以西编号为L蒙-88的负异常推断是中生代盆地的分布区		
	磁场特征	区域航磁等值线平面图显示，矿区位于平稳的负磁场区域		

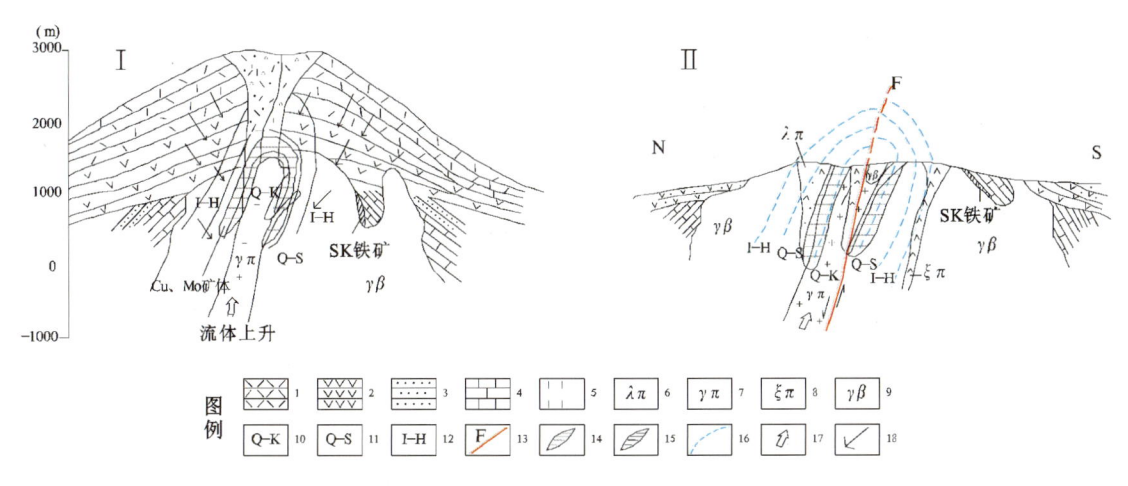

乌努格吐山式斑岩型钼矿成矿模式图

Ⅰ.矿体形成模式图；Ⅱ.断层及侵入角砾熔岩破坏、现代剥蚀面示意图；1.侏罗系流纹岩；2.侏罗系安山岩；3.泥盆系砂岩；4.泥盆系灰岩；5.花岗岩；6.流纹质晶屑凝灰熔岩；7.斜长花岗斑岩；8.正长斑岩；9.黑云母花岗岩；10.石英-钾长石化带；11.石英-绢云母化带；12.伊利石水白云母化蚀变带；13.断层；14.铜钼矿体；15.矽卡岩型铁矿；16.蚀变带界线；17.流体上升方向；18.水运动方向

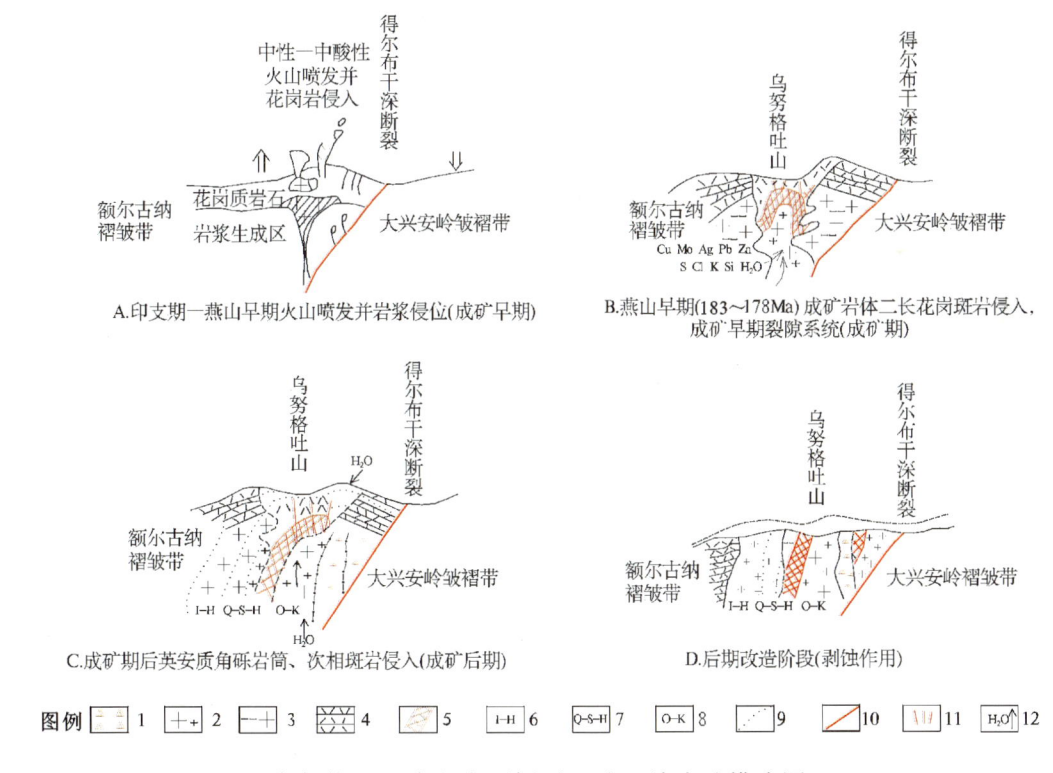

乌努格吐山式斑岩型铜（钼）矿区域成矿模式图

1.火山角砾岩；2.二长花岗斑岩；3.黑云母花岗岩；4.前侏罗纪地质体（盖层）；5.铜（钼）矿体；6.伊利石-水云母化带；7.石英-绢云母-水云母化带；8.石英-钾长石化带；9.蚀变带分界线；10.得尔布干断裂；11.矿体顶部裂隙；12.水介质流动方向

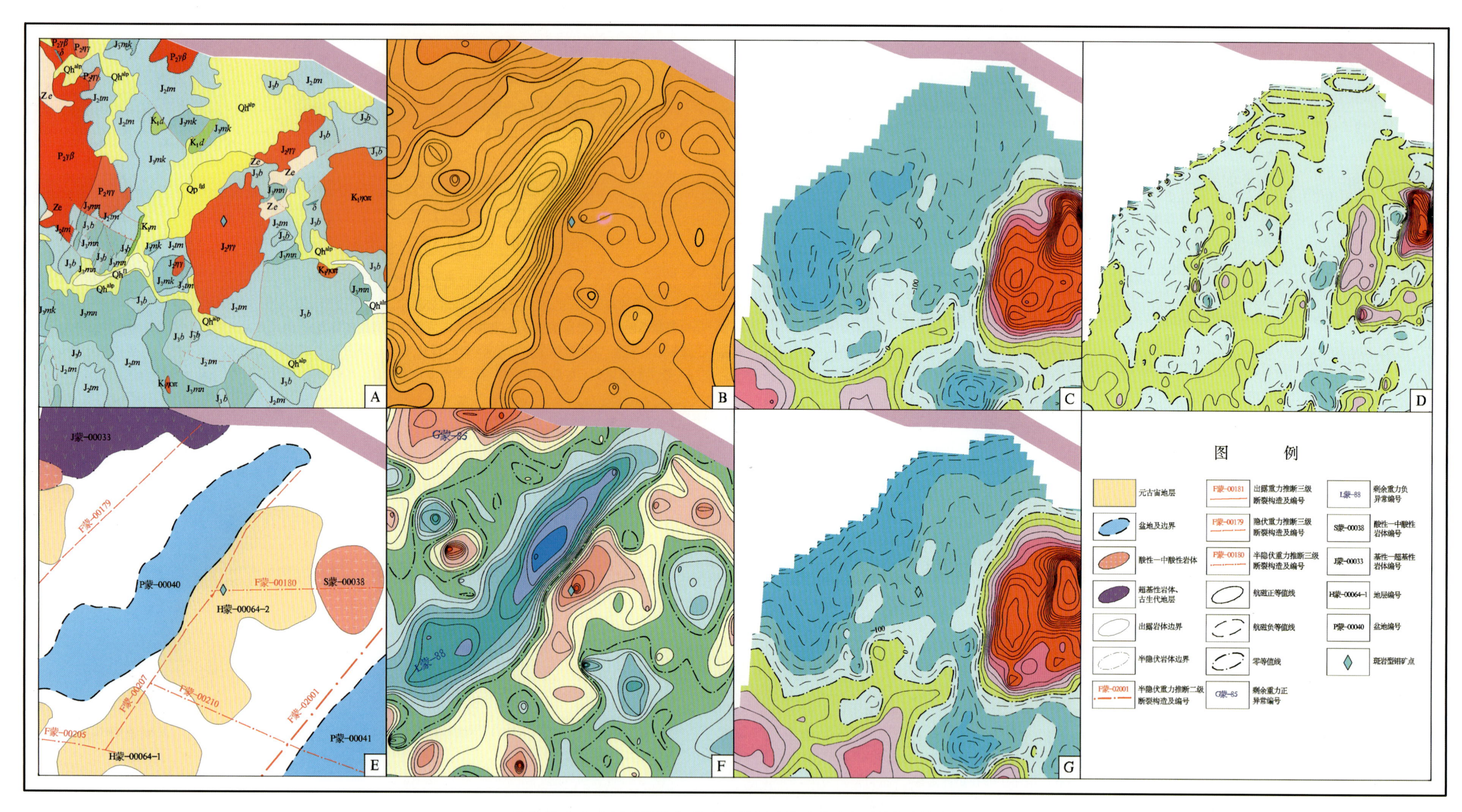

乌努格吐山式斑岩型钼典型矿床所在区域地质矿产及物探剖析图

A. 地质矿产图；B. 布格重力异常图；C. 航磁 ΔT 等值线平面图；D. 航磁 ΔT 化极垂向一阶导数等值线平面图；E. 重力推断地质构造图；F. 剩余重力异常图；G. 航磁 ΔT 化极等值线平面图

太平沟式斑岩型钼矿地质、地球物理特征一览表

成矿要素		内容描述		
储量		钼金属量 19 468t	平均品位	Mo 0.091%
特征描述		中型斑岩型钼矿床		
地质环境	构造背景	所处大地构造单元:古生代属天山-兴蒙造山系,大兴安岭弧盆系,扎兰屯-多宝山岛弧(Pz_2);中生代属环太平洋巨型火山活动带,大兴安岭火山岩带,阿荣旗-大杨树火山喷发带,阿荣旗晚侏罗世-早白垩世火山断陷盆地		
	成矿环境	成矿带区划属滨太平洋成矿域(叠加在古亚洲成矿域之上),大兴安岭成矿省,东乌珠穆沁旗-嫩江(中强挤压区)铜、钼、铅、锌、金、钨、锡、铬成矿带,大杨树-古利库金、银、钼成矿亚带(Y,Q)。区域内出露的地层为上侏罗统满克头鄂博组流纹岩、凝灰质砾岩、流纹质凝灰岩、砂岩、火山角砾岩等;区内侵入岩较为发育,以中酸性为主,主要为早侏罗世宫家街中粗粒碱长花岗岩及似斑状花岗岩及早白垩世花岗斑岩、闪长玢岩和霏细岩。其中花岗斑岩与铜钼矿化关系密切,为主要控矿因素之一。矿床位于内蒙古-大兴安岭海西褶皱带与大兴安岭中生代火山岩带的交会部位,矿床分布于基底隆起与坳陷交接部位坳陷一侧。断裂构造以北北东向、北东向为主,后期受北西向构造叠加		
	成矿时代	燕山晚期		
矿床特征	矿体形态	层状、似层状、透镜状、局部有膨胀及收缩。平面看矿体呈面状、不规则状、近水平、缓倾斜分布		
	岩石类型	花岗斑岩、流纹岩、凝灰质砾岩、流纹质凝灰岩、砂岩、火山角砾岩		
	岩石结构	斑状结构		
	矿物组合	金属矿物:辉钼矿、黄铜矿、黄铁矿、少量辉铜矿、斑铜矿、方铅矿、闪锌矿、磁铁矿、赤铁矿、次生孔雀石、蓝铜矿、褐铁矿等。非金属矿物:石英、钾长石、绿泥石、绢云母、方解石、高岭石、黑云母等		
	矿石结构构造	结构:半自形粒状结构,他形粒状结构,片状、星点状及薄膜状结构。构造:细脉状、浸染状构造		
	围岩蚀变	绢云母化、绿泥石化、碳酸盐化、硅化、绿帘石化和钾化等。绿帘石化-绢云母化、硅化与成矿的关系最为密切		
	控矿条件	(1)主要围岩蚀变类型是绿帘石化-绢云母化、硅化。(2)北北东向、北东向断裂构造对花岗斑岩体的侵位、热液活动及成矿起着控制作用。(3)早白垩世花岗斑岩体为含矿母岩。满克头鄂博组流纹质凝灰岩亦是赋矿层位		
地球物理特征	重力场特征	太平沟钼矿在布格重力异常图上,位于椭圆状局部重力高异常北部的等值线扭曲处,布格重力异常值为$(-16 \sim -6.84) \times 10^{-5}$ m/s²。在剩余重力异常图上,太平沟钼矿位于南北走向的椭圆状正异常北部,异常值最高为 5.72×10^{-5} m/s²,结合地质资料,地表零星出露震旦系,推断由元古宙基底隆起引起。矿区西侧负异常区地表出露早二叠世二长花岗岩、早侏罗世花岗岩类,认为是酸性岩体的表现;矿区东侧出露上侏罗统满克头鄂博组及白垩系,推断是火山盆地的分布区		
	磁场特征	区域航磁异常呈带状或串珠状北东向展布,说明区内存在北东向断裂,对花岗斑岩体的侵位、热液活动及成矿起着控制作用		

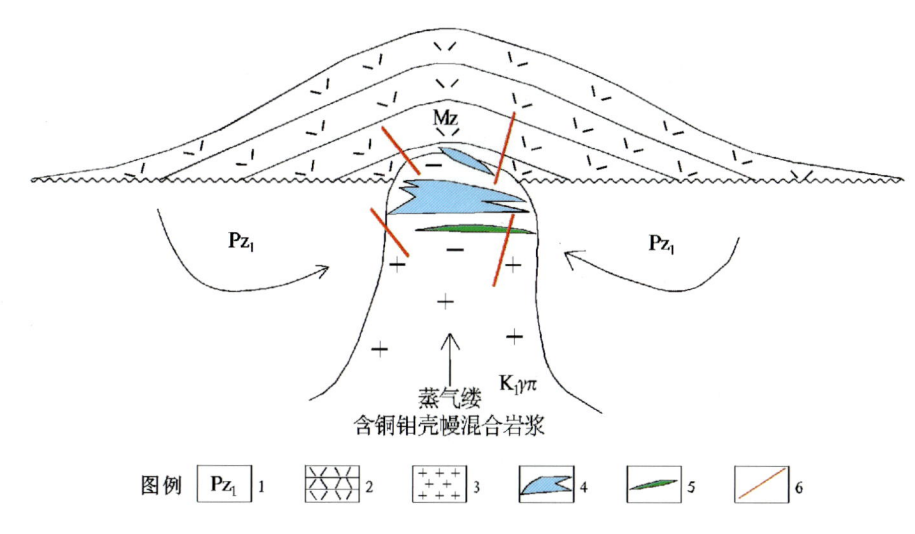

太平沟式斑岩型钼矿床成矿模式图

1.早古生代沉积地层;2.中生代中酸性火山岩;3.白垩纪花岗斑岩;4.细脉浸染状钼矿体;5.铜矿体;6.断裂

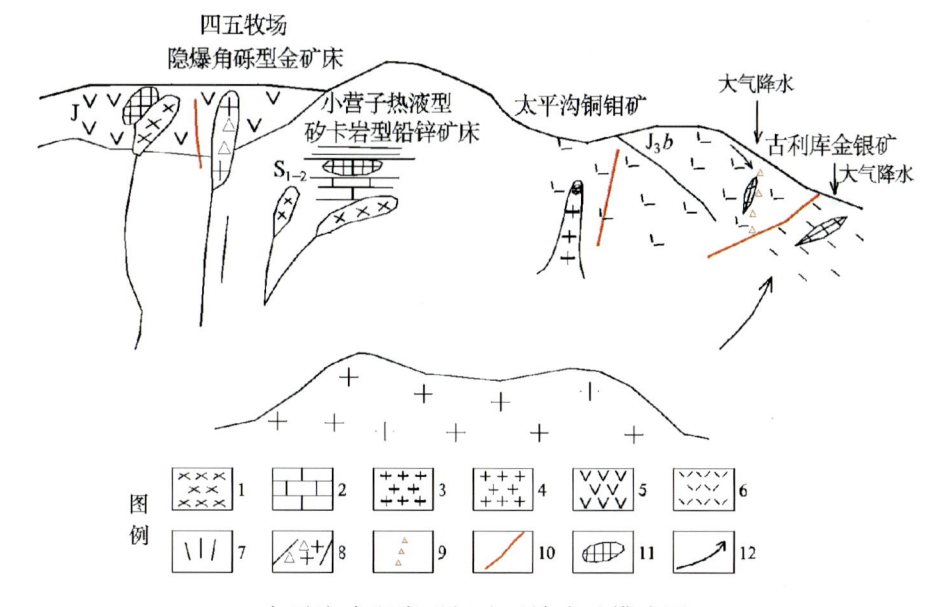

太平沟式斑岩型钼矿区域成矿模式图

1.次火山岩;2.大理岩;3.花岗斑岩;4.花岗岩类;5.中性火山岩;6.酸性火山岩类;7.热液型矿化;8.隐爆角砾岩筒;9.破碎带;10.断层;11.矿床;12.流体运移方向

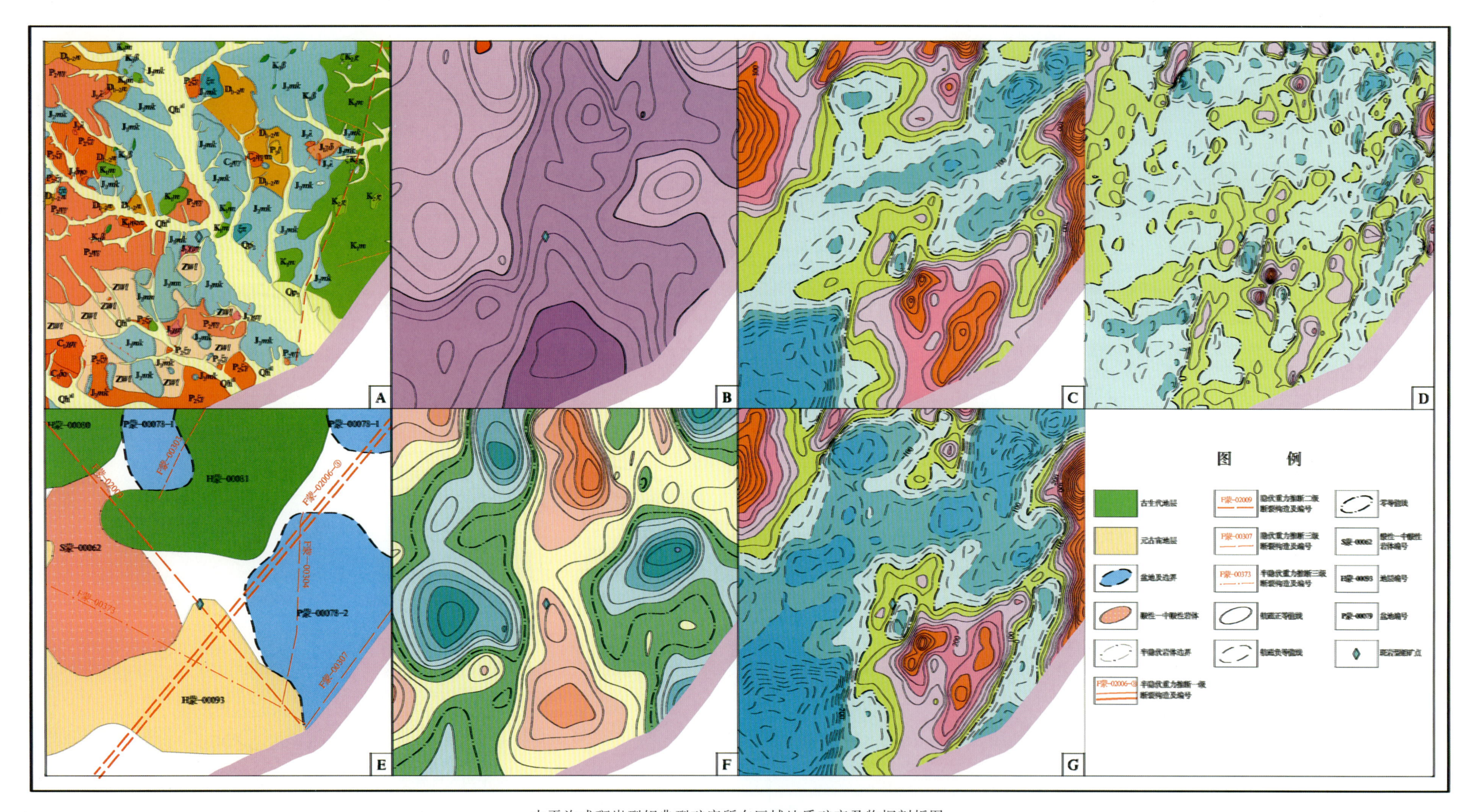

太平沟式斑岩型钼典型矿床所在区域地质矿产及物探剖析图

A. 地质矿产图；B. 布格重力异常图；C. 航磁 ΔT 等值线平面图；D. 航磁 ΔT 化极垂向一阶导数等值线平面图；E. 重力推断地质构造图；F. 剩余重力异常图；G. 航磁 ΔT 化极等值线平面图

敖仑花式斑岩型钼矿地质、地球物理特征一览表

成矿要素		内容描述		
储量		铜(包括伴生铜)90 963t, 钼(包括伴生钼)17 831t	平均品位	Cu 0.454%,Mo 0.060%
特征描述		斑岩型钼矿床		
地质环境	构造背景	所处大地构造单元:古生代属天山-兴蒙造山系,大兴安岭弧盆系,锡林浩特岩浆弧;中生代属环太平洋巨型火山活动带,大兴安岭火山岩带,突泉-林西火山喷发带,霍林郭勒-宝石晚侏罗世—早白垩世火山断陷盆地		
	成矿环境	成矿带区划属滨太平洋成矿域(叠加在古亚洲成矿域之上),大兴安岭成矿省,突泉-翁牛特铅、锌、银、铜、铁、锡、稀土成矿带,神山-大井子铜、铅、锌、银、铁、钼、稀土、铌、钽、萤石成矿亚带(I-Y)。矿区出露地层有上二叠统林西组变质长石石英砂岩、板岩、长英质角岩、板岩等;上侏罗统满克头鄂博组分布于矿区东北部,角度不整合于林西组之上,岩性为火山碎屑岩、凝灰质砂岩、砂质页岩含煤层。矿区内岩浆岩以斜长花岗斑岩为主,少量花岗斑岩、石英斑岩、英安斑岩、(石英)闪长玢岩及石英脉。其中斜长花岗斑岩(敖仑花岩体)与铜钼矿化关系密切,为主要控矿因素之一。矿体赋存于敖仑花斜长花岗斑岩体内及外接触带中		
	成矿时代	早白垩世(132Ma)		
矿床特征	矿体形态	脉状、网脉状		
	岩石类型	侏罗纪—白垩纪花岗斑岩		
	岩石结构	斑状结构		
	矿物组合	金属矿物:黄铁矿、辉钼矿、磁铁矿、赤铁矿等,少量或微量的毒砂、磁黄铁矿、锡石、方铅矿、闪锌矿、黄铜矿等		
	矿石结构构造	结构:包裹结构,叶片状结构,镶边结构,半自形、自形粒状结构,固溶体分离结构。 构造:细粒浸染状构造,次为脉状和团块状构造		
	围岩蚀变	硅化、钾长石化、伊利石及水白云母化、绿泥石化及绿帘石化等		
	控矿条件	(1)携矿岩体是成矿的主导因素,是成矿的有利地段。 (2)火山机构是成矿和矿化富集的有利空间。 (3)矿化明显受蚀变控制。 (4)矿化富集与碱质交代密切相关,具有高K低Na、高Si低Al、贫Ca、Mg、Fe的特点;成矿热流体属富含Cu、Mo、K、F、Cl等成分的高盐度矿化卤水		
地球物理特征	重力场特征	敖仑花铜钼矿在布格重力异常图上,位于局部重力高异常与局部重力低异常之间的北东向梯级带处,布格重力异常值为$(-68\sim-64)\times10^{-5}$m/s²。结合地质资料,推断该梯级带北部及南部同向扭曲处是北西西向次级断裂的反映。在剩余重力异常图上,敖仑花铜钼矿处在北西西向不规则状负异常的边部,靠近零值线,该负异常区由多个异常中心组成,最小值$\Delta g_{min}=-6.97\times10^{-5}$m/s²,此区域地表零星出露早白垩世花岗岩,推断是中—酸性岩浆活动引起的,表明敖仑花钼矿床在成因上与早白垩世花岗岩有关。矿床西侧的负异常推断是中生代盆地的分布区,矿区北侧(编号G蒙-223)及南侧(编号G蒙-225)的正异常区,地表零星出露二叠系林西组,推断是古生代基底隆起的反映		
	磁场特征	区域航磁异常图上显示,矿床处于负磁场与正磁场的接触带上,正磁异常是侏罗纪火山岩的反映		

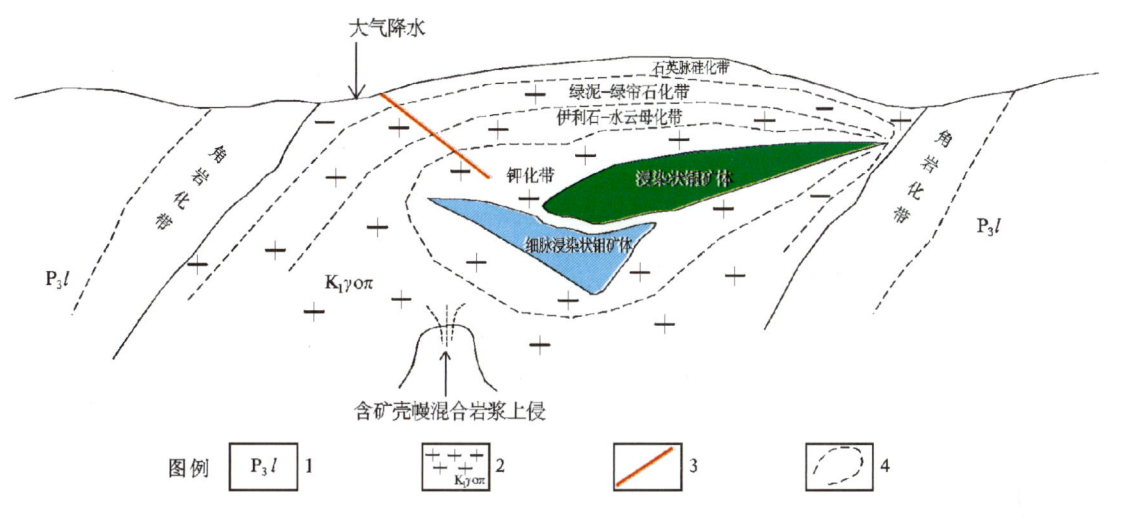

敖仑花式斑岩型铜钼矿床成矿模式

1.上二叠统林西组砂板岩;2.早白垩世斜长花岗斑岩;3.断裂;4.矿化蚀变带分界线

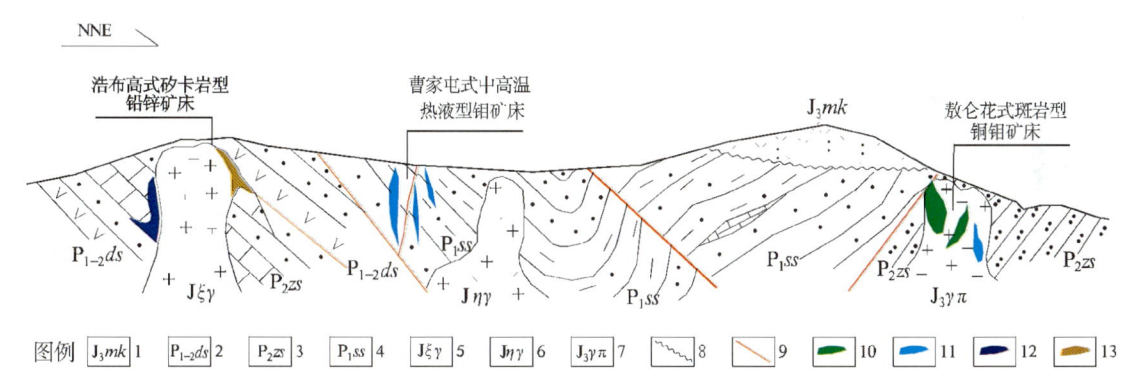

华北北部陆缘增生区与中生代浅成斑岩体有关的铅锌铜钼成矿系列区域成矿模式图

1.上侏罗统满克头鄂博组;2.下中二叠统大石寨组;3.中二叠统哲斯组;4.下二叠统寿山沟组;5.侏罗纪正长花岗岩;6.侏罗纪二长花岗岩;7.晚侏罗世花岗斑岩;8.喷发不整合界线;9.断层;10.铜矿体;11.钼矿体;12.铅矿体;13.锌矿体

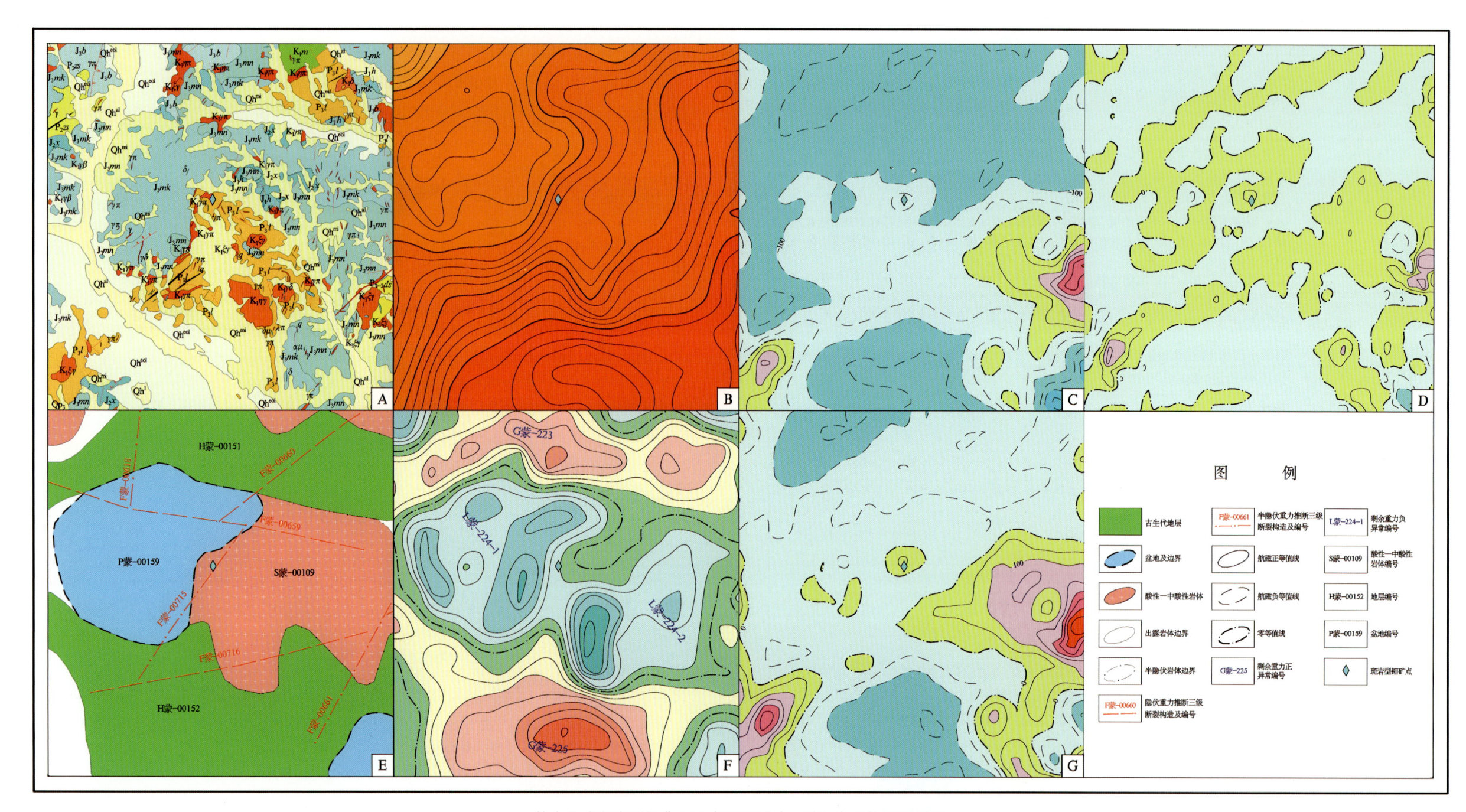

敖仑花式斑岩型钼典型矿床所在区域地质矿产及物探剖析图

A. 地质矿产图；B. 布格重力异常图；C. 航磁 ΔT 等值线平面图；D. 航磁 ΔT 化极垂向一阶导数等值线平面图；E. 重力推断地质构造图；F. 剩余重力异常图；G. 航磁 ΔT 化极等值线平面图

曹家屯式高温热液型钼矿地质、地球物理特征一览表

成矿要素		内容描述		
储量		钼金属量 100 977t	平均品位	Mo 0.08%～0.14%（平均 0.11%）
特征描述		与下二叠统寿山沟组、燕山期二长花岗岩及北东向断裂构造有关的高温热液型钼矿床		
地质环境	构造背景	所处大地构造单元：古生代属天山-兴蒙造山系，大兴安岭弧盆系，锡林浩特岩浆弧；中生代属环太平洋巨型火山活动带，大兴安岭火山岩带，突泉-林西火山喷发带，曹家屯中晚侏罗世火山喷发-沉积盆地		
	成矿环境	成矿带区划属滨太平洋成矿域（叠加在古亚洲成矿域之上），大兴安岭成矿省，突泉-翁牛特铅、锌、银、铜、铁、锡、稀土成矿带；索伦镇-黄岗梁铁、锡、铜、铅、锌、银成矿亚带（V-Y）。出露地层为下二叠统寿山沟组，与成矿关系密切的为下二叠统寿山沟组砂板岩，对成矿有利的断裂为北东向断裂，侵入岩主要为晚侏罗世黑云母花岗岩，为成矿提供热动力条件		
	成矿时代	燕山期		
矿床特征	矿体形态	矿体呈脉状分布，为隐伏钼矿，平面上矿体矿化强度及元素不具明显水平分带，在纵向上地表矿化相对较贫，在深部矿化增强。矿体埋深 0～520m		
	岩石类型	砂质板岩、砂岩及脉石英		
	岩石结构	微细粒鳞片粒状变晶结构、砂状结构及隐晶质结构		
	矿物组合	辉钼矿、黄铁矿及黄铜矿		
	矿石结构构造	结构：他形粒状、半自形粒状、镶嵌结构。构造：致密块状、浸染状构造，次为网脉状、团块状构造		
	围岩蚀变	围岩蚀变沿矿化蚀变带呈线性分布，见于砂质板岩和砂岩中的破碎带、断裂带内，主要有云英岩化、硅化，次为钾长石化、绿泥石化、碳酸盐化、高岭土化及萤石化。云英岩化、硅化及钾长石化与钼矿化关系密切		
	控矿条件	北东向断裂构造控制矿体规模和定位，黑云母二长花岗岩提供成矿物质和热动力条件，围岩地层提供金属元素和赋存空间		
地球物理特征	重力场特征	曹家屯钼矿床位于北东走向不规则布格重力低异常的东北部等值线扭曲处，重力异常值 Δg 为 $(-136.00～-132.00)×10^{-5}$ m/s^2。在剩余重力异常图上，矿床位于北东走向的椭圆状负异常 L 蒙-407 东北边部，结合地质资料和物性资料，此处地表出露侏罗系及燕山期中酸性岩体，推断是半隐伏中酸性侵入岩分布区。矿区西北部的正异常区地表出露密度较高的二叠系寿山沟组，是古生代基底隆起的反映		
	磁场特征	区域航磁等值线平面图显示，矿区位于平稳的 -100～0nT 的低磁场区		

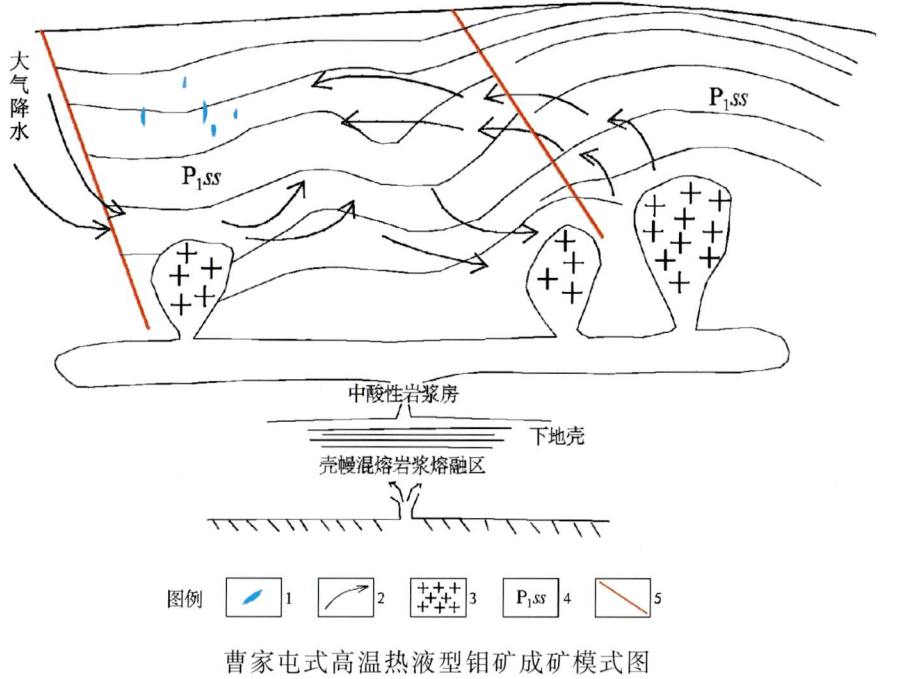

曹家屯式高温热液型钼矿成矿模式图

图例 1. 钼矿体；2. 流体移动方向；3. 花岗岩；4. 下二叠统寿山沟组；5. 断裂

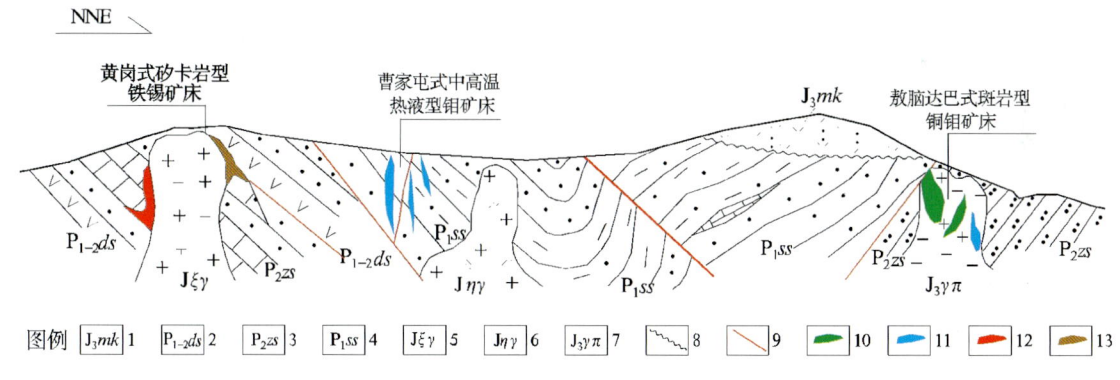

弧盆区与二叠纪火山-沉积岩系及燕山期酸性侵入岩有关的斑岩型-矽卡岩型-热液型铜钼多金属矿成矿系列区域成矿模式图

图例 1. 上侏罗统满克头鄂博组；2. 下中二叠统大石寨组；3. 中二叠统哲斯组；4. 下二叠统寿山沟组；5. 侏罗纪正长花岗岩；6. 侏罗纪二长花岗岩；7. 晚侏罗世花岗斑岩；8. 喷发不整合界线；9. 断层；10. 铜矿体；11. 钼矿体；12. 铁矿体；13. 锡矿体

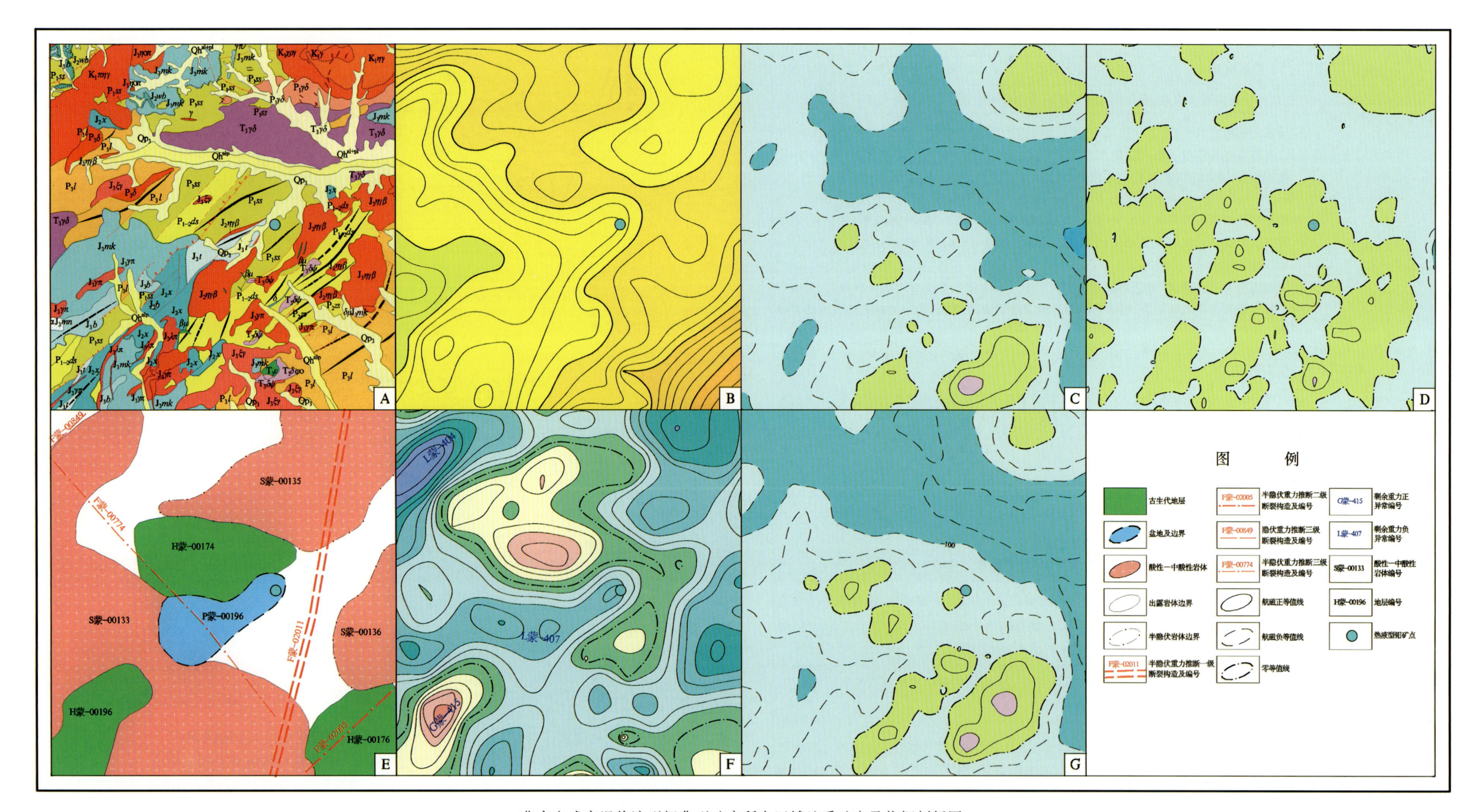

曹家屯式高温热液型钼典型矿床所在区域地质矿产及物探剖析图

A. 地质矿产图；B. 布格重力异常图；C. 航磁 ΔT 等值线平面图；D. 航磁 ΔT 化极垂向一阶导数等值线平面图；E. 重力推断地质构造图；F. 剩余重力异常图；G. 航磁 ΔT 化极等值线平面图

大苏计式斑岩型钼矿地质、地球物理特征一览表

成矿要素		内容描述		
储量		钼金属量 47 258t	平均品位	Mo 0.122%
特征描述		斑岩型钼矿床		
地质环境	构造背景	所处大地构造单元属华北陆块区,狼山-阴山陆块(大陆边缘岩浆弧 Pz_2),固阳-兴和陆核;中生代属环太平洋巨型火山活动带,大兴安岭火山岩带,李清地-明星火山喷发带,明星沟晚侏罗世—早白垩世火山断陷盆地		
	成矿环境	成矿区带属滨太平洋成矿域(叠加在古亚洲成矿域之上),华北成矿省,华北陆块北缘西段金、铁、铌、稀土、铜、铅、锌、银、镍、铂、钨、石墨、白云母成矿带,乌拉山-集宁铁、金、银、钼、铜、铅、锌、石墨、白云母成矿亚带(Ar_{1-2},I,Y)。矿区内出露基底地层为中太古界集宁岩群($Ar_2J.$)片麻岩,上覆古近系、新近系和第四系黄土及残坡积物。侵入岩分布有中太古代碎裂斜长花岗岩,燕山晚期浅成—超浅成侵入体,其岩性和侵位次序从早到晚有石英斑岩、花岗斑岩、正长花岗岩		
	成矿时代	三叠纪		
矿床特征	矿体形态	倒置缓倾斜的半个古钟状		
	岩石类型	石英斑岩、正长花岗(斑)岩		
	岩石结构	花岗结构、斑状结构		
	矿物组合	辉钼矿、黄铁矿、褐铁矿、黑钨矿、闪锌矿		
	矿石结构构造	结构:交代结构、半自形—他形晶结构。构造:晶洞状、浸染状、细脉浸染状构造		
	围岩蚀变	黑云母化、钾长石化、石英-钾长石化、石英-水云母化、黏土化		
	控矿条件	(1)北西向断裂是大苏计式斑岩型钼矿床的主要控矿构造,既提供了矿液通道,也提供了容矿空间。(2)晚侏罗世浅成石英斑岩和正长花岗(斑)岩是重要的含矿母岩,一方面提供了容矿空间,另一方面也提供了部分矿源		
地球物理特征	重力场特征	大苏计钼矿所在区域布格重力异常值形态较复杂,是区内多期次构造活动叠加的反映。大苏计钼矿位于局部重力低异常边部的扭曲处,此处 Δg 为 $(-158\sim-156)\times10^{-5}$ m/s²。在剩余重力异常图上,大苏计钼矿处在近东西向椭圆状负异常边部的等值线扭曲处,靠近零值线,该负异常由多个异常中心组成,异常最小值 $\Delta g_{min}=-18.22\times10^{-5}$ m/s²,结合地质资料和物性资料,此处地表成片出露太古宙晚期酸性岩和中生代火山岩,推断是酸性侵入岩体及火山盆地共同引起的。矿床北部的剩余重力正异常,地表出露中太古界集宁岩群(σ 为 2.72g/cm³),推断是太古宙基底隆起所致。矿床西南侧的异常,边部等值线密集,推断是北东向或近东西走向断裂构造引起的。大苏计钼矿所在区域重力场在一定程度上反映了其成矿环境		
	磁场特征	据1:2.5万航磁平面等值线图显示,北西部表现为正磁场,南部表现为负磁场。据1:50万航磁化极等值线平面图显示,矿床处于正、负磁异常之间的零值区,场值在$-50\sim50$nT 之间		

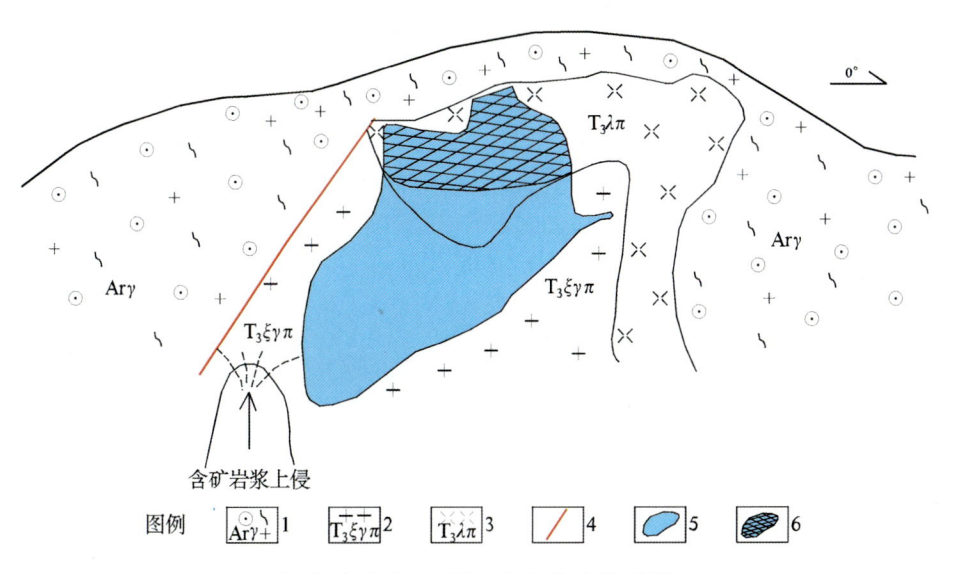

大苏计式斑岩型钼矿床成矿模式图

1.太古宙榴石花岗岩;2.晚三叠世正长花岗斑岩;3.晚三叠世流纹斑岩;4.断裂;5.浸染状原生硫化物钼矿体;6.氧化矿体

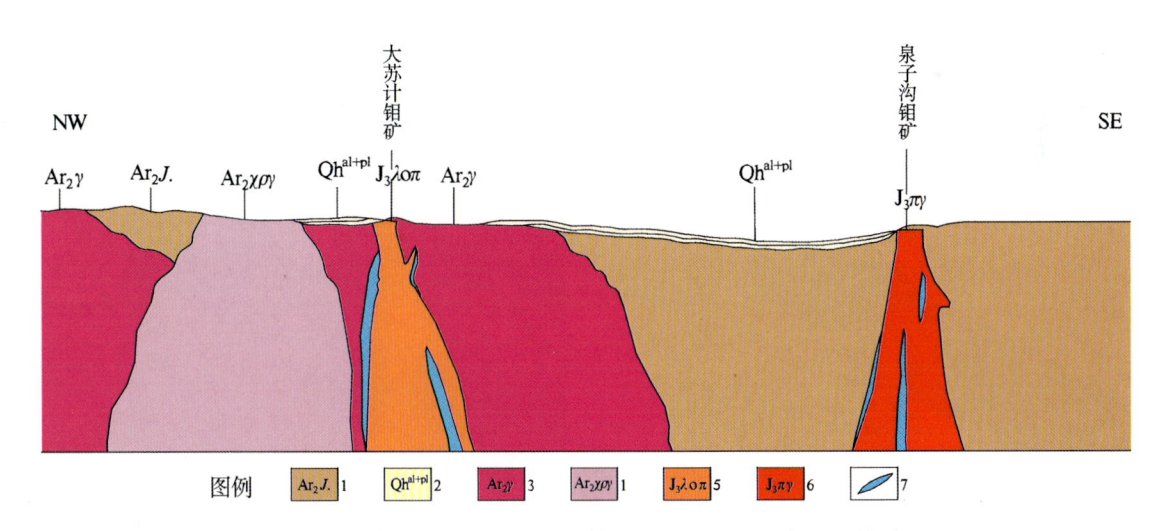

华北陆块区与中生代浅成斑岩体有关的钼矿区域成矿模式图

1.集宁岩群片麻岩组;2.全新统;3.中太古代粗粒榴石花岗岩;4.中太古代粗粒碱长花岗岩;5.晚侏罗世石英斑岩;6.晚侏罗世粗粒似斑状花岗岩;7.钼矿体

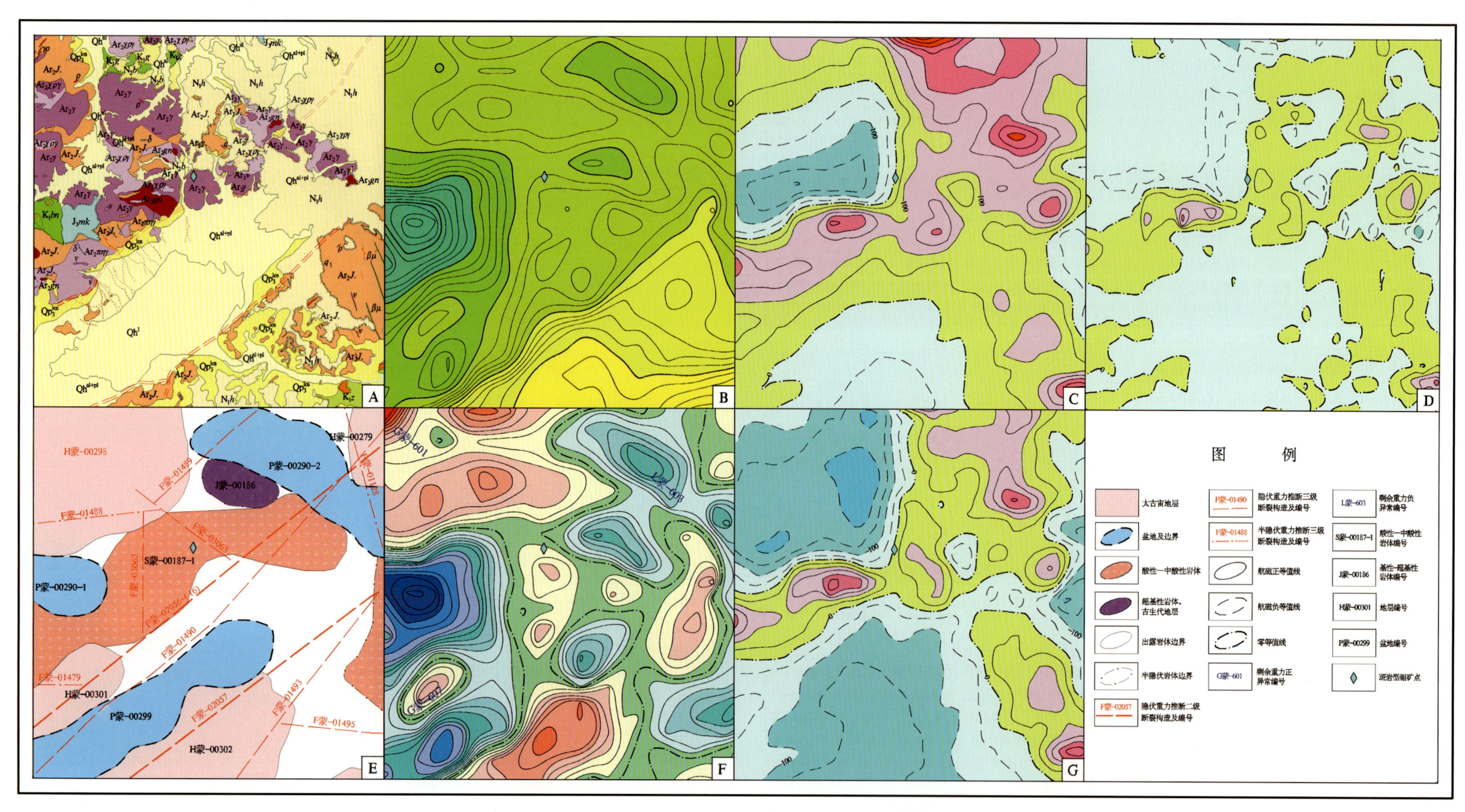

大苏计式斑岩型钼典型矿床所在区域地质矿产及物探剖析图

A. 地质矿产图；B. 布格重力异常图；C. 航磁 ΔT 等值线平面图；D. 航磁 ΔT 化极垂向一阶导数等值线平面图；E. 重力推断地质构造图；F. 剩余重力异常图；G. 航磁 ΔT 化极等值线平面图

小狐狸山式斑岩型钼矿地质、地球物理特征一览表

成矿要素		内容描述		
储量		钼金属量 31 924t	平均品位	Mo 0.15%
特征描述		斑岩型铅锌钼矿床		
地质环境	构造背景	所处大地构造单元为天山-兴蒙造山系,额济纳旗-北山弧盆系,圆包山(中蒙边界)岩浆弧(O—D)		
	成矿环境	成矿区带属古亚洲成矿域,准噶尔成矿省,觉罗塔格-黑鹰山铜、镍、铁、金、银、钼、钨、石膏、硅灰石、膨润土、煤成矿带,黑鹰山-小狐狸山铁、金、铜、钼、铬成矿亚带(Vm、I),小狐狸山钼、铅、锌远景区。矿区出露地层有中上奥陶统咸水湖组安山质岩屑晶屑凝灰岩及蚀变安山岩。出露的深成侵入岩为印支期花岗岩。区内构造主要有北西向及北东向两组断裂,其控制着上述含矿岩体的分布,是本区的主要控岩控矿构造		
	成矿时代	印支期		
矿床特征	矿体形态	椭圆状、脉状		
	岩石类型	安山质岩屑晶屑凝灰岩及蚀变安山岩、花岗岩		
	矿石结构	凝灰结构、斑状结构		
	矿物组合	矿石矿物主要为辉钼矿,次为方铅矿、闪锌矿等。 脉石矿物主要为石英、钾长石等		
	矿石结构构造	结构:半自形—自形鳞片结构、半自形—他形粒状结构、交代残留结构及交代假象结构。 构造:块状、网脉状、细脉状、浸染状构造		
	围岩蚀变	云英岩化(次生石英岩化,岩浆后期叠加蚀变)、钠长石化、钾长石化、硅化、黄铁矿化、绿帘石化及萤石化		
	控矿条件	(1)主要有北西向及北东向两组断裂,是本区的主要控岩控矿构造。 (2)铅锌钼矿产于印支期花岗岩边缘相中的中细粒似斑状花岗岩中		
地球物理特征	重力场特征	小狐狸山钼矿北部及西南部布格等值线密集,推断是北西向断裂(F蒙-01781,F蒙-01786)的反映;矿区东部的等值线密集处推断是北东向断裂(F蒙-01785)的反映。小狐狸山钼矿位于布格重力局部高异常与局部低异常之间的过渡带上,布格重力异常值为(−166.00~−164.00)×10⁻⁵ m/s²。在剩余重力异常图上,小狐狸山钼矿处在两个正异常中心之间的低值区,地表出露中上奥陶统咸水湖组、石炭系绿条山组,推断是古生代基底隆起所致。矿床北部的椭圆状剩余重力负异常,编号是L蒙-819,是酸性岩体侵入引起的。区内存在北东向及北西向断裂构造区域重力场在一定程度上反映了小狐狸山钼矿的成矿环境		
	磁场特征	小狐狸山钼矿区位于国境线附近,未开展1:20万航磁测量工作		

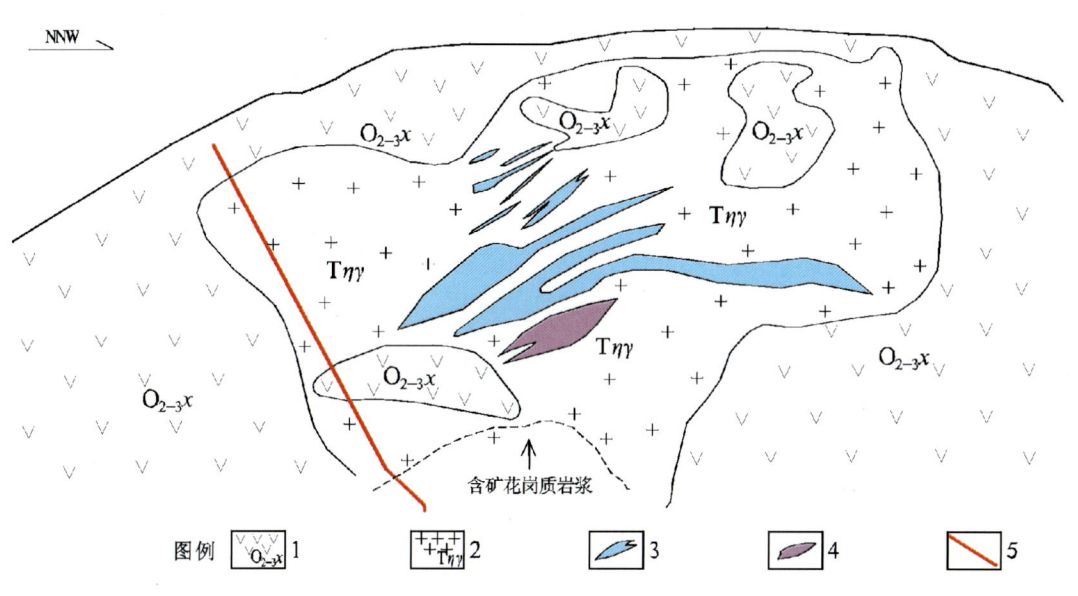

小狐狸山式斑岩型钼矿典型矿床成矿模式图

1.中上奥陶统咸水湖组中基性火山岩;2.三叠纪二长黑云母花岗岩;3.脉状及浸染状钼矿体;4.铅锌钼体;5.断裂

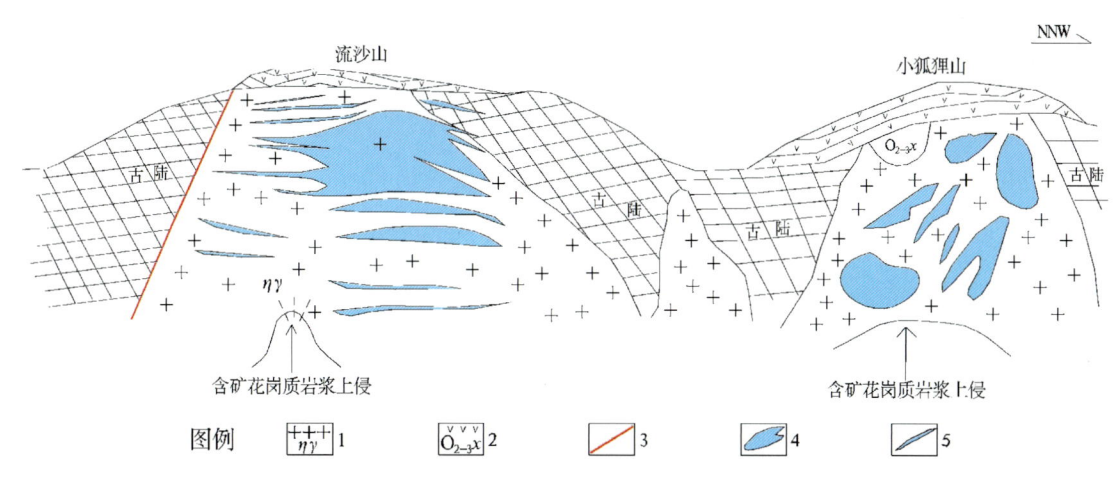

北山弧盆区与印支期花岗岩有关的斑岩型钼矿区域成矿模式图

1.二长花岗岩;2.中上奥陶统咸水湖组中基性火山岩;3.断裂;4.浸染状钼矿体;5.细脉状钼矿体

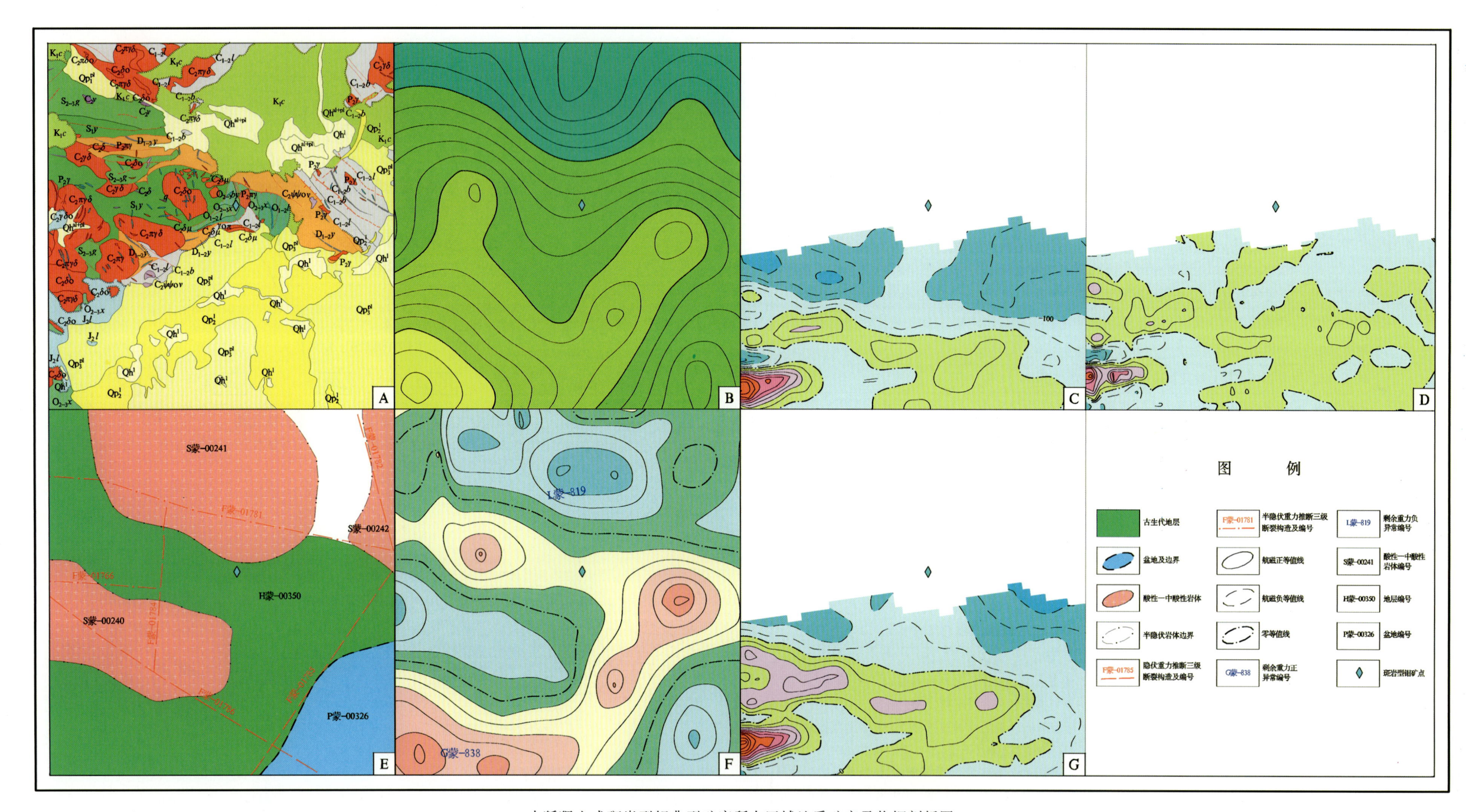

小狐狸山式斑岩型钼典型矿床所在区域地质矿产及物探剖析图
A. 地质矿产图；B. 布格重力异常图；C. 航磁 ΔT 等值线平面图；D. 航磁 ΔT 化极垂向一阶导数等值线平面图；E. 重力推断地质构造图；F. 剩余重力异常图；G. 航磁 ΔT 化极等值线平面图

小东沟式斑岩型钼矿地质、地球物理特征一览表

成矿要素		内容描述		
储量		钼金属量 5607t	平均品位	Mo 0.111%
特征描述		斑岩型钼矿床		
地质环境	构造背景	所处大地构造单元为天山-兴蒙造山系,大兴安岭弧盆系,锡林浩特岩浆弧(Pz_2)		
	成矿环境	成矿区带属滨太平洋成矿域(叠加在古亚洲成矿域之上),大兴安岭成矿省,突泉-翁牛特铅、锌、银、铜、铁、锡、稀土成矿带,小东沟-小营子钼、铅、锌、铜成矿亚带(Vm、Y)。矿区主要出露中二叠统于家北沟组的砂岩、砾岩、粉砂岩、粉砂质泥岩等和中生界上侏罗统满克头鄂博组与白音高老组的酸性火山岩。侵入岩为燕山期的脉状闪长玢岩、斜长花岗斑岩等浅成侵入体,是脉状矿体的围岩,亦是成矿母岩。矿区内断裂构造发育,主要有南北向和北西向两组,控制本区矿体的分布,是容矿构造。成矿后断裂构造对矿体破坏不大		
	成矿时代	早白垩世		
矿床特征	矿体形态	脉状、网脉状		
	岩石类型	早白垩世花岗斑岩、正长斑岩等		
	岩石结构	斑状结构		
	矿物组合	主要为辉钼矿,其他有黄铜矿、闪锌矿、黄铁矿、磁黄铁矿、磁铁矿、方铅矿、赤铁矿、白钨矿及黑钨矿等		
	矿石结构构造	矿石为斑状结构、块状构造。围岩为凝灰砂质结构、砂砾结构、粉砂结构、泥质结构及熔结凝灰结构;块状构造、流纹构造		
	蚀变特征	矿体直接围岩主要有钾长石化-绢云母化斑状花岗岩。围岩蚀变类型有钾长石化-绢云母化、石英-绢云母化、硅化及萤石化、镜铁矿化。还有绿泥石化、绿帘石化、碳酸盐化、阳起石化		
	控矿条件	受燕山期花岗斑岩及斑状花岗岩体控制。区域性东西向构造带与南北向构造带交会部位是成矿的有利地段		
地球物理特征	重力场特征	小东沟钼矿所在区域布格重力异常总体展布方向呈北东向,受北东向区域性大断裂控制,局部异常等值线形态较复杂。小东沟钼矿位于局部重力低异常边部,其附近重力值 $\Delta g = -130 \times 10^{-5}$ m/s²,对应剩余重力负异常边部,这一负异常区地表出露密度较低的燕山期酸性岩体,推断由酸性岩体侵入引起。矿床北部编号为 G蒙-446、编号 G蒙-433 的正异常区出露密度较高的中二叠统于家北沟组,是古生代基底隆起的表现。小东沟钼矿位于岩体与地层的内接触带上,可见矿床的成因与酸性岩体的侵入和古生代地层有关,重力场特征在一定程度上反映了成矿地质环境		
	磁场特征	区域航磁等值线平面图显示,矿区基本形成一个低磁异常或负磁异常区,其外侧则被正异常所包围,正磁异常主要与古近纪、新近纪玄武岩和侏罗纪中基性火山岩有关		

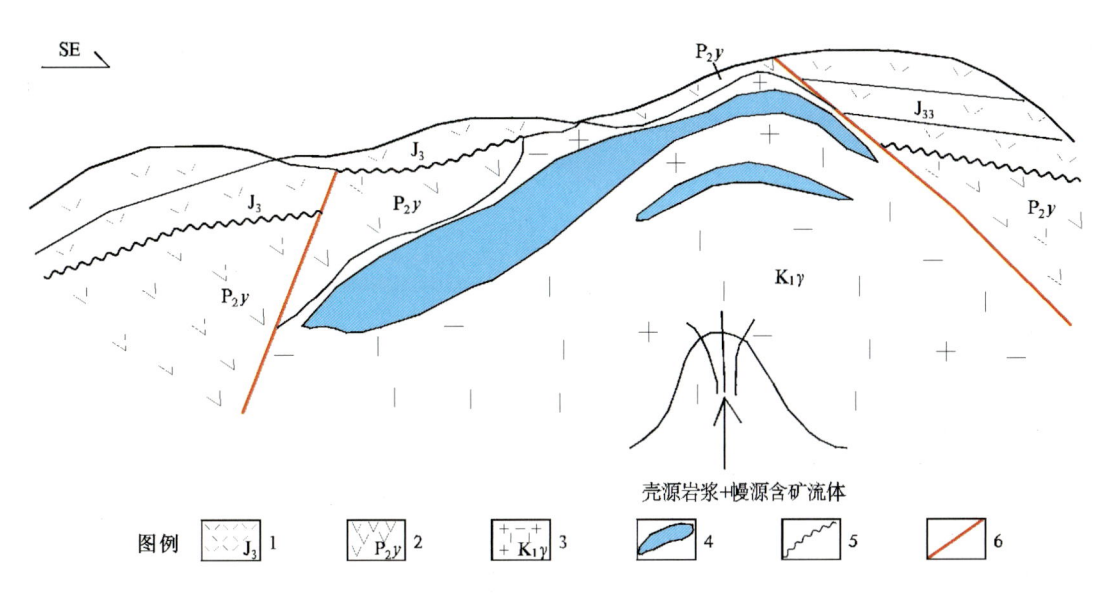

小东沟式斑岩型钼矿成矿模式图

1.上侏罗统中酸性火山岩;2.中二叠统于家北沟组;3.早白垩世花岗斑岩;4.浸染状钼矿体;5.不整合界线;6.断裂

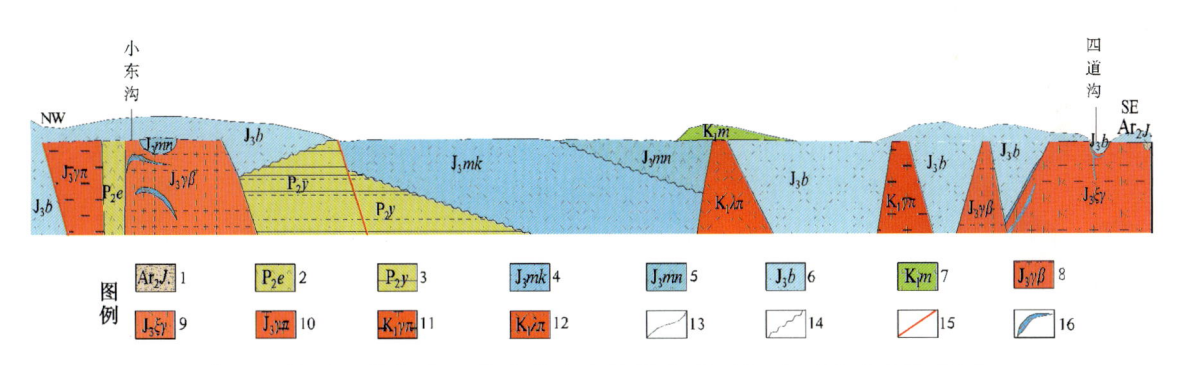

华北北缘增生带与中生代花岗岩有关的斑岩型钼矿区域成矿模式图

1.中太古代集宁岩群;2.中二叠统于家北沟组火山岩;3.中二叠统于家北沟组砂岩;4.上侏罗统满克头鄂博组;5.上侏罗统玛尼吐组;6.上侏罗统白音高老组;7.下白垩统梅勒图组;8.晚侏罗世黑云母花岗岩;9.晚侏罗世正长花岗岩;10.晚侏罗世花岗斑岩;11.早白垩世花岗斑岩;12.早白垩世流纹斑岩;13.侵入界线;14.角度不整合界线;15.断层;16.钼矿体

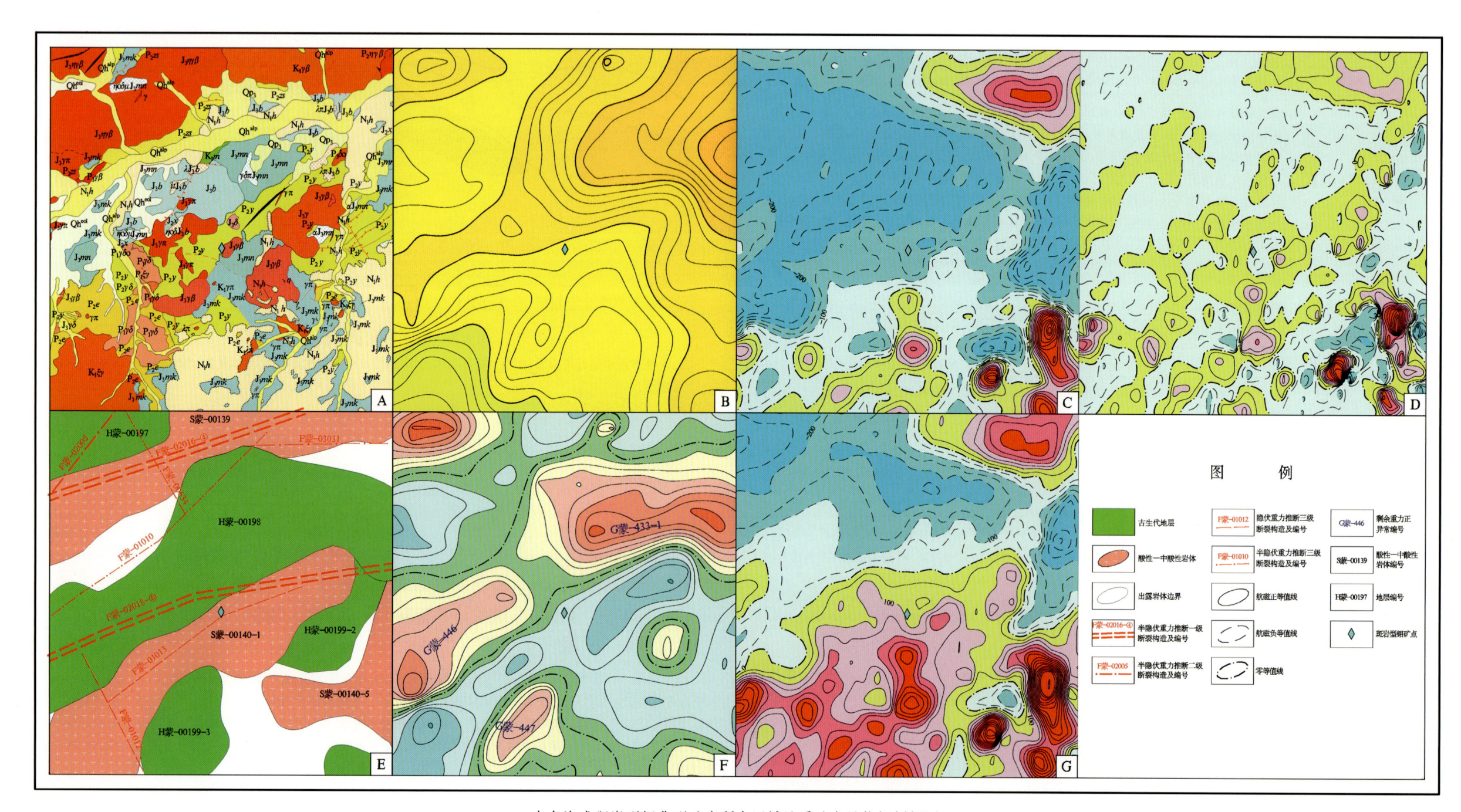

小东沟式斑岩型钼典型矿床所在区域地质矿产及物探剖析图

A. 地质矿产图；B. 布格重力异常图；C. 航磁 ΔT 等值线平面图；D. 航磁 ΔT 化极垂向一阶导数等值线平面图；E. 重力推断地质构造图；F. 剩余重力异常图；G. 航磁 ΔT 化极等值线平面图

查干花式斑岩型钼矿地质、地球物理特征一览表

成矿要素		内容描述		
储量		钼(122b+333)金属量 26×10^4 t	平均品位	Mo 0.129%
特征描述		斑岩型钼矿床		
地质环境	构造背景	所处大地构造单元古生代属天山-兴蒙造山系,包尔汉图-温都尔庙弧盆系,宝音图岩浆弧		
	成矿环境	成矿带区划属滨太平洋成矿域(叠加在古亚洲成矿域之上),大兴安岭成矿省,白乃庙-锡林郭勒铁、铜、钼、铅、锌、锰、铬、金、锗、煤、天然碱、芒硝成矿带(Ym),查干此老-巴音杭盖铁、金、钨、钼、铜、镍、钴成矿亚带(C,V,I)。矿区出露古元古界宝音图岩群,岩性以二云石英片岩为主,夹石英岩。区内岩浆岩发育,查干花-查干德尔斯花岗岩体大面积分布,岩性为中细粒二长花岗岩		
	成矿时代	印支早期		
矿床特征	矿体形态	透镜状、似层状和脉状		
	岩石类型	千枚岩、绢云石英片岩、浅变质粉砂岩;中细粒二长花岗岩等		
	岩石结构	半自形—自形粒状结构、鳞片状结构		
	矿物组合	辉钼矿、磁铁矿、黄铁矿、黄铜矿和方铅矿		
	矿石结构构造	结构:半自形—自形粒状结构、鳞片状结构。构造:浸染状、细(网)脉状、团块状构造		
	蚀变特征	主要围岩蚀变有云英岩化、硅化、绢云母化、钾长石化、绢英岩化、高岭土化、绿泥石化、绿帘石化、碳酸盐化等		
	控矿条件	地层:宝音图岩群。侵入岩:晚二叠世—早三叠世中细粒二长花岗岩(花岗闪长岩)。构造:北西及北东向断裂交会处		
地球物理特征	重力场特征	查干花钼矿位于布格重力高异常与低异常过渡的北东向梯度带上,布格重力异常值 Δg 为 $(-166.00 \sim -162.00) \times 10^{-5}$ m/s^2。结合地质资料,推断该梯级带由断裂构造引起,北东走向,编号为 F蒙-01060。在剩余重力异常上,查干花钼矿处在北东向负异常边部,此处出露密度较低的石炭纪和三叠纪的花岗岩体,是酸性岩体侵入的反映。矿区北部是北东向椭圆状正异常 G蒙-656-1,地表出露古元古界宝音图岩群,推断是元古宙基底隆起部位。区域重力场特征反映了查干花钼矿的成矿环境		
	磁场特征	区域航磁等值线平面图显示,矿区位于平稳的 $-50 \sim 0$nT 的负磁场区,磁异常呈北东走向,体现了该区的构造格局		

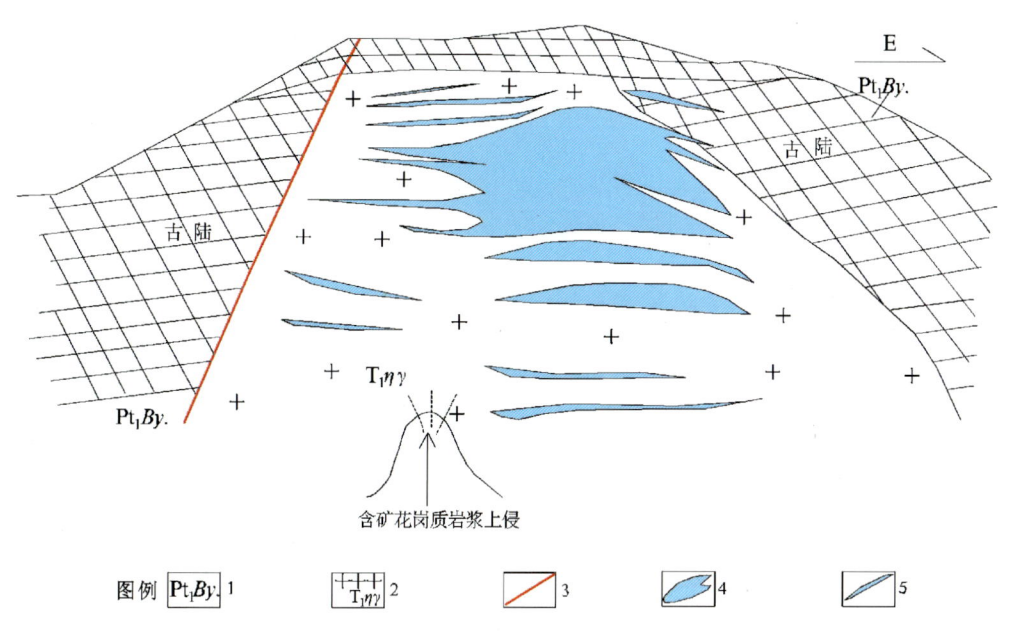

查干花式斑岩型钼矿典型矿床成矿模式图

1.古元古界宝音图岩群;2.早三叠世黑云母二长花岗岩;3.大断裂;4.浸染状钼矿体;5.细脉状钼矿体

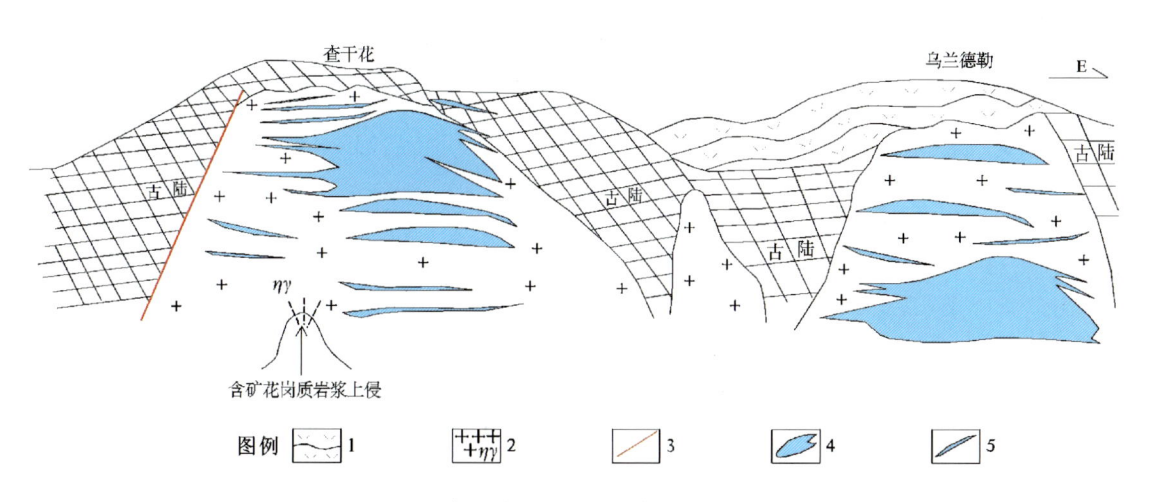

查干花式斑岩型钼矿区域成矿模式图

1.上石炭统-下二叠统宝力高庙组火山岩;2.二长花岗岩;3.大断裂;4.浸染状钼矿体;5.细脉状钼矿体

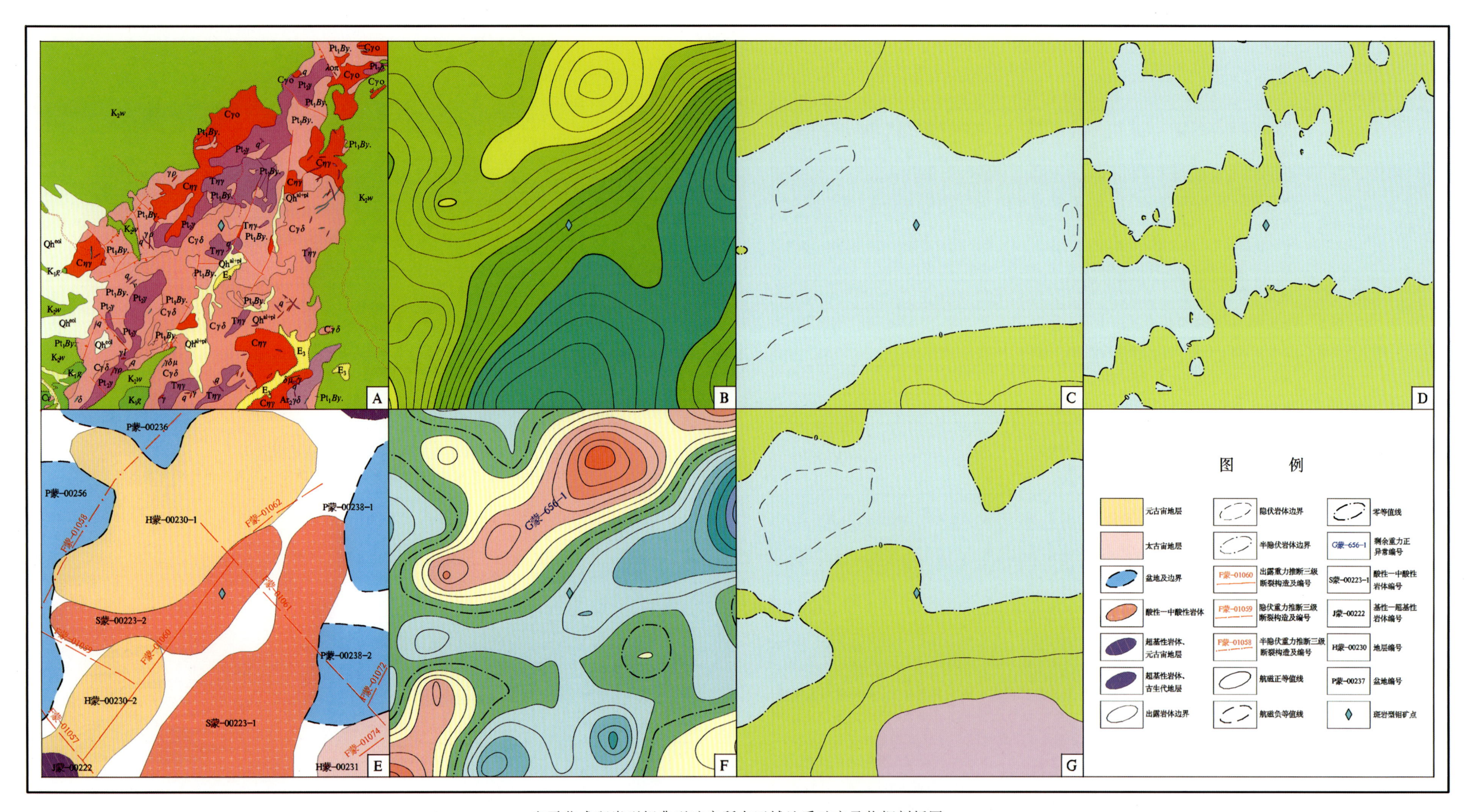

查干花式斑岩型钼典型矿床所在区域地质矿产及物探剖析图

A. 地质矿产图；B. 布格重力异常图；C. 航磁 ΔT 等值线平面图；D. 航磁 ΔT 化极垂向一阶导数等值线平面图；E. 重力推断地质构造图；F. 剩余重力异常图；G. 航磁 ΔT 化极等值线平面图

必鲁甘干式斑岩型钼矿地质、地球物理特征一览表

成矿要素		内容描述		
储量		钼金属量 92 345t	平均品位	Mo 0.085%
特征描述		斑岩型钼矿床		
地质环境	构造背景	古生代属天山-兴蒙造山系,大兴安岭弧盆系,锡林浩特岩浆弧(Pz_2);中生代属环太平洋巨型火山活动带,大兴安岭火山岩带,二连-阿巴嘎旗火山喷发带,阿巴嘎旗晚白垩世—更新世陆相火山-沉积盆地		
	成矿环境	成矿带区划属滨太平洋成矿域(叠加在古亚洲成矿域之上),大兴安岭成矿省,白乃庙-锡林郭勒铁、铜、钼、铅、锌、锰、铬、金、锗、煤、天然碱、芒硝成矿带,温都尔庙-红格尔庙铁、金、钼成矿亚带(Pt、V、Y)。矿区出露地层为上二叠统林西组砂板岩、砂砾岩,受花岗斑岩侵入影响形成各类角岩。侵入岩主体为早侏罗世黑云母花岗斑岩,即成矿母岩。脉岩主要为石英脉,多集中产于花岗斑岩与围岩的接触带附近,与成矿关系密切		
	成矿时代	早侏罗世		
矿床特征	矿体形态	似层状、脉状或透镜状		
	岩石类型	砂板岩、砂砾岩,受花岗斑岩侵入影响形成各类角岩,黑云母花岗斑岩		
	岩石结构	砂状结构、砂砾状结构、斑状结构		
	矿物组合	辉钼矿、黄铜矿、黄铁矿,其次为磁黄铁矿、闪锌矿,少量黝铜矿、方铅矿及白铁矿		
	矿石结构构造	结构:填隙结构、叶片结构,其次为自形晶粒状结构、他形粒状结构、乳滴状结构和包含结构。构造:充填脉状、浸染状、晶簇状、梳状、块状构造		
	蚀变特征	蚀变范围大,程度弱。钾长石化、绢云母化、硅化、绿帘石化及碳酸盐化		
	控矿条件	矿体赋存在花岗斑岩与围岩的接触带		
地球物理特征	重力场特征	必鲁甘干钼矿所在区域布格重力异常和剩余重力异常的展布形态、分布范围基本一致。布格重力异常图上,必鲁甘干钼矿位于北东走向椭圆状局部重力高异常西南边部,布格重力异常值为$(-126.19 \sim -105.82) \times 10^{-5}$ m/s^2。在剩余重力异常图上,必鲁甘干钼矿处在正异常区 G蒙-380-1 的两个异常中心之间的低值区,结合地质资料,此处地表出露二叠系林西组,推断为古生代基底隆起所致。矿区的负异常区地表被第四系覆盖,推断是新生代盆地的分布区		
	磁场特征	区域航磁等值线平面图显示,矿区位于近东西走向的条带状平稳磁场中,航磁异常值为 0~50nT,矿区北部是异常值较大的正磁异常区		

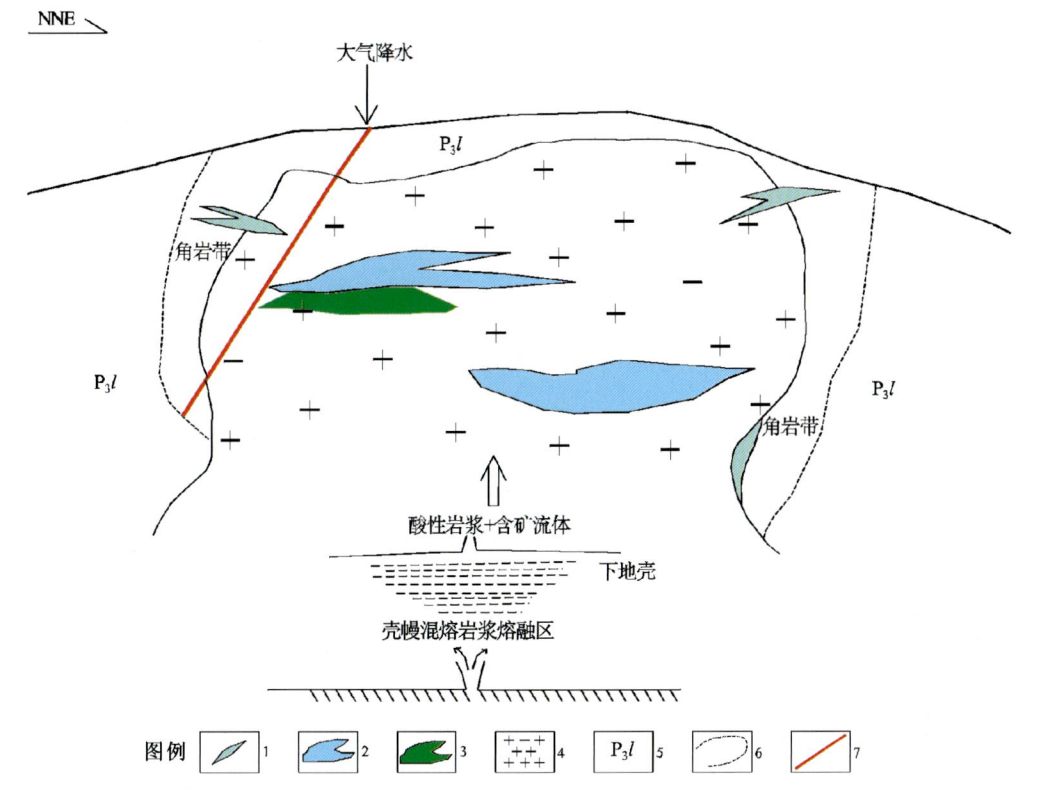

必鲁甘干式斑岩型钼矿成矿模式图

1.角岩型网脉状钼矿体;2.细脉浸染状钼矿体;3.细脉浸染状铜矿体;4.燕山期花岗斑岩;6.矿化蚀变范围;7.断裂

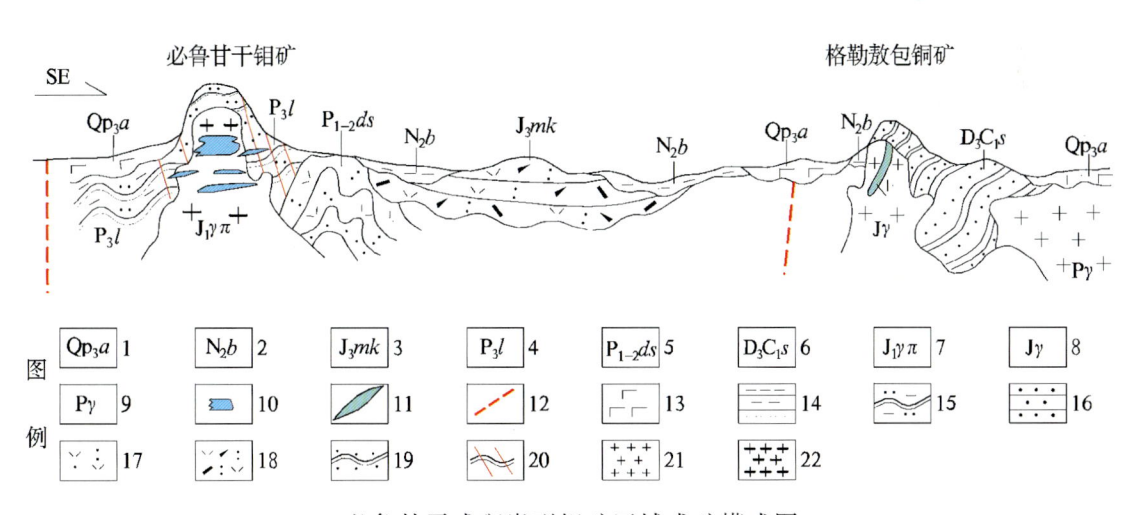

必鲁甘干式斑岩型钼矿区域成矿模式图

1.阿巴嘎组;2.宝格达乌拉组;3.满克头鄂博组;4.林西组;5.大石寨组;6.色日巴彦敖包组;7.早侏罗世花岗斑岩;8.侏罗纪花岗岩;9.二叠纪花岗岩;10.MoCu矿体;11.Cu矿体;12.推测深大断裂;13.玄武岩;14.泥岩;15.砂泥质板岩;16.砂岩;17.流纹质凝灰岩;18.流纹质岩屑;19.变质砂岩;20.角岩化板岩;21.花岗岩;22.花岗斑岩

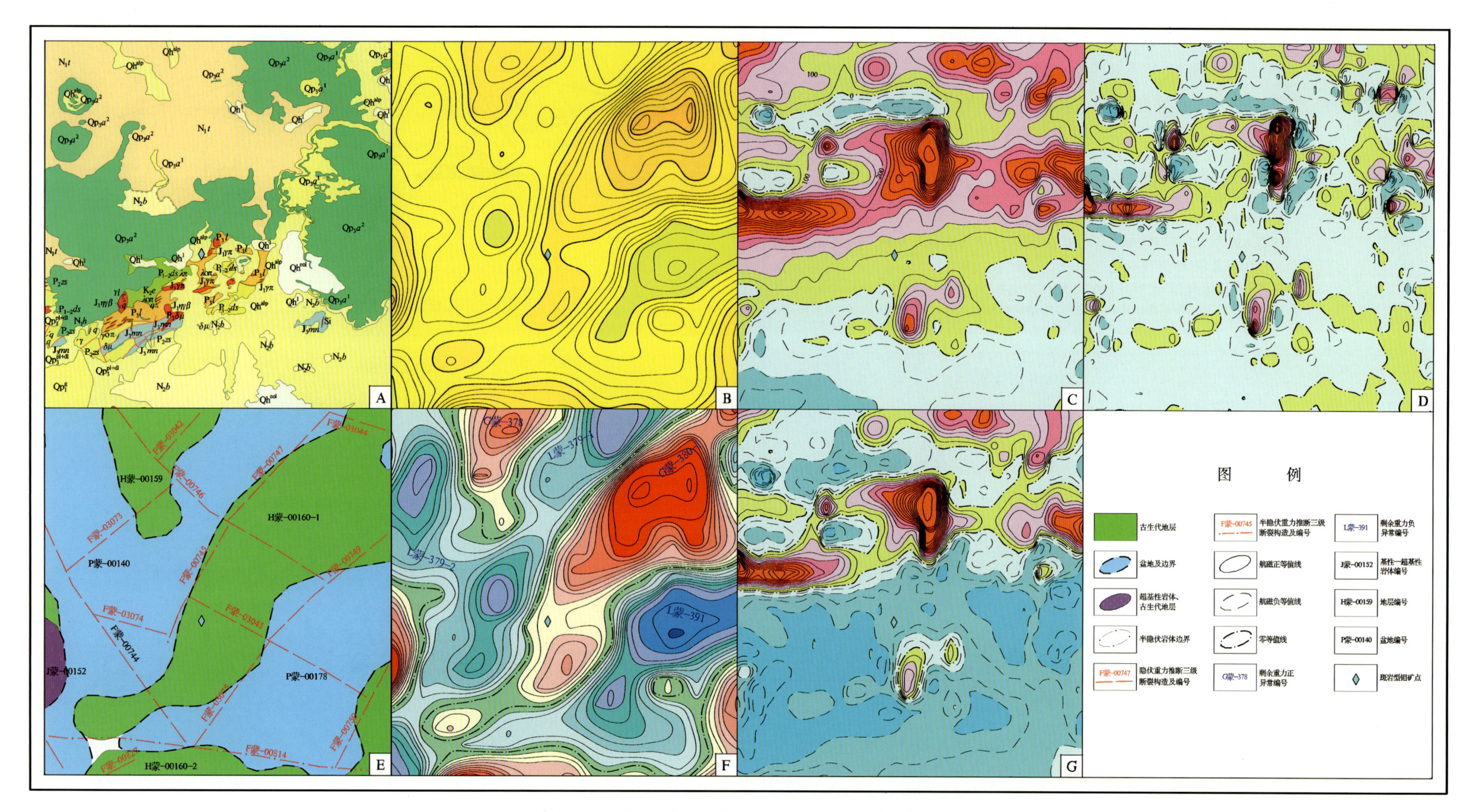

必鲁甘干式斑岩型钼典型矿床所在区域地质矿产及物探剖析图

A. 地质矿产图；B. 布格重力异常图；C. 航磁 ΔT 等值线平面图；D. 航磁 ΔT 化极垂向一阶导数等值线平面图；E. 重力推断地质构造图；F. 剩余重力异常图；G. 航磁 ΔT 化极等值线平面图

梨子山式矽卡岩型钼铁矿地质、地球物理特征一览表

成矿要素		内容描述		
储量		钼金属量 2357t	平均品位	Mo 0.112%
特征描述		矽卡岩型钼矿床		
地质环境	构造背景	天山-兴蒙造山系,大兴安岭弧盆系,扎兰屯-多宝山岛弧(Pz_2)		
	成矿环境	成矿区带属滨太平洋成矿域(叠加在古亚洲成矿域之上),大兴安岭成矿省,东乌珠穆沁旗-嫩江(中强挤压区)铜、钼、铅、锌、金、钨、锡、铬成矿带,罕达盖-博克图铁、铜、钼、锌、铅、银、铍成矿亚带(V、Y)。 矿床产于灰白色—灰色、黑灰色条带状大理岩($O_{1-2}d^3$)和黑云母石英角岩夹黄绿色角岩(O_2d^4)中,Ⅰ号矿体产于花岗岩-矽卡岩接触带附近矽卡岩一侧;Ⅱ号矿体产于角岩与大理岩的层间裂隙中。构造以断裂为主,分成矿前断裂和成矿后断裂。北东东转北东方向的扭张-压扭性层间裂隙是矿区的唯一控矿构造带,成矿后断裂对矿体影响不大,有近南北向扭张性裂隙破碎带和NE20°方向张性断层。岩浆的含矿溶液沿着成矿前构造上升与两侧围岩发生双交代作用后,形成矽卡岩和磁铁矿		
	成矿时代	海西中期		
矿床特征	矿体形态	平面上呈透镜状、脉状、似薄层状;剖面上呈楔状、镰刀状		
	岩石类型	多宝山组为一套片岩、变质砂岩、大理岩及角岩等,与成矿关系密切的为海西晚期的黑云母花岗岩和白岗质花岗岩		
	岩石结构	沉积岩为碎屑结构和变晶结构,侵入岩为中细粒结构		
	矿物组合	矿石矿物:磁铁矿、赤铁矿、辉钼矿、黄铁矿、闪锌矿、镜铁矿、褐铁矿、针铁矿、黄铜矿、方铅矿等。 脉石矿物:透辉石、石榴石、方解石、石英		
	矿石结构构造	结构:他形—半自形粒状结构、细脉填充结构、交代残余结构、乳滴状结构、斑状角砾结构。 构造:块状、条带状、浸染状、细脉状、蜂窝状、土状构造		
	围岩蚀变	矽卡岩化		
	控矿条件	北东东转北东向的扭张-压扭性层间裂隙控矿构造带		
地球物理特征	重力场特征	梨子山钼矿在布格重力异常图上,位于不规则局部重力低异常北部,此处重力异常等值线宽缓,布格重力异常值Δg为$(-100.52\sim-98.60)\times10^{-5}$ m/s²。在剩余重力异常图上,梨子山钼矿位于负异常区,该异常区形态不规则,由多个异常中心组成,结合地质资料,地表大面积出露石炭纪花岗岩,推断由酸性岩体侵入引起,说明梨子山钼矿在成因上与酸性岩体有关		
	磁场特征	区域航磁等值线平面图显示,矿区位于平稳的-200~0nT的负磁场区。根据重磁特征,推断矿区附近有北东向断裂存在		

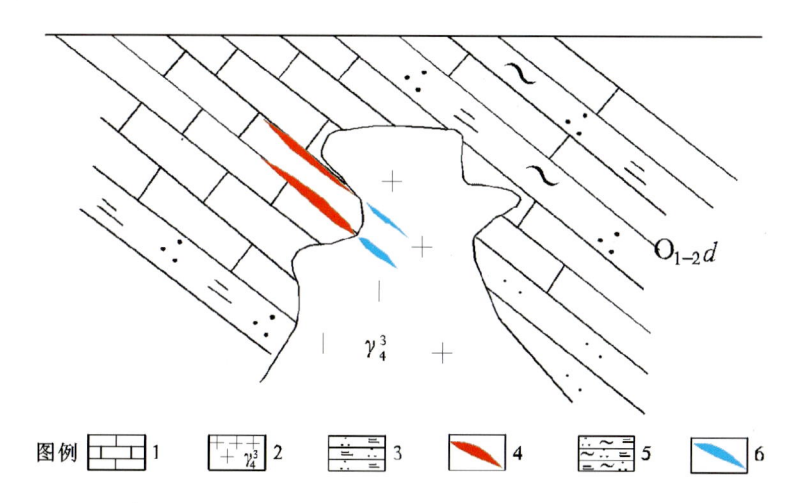

梨子山式矽卡岩型钼铁矿典型矿床成矿模式图

1.下中奥陶统多宝山组灰岩;2.海西晚期花岗岩;3.绢云母石英砂岩;4.铁体;5.绢云母绿泥石英砂岩;6.钼矿体

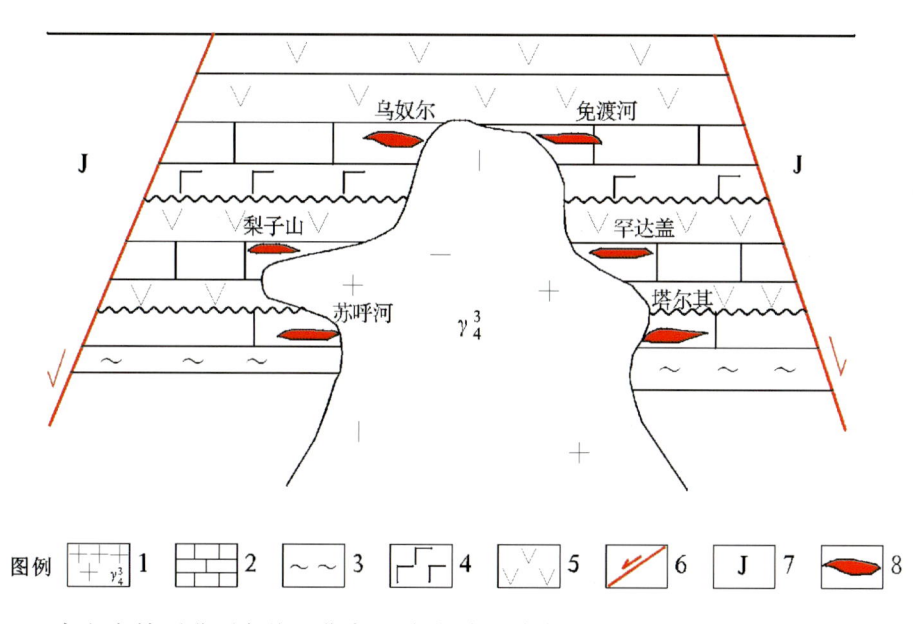

大兴安岭弧盆系与海西期侵入岩有关的矽卡岩型钼矿区域成矿模式图

1.海西晚期花岗岩岩类;2.灰岩;3.斜长绿泥片岩;4.玄武岩;5.安山岩;6.断裂;7.侏罗系;8.钼矿体

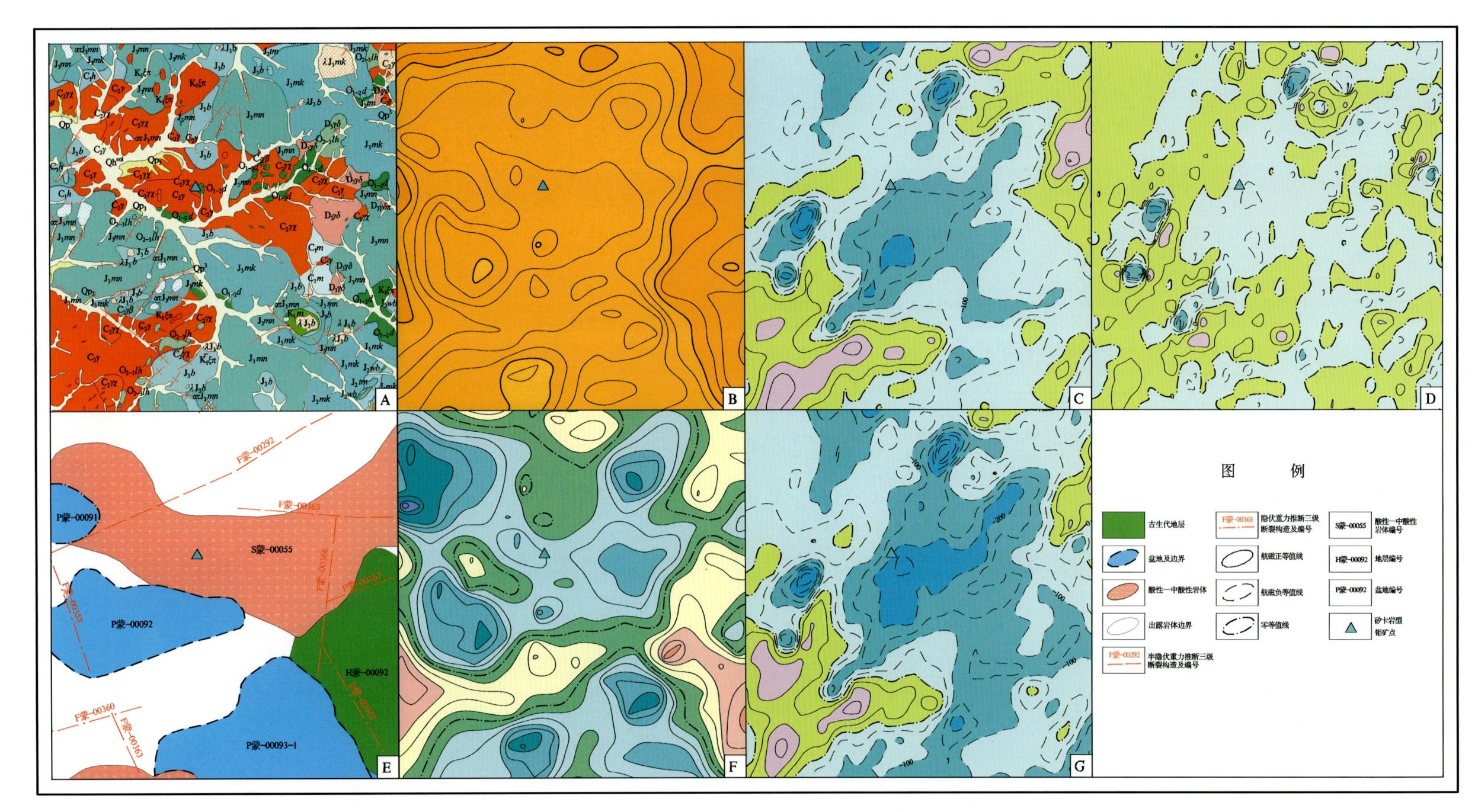

梨子山式矽卡岩型钼铁典型矿床所在区域地质矿产及物探剖析图

A. 地质矿产图；B. 布格重力异常图；C. 航磁 ΔT 等值线平面图；D. 航磁 ΔT 化极垂向一阶导数等值线平面图；E. 重力推断地质构造图；F. 剩余重力异常图；G. 航磁 ΔT 化极等值线平面图

元山子式沉积(变质)型钼矿地质、地球物理特征一览表

成矿要素		内容描述			
储量		钼金属量 1401.41t		平均品位	Mo 0.091%
特征描述		沉积变质型镍钼矿床			
地质环境	构造背景	华北陆块区,鄂尔多斯陆块,贺兰山被动陆缘盆地(Pz_1)			
	成矿环境	成矿区带属秦祁昆成矿域,阿尔金-祁连成矿省,河西走廊铁、锰、萤石、盐类、凹凸棒石、石油成矿带,阎地拉图铁、钼、镍成矿亚带(C、Vm)。地表基本被第四系(Q)覆盖,只有小面积的新近系(N)零星出露,根据钻孔及斜井工程揭露,下部见寒武系香山群,其中含矿层为香山群含碳或夹石英绢云母千枚岩、黑色(含Ni、Mo等元素)含碳石英绢云母千枚岩			
	成矿时代	寒武纪			
矿床特征	矿体形态	含碳镍、钼矿化层呈层状,层位比较稳定			
	岩石类型	灰绿色绢云千枚岩、绢云石英千枚岩、绢云石英板岩及灰黑色含石墨绢云石英千枚岩夹玄武岩、辉绿岩及矿层;花岗闪长岩脉($\gamma\delta$)、花岗伟晶岩脉($\gamma\rho$)、闪长玢岩脉($\delta\mu$)、片理化钠长玢岩脉($\delta\mu$)、石英斑岩脉($\lambda\pi$)、细小石英脉(q)及方解石脉			
	矿物组合	矿石矿物主要为辉钼矿、辉砷镍矿、针镍矿、辉铁镍矿。脉石矿物主要为石英、绢云母及碳质物			
	结构构造	结构:以粒状结构为主,同时具交代结构、胶状结构、生长结构等。构造:细脉浸染状、浸染状构造			
	蚀变特征	石英-绢云母化			
	控矿条件	(1)寒武系香山群千枚岩含矿建造。(2)北东向及北西向断裂。(3)石英脉与磁黄铁矿、镍钼矿、黄铜矿等矿化关系密切			
地球物理特征	重力场特征	元山子镍钼矿位于布格重力低异常东北边部的等值线同向扭曲处,布格重力异常值 Δg 为 $(-190 \sim -188) \times 10^{-5}$ m/s^2。该布格重力低异常走向由近南北向转为北东东向,异常边部等值线密集,结合地质资料推断等值线密集处及同向扭曲处是由次级断裂构造引起的。在剩余重力异常图上,元山子镍钼矿处在负异常 L 蒙-723 北部边梯级带上,该负异常是中新生代盆地的反映,地表被第四系、新近系覆盖。矿床北部的正异常地表出露寒武系香山群,是古生代地层的反映			
	磁场特征	区域航磁等值线平面图显示,矿区位于平稳的低磁场区			

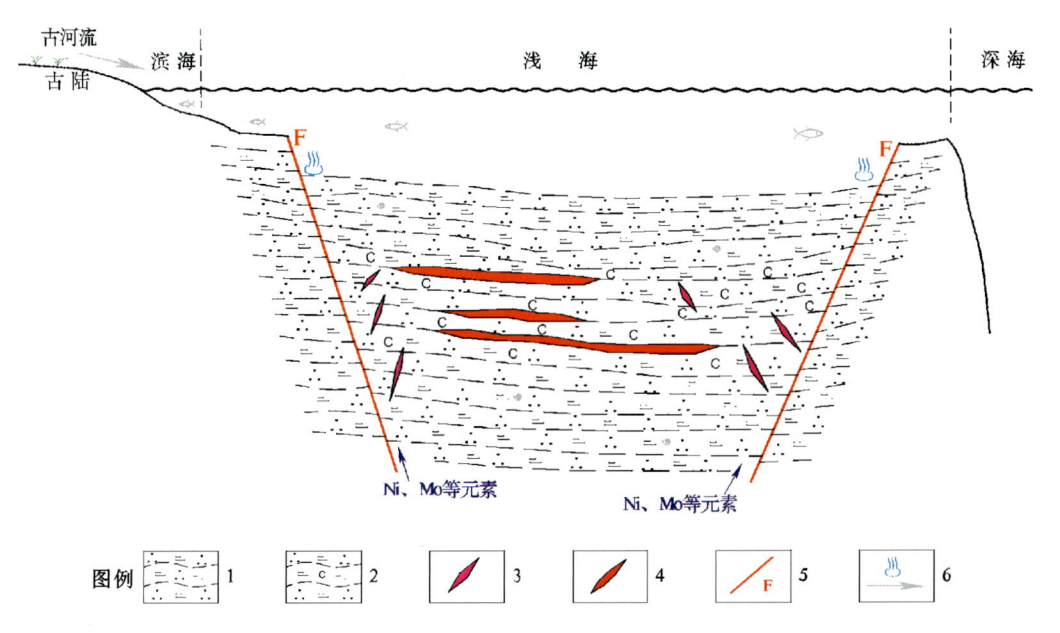

元山子式沉积(变质)型钼矿成矿模式图

1.香山群石英绢云母千枚岩;2.香山群含碳石英绢云母千枚岩;3.石英脉;4.镍钼矿体;5.断层;6.热水(泉)

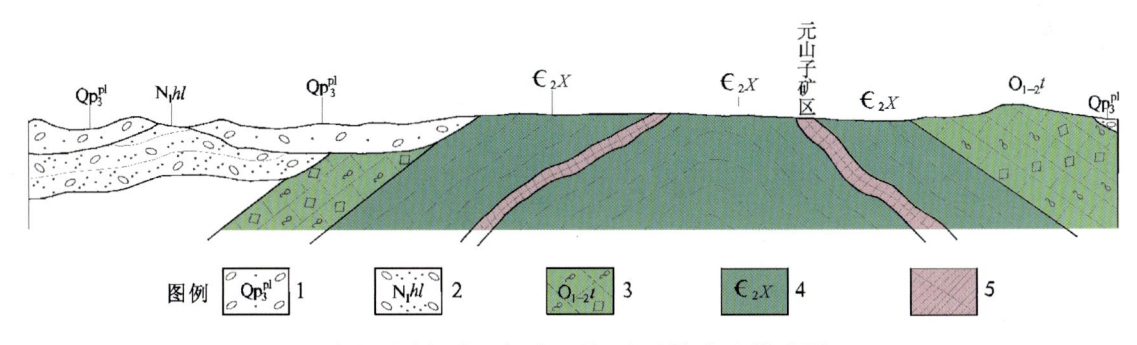

元山子式沉积(变质)型钼矿区域成矿模式图

1.第四系更新统;2.新近系红柳沟组;3.下中奥陶统铜山组;4.寒武系香山群;5.矿区所在位置

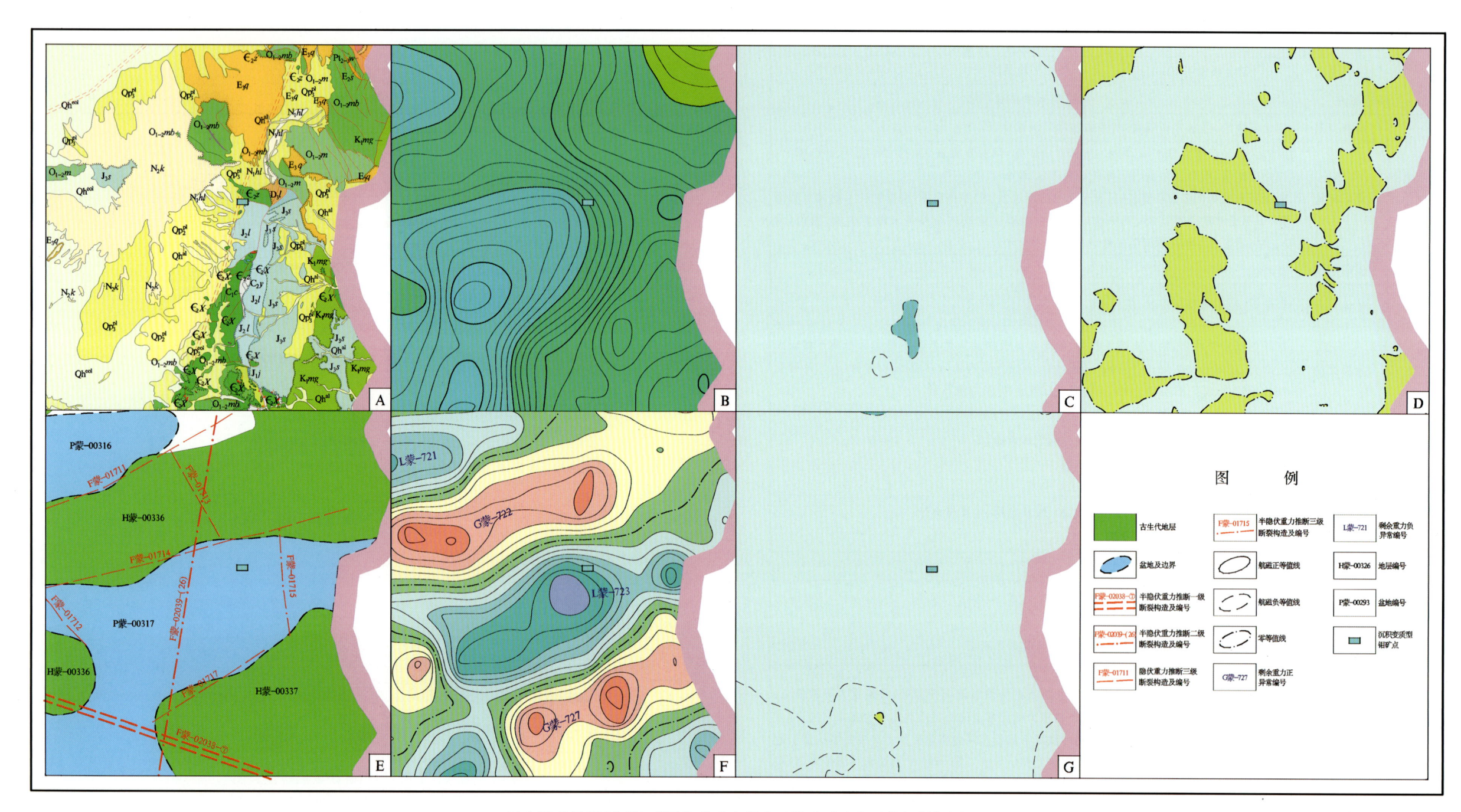

元山子式沉积（变质）型钼典型矿床所在区域地质矿产及物探剖析图

A. 地质矿产图；B. 布格重力异常图；C. 航磁 ΔT 等值线平面图；D. 航磁 ΔT 化极垂向一阶导数等值线平面图；E. 重力推断地质构造图；F. 剩余重力异常图；G. 航磁 ΔT 化极等值线平面图

岔路口式斑岩型钼矿地质、地球物理特征一览表

成矿要素		内容描述		
储量		钼金属量 1 124 780t	平均品位	Mo 0.09%
特征描述		与石英斑岩、花岗斑岩等超浅成次火山侵入活动有关的斑岩型钼矿床		
地质环境	构造背景	天山-兴蒙造山系,大兴安岭弧盆系,扎兰屯-多宝山岛弧(Pz_2)		
	成矿环境	滨太平洋成矿域(叠加在古亚洲成矿域之上),大兴安岭成矿省,新巴尔虎右旗-根河(拉张区)铜、钼、铅、锌、金、萤石、煤(铀)成矿带,根河-甘河钼、铅、锌、银成矿亚带(Y),岔路口钼成矿远景区。矿区出露地层较丰富,主要有震旦系倭勒根群大网子组、中生界侏罗系满克头鄂博组、白音高老组和新生界第四系。区内侵入岩分布广泛,主要为海西晚期石英闪长岩和燕山早期的二长花岗岩		
	成矿时代	燕山期(146Ma)		
矿床特征	矿体形态	穿状为主,局部为层状、似层状、透镜状		
	岩石类型	主要为变质砂岩、暗绿色片理化安山质角斑岩和流纹岩、流纹质角砾凝灰岩、英安质凝灰熔岩		
	岩石结构	鳞片状自形、半自形晶粒状结构、他形晶粒状结构、碎裂结构、乳浊状结构、交代结构、包含结构		
	矿物组合	主要为黄铁矿、闪锌矿、磁黄铁矿、方铅矿,少量黄铜矿、辉钼矿		
	矿石结构构造	结构:鳞片状自形、半自形晶粒状结构、碎裂结构、交代结构、包含结构。构造:块状、浸染状、条带状、角砾状构造		
	蚀变特征	钾化、石英绢云母化、泥化带、青磐岩化		
	控矿条件	与晚侏罗世火山喷发旋回后期超浅成相侵入的次火山岩体及隐爆作用紧密相关		
地球物理特征	重力场特征	岔路口钼多金属矿处在布格重力高值区与低值区过渡的北东向重力梯度带处,Δg 为 $(-70.00\sim-68.00)\times10^{-5}$ m/s^2,推测该梯度带由北东走向的断裂构造引起,编号为 F蒙-02004-②、F蒙-00061。在剩余重力异常图上,岔路口多金属矿位于宽缓的弱负异常边部靠近零值线处,剩余重力负异常值在$(-6\sim0)\times10^{-5}$ m/s^2 之间,此处地表大面积出露密度较低的燕山期花岗岩体,推断是酸性岩体侵入引起的。矿床南部及东部的剩余重力正异常区,地表断续出露密度较高的元古宙地层(震旦系大网子组、吉祥沟组、古元古界兴华渡口群),是元古宙基底隆起的反映		
	磁场特征	矿区附近为低缓正磁背景上发育的正、负相伴的强磁异常区。矿区内的正磁异常是元古宙地层和中生代火山岩的反映,正、负相伴串珠状的磁异常与线性磁场梯度带是矿区的放射状断裂系统的反映。矿床所在区域的重磁场特征在一定程度上反映了其成矿特征		

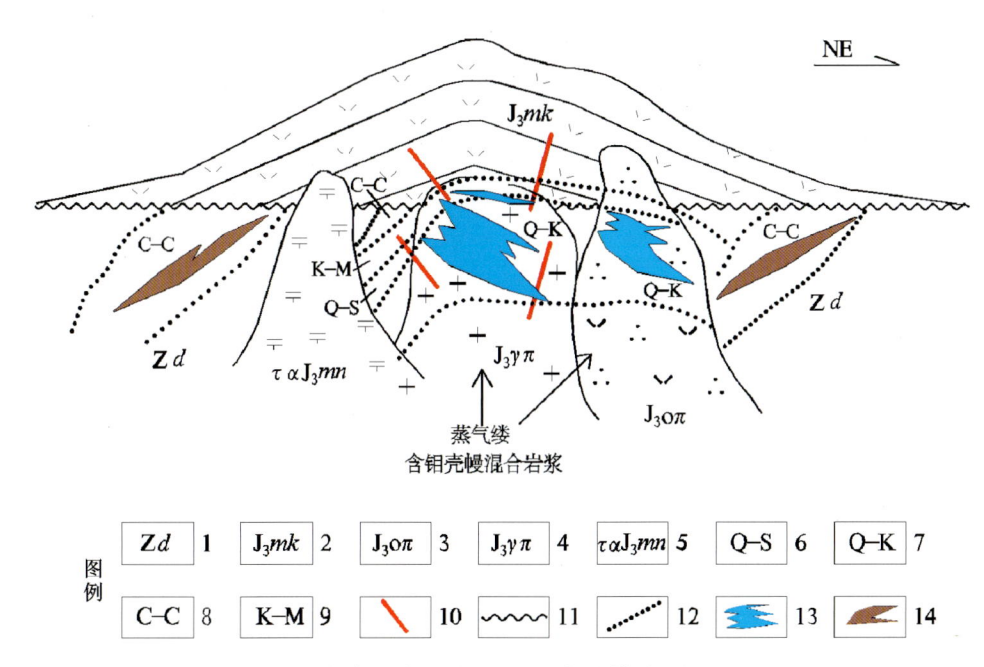

岔路口式斑岩型钼矿成矿模式图

1.震旦系大网子组砂板岩;2.侏罗系满克头鄂博组;3.侏罗纪石英斑岩;4.侏罗纪花岗斑岩;5.玛尼吐组次粗安岩;6.石英-绢云母花带;7.石英-钾化带;8.泥化带;9.青磐岩化带;10.断裂;11.不整合界线;12.蚀变带界线;13.细脉浸染状钼矿体;14.脉状铅锌矿体

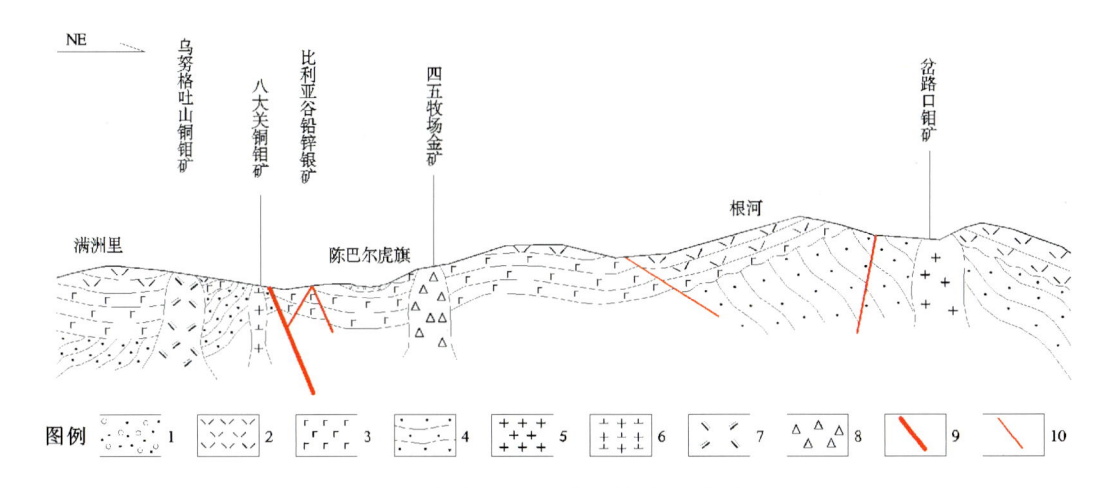

岔路口式斑岩型钼矿区域成矿模式图

1.第四系;2.中生代酸性火山岩;3.中生代基性火山岩;4.元古宙-古生代变质地层;5.燕山期花岗岩;6.燕山期花岗闪长岩;7.燕山期二长斑岩;8.引爆角砾岩;9.深大断裂;10.次级断裂

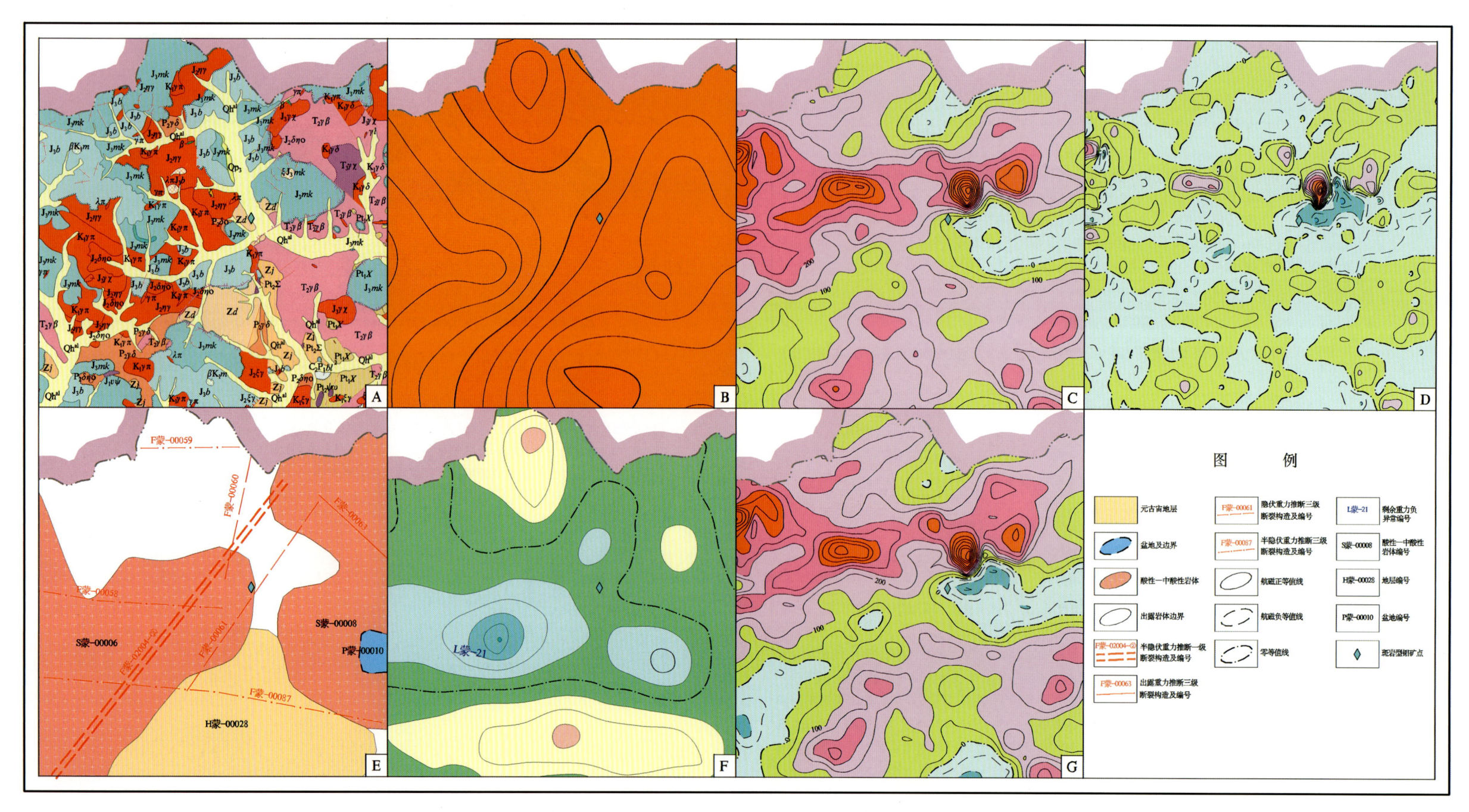

岔路口式斑岩型钼典型矿床所在区域地质矿产及物探剖析图

A. 地质矿产图；B. 布格重力异常图；C. 航磁 ΔT 等值线平面图；D. 航磁 ΔT 化极垂向一阶导数等值线平面图；E. 重力推断地质构造图；F. 剩余重力异常图；G. 航磁 ΔT 化极等值线平面图

白音胡硕式岩浆型镍矿地质、地球物理特征一览表

成矿要素		内容描述		
储量		镍金属量 37 771t	平均品位	Ni 0.87%
特征描述		岩浆型镍矿床		
地质环境	构造背景	天山-兴蒙造山系,大兴安岭弧盆系,锡林浩特岩浆弧		
	成矿环境	成矿区带属滨太平洋成矿域(叠加在古亚洲成矿域之上),大兴安岭成矿省,突泉-翁牛特铅、锌、银、铜、铁、锡、稀土成矿带,索伦镇-黄岗梁铁、锡、铜、铅、锌、银成矿亚带(V-Y)。矿区出露上古生界二叠系格根敖包组和新生界第四系,侵入岩发育,主要为海西期斜辉、二辉辉橄岩与辉绿岩,呈不规则状岩株产出		
	成矿时代	海西期		
矿床特征	矿体形态	平面形态为不规则纺锤形,矿体长轴呈胳膊肘状		
	岩石类型	安山岩,英安岩,角砾安山岩,凝灰质粉砂岩,板岩,长石石英砂岩,泥质粉砂岩,斜辉、二辉辉橄岩与辉绿岩		
	岩石结构	辉绿结构、嵌晶含长结构		
	矿物组合	金属矿物主要是褐铁矿、磁铁矿、赤铁矿、少量黄铁矿、黄铜矿、磁黄铁矿、微量镍黄铁矿、镍磁铁矿、菱铁矿、紫硫镍铁矿。非金属矿物主要是碳酸盐矿物,次为绿泥石、绢云母和黏土类矿物及石英		
	矿石结构构造	结构:土状、粉土状、粉砂土状结构。构造:块状、细脉状、网格状、团块状、结核状构造等		
	蚀变特征	蚀变强烈,主要为碳酸盐化,次为绿泥石化、绢云母化、泥化,基本无法恢复原岩		
	控矿条件	(1)海西早期北东向和北东东向断裂控制岩体的分布。(2)矿体赋存在海西期超基性岩——斜辉、二辉辉橄岩体中		
地球物理特征	重力场特征	白音胡硕式岩浆型镍矿床位于长轴状局部重力高异常边缘,其峰值 $\Delta g_{max} = -96.24 \times 10^{-5} m/s^2$。剩余重力异常图上位于剩余重力正异常 G蒙-344-1 东部,推测正异常是古生界与超基性岩体的共同反映。矿床西侧及东南部的剩余重力负异常是中新生代盆地的分布区		
	磁场特征	区域内航磁等值线平面图(ΔT)表现为大面积的正磁异常,$\Delta T_{max} = 1400nT$,地质资料显示地表局部出露超基性岩,推断以上异常是超基性岩体的反映		

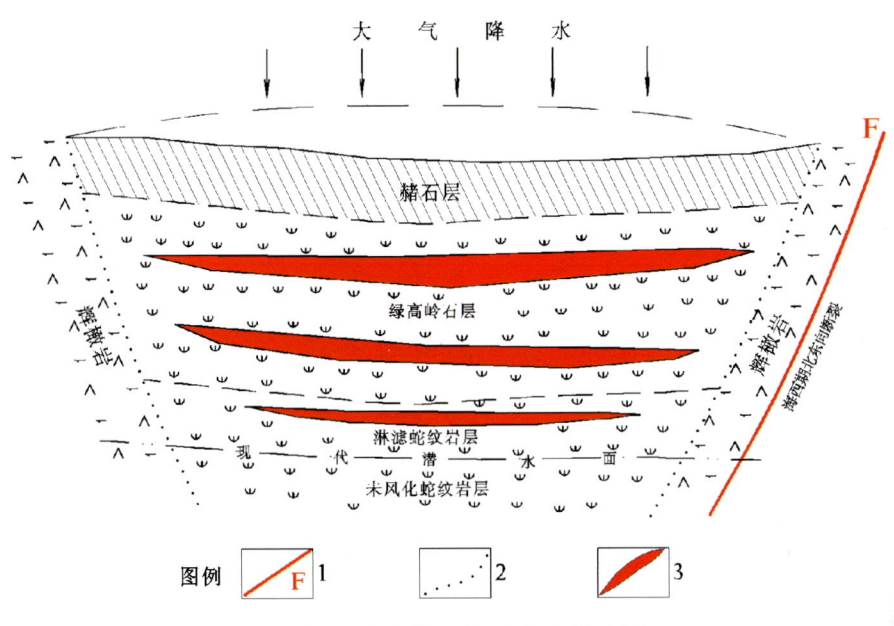

白音胡硕式岩浆型镍矿成矿模式图
1. 断层；2. 岩相界线；3. 镍矿体

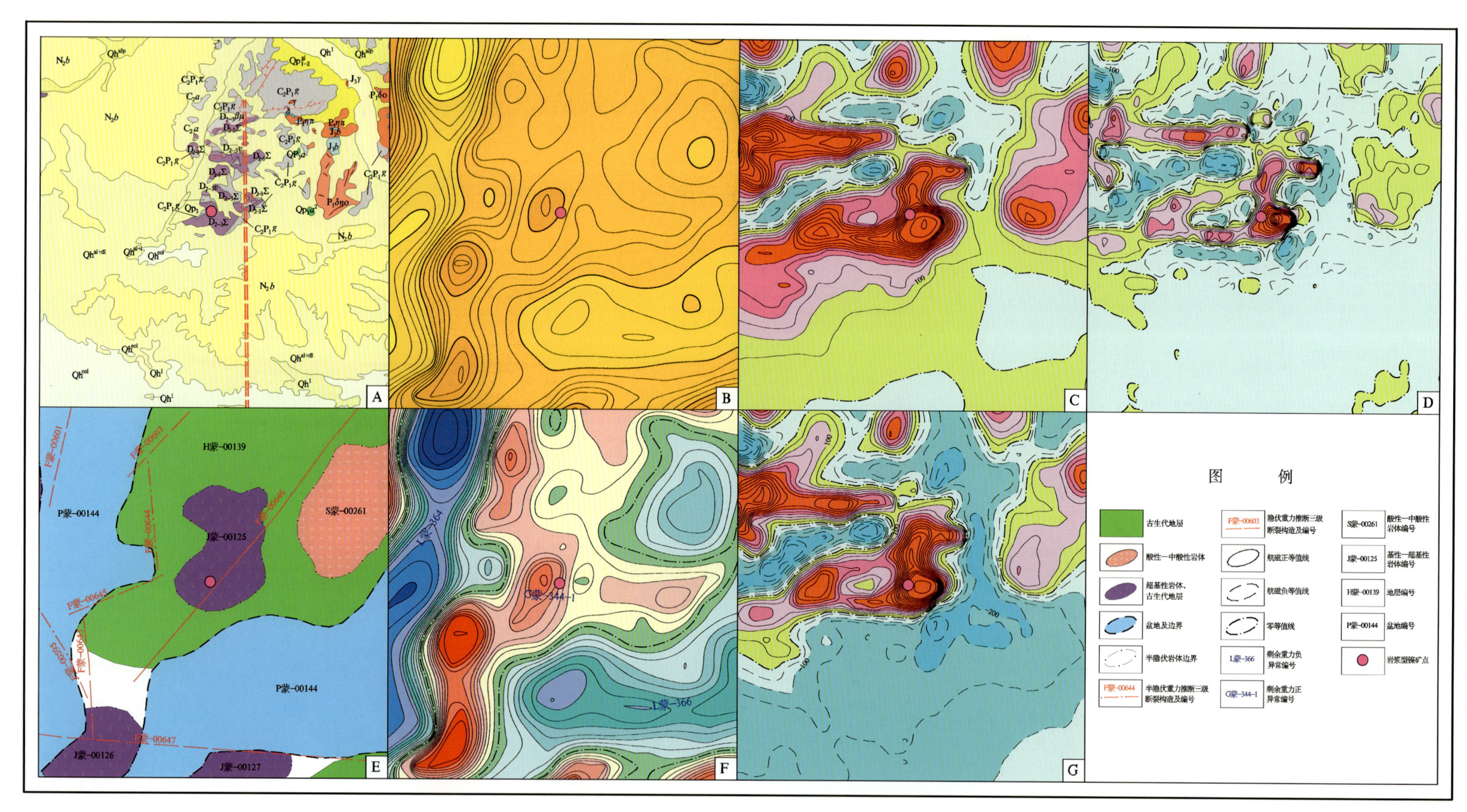

白音胡硕式岩浆型镍典型矿床所在区域地质矿产及物探剖析图

A. 地质矿产图；B. 布格重力异常图；C. 航磁 ΔT 等值线平面图；D. 航磁 ΔT 化极垂向一阶导数等值线平面图；E. 重力推断地质构造图；F. 剩余重力异常图；G. 航磁 ΔT 化极等值线平面图

小南山式岩浆型铜镍矿地质、地球物理特征一览表

成矿要素		内容描述		
储量		镍金属量 12 556t,铜金属量 9039t	平均品位	Cu 0.458%,Ni 0.636%
特征描述		与基性岩有关的岩浆熔离型铜镍矿床		
地质环境	构造背景	天山-兴蒙造山系,包尔汉图-温都尔庙弧盆系(Pz_2),温都尔庙俯冲增生杂岩带		
	成矿环境	成矿区带属滨太平洋成矿域(叠加在古亚洲成矿域之上),华北成矿省,华北陆块北缘西段金、铁、铌、稀土、铜、铅、锌、银、铂、钨、石墨、白云母成矿带,白云鄂博-商都金、铁、铌、稀土、铜、镍成矿亚带(Ar_3、Pt、V、Y)。出露地层为白云鄂博群哈拉霍疙特组;辉长岩是本区含铜镍矿床的成矿母岩;北东东向和北西西向两组压扭性断裂严格控制了与成矿关系密切的辉长岩体的产出		
	成矿时代	志留纪—二叠纪		
矿床特征	矿体形态	似层状、透镜状		
	岩石类型	辉长岩		
	岩石结构	辉长结构		
	矿物组合	金属矿物主要有黄铁矿、紫硫镍铁矿、黄铜矿、磁黄铁矿、辉铜矿,少量的斑铜矿、辉砷钴镍矿、锑针镍矿、方黄铜矿、闪锌矿、辉砷钴镍矿等		
	矿石结构构造	结构:交代结构、他形粒状结构、假象交代结构和残晶结构。构造:细脉浸染状、斑点状、网脉状、块状、角砾状构造		
	蚀变特征	次闪石化、绿泥石化、钠黝帘石化、绢云母化		
	控矿条件	北东东向、北西西向断裂及辉长岩体		
地球物理特征	重力场特征	小南山铜镍矿所在区域布格重力等值线基本上北东东向展布,是北东东向构造的体现。矿区位于条带状低重力异常两个极值间的平稳区域场,Δg 为$(-172.00\sim-170.00)\times 10^{-5} m/s^2$。在剩余重力异常图上,小南山铜镍矿在 L 蒙-566 负异常边缘,该负异常区与酸性侵入岩有关,矿区东部的椭圆状正异常为元古宙地层与超基性岩体的反映		
	磁场特征	区域航磁异常图显示,磁场为低缓正磁场背景,北东东走向,推断在矿区有北东东向断裂存在		

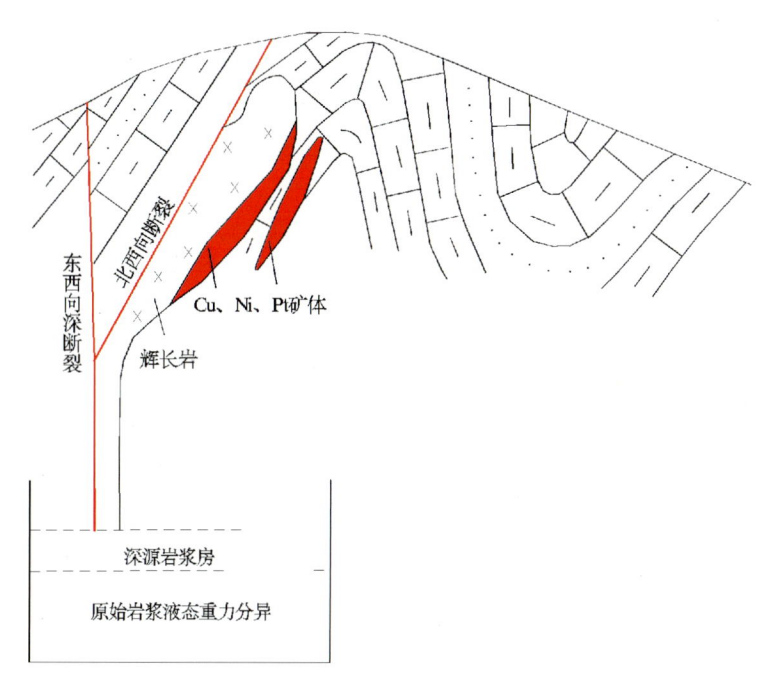

小南山式岩浆型铜镍矿成矿模式图

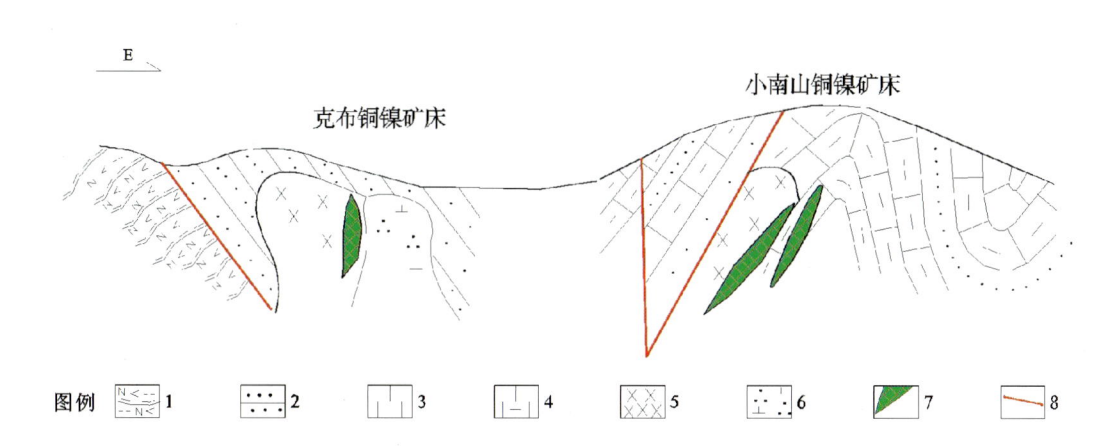

乌拉特中旗小南山式岩浆型铜镍矿区域成矿模式图

1. 乌拉山岩群黑云斜长片麻岩;2. 白云鄂博群砂岩;3. 白云鄂博群灰岩;4. 白云鄂博群泥质灰岩;5. 中元古代辉长岩;6. 二叠纪石英闪长岩;7. CuNi 矿体;8. 断裂

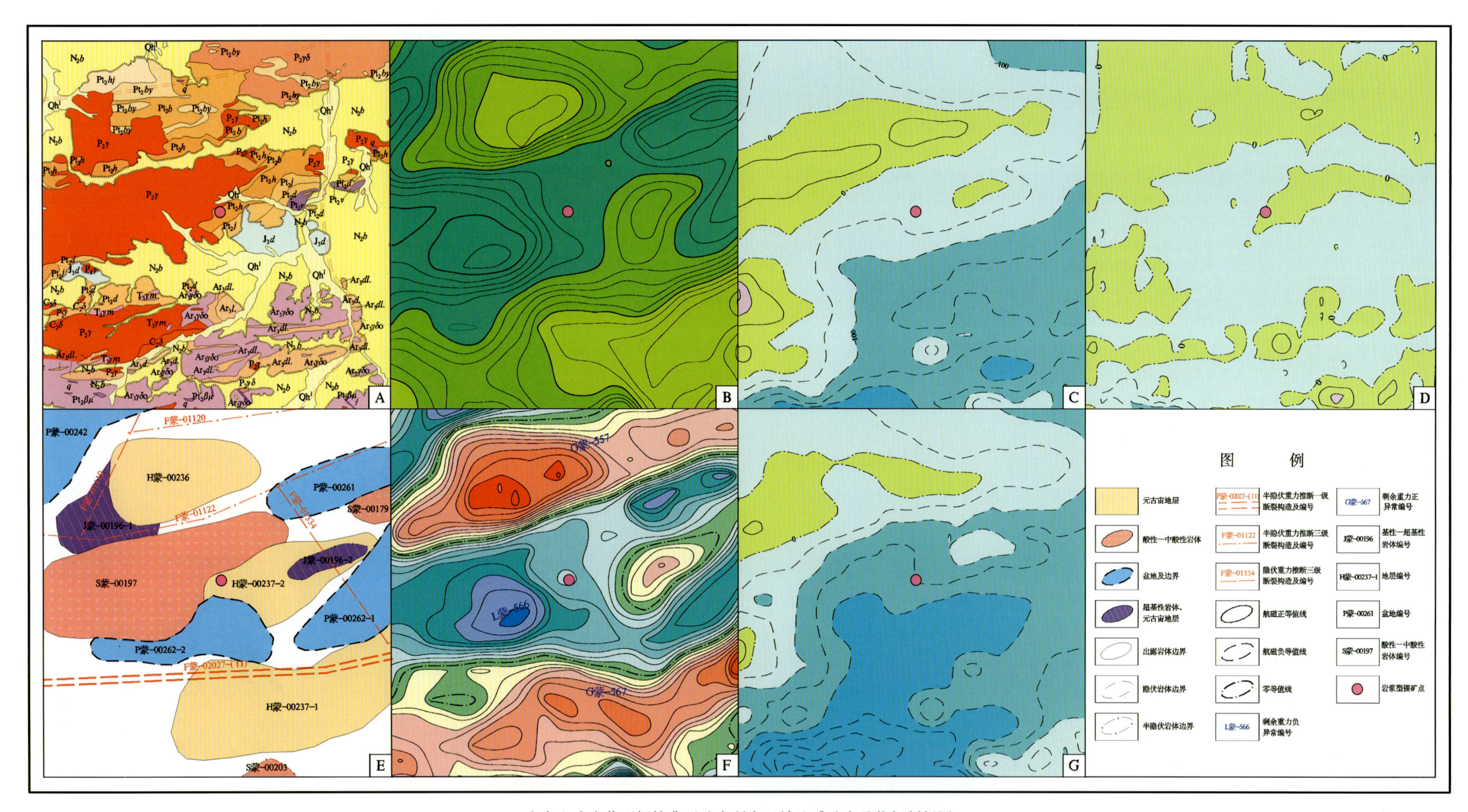

小南山式岩浆型铜镍典型矿床所在区域地质矿产及物探剖析图

A. 地质矿产图；B. 布格重力异常图；C. 航磁 ΔT 等值线平面图；D. 航磁 ΔT 化极垂向一阶导数等值线平面图；E. 重力推断地质构造图；F. 剩余重力异常图；G. 航磁 ΔT 化极等值线平面图

达布逊式岩浆熔离型镍矿地质、地球物理特征一览表

成矿要素		内容描述		
储量		镍金属量 26 093.74t	平均品位	Ni 0.48%
特征描述		岩浆熔离型镍矿床		
地质环境	构造背景	天山-兴蒙造山系,包尔汉图-温都尔庙弧盆系(Pz_2),宝音图岩浆弧(Pz_2)		
	成矿环境	滨太平洋成矿域(叠加在古亚洲成矿域之上),大兴安岭成矿省,白乃庙-锡林郭勒铁、铜、钼、铅、锌、锰、铬、金、锗、煤、天然碱、芒硝成矿带,查干此老-巴音杭盖铁、金、钨、钼、铜、镍、钴成矿亚带(C、V、I)		
	成矿时代	海西中期		
矿床特征	矿体形态	层状(似层状或透镜状)		
	岩石类型	绢云石英千枚岩、石英岩、变质长石石英砂岩、硅质板岩,超基性辉橄岩、角闪岩、花岗岩		
	岩石结构	致密块状结构		
	矿物组合	矿石矿物主要为硅酸镍,其次为硫化镍、黄铁矿		
	矿石构造	层状(似层状)、细脉浸染状、浸染状构造		
	蚀变特征	蛇纹石化、绿泥石化、硅化,含矿岩石硅化较强		
	控矿条件	(1)超基性岩体中局部见有矿体。 (2)超基性岩体下部与地层接触带中见有较富集 Ni-Co-FeS 矿体。 (3)近东西向断裂控制超基性岩体(成矿母岩)的发育形态和产状;北北东(近南北)向断裂对超基性岩体起破坏作用		
地球物理特征	重力场特征	达布逊式岩浆型镍矿位于布格重力相对平稳的区域,Δg 为 $(-152\sim-150)\times10^{-5}$ m/s^2。剩余重力异常图上镍矿床位于一近等轴状正异常中心,剩余重力值最大值为 2.88×10^{-5} m/s^2,根据地表资料显示,矿床附近零星出露超基性岩,所以认为有基性岩体的存在		
	磁场特征	航磁图上,矿床位于正磁异常区,磁异常变化平稳,极值 ΔT 为 $150\sim200$ nT,也证明了达布逊镍矿附近存在超基性岩体的事实。		

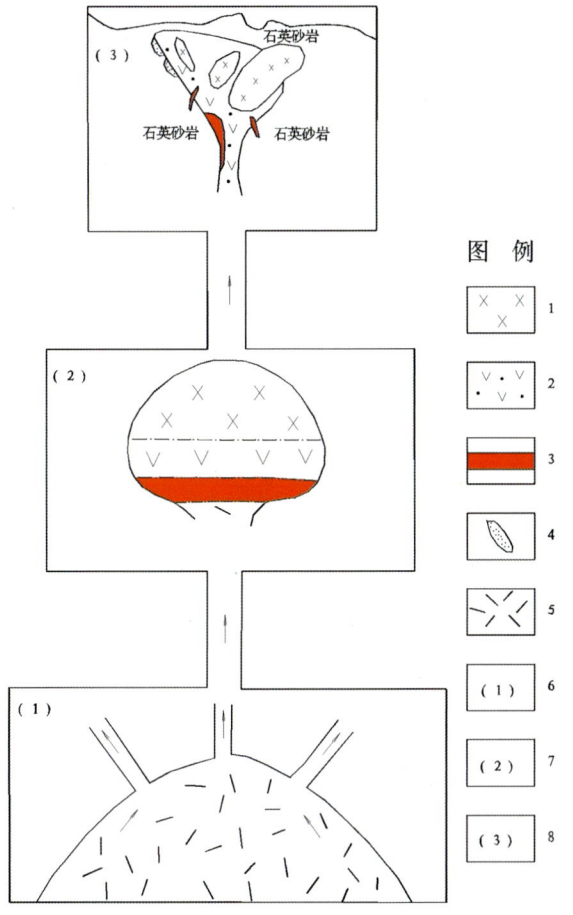

达布逊式岩浆熔离型镍矿成矿模式图

1.辉长岩(岩浆与岩石);2.富含金属硫化物的橄榄岩浆(矿体、含岩岩石);3.硫化物矿浆(矿体);4.矽卡岩矿体;5.地幔部分熔融产生的岩浆;6.地幔岩浆源(含镍);7.中间岩浆库(含矿原始母岩浆发生液态熔离分异作用的地方);8.岩浆房(岩浆、含矿岩浆成岩成矿的场所)

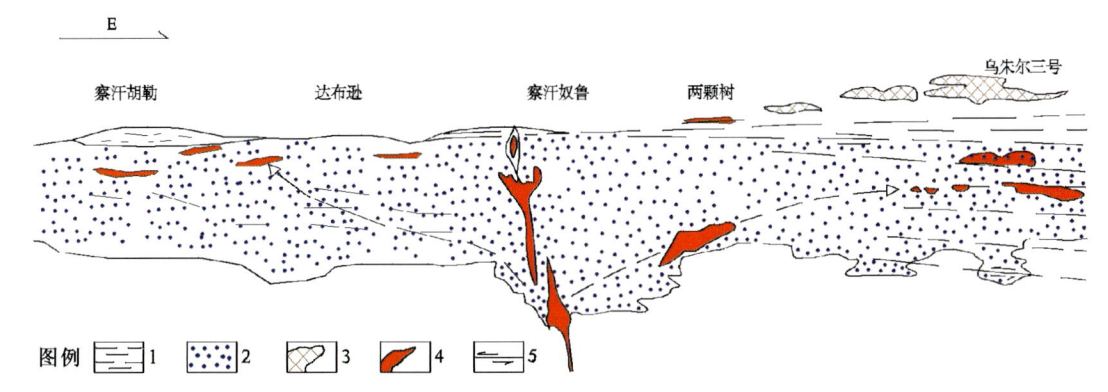

达布逊式岩浆熔离型镍矿区域成矿模式图

1.镁铁质堆积杂岩;2.斜辉辉橄岩、二辉橄榄岩杂岩带;3.堆积成因的铬铁矿矿体(浸染状);4.豆荚状矿体;5.叶理及剪切方向

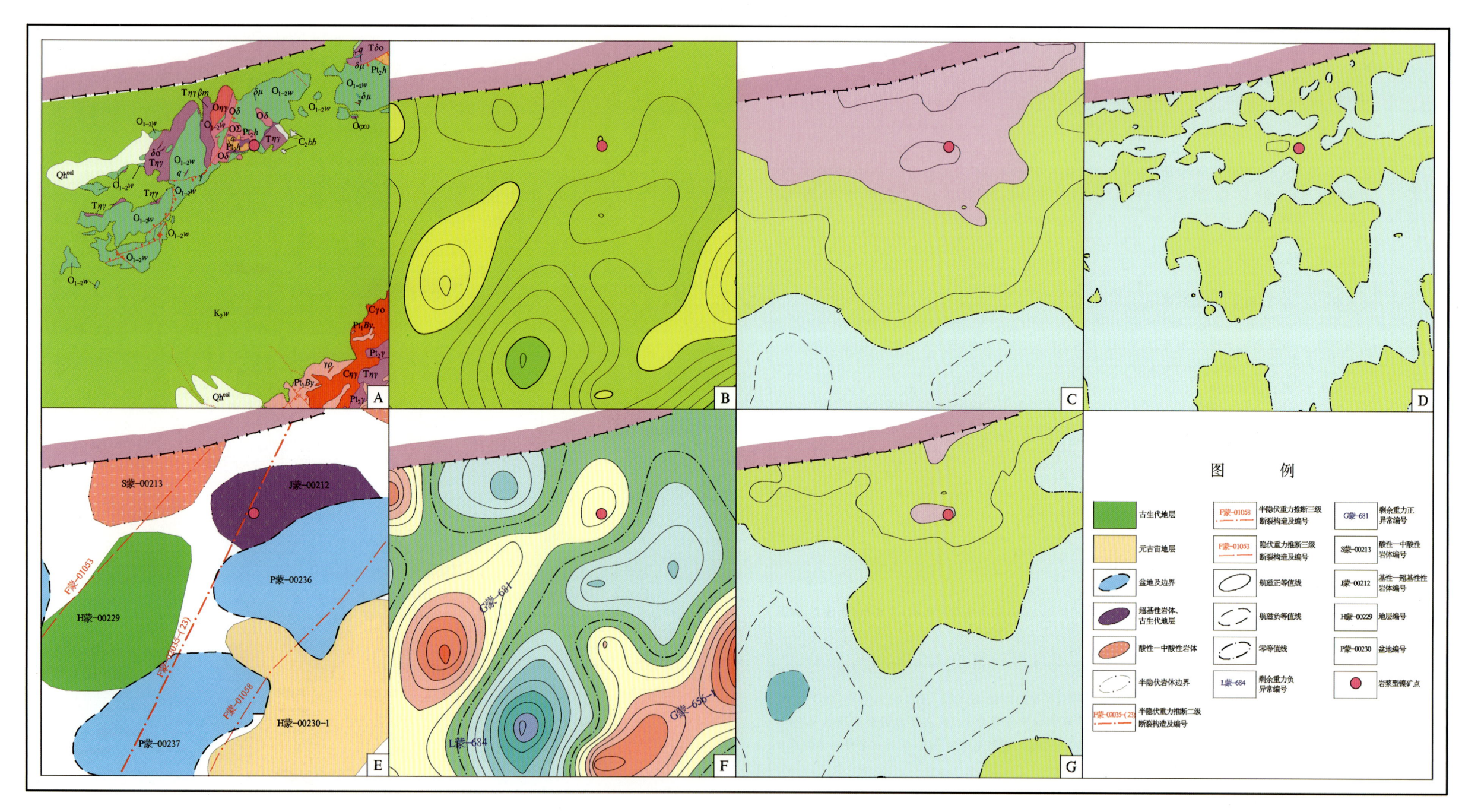

达布逊式岩浆熔离型镍典型矿床所在区域地质矿产及物探剖析图

A. 地质矿产图;B. 布格重力异常图;C. 航磁 ΔT 等值线平面图;D. 航磁 ΔT 化极垂向一阶导数等值线平面图;E. 重力推断地质构造图;F. 剩余重力异常图;G. 航磁 ΔT 化极等值线平面图

亚干式岩浆型铜钴镍矿地质、地球物理特征一览表

成矿要素		内容描述		
储量		镍金属量 10.68×10^4 t	平均品位	Ni 0.234%
特征描述		与基性、超基性侵入岩有关的岩浆熔离型镍矿床		
地质环境	构造背景	天山-兴蒙造山系，额济纳旗-北山弧盆系，红石山裂谷（C）		
	成矿环境	成矿区带属古亚洲成矿域，塔里木成矿省，磁海-公婆泉铁、铜、金、铅、锌、钼、锰、钨、锡、铷、钒、铀、磷成矿带，珠斯楞-乌拉尚德铜、金、镍、铅、锌、煤成矿亚带（Pt、V），赋矿地质体为辉长岩		
	成矿时代	新元古代		
矿床特征	矿体形态	脉状，具有膨胀收缩、分支复合现象		
	岩石类型	新元古代辉长岩、橄榄辉石岩		
	岩石结构	中粒结构		
	矿物组合	黄铜矿、镍黄铁矿、磁黄铁矿及孔雀石		
	矿石结构构造	结构：不等粒状变晶结构，土状微晶状结构。 构造：块状构造		
	围岩蚀变	矽卡岩化、硅化、黄铁矿化、绢云母化、绿泥石化、蛇纹石化		
	控矿条件	新元古代辉长岩及橄榄辉石岩；北西向断裂		
地球物理特征	重力场特征	亚干式岩浆型铜镍钴矿床位于布格重力异常低值区，剩余重力异常图上在编号为 L 蒙-783 负异常与被国境线截断的正异常之间的正异常一侧，该剩余重力正异常推测由基性岩体与元古宙地层所致。因此，在成因上亚干式岩浆型铜镍钴矿床与辉长岩类及老地层有关		
	磁场特征	区域航磁异常图显示，亚干式岩浆型铜钴镍矿床处在平稳的低磁场		

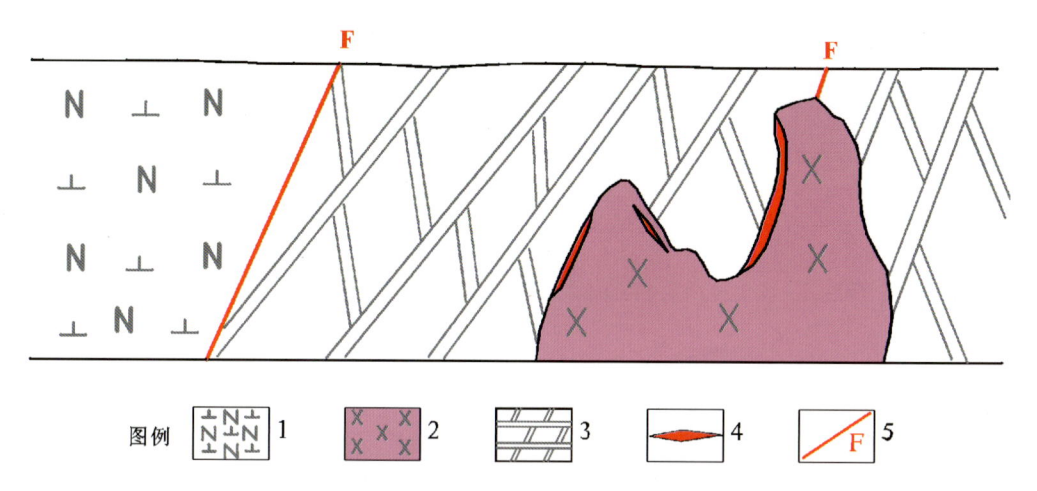

亚干式岩浆型镍矿区域成矿模式图

1. 英云闪长岩；2. 辉长岩；3. 北山岩群；4. 矿体；5. 断裂

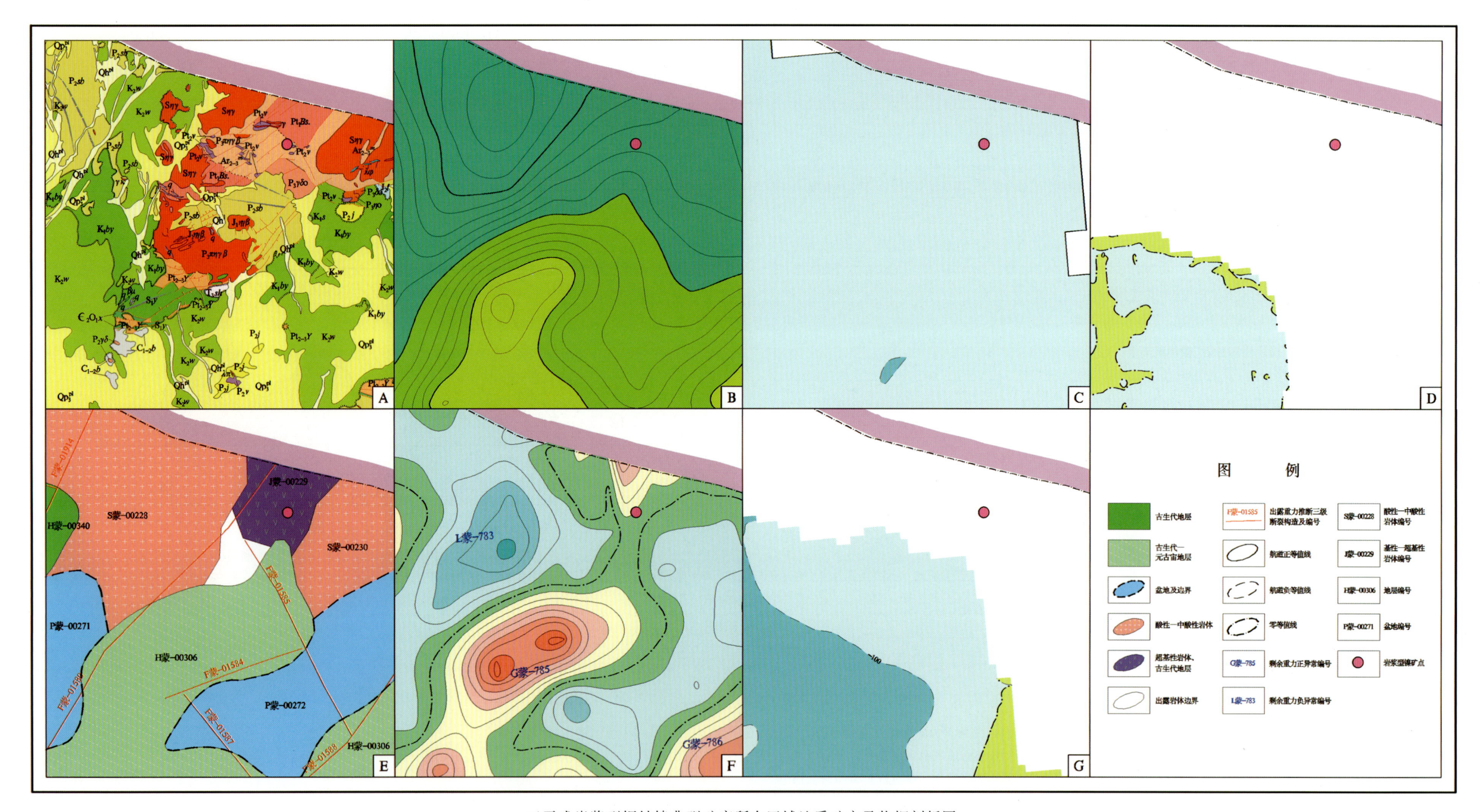

亚干式岩浆型铜钴镍典型矿床所在区域地质矿产及物探剖析图

A. 地质矿产图；B. 布格重力异常图；C. 航磁 ΔT 等值线平面图；D. 航磁 ΔT 化极垂向一阶导数等值线平面图；E. 重力推断地质构造图；F. 剩余重力异常图；G. 航磁 ΔT 化极等值线平面图

哈拉图庙式岩浆熔离型镍矿地质、地球物理特征一览表

成矿要素		内容描述		
储量		镍金属量6020.61t	平均品位	Ni 1.30%
特征描述		岩浆熔离型镍矿床		
地质环境	构造背景	天山-兴蒙造山系,大兴安岭弧盆系,扎兰屯-多宝山岛弧(Pz_2)		
	地质环境	成矿区带属滨太平洋成矿域(叠加在古亚洲成矿域之上),大兴安岭成矿省,东乌珠穆沁旗-嫩江(中强挤压区)铜、钼、铅、锌、金、钨、锡、铬成矿带,二连-东乌珠穆沁旗钨、钼、铁、锌、铅、金、银、铬成矿亚带(V、Y)。 矿区大面积出露的地层有古生界下中泥盆统泥鳅河组,部分为第四系湖积及风成砂土。侵入岩为泥盆纪基性—超基性岩、辉绿岩;二叠纪白云母花岗岩呈岩株产出。另见石英斑岩($\lambda\pi$),石英脉(q)等岩脉。含矿母岩为基性—超基性岩体。矿区构造不发育,在矿区中部仅见有一走向北西的平推断层		
	成矿时代	泥盆纪		
矿床特征	矿体形态	脉状或大的透镜状		
	岩石类型	基性—超基性岩体		
	岩石结构	鳞片变晶结构、辉绿结构		
	矿物组合	主要矿物为磁黄铁矿、黄铁矿,占12.5%。 次要矿物为紫硫镍矿、镍黄铁矿,占8.4%,磁铁矿、褐铁矿,约占5.1%。 少量矿物为黄铜矿、方黄铜矿、斑铜矿,占3.6%。 微量矿物为孔雀石、闪锌矿、自然铜等,含量约0.1%		
	矿石结构构造	结构:显微他形粒状结构、隐晶结构、交代结构、显微鳞片变晶结构、纤柱状变晶结构、碎裂结构、半自形—他形晶粒状结构。 构造:地表为角砾状、蜂窝状、胶状—皮壳状构造;深部为细脉浸染状、稀疏浸染状、块状构造		
	蚀变特征	蛇纹石化、绿泥石化、透闪石化、碳酸盐化、硅化		
	控矿条件	基性—超基性岩体控制矿体的分布		
地球物理特征	重力场特征	哈拉图庙式岩浆熔离型镍矿位于东西向重力高异常带的北部边缘,等值线密集,Δg为$(-121.08\sim-116.75)\times 10^{-5}$ m/s^2。镍矿床南侧布格重力局部高异常,对应剩余重力异常图上表现为条带状正异常,有4个异常中心,矿床西南部地表出露石炭系,认为该异常与古生界隆起有关。镍矿床东南部的剩余重力正异常,根据物性资料和地质出露情况,认为是老地层及超基性岩体的反映		
	磁场特征	航磁图上表现为磁正异常,认为此处有超基性岩体存在		

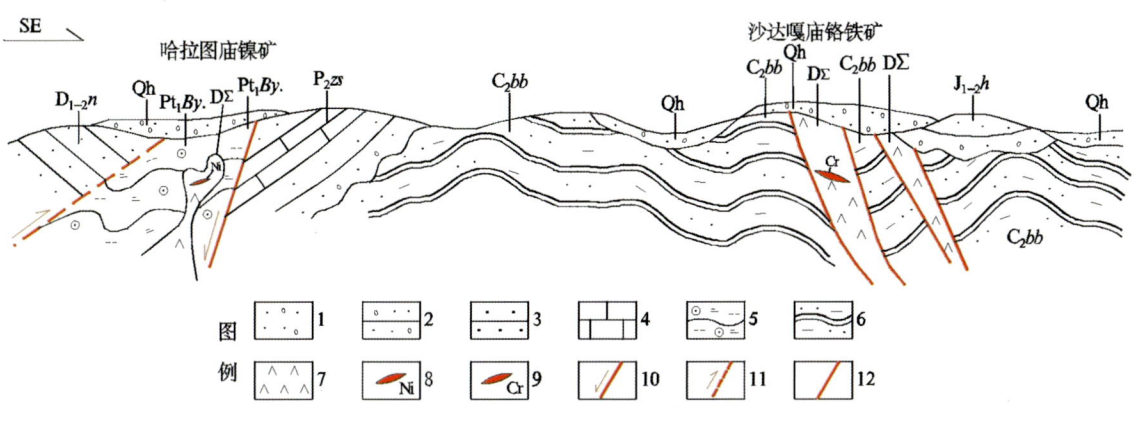

二连浩特北部镍矿床成矿模式图

1.第四系砂土砂砾石;2.砂砾岩;3.砂岩;4.灰岩;5.古元古代宝音图岩群榴云片岩;6.石炭系本巴图组砂泥质板岩;7.泥盆纪超基性岩;8.镍矿体;9.铬矿体;10.正断层;11.推测逆断层;12.性质不明断层

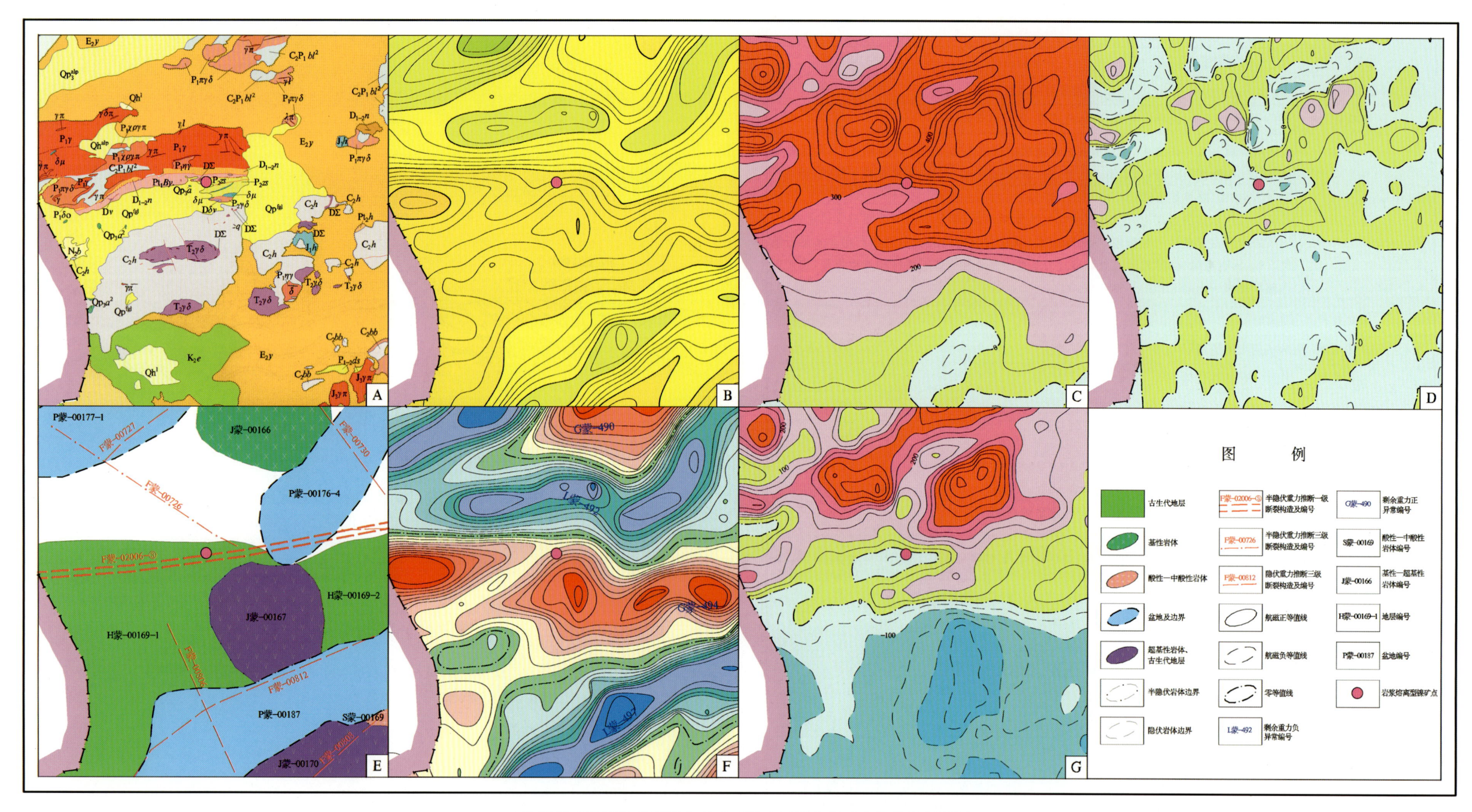

哈拉图庙式岩浆熔离型镍典型矿床所在区域地质矿产及物探剖析图

A. 地质矿产图;B. 布格重力异常图;C. 航磁 ΔT 等值线平面图;D. 航磁 ΔT 化极垂向一阶导数等值线平面图;E. 重力推断地质构造图;F. 剩余重力异常图;G. 航磁 ΔT 化极等值线平面图

元山子式沉积(变质)型镍钼矿地质、地球物理特征一览表

成矿要素		内容描述		
储量		镍金属量 3435.36t	平均品位	Ni 0.38%
特征描述		沉积型硫化镍钼矿床		
地质环境	构造背景	华北陆块区,鄂尔多斯陆块,贺兰山被动陆缘盆地(Pz_1)		
	成矿环境	成矿区带属秦祁昆成矿域,阿尔金-祁连成矿省,河西走廊铁、锰、萤石、盐类、凹凸棒石、石油成矿带,阎地拉图铁、钼、镍成矿亚带(C、Vm)		
	成矿时代	寒武纪		
矿床特征	矿体形态	呈层状,层位比较稳定		
	岩石类型	含碳石英绢云母千枚岩,石英脉		
	岩石结构	条带状结构、千枚状结构		
	矿物组合	矿石矿物主要为辉钼矿、辉砷镍矿、针镍矿、辉铁镍矿;非金属矿物主要由石英、绢云母及碳质物组成		
	矿石结构构造	结构:以粒状结构为主,同时具交代结构、胶状结构。构造:细脉浸染状、浸染状构造		
	蚀变特征	千枚岩化、绢云母化		
	控矿条件	含矿层为香山群($\epsilon_2 X$)含碳或夹石英绢云母千枚岩、黑色(含 Ni、Mo 等元素)含碳石英绢云母千枚岩,顶底板围岩均为浅灰色石英绢云母千枚岩;北东向及北西向断裂严格地控制了矿(体)层的边界		
地球物理特征	重力场特征	元山子镍钼矿位于布格重力低异常东北边部的梯度带上,低异常区呈椭圆状北东向展布,布格重力异常值 Δg 为$(-203.57 \sim -171.06) \times 10^{-5}$ m/s²。在剩余重力异常上,元山子镍钼矿处在北东向椭圆状负异常 L蒙-723 东北边部靠近中心一侧,异常区地表被第四系、古近系和新近系覆盖,推断由中新生代盆地引起。矿区北部与东南部的正异常区对应于古生代地层。重力梯度带推断由次级断裂构造引起,走向与等值线走向一致。元山子镍钼矿处在局部重力低区域边缘、北东向椭圆状负异常边部,表明该类矿床与沉积盆地及断裂构造有关		
	磁场特征	区域航磁等值线平面图显示,矿区位于平稳的负磁场区		

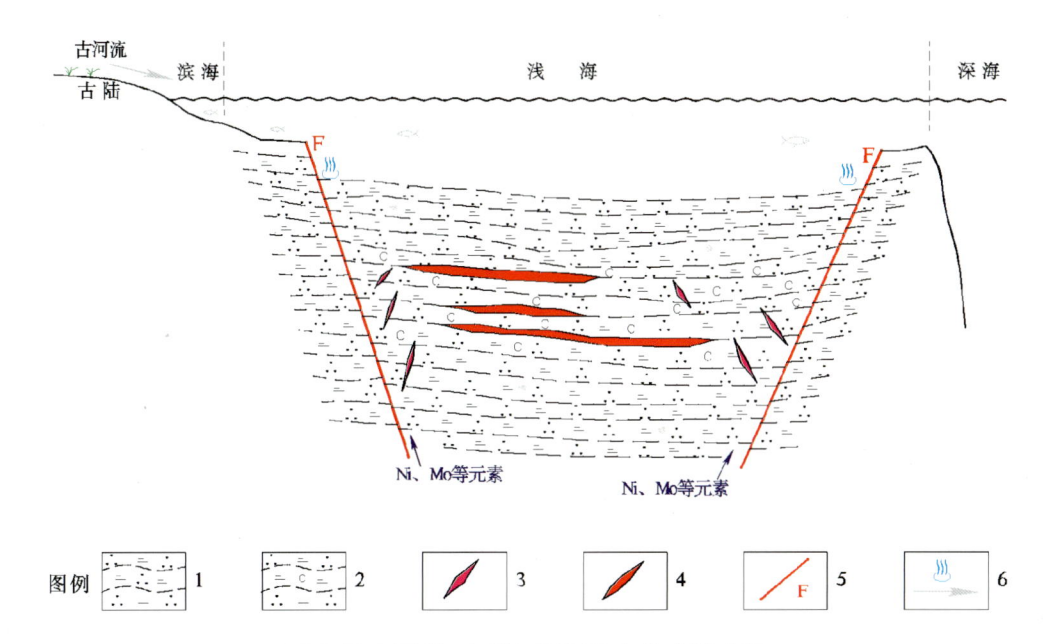

元山子式沉积(变质)型镍钼矿成矿模式图

1.香山群石英绢云母千枚岩;2.香山群含碳石英绢云母千枚岩;3.石英脉;4.镍钼矿体;5.断层;6.热水(泉)

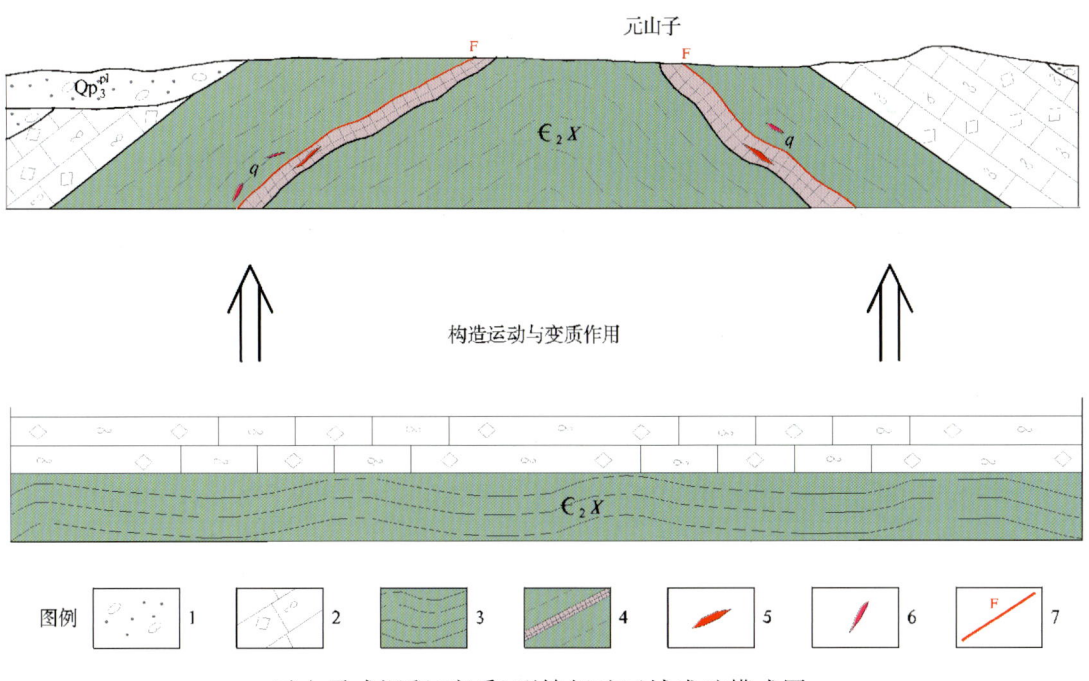

元山子式沉积(变质)型镍钼矿区域成矿模式图

1.更新统;2.结晶灰岩;3.中寒武统香山群;4.中寒武统香山群千枚岩含矿建造;5.矿体;6.石英脉;7.断裂

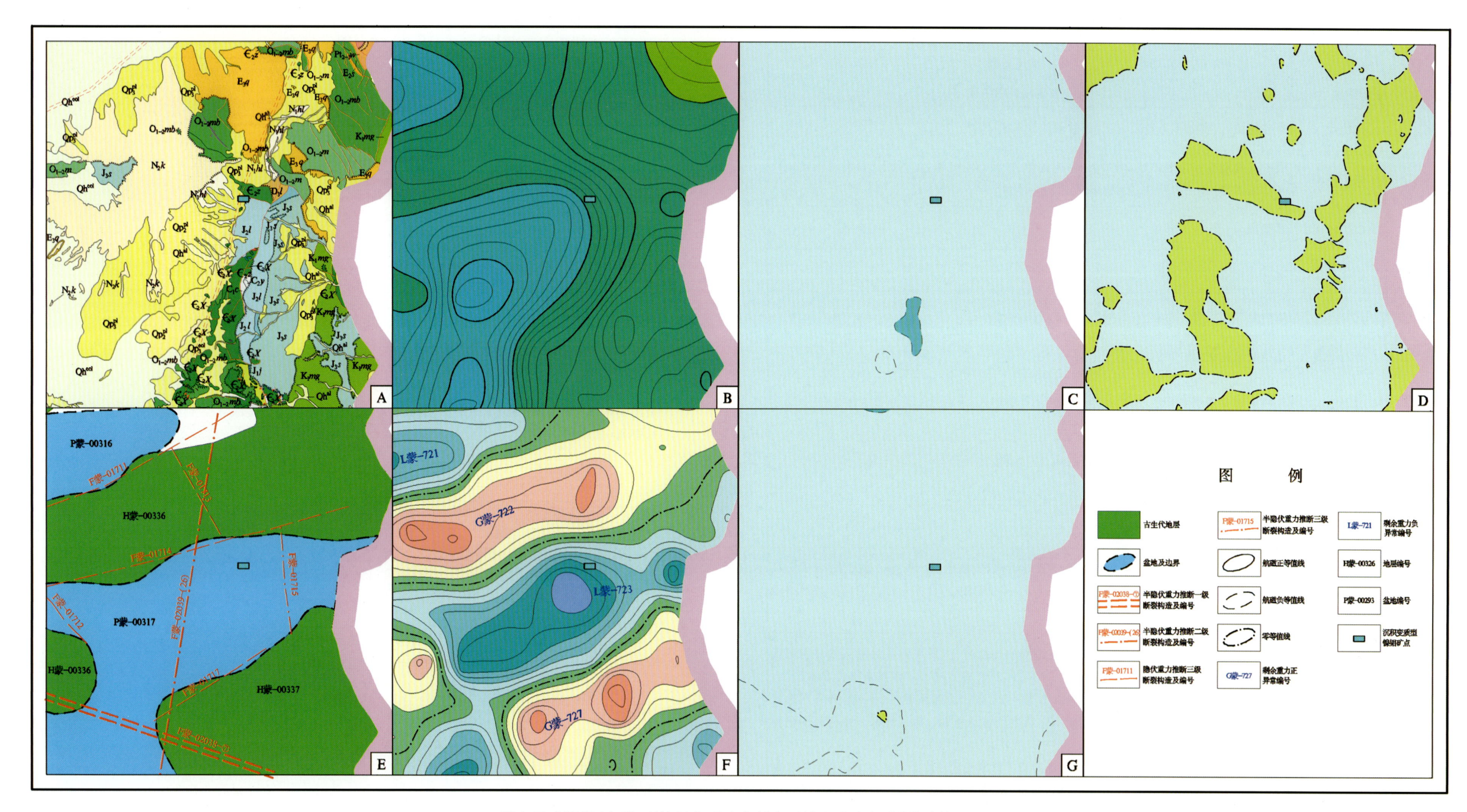

元山子式沉积（变质）型镍钼典型矿床所在区域地质矿产及物探剖析图

A. 地质矿产图；B. 布格重力异常图；C. 航磁 ΔT 等值线平面图；D. 航磁 ΔT 化极垂向一阶导数等值线平面图；E. 重力推断地质构造图；F. 剩余重力异常图；G. 航磁 ΔT 化极等值线平面图

呼和哈达式蛇绿岩型铬铁矿地质、地球物理特征一览表

成矿要素		内容描述		
储量		12 600t	平均品位	Cr_2O_3 13.97%,MgO/FeO 为 6.09~10.91
特征描述		蛇绿岩型铬铁矿矿床		
地质环境	构造背景	天山-兴蒙造山系,大兴安岭弧盆系,锡林浩特岩浆弧		
地质环境	成矿环境	成矿区带属滨太平洋成矿域(叠加在古亚洲成矿域之上),大兴安岭成矿省,突泉-翁牛特铅、锌、银、铜、铁、锡、稀土成矿带,神山-大井子铜、铅、锌、银、铁、钼、稀土、铌、钽、萤石成矿亚带(I-Y)。矿区内出露古生界二叠系及中生代火山岩系。矿区内出露的侵入岩主要有3类:辉长岩、超基性岩和正长斑岩		
地质环境	成矿时代	晚二叠世		
矿床特征	矿体形态	透镜状、扁豆状及脉状。矿体与围岩产状一致,倾角变化小,为35°~45°		
矿床特征	岩石类型	橄榄岩、斜辉橄榄岩		
矿床特征	岩石结构	纤维变晶结构		
矿床特征	矿物组合	金属矿物以铬尖晶石为主,磁铁矿次之,并含黄铁矿、黄铜矿和少量赤铁矿。非金属矿物以叶蛇纹石为主,绿泥石次之,方解石、橄榄石、高岭石含量极少		
矿床特征	矿石结构构造	结构:半自形—自形粒状结构。构造:(1)致密块状构造矿矿,铬尖晶石含量70%以上。(2)浸染状构造矿石,其中稀疏浸染状构造矿石中铬尖晶石含量15%~30%;中等浸染状构造矿石中铬尖晶石含量30%~50%;稠密浸染状构造矿石中铬尖晶石含量50%~70%		
矿床特征	围岩蚀变	蛇纹石化、钠黝帘石化、次闪石化、绢石化、碳酸盐化		
矿床特征	控矿条件	纯橄榄岩控矿		
地球物理特征	重力场特征	呼和哈达式蛇绿岩型铬铁矿在布格重力异常图上,位于北北东走向的巨型重力梯级带上,Δg 为 $(-63.75\sim-48.32)\times10^{-5}m/s^2$。剩余重力异常上,铬铁矿位于近南北走向的条带状剩余重力正异常西边部。参考地质资料,该剩余重力正异常是古生代地层与超基性岩的反映。矿区西部的剩余重力负异常是酸性岩体的反映		
地球物理特征	磁场特征	呼和哈达式蛇绿岩型铬铁矿区的航磁异常形状基本和布格重力高值异常相吻合,说明该处铁磁性物质分布较为集中,推测为隐伏或半隐伏的超基性岩体		

柯单山式蛇绿岩型铬铁矿地质、地球物理特征一览表

成矿要素		内容描述		
储量		256 000t	平均品位	TCr 8.58%,MgO/FeO=8.5(平均值)
特征描述		严格受纯橄榄岩相控制,蛇绿岩型铬铁矿矿床		
地质环境	构造背景	天山-兴蒙造山系,大兴安岭弧盆系,锡林浩特岩浆弧		
地质环境	成矿环境	成矿区带属滨太平洋成矿域(叠加在古亚洲成矿域之上),大兴安岭成矿省,突泉-翁牛特铅、锌、银、铜、铁、锡、稀土成矿带,卯都房子-毫义哈达钨、铅、锌、铬、萤石成矿亚带(V、Y)。矿区出露地层主要为奥陶系包尔汉图群、二叠系哲斯组、侏罗系满克头鄂博组。区内岩浆活动强烈,主要发育燕山期中酸性侵入岩和奥陶纪超基性岩体,奥陶纪超基性岩体为本区铬铁矿的赋矿围岩,其岩性主要为纯橄榄岩、含辉纯橄榄岩、橄榄岩、辉石橄榄岩及橄辉岩,基性岩有部分苏长辉长岩以及过渡类型的橄榄辉长岩、橄长岩等。该区域上主要发育近东西向的西拉木伦河大断裂及大兴安岭主脊-林西大断裂,其中前者控制了该区的构造格局。西拉木伦河大断裂主要沿经棚-巴林桥一线发育,走向近东西向,为压性断裂。柯单山超基性岩体位于该大断裂控制的次一级断裂内		
地质环境	成矿时代	中奥陶世		
矿床特征	矿体形态	似脉状,具有分支、膨大、收缩现象		
矿床特征	岩石类型	中奥陶世超基性岩中的橄榄岩		
矿床特征	岩石结构	细粒自形—半自形粒状结构		
矿床特征	矿物组合	铬尖晶石、磁黄铁矿、镍黄铁矿		
矿床特征	矿石结构构造	结构:细粒自形—半自形粒状结构。构造:浸染状、网状构造为主,其次为条带状、斑杂状构造		
矿床特征	围岩蚀变	蛇纹石化、闪石化、绢石化、碳酸盐化、绿泥石化		
矿床特征	控矿条件	严格受纯橄榄岩相控制		
地球物理特征	重力场特征	矿床在布格重力异常图上位于面状重力高异常的南部,Δg 为 $(-113.31\sim-110.63)\times10^{-5}m/s^2$,该区域剩余重力表现为正值,剩余异常极值 $7.77\times10^{-5}m/s^2$,矿区西南有航磁正异常,强度向北逐渐降低。对比地质图,推断剩余重力正异常对应柯单山超基性岩体,北部则为古生代地层。矿床东部的布格重力低异常对应剩余重力异常图上表现为负值,其极值 $\Delta g_{min}=-7.42\times10^{-5}m/s^2$		
地球物理特征	磁场特征	航磁图上表现为平缓的负磁场,结合地质资料推断为酸性岩体的反映		

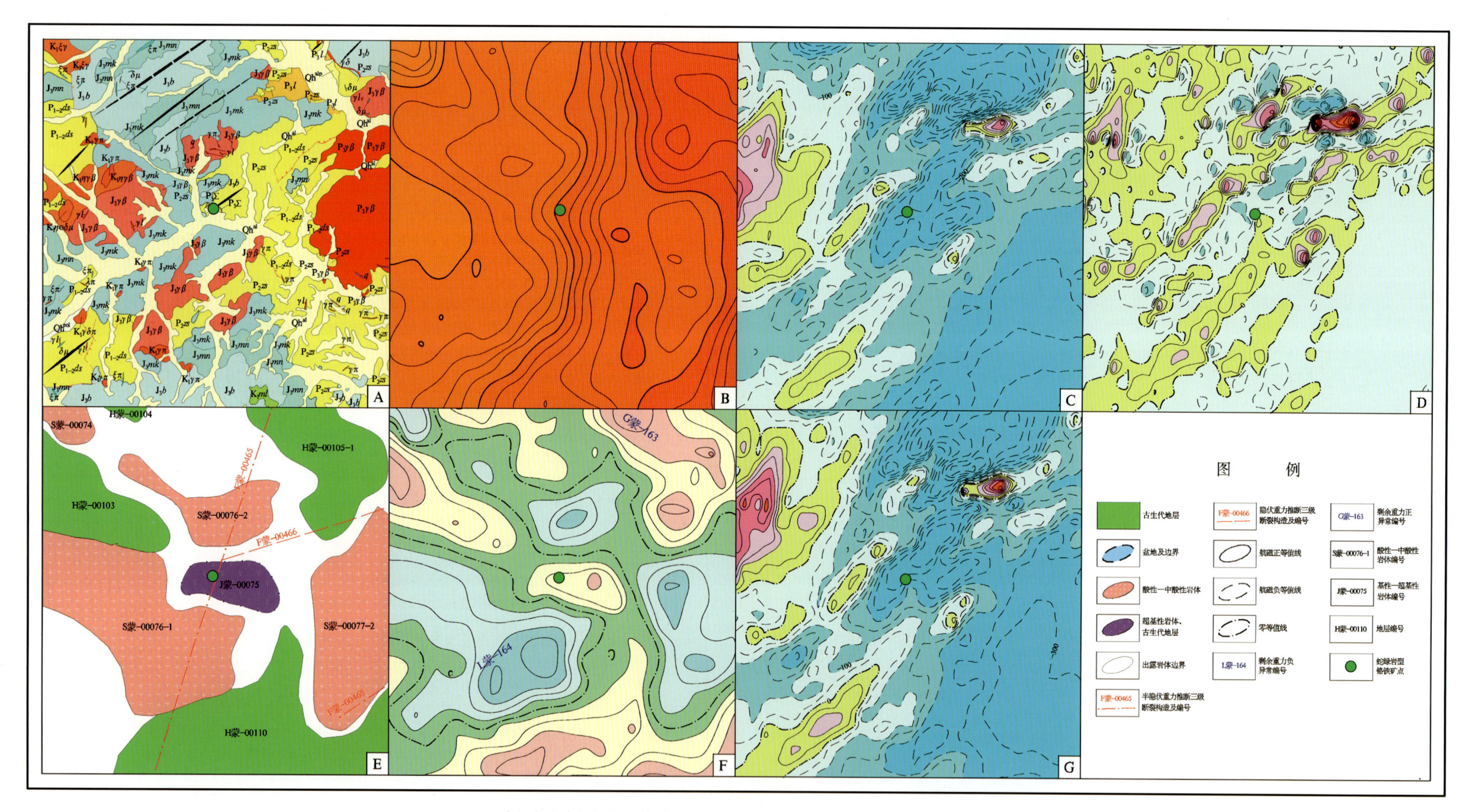

呼和哈达式蛇绿岩型铬铁矿典型矿床所在区域地质矿产及物探剖析图

A. 地质矿产图；B. 布格重力异常图；C. 航磁 ΔT 等值线平面图；D. 航磁 ΔT 化极垂向一阶导数等值线平面图；E. 重力推断地质构造图；F. 剩余重力异常图；G. 航磁 ΔT 化极等值线平面图

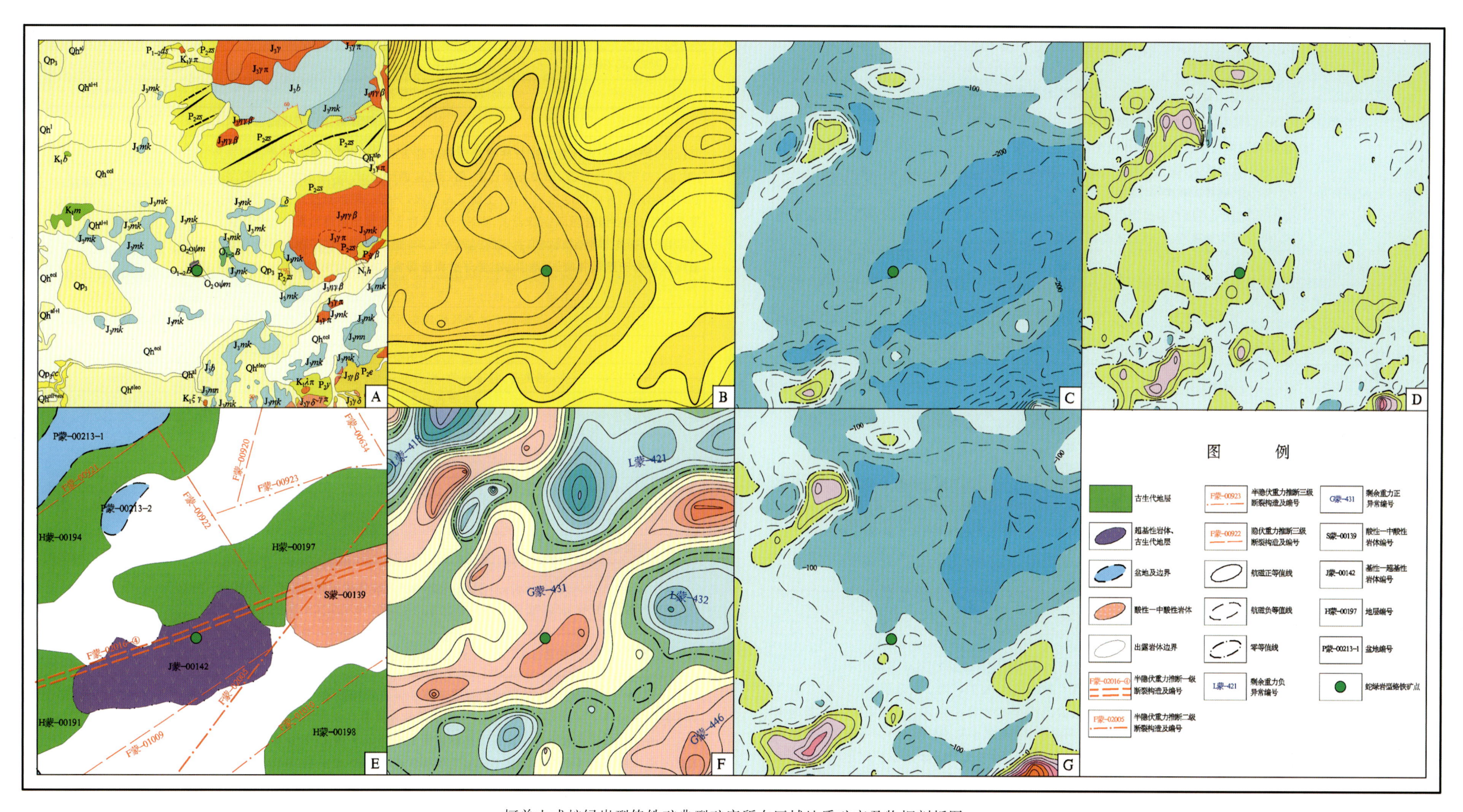

柯单山式蛇绿岩型铬铁矿典型矿床所在区域地质矿产及物探剖析图

A. 地质矿产图；B. 布格重力异常图；C. 航磁 ΔT 等值线平面图；D. 航磁 ΔT 化极垂向一阶导数等值线平面图；E. 重力推断地质构造图；F. 剩余重力异常图；G. 航磁 ΔT 化极等值线平面图

赫格敖拉式蛇绿岩型铬铁矿地质、地球物理特征一览表

成矿要素		内容描述		
储量		$145.4×10^4$ t	平均品位	Cr_2O_3 22.94%，MgO/FeO 为 8～10
特征描述		蛇绿岩型铬铁矿床		
地质环境	构造背景	天山-兴蒙造山系，大兴安岭弧盆系，锡林浩特岩浆弧		
	成矿环境	成矿带属滨太平洋成矿域（叠加在古亚洲成矿域之上），大兴安岭成矿省，东乌珠穆沁旗-嫩江（中强挤压区）铜、钼、铅、锌、金、钨、锡、铬成矿带，二连-东乌珠穆沁旗钨、钼、铁、锌、铅、金、银、铬成矿亚带（V、Y）。矿区出露白垩系巴彦花组泥岩及砂岩和第四系风成砂及冲积、残坡积砂砾。出露超基性岩体，岩性为纯橄榄岩、斜辉橄榄岩、橄榄岩、橄榄辉石岩、辉石岩等		
	成矿时代	泥盆纪		
矿床特征	矿体形态	透镜状、扁豆状及不规则豆荚状（似脉状）		
	岩石类型	纯橄榄岩、斜辉橄榄岩、橄榄岩、橄榄辉石岩、辉石岩等		
	岩石结构	自形—半自形粒状结构		
	矿物组合	金属矿物以铬尖晶石为主，磁铁矿次之，并含黄铁矿、黄铜矿和少量赤铁矿。非金属矿物以叶蛇纹石为主，绿泥石次之，方解石、橄榄石、高岭石含量极少。		
	矿石结构构造	结构：半自形细粒—中粒结构；链状网环结构，少量自形铬尖晶石围绕橄榄石颗粒呈环状；半自形—自形粗粒结构；交代结构；压碎结构。构造：豆斑状、浸染斑点状、条带状、含块状矿石的浸染状构造		
	围岩蚀变	蛇纹石化、钠黝帘石化、次闪石化、绢石化、碳酸盐化		
	控矿因素	纯橄榄岩控矿		
地球物理特征	重力场特征	赫格敖拉式蛇绿岩型铬铁矿在北东走向的布格重力高值带上，处于异常西部边缘，Δg 为 $(-100～-86)×10^{-5}$ m/s²；在剩余重力异常图上，铬铁矿处于剩余重力正异常区，编号 G蒙-343-1；地表则局部出露纯橄榄岩、斜辉橄榄岩等岩体，综合上述因素分析，推断该区域为一规模较大的超基性岩体，表明赫格敖拉铬铁矿与超基性岩体关系密切。赫格敖拉式岩浆型铬铁矿分布区外围存在多个布格重力异常等值线密集带，应为超基性岩体侵入边界及断裂构造的反映。矿床东南部的剩余重力负异常区，地表大面积被第四系覆盖，推断为新生代盆地分布区		
	磁场特征	磁场 ΔT 化极等值线图显示，赫格敖拉铬铁矿位于北东向转北北东向条带状正磁异常内，正异常强度高，异常值最高达 1400nT，此航磁正异常与剩余重力正异常相对应，推断为古生代地层及超基性岩体的综合反映		

索伦山式蛇绿岩型铬铁矿地质、地球物理特征一览表

成矿要素		内容描述		
储量		Cr_2O_3［(C1+C2)储量］107 702t	平均品位	Cr_2O_3 14.32%～17.74%，MgO/FeO 为 7.67～12.21
特征描述		蛇绿岩型铬铁矿床		
地质环境	构造背景	天山-兴蒙造山系，大兴安岭弧盆系，锡林浩特岩浆弧		
	成矿环境	成矿带属滨太平洋成矿域（叠加在古亚洲成矿域之上），大兴安岭成矿省，白乃庙-锡林郭勒铁、铜、钼、铅、锌、锰、铬、金、锗、煤、天然碱、芒硝成矿带，索伦山-查干哈达庙铬、铜成矿亚带（Vm）。矿区所在区域出露上石炭统本巴图组长石石英砂岩夹硅泥岩及结晶灰岩透镜体，板岩、火山岩和阿木山组结晶灰岩、含砾杂砂岩、石英砂岩，下侏罗统红旗组及白垩系二连组。第四系在区内分布广泛，为砂土砾石层，近基岩者多为残积层，平原地带多为冲积、风积层。与铬铁矿及菱镁矿成矿有关的侵入岩主要为早二叠世超基性岩体（$P_1\Sigma$），其中主要岩性有二辉辉橄岩（$P_1\psi\sigma$）、斜辉橄榄岩（$P_1\psi\sigma$）、蛇纹石化纯橄榄岩（$P_1\psi$）		
	成矿时代	早二叠世		
矿床特征	矿体形态	似脉状、矿条状、混合岩脉状、矿巢、矿瘤、透镜状、扁豆状及脉状		
	岩石类型	超基性岩		
	岩石结构	半自形—自形细粒、极细粒结构		
	矿物组合	金属矿物：铬铁矿、铬尖晶石、磁铁矿、赤铁矿、磁黄铁矿、镍黄铁矿、黄铁矿、黄铜矿、方铅矿、斑铜矿、铂等		
	矿石结构构造	结构：半自形、自形粒状结构。构造：块状、粗网状、斑点斑杂状、斑杂浸染状、纤维网状、条带状构造		
	蚀变特征	蛇纹石化、滑石化、次闪石化、绿泥石化、碳酸盐化、硅化		
	控矿条件	纯橄榄岩		
地球物理特征	重力场特征	矿床位于北东向局部重力低异常的西侧，是布格重力相对平稳的区域，Δg 为 $(-160～-150)×10^{-5}$ m/s²。剩余重力异常图上，矿床位于局部剩余重力正、负异常过渡带之负异常一侧，南侧剩余重力正异常，$\Delta g_{max}=2.37×10^{-5}$ m/s²。铬铁矿床南部展布一条近东西向的剩余重力正异常，结合地质资料，推断为元古宙地层隆起所致		
	磁场特征	航磁图上，矿区位于正磁场区边部，场值为 0～100nT；根据地磁测量资料，矿区杂乱分布正磁异常。地质图中该区域出露基性—超基性岩，表明索伦山式蛇绿岩型铬铁矿床与基性—超基性岩体有关		

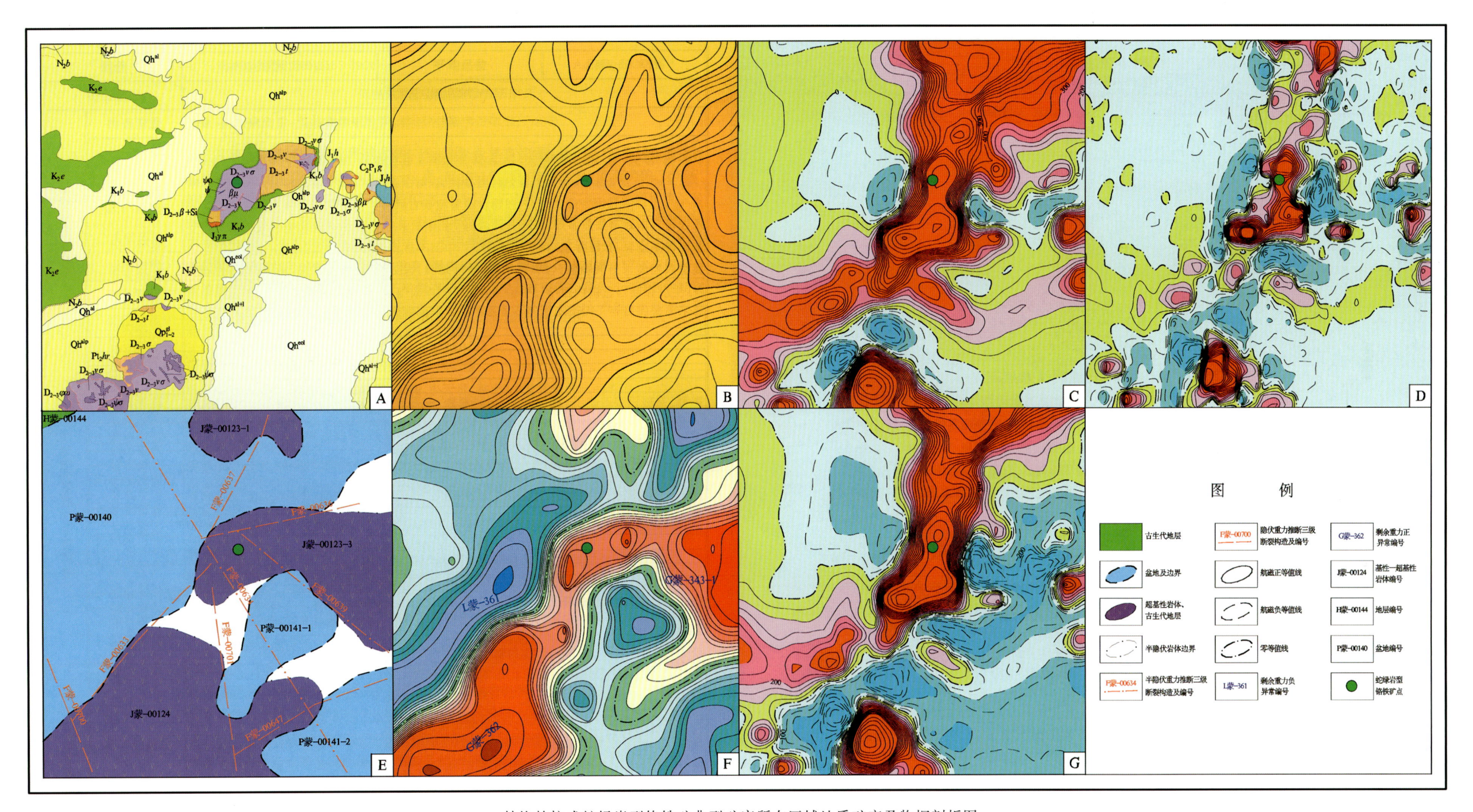

赫格敖拉式蛇绿岩型铬铁矿典型矿床所在区域地质矿产及物探剖析图

A. 地质矿产图；B. 布格重力异常图；C. 航磁 ΔT 等值线平面图；D. 航磁 ΔT 化极垂向一阶导数等值线平面图；E. 重力推断地质构造图；F. 剩余重力异常图；G. 航磁 ΔT 化极等值线平面图

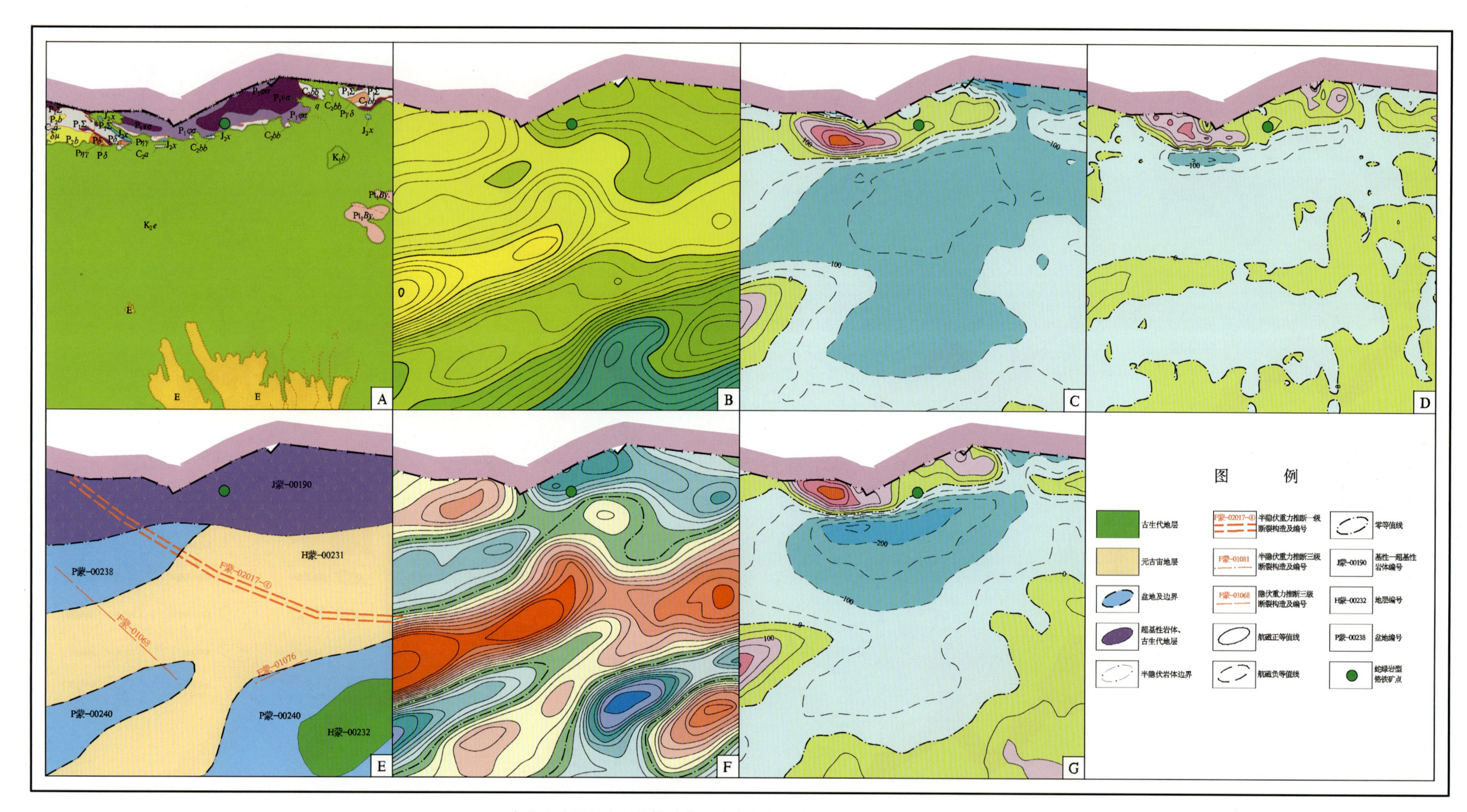

索伦山式蛇绿岩型铬铁矿典型矿床所在区域地质矿产及物探剖析图

A. 地质矿产图;B. 布格重力异常图;C. 航磁 ΔT 等值线平面图;D. 航磁 ΔT 化极垂向一阶导数等值线平面图;E. 重力推断地质构造图;F. 剩余重力异常图;G. 航磁 ΔT 化极等值线平面图

炭窑口式沉积变质型磷矿地质、地球物理特征一览表

成矿要素		内容描述		
储量		530.60×10^4 t	平均品位	P_2O_5 8.42%
特征描述		沉积变质型磷矿床		
地质环境	构造背景	华北陆块区,狼山-阴山陆块,狼山-白云鄂博裂谷(Pt_2)		
	成矿环境	成矿区带属滨太平洋成矿域(叠加在古亚洲成矿域之上),华北成矿省,华北陆块北缘西段金、铁、铌、稀土、铜、铅、锌、银、镍、铂、钨、石墨、白云母成矿带,狼山-渣尔泰山铅、锌、金、银、铜、铂、镍、硫成矿亚带(Ar_3、Pt、V)。磷矿体赋存于中元古界渣尔泰山群增隆昌组中,岩性为灰白色磷灰石硅质灰岩、含磷砂质硅质灰岩、白云质灰岩、碳质板岩。矿区北侧大面积出露石炭纪—二叠纪黑云母花岗岩、花岗闪长岩,但与磷矿成矿关系不大。本区地处狼山-白云鄂博裂谷带,构造线总体走向北东、北东东,狼山复背斜控制着区内磷矿和其他矿产的分布。炭窑口磷矿赋存于狼山复背斜北翼,含矿地层为走向北东,倾向北西,倾角50°~70°的单斜构造		
	成矿时代	中元古代		
矿床特征	矿体形态	走向NE70°,倾向NW320°~350°。矿体呈层状、似层状		
	岩石类型	灰白色磷灰石硅质灰岩,含磷砂质、硅质灰岩,白云质灰岩,碳质板岩		
	岩石结构	变余泥质结构、显微花岗变晶结构		
	矿物组合	矿石矿物:磷灰石、黄铜矿、黄铁矿。 脉石矿物:方解石、石英、白云石、重晶石、绢云母、绿帘石		
	矿石结构构造	结构:变余砂状结构、变余泥质结构、鳞片粒状变晶结构。 构造:块状、板状、片状构造		
	蚀变特征	绢云母化		
	控矿条件	矿体产于渣尔泰山群增隆昌组灰白色磷灰石硅质灰岩、含磷砂质硅质灰岩中,层控特征明显		
地球物理特征	重力场特征	炭窑口式沉积变质型磷矿位于布格重力相对高异常区,Δg为($-152.63 \sim -151.08$)$\times 10^{-5}$ m/s²,磷矿位于该高值区南侧变化率较大的梯级带上,变化率为每千米2.7×10^{-5} m/s²,梯级带北东走向,这一梯级带是狼山-阴山陆块及裂陷盆地边界。磷矿北侧重力较高,南侧重力较低。剩余重力异常图上,磷矿位于G蒙-662号剩余重力正异常东南部,该异常呈北东向带状展布,由3个局部正异常组成。该异常区出露太古宙、元古宙地层,可见该剩余重力正异常是元古宙—太古宙基底隆起所致		
	磁场特征	航磁ΔT等值线平面图上,炭窑口磷矿矿区磁异常强度不高,为弱磁场区,磷矿位于0~50nT磁异常区。正负磁异常与重力高、低异常对应较好。呈北东走向的重力高、磁力高异常为元古宙、太古宙含铁建造所致。 重磁场特征反映了该磷矿的成矿地质环境:区域上磷矿受北东向断裂控制,处在元古宙—太古宙地层与盆地的内接触带上		

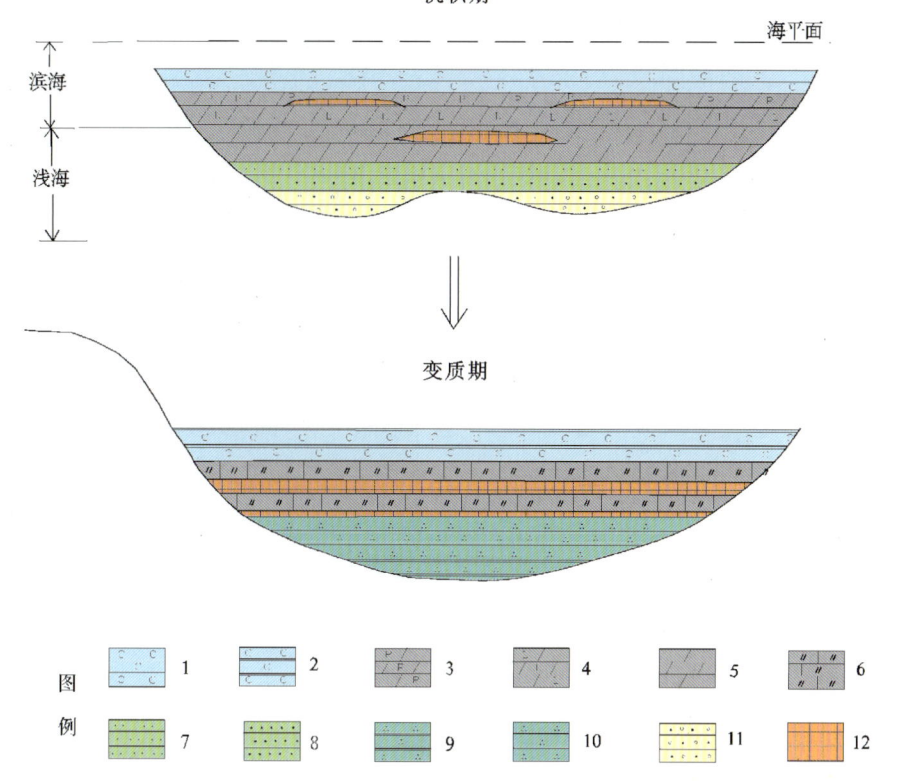

炭窑口式沉积变质型磷矿典型矿床成矿模式图

1.碳质页岩;2.碳质板岩;3.含磷泥灰岩;4.钙质泥灰岩;5.泥灰岩;6.白云质灰岩;7.粉砂岩;8.细砂岩;9.石英岩;10.石英片岩;11.砂砾岩;12.磷矿体

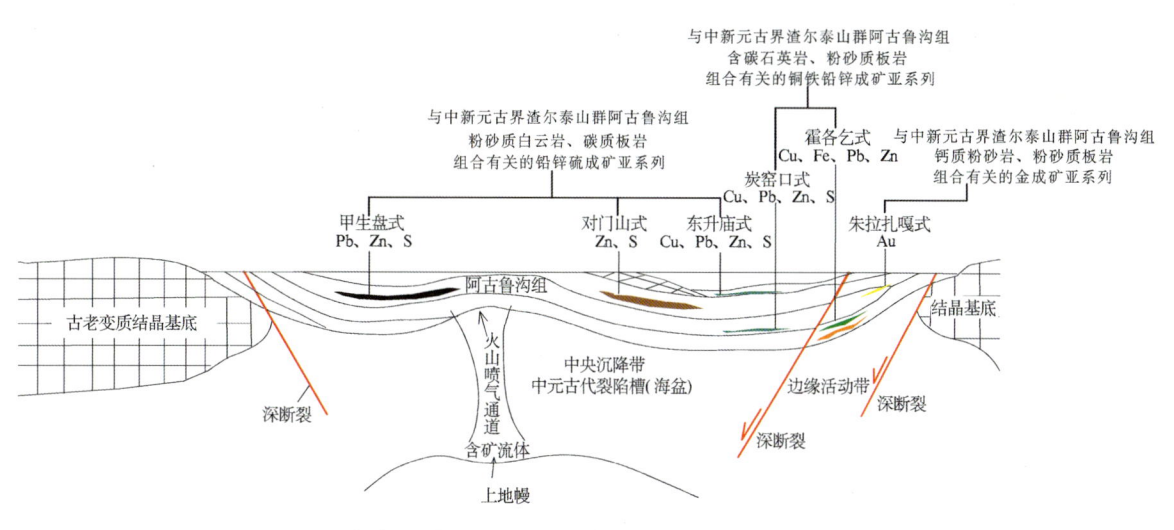

炭窑口式沉积变质型磷矿区域成矿模式图

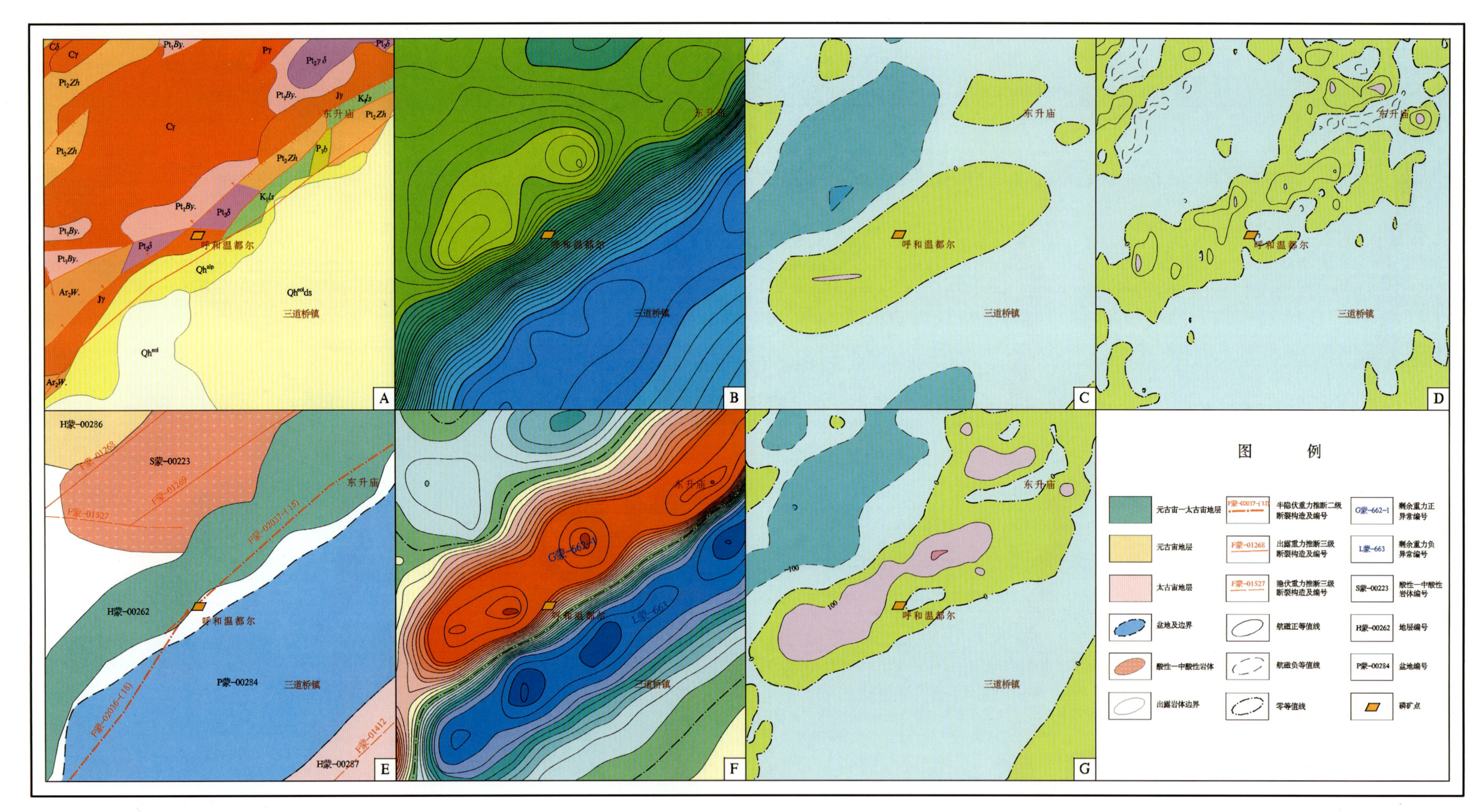

炭窑口式沉积变质型磷典型矿床所在区域地质矿产及物探剖析图

A. 地质矿产图；B. 布格重力异常图；C. 航磁 ΔT 等值线平面图；D. 航磁 ΔT 化极垂向一阶导数等值线平面图；E. 重力推断地质构造图；F. 剩余重力异常图；G. 航磁 ΔT 化极等值线平面图

布龙图式沉积变质型磷矿地质、地球物理特征一览表

成矿要素		内容描述		
储量		$15\ 784.9 \times 10^4$ t	平均品位	P_2O_5 8.98%
特征描述		沉积变质型磷矿床		
地质环境	构造背景	华北陆块区,狼山-阴山陆块,狼山-白云鄂博裂谷(Pt_2)		
	成矿环境	成矿区带属滨太平洋成矿域(叠加在古亚洲成矿域之上),华北成矿省,华北陆块北缘西段金、铁、铌、稀土、铜、铅、锌、银、镍、铂、钨、石墨、白云母成矿带,白云鄂博-商都金、铁、铌、稀土、铜、镍成矿亚带(Ar_3,Pt、V、Y)。 矿区出露地层为中元古界白云鄂博群尖山组第四岩段、第五岩段。磷矿体主要赋存于尖山组第五岩段中,围岩有板岩、碳质板岩、砂质板岩、长石石英砂岩。区内侵入岩较发育。含矿地层中发育有石英斑岩脉、花岗斑岩脉,其中尤以石英斑岩脉特别发育,该岩体在局部地段切穿矿体,对矿体的连续性有一定破坏作用。矿区范围内褶曲构造、断裂构造均较发育,构造线总体走向北东。褶曲构造以布龙图倒转背斜为主,是矿区的主干构造,控制了矿区地层、构造线的展布方向和磷矿体的分布规律;矿区断裂构造以北东向为主,沿断层破碎带有石英斑岩脉贯入,对磷矿体有一定的破坏作用		
	成矿时代	中元古代		
矿床特征	矿体形态	磷矿体以层状、似层状产出		
	岩石类型	灰黑色榴石铁闪磷灰岩,含磷砂质板岩,板岩、碳质板岩、砂质板岩、变质长石石英砂岩		
	岩石结构	变余泥质结构、显微鳞片变晶结构		
	矿物组合	主要矿物有磷灰石、石英、铁铝榴石、铁闪石、黑云母;次为少量锰土、黄铁矿、褐铁矿及微量白云母、金红石、锆石、电气石、磁铁矿、绿帘石		
	矿石结构构造	结构:变余砂状结构、变余泥质结构、花岗变晶结构。 构造:块状、板状、片状、浸染状构造		
	蚀变特征	硅化、钾化、褐铁矿化		
	控矿条件	(1)中元古界白云鄂博群尖山组。 (2)矿区内布龙图倒转背斜构造控制了磷矿体的分布。 (3)沿断层破碎带有石英斑岩脉贯入,对磷矿体有一定的破坏作用		
地球物理特征	重力场特征	布龙图磷矿位于布格重力异常相对高值区南侧边部,异常呈近椭圆状近东西向展布,Δg为$(-160 \sim -139.10) \times 10^{-5}$ m/s²。磷矿位于剩余重力正异常区南侧的梯级带上,该异常呈近东西向带状展布,异常边部等值线较密集,形成两个局部异常。这一带主要出露的是元古宙地层和三叠纪中酸性侵入岩,推断该剩余重力正异常主要由元古宙基底隆起导致。该正异常的南部和北部都为负异常,经推测两处负异常都是由酸性岩体引起的。磷矿区域上受北东向、东西向、西北向3条断裂带影响,处在中元古代地层与酸性岩浆岩带外接触带上		
	磁场特征	从航磁等值线图和航磁化极垂向一阶导数图上看,磁场总体表现为低缓的正磁场,布龙图磷矿位于弱正磁异常区,场值100~150nT,弱正异常由元古宙中磁性地质体引起		

Ⅰ.沉积阶段

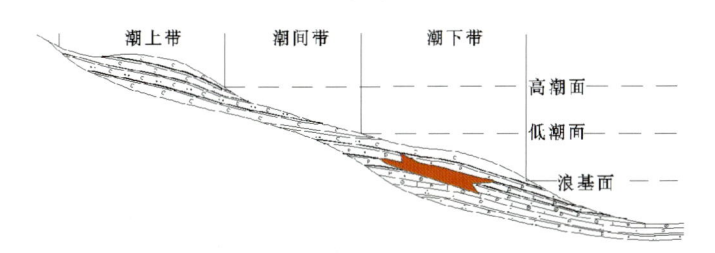

Ⅱ.变质阶段

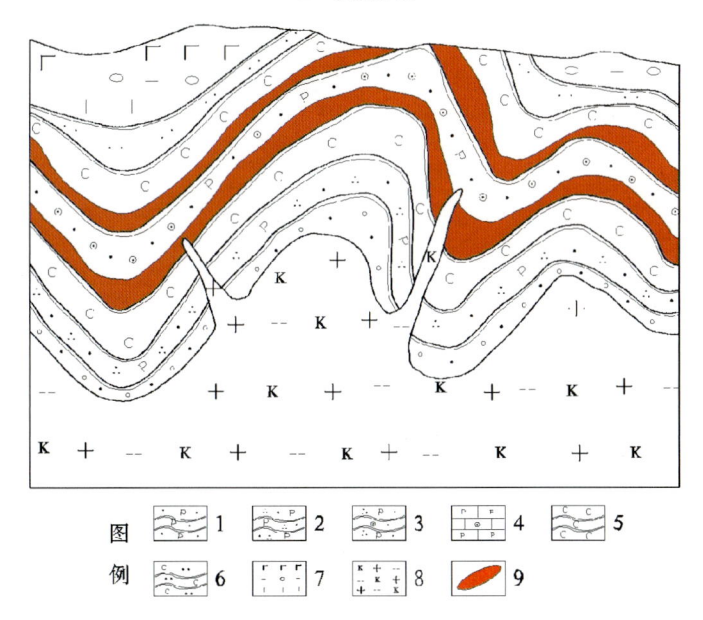

图例 1 2 3 4 5 6 7 8 9

布龙图式沉积变质型磷矿典型矿床成矿模式图

1.含磷砂质板岩;2.变质含磷石英砂岩;3.含磷榴石石英砂岩;4.榴石铁闪磷灰岩;5.碳质板岩;
6.粉砂质碳质板岩;7.泥砾岩及黏土岩;8.白垩纪钾长黑云花岗岩;9.磷矿体

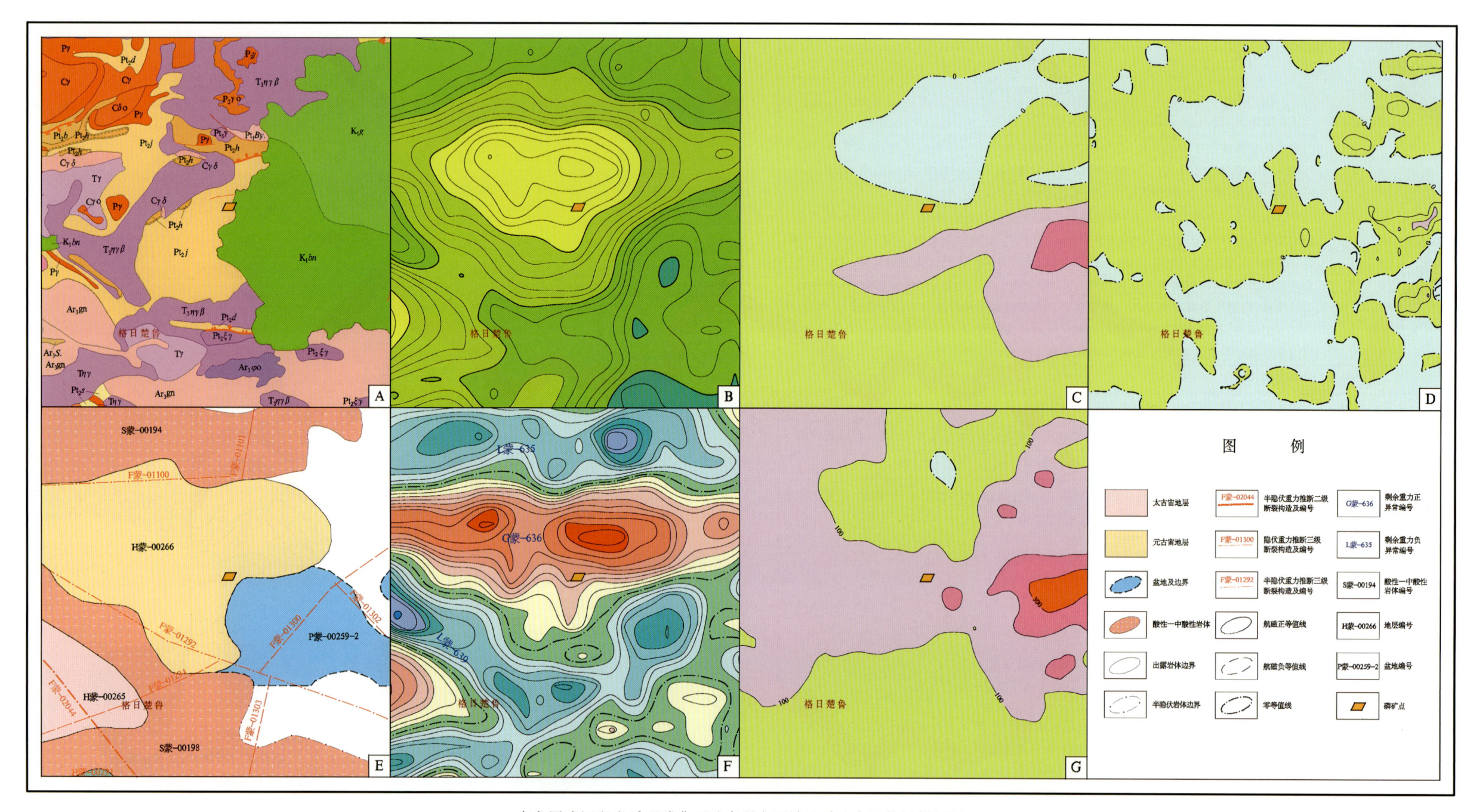

布龙图式沉积变质型磷典型矿床所在区域地质矿产及物探剖析图

A. 地质矿产图；B. 布格重力异常图；C. 航磁 ΔT 等值线平面图；D. 航磁 ΔT 化极垂向一阶导数等值线平面图；E. 重力推断地质构造图；F. 剩余重力异常图；G. 航磁 ΔT 化极等值线平面图

盘路沟式沉积变质型磷矿地质、地球物理特征一览表

成矿要素		内容描述		
储量		540.88×10^4 t	平均品位	P_2O_5 4.75%
特征描述		沉积变质型磷矿床		
地质环境	构造背景	华北陆块区，狼山-阴山陆块，固阳-兴和陆核		
	成矿环境	成矿区带属滨太平洋成矿域（叠加在古亚洲成矿域之上），华北成矿省，华北陆块北缘西段金、铁、铌、稀土、铜、铅、锌、银、镍、铂、钨、石墨、白云母成矿带，乌拉山-集宁铁、金、银、钼、铜、铅、锌、石墨、白云母成矿亚带（Ar_{1-2}，I，Y）。		
		矿区大面积出露中太古界集宁岩群石榴斜长片麻岩，为含磷岩系的直接围岩；区内断裂构造发育，主要为北东东走向，向北倾斜的一组逆断层，主矿体即赋存于该组断裂中；区内侵入岩分布广泛，岩性为透辉岩、含磷透辉正长岩、花岗岩等，磷矿体产于含磷透辉正长岩中		
	成矿时代	中太古代		
矿床特征	矿体形态	矿体以脉状、混合型浸染状、透辉石型浸染状产出		
	岩石类型	含磷透辉岩、含磷透辉正长岩、含磷方柱石透辉岩		
	岩石结构	中粒结构		
	矿物组合	矿石矿物为磷灰石。 脉石矿物为透辉石、钾长石。 共生和伴生矿物为磁铁矿、褐铁矿以及次闪石、绿泥石等		
	矿石结构构造	结构：自形—半自形粒状结构、交代结构、花岗变晶结构。 构造：致密块状、浸染状、团块状、角砾状构造		
	蚀变特征	黑云母化、方柱石化		
	控矿条件	矿区内断裂构造发育，与成矿有关的主要为北东东走向、向北西倾斜的一组逆断层，在断裂活动的同时，由于伴随着巨大的挤压作用沿岩层片麻理多次进行活动，使之破碎，为含矿热液的贯入、交代提供了通道和空间		
地球物理特征	重力场特征	磷矿位于几处局部重力异常交接地带。其西南侧布格重力异常较高，东侧略低，南北重力场更低。磷矿位于与太古宙基底隆起有关的近东西向剩余重力正异常带中部。磷矿北侧L蒙-596号剩余重力负异常由中生代沉积盆地引起。磷矿南侧L蒙-602号剩余重力负异常与酸性岩体有关。综上所述，磷矿处在太古宙地层与酸性岩体的内接触带上		
	磁场特征	从航磁化极等值线图上看，磷矿位于正、负异常梯级带上，航磁正异常由近东西向转为北东向，场值大于300nT，呈近东西向展布，该正异常与剩余重力正异常相对应，推测亦与太古宙地层有关		

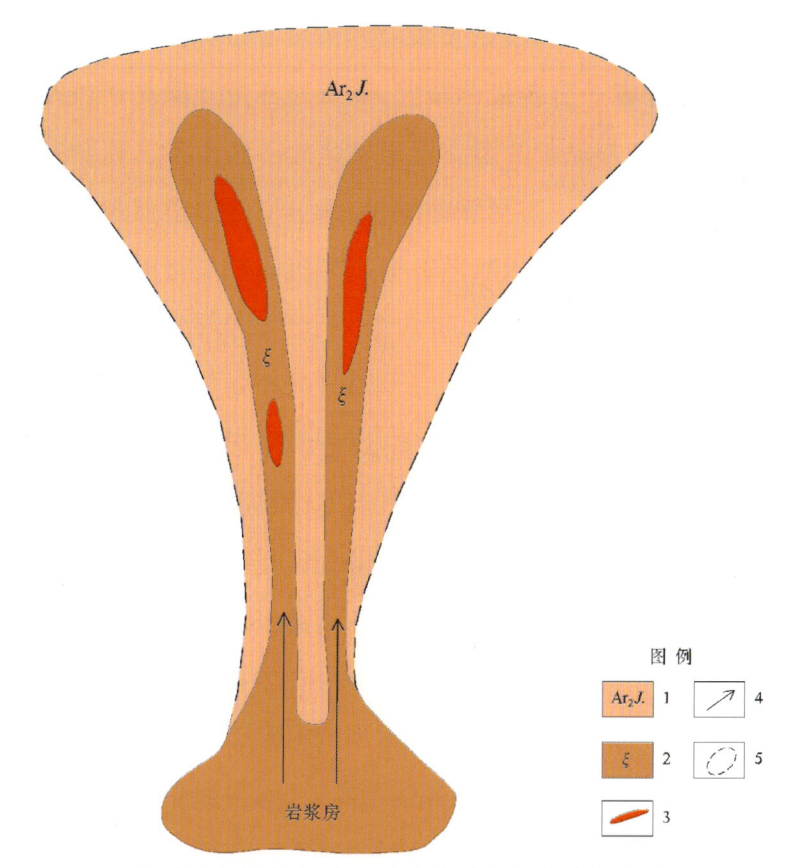

盘路沟式沉积变质型磷矿典型矿床成矿模式图

1.中太古界集宁岩群石榴斜长片麻岩；2.正长岩；3.矿体；4.岩浆热液运移方向；5.虚拟地层界线

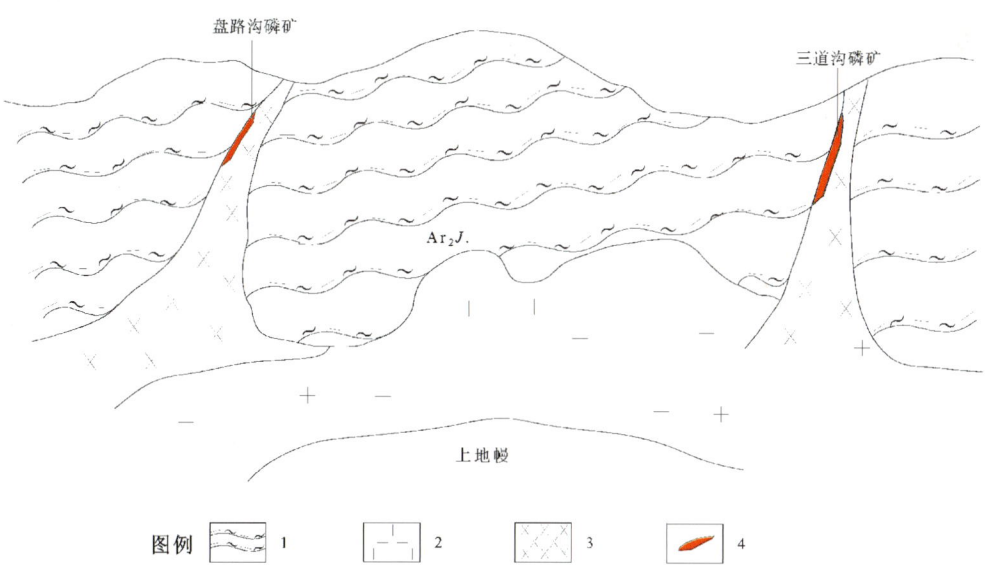

盘路沟式沉积变质型磷矿区域成矿模式图

1.太古宇集宁岩群片麻岩组；2.花岗闪长岩、花岗斑岩；3.辉绿斑岩、辉绿岩脉；4.磷矿体

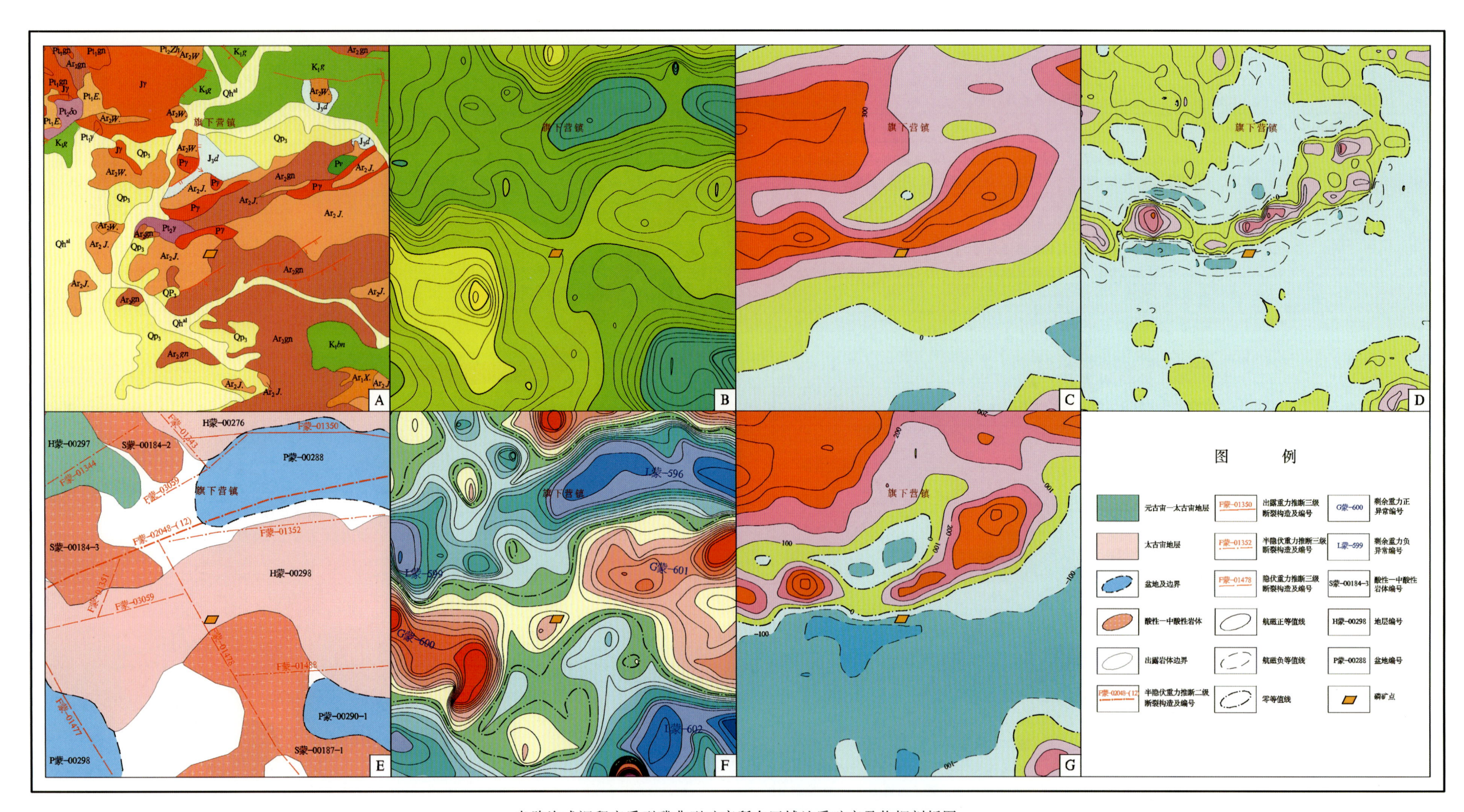

盘路沟式沉积变质型磷典型矿床所在区域地质矿产及物探剖析图

A. 地质矿产图；B. 布格重力异常图；C. 航磁 ΔT 等值线平面图；D. 航磁 ΔT 化极垂向一阶导数等值线平面图；E. 重力推断地质构造图；F. 剩余重力异常图；G. 航磁 ΔT 化极等值线平面图

三道沟式沉积变质型磷矿地质、地球物理特征一览表

成矿要素		内容描述		
储量		$38.76×10^4$ t	平均品位	P_2O_5 13.21%
特征描述		沉积变质型磷矿床		
地质环境	构造背景	华北陆块区,狼山-阴山陆块,固阳-兴和陆核		
	成矿环境	成矿区带属滨太平洋成矿域(叠加在古亚洲成矿域之上),华北成矿省,华北陆块北缘西段金、铁、铌、稀土、铜、铅、锌、银、镍、铂、钨、石墨、白云母成矿带,乌拉山-集宁铁、金、银、钼、铜、铅、锌、石墨、白云母成矿亚带(Ar_{1-2}、I、Y)。 矿区大面积出露中太古界集宁岩群黄土窑组下段斜长片麻岩,该地层是矿区内含磷岩系的直接围岩。矿区侵入岩不发育,仅在矿区中西部见有中酸性、基性脉岩,岩性主要有花岗岩、花岗伟晶岩、透辉岩、透辉钾长岩、辉绿岩等,其中透辉岩、透辉钾长岩为区内重要含磷地质体,组成区内的含矿带,磷矿体均产于该矿带中。矿区内构造以断裂为主,均为成矿后构造,对矿体有一定的破坏作用		
	含矿岩体	矿体赋存于含磷透辉岩、透辉钾长岩体含矿带中		
	成矿时代	中太古代		
矿床特征	矿体形态	磷矿体走向近南北,倾向东,倾角30°~35°。呈脉状、扁豆状		
	岩石类型	矿层顶、底板均为含磷透辉岩、透辉-钾长岩、蚀变片麻岩		
	岩石结构	花岗变晶结构、半自形粒状结构		
	矿物组合	矿石矿物主要为透辉石、磷灰石、钾长石,次要矿物主要为黄铁矿、斜长石及碳酸盐矿物等		
	矿石结构构造	结构:花岗变晶结构、半自形粒状结构。 构造:块状构造		
	蚀变特征	黄铁矿化、高岭土化、钾化、碳酸盐化、绢云母化、矽卡岩化		
	控矿条件	矿体赋存于含磷透辉岩、透辉钾长岩体的含矿带中,严格受矿带控制,产状和含矿带的产状相吻合,走向近南北,倾向东,倾角30°~35°。 矿床由多条含磷岩脉组成,形态不规则,多成脉状、透镜状产出,沿走向或倾向常有分支、复合或膨胀现象		
地球物理特征	重力场特征	三道沟磷矿位于似椭圆状重力高异常区西南侧变化率较大的梯级带边缘,场值 Δg 为 $(-140\sim-122)×10^{-5}$ m/s²。该高异常区南、北均为重力低异常区。剩余重力异常图上,磷矿位于重力正异常中部的局部异常区,该区域主要出露太古宇集宁岩群,可见该剩余重力正异常是因太古宙基底隆起所致。南侧为区域上近东西向展布的负异常区,地表局部出露酸性岩,故认为该负异常由半隐伏酸性岩体引起。北部亦有区域上近东西向展布的负异常,地表出露侏罗纪地层,为兴和盆地南缘		
	磁场特征	从航磁等值线和化极异常图上看,磷矿位于开阔的负磁场中,场值在-350nT左右,可见该区域磁性物质不发育		

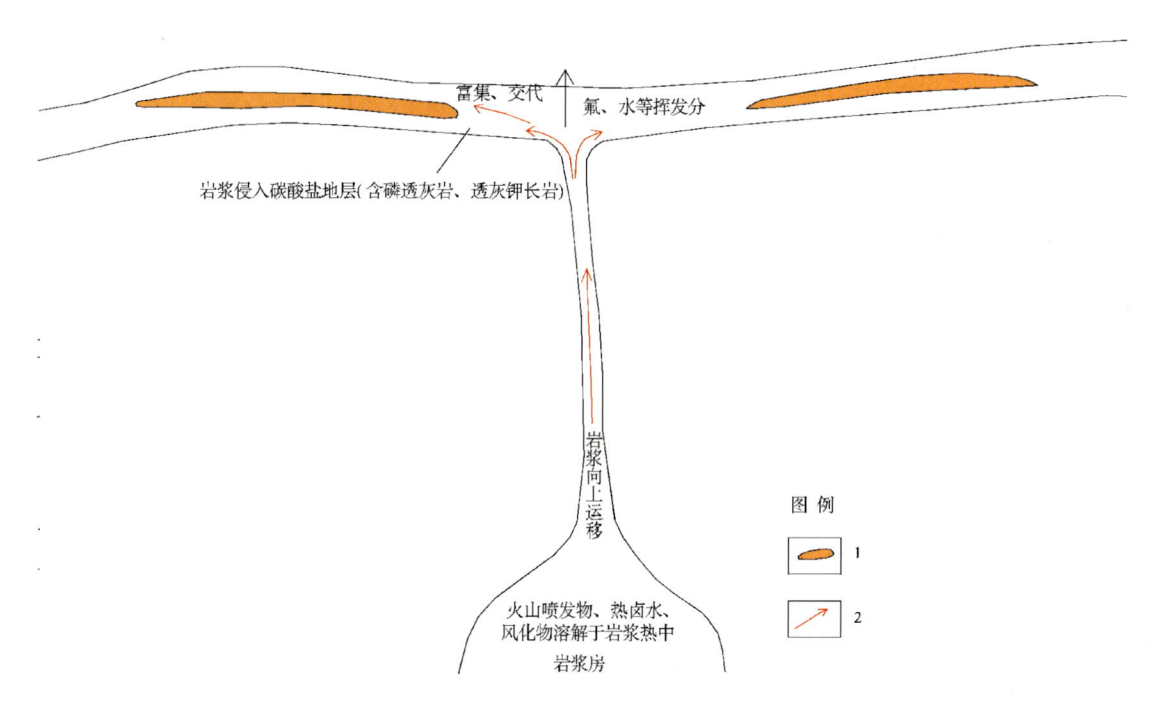

三道沟式沉积变质型磷矿典型矿床成矿模式图

1. 磷块岩;2. 岩浆热液运移方向

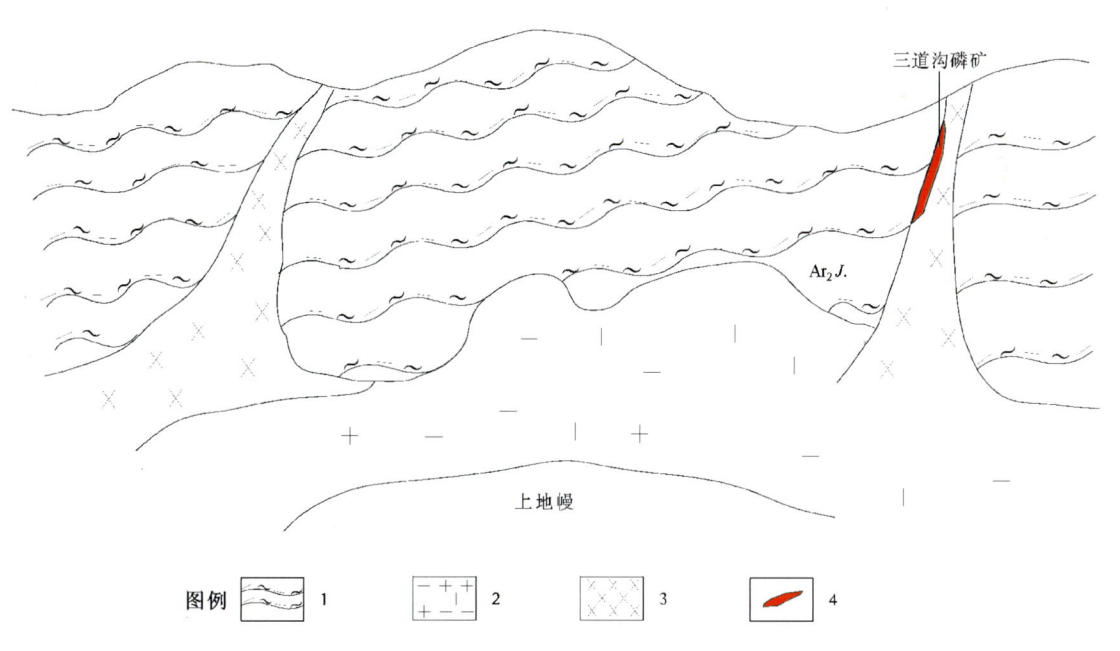

三道沟式沉积变质型磷矿区域成矿模式图

1. 太古宇集宁岩群片麻岩组;2. 花岗闪长岩、花岗斑岩脉;3. 辉绿斑岩、辉绿岩脉;4. 磷矿体

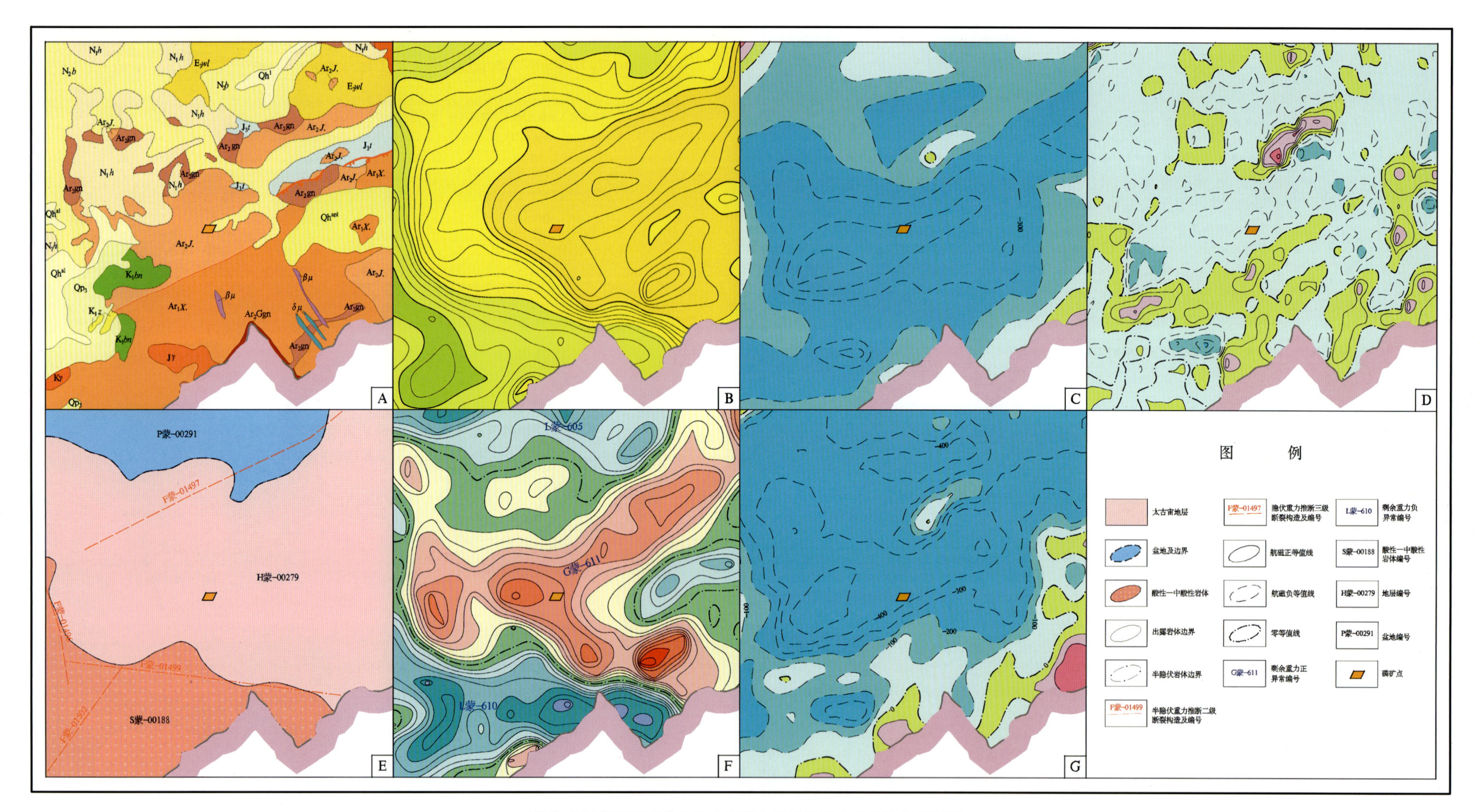

三道沟式沉积变质型磷典型矿床所在区域地质矿产及物探剖析图

A. 地质矿产图；B. 布格重力异常图；C. 航磁 ΔT 等值线平面图；D. 航磁 ΔT 化极垂向一阶导数等值线平面图；E. 重力推断地质构造图；F. 剩余重力异常图；G. 航磁 ΔT 化极等值线平面图

正目观式沉积型磷矿地质、地球物理特征一览表

成矿要素		内容描述		
储量		2366.8×10^4 t	平均品位	P_2O_5 15%
特征描述		沉积型磷矿床		
地质环境	构造背景	华北陆块区,鄂尔多斯陆块,贺兰山被动陆缘盆地		
	成矿环境	成矿区带属滨太平洋成矿域(叠加在古亚洲成矿域之上),华北成矿省,鄂尔多斯西缘(陆缘坳褶带)铁、铅、锌、磷、石膏、芒硝成矿带。区内出露地层有中新元古界王全口组、震旦系正目观组、下中寒武统馒头组、中寒武统张夏组、上寒武统炒米店组。磷矿赋存于下中寒武统馒头组第一岩段中,含矿层由含磷砾岩、钙质磷灰细砂岩和磷块岩组成,底板岩性为泥板岩,顶部岩性为白云质灰岩。矿区内未见岩浆岩。区内地层为简单的单斜构造,走向北北东,倾向北西,断裂构造较为发育,对磷矿体有一定的破坏作用		
	成矿时代	寒武纪		
矿床特征	矿体形态	层状、似层状		
	岩石类型	含磷砾岩、含磷细砂岩、钙质磷灰岩		
	岩石结构	砂状、砂砾状结构		
	矿物组合	磷块岩型:矿石矿物为胶磷矿及少量磷灰石;脉石矿物为石英、方解石、铁质。钙质磷灰细砂岩型和含磷砾岩型:矿石矿物为磷灰石、少量胶磷矿;脉石矿物为石英、长石		
	矿石结构构造	结构:砂砾状结构、粉砂质结构、他形粒状结构、隐晶质结构、胶状结构。构造:块状、条带状、条纹状构造		
	控矿条件	矿体产于寒武系馒头组第一岩段钙质砂岩、砂质灰岩中;成矿后的断裂构造对矿体有破坏作用		
地球物理特征	重力场特征	正目观磷矿位于布格重力异常相对高值区,处在由高到低的梯级带边缘,场值 Δg 为 $(-160 \sim -158) \times 10^{-5}$ m/s^2。梯级带的西部显示为相对低值区。该梯级带为区域深大断裂及次级断裂所致。在剩余重力异常图上磷矿位于正异常的北部,Δg 为 $(1 \sim 4.15) \times 10^{-5}$ m/s^2,异常区内局部有古生代、元古宙地层出露,显然该异常因古生代、元古宙基底隆起所致。在该正异常的西侧的负异常是由新生代沉积盆地引起的		
	磁场特征	从航磁等值线和航磁化极图上看,磷矿位于平缓、宽阔的弱负异常上,场值为 $-100 \sim 0$ nT。由此可见,该区磁性物质不富集		

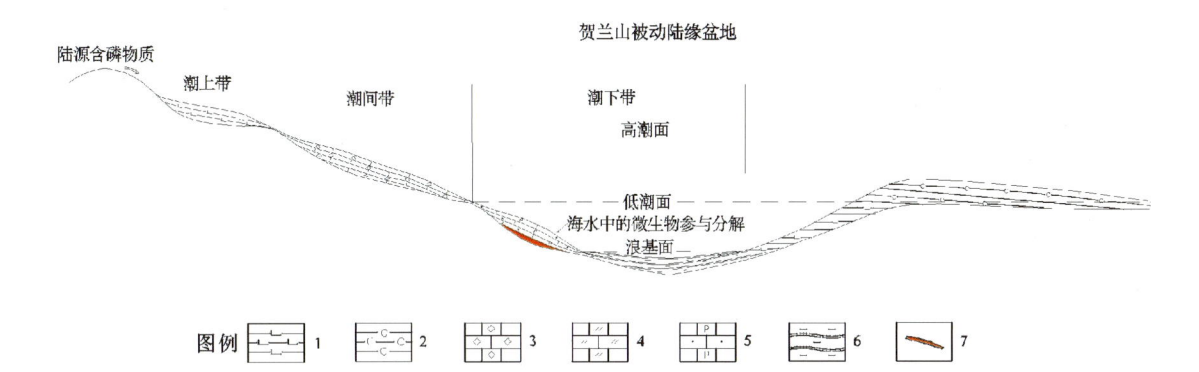

正目观式沉积型磷矿典型矿床成矿模式图

1. 钙质页岩;2. 碳质页岩;3. 结晶灰岩;4. 白云质灰岩;5. 含磷砂质灰岩;6. 泥质板岩;7. 层状矿体

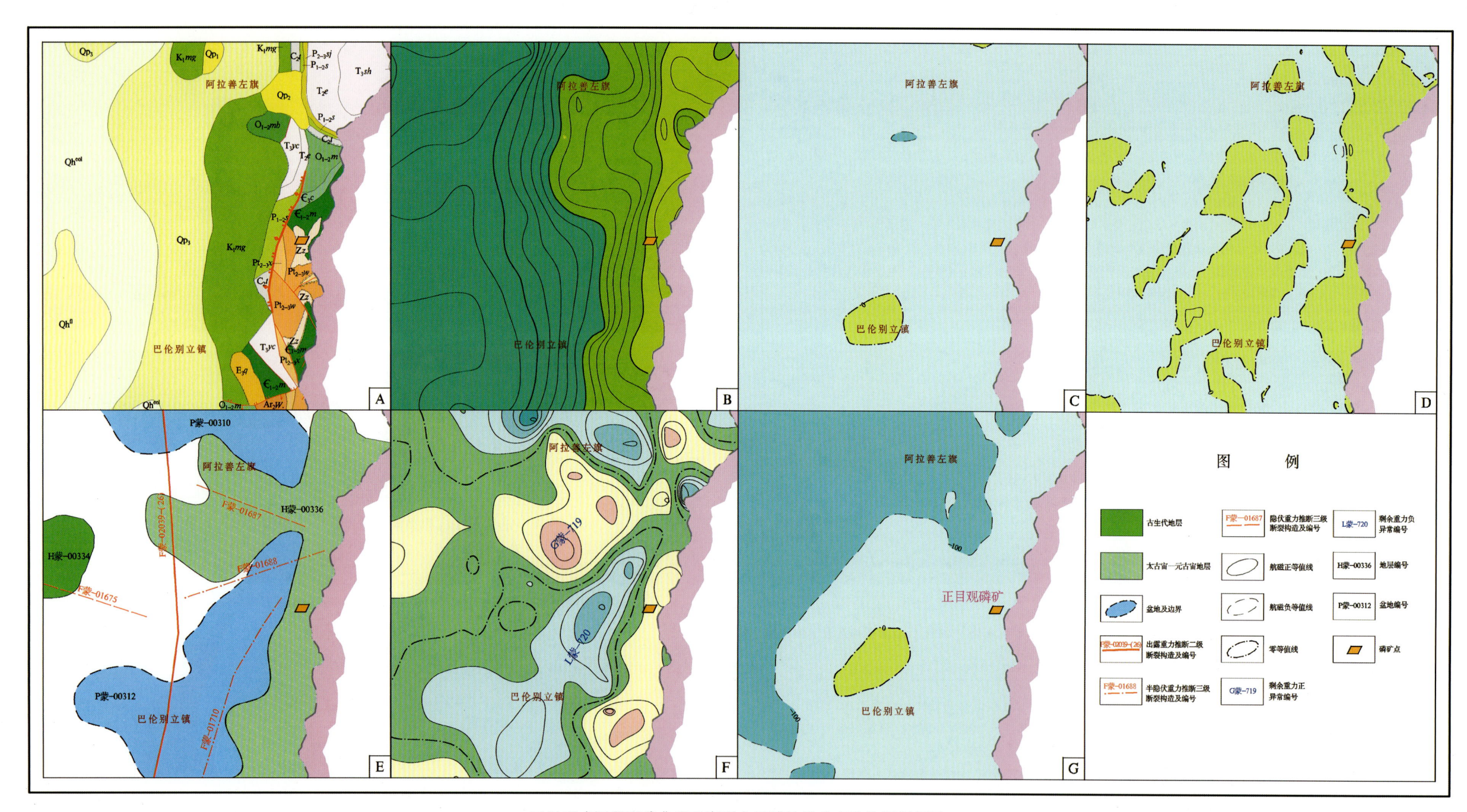

正目观式沉积型磷典型矿床所在区域地质矿产及物探剖析图

A. 地质矿产图；B. 布格重力异常图；C. 航磁 ΔT 等值线平面图；D. 航磁 ΔT 化极垂向一阶导数等值线平面图；E. 重力推断地质构造图；F. 剩余重力异常图；G. 航磁 ΔT 化极等值线平面图

哈马胡头沟式沉积型磷矿地质、地球物理特征一览表

成矿要素		内容描述		
储量		$604.86×10^4 t$	平均品位	P_2O_5 7.82%
特征描述		沉积型磷矿床		
地质环境	构造背景	华北陆块区,阿拉善陆块,龙首山基底杂岩带($Ar_3—Pt_1$)		
	成矿环境	成矿区带属古亚洲成矿域,华北(陆块)成矿省(最西部),阿拉善(隆起)铜、镍、铂、铁、稀土、磷、石墨、芒硝、盐类成矿带,龙首山铜、镍、铁、锌、稀土、石墨、磷成矿亚带($Pt—Z$、V)。 矿区出露地层主要为震旦系草大板组(Zc),磷矿体赋存于草大板组第一岩性段含磷石英砂岩、砂质磷质岩、含磷绢云母石英千枚岩中,底板岩性为石英砂岩,顶板岩性为薄层结晶灰岩		
	成矿时代	震旦纪		
矿床特征	矿体形态	层状、似层状		
	岩石类型	深灰色(变质)含磷石英砂岩、肉红色砂质磷质岩、灰色含磷绢云母石英千枚岩		
	岩石结构	砂状、砂砾状结构		
	矿物组合	磷灰石、胶磷矿、黄(褐)铁矿、石英、绢云母、方解石、钾长石		
	矿石结构构造	结构:变余砂状结构、显微鳞片花岗变晶结构。 构造:块状、条纹状、千枚状构造		
	控矿条件	磷矿体赋存于震旦系草大板组(Zc)下部含磷石英砂岩、砂质磷质岩、含磷绢云母石英千枚岩中,矿体严格受地层控制。 大地构造位于龙首山隆起之中段北缘,复式紧闭向斜的南翼,区内褶曲构造控制了矿体的产出形态		
地球物理特征	重力场特征	哈马胡头沟磷矿所在区域布格重力异常等值线呈弧形梯级带分布,磷矿位于梯级带最南端,呈东西转南东走向展布。梯级带北侧重力值较高,南侧重力值较低。南部有两处独立的相对高异常。哈马胡头沟磷矿位于剩余重力正异常 G 蒙-818 边部,极值 Δg 约为 $9.62×10^{-5} m/s^2$,呈似圆状;西北侧剩余重力正异常 G 蒙-817,极值 Δg 约 $9.06×10^{-5} m/s^2$,呈长椭圆状东西向展布。在这两正异常区域内局部出露元古宙地层,可见正异常与元古宙基底隆起有关。东北侧为 L 蒙-816 剩余重力负异常,此异常主要是由新生代盆地引起的		
	磁场特征	从航磁等值线图和航磁化极图上看,磷矿均处于平缓的负磁场区,场值为 $-100nT$		

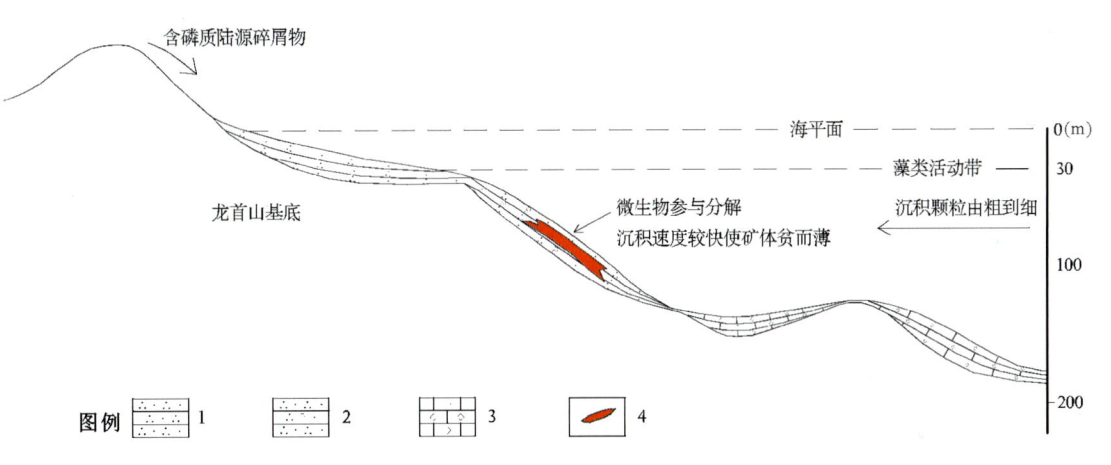

哈马胡头沟式沉积型磷矿典型矿床成矿模式图
1.石英砂岩;2.含磷石英砂岩;3.结晶灰岩;4.磷矿体

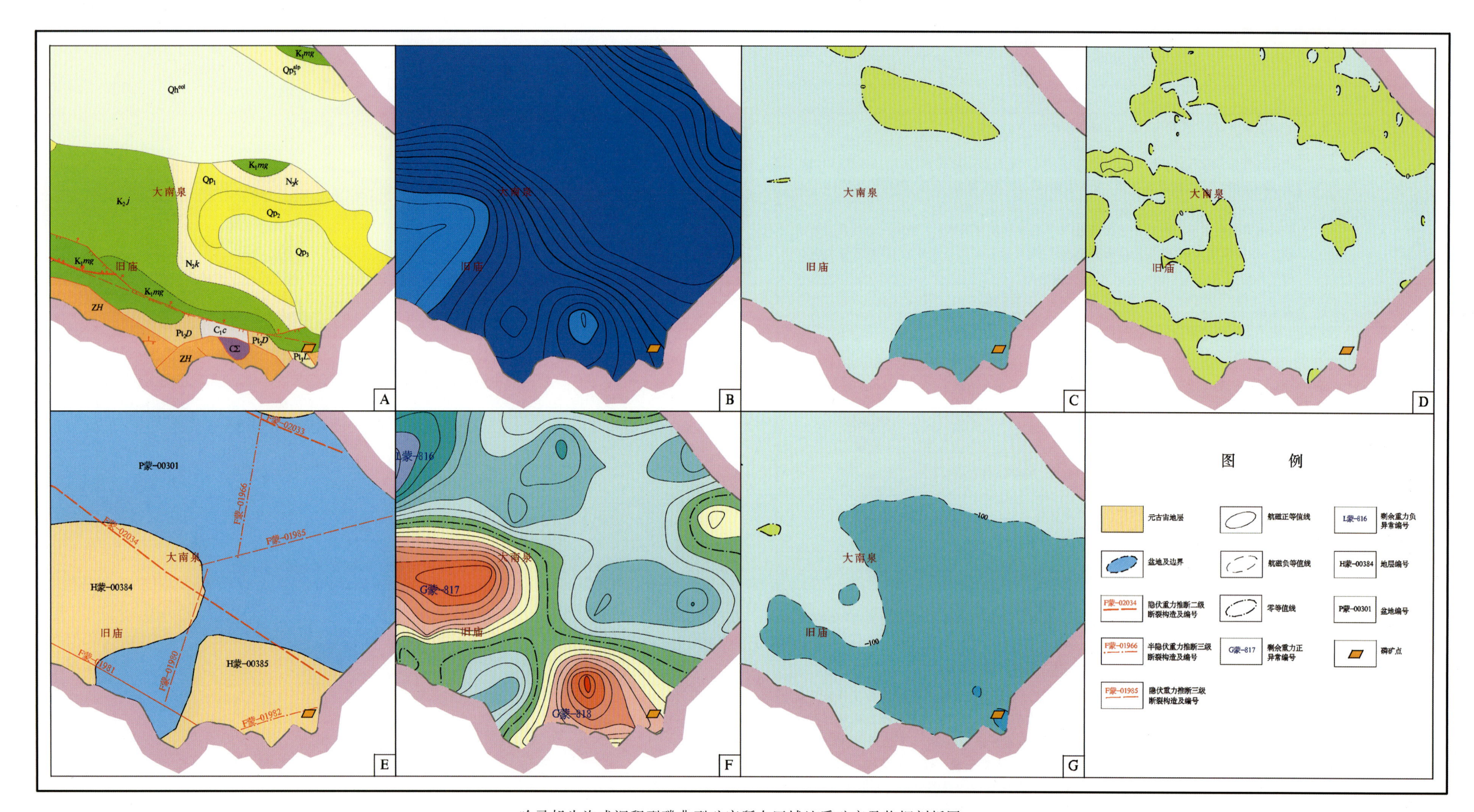

哈马胡头沟式沉积型磷典型矿床所在区域地质矿产及物探剖析图

A. 地质矿产图；B. 布格重力异常图；C. 航磁 ΔT 等值线平面图；D. 航磁 ΔT 化极垂向一阶导数等值线平面图；E. 重力推断地质构造图；F. 剩余重力异常图；G. 航磁 ΔT 化极等值线平面图

神螺山式热液充填型萤石矿地质、地球物理特征一览表

成矿要素		内容描述		
储量		8.92×10^4 t	平均品位	CaF_2 84.13%
特征描述		热液充填型萤石矿床		
地质环境	构造背景	塔里木陆块区,敦煌陆块,柳园裂谷		
	成矿环境	成矿区带属古亚洲成矿域,塔里木成矿省,磁海-公婆泉铁、铜、金、铅、锌、钼、锰、钨、锡、铷、钒、铀、磷成矿带,阿木乌苏-老硐沟金、钨、锑、萤石成矿亚带(V)。矿区出露中二叠统双堡塘组第一岩段,地层从下面上,由正常沉积的砂岩、砾岩为主,逐渐过渡到以火山碎屑沉积的沉凝灰质为主,而火山碎屑岩又从中性向酸性变化。萤石矿脉广泛分布于各个地层的不同岩性中,体现了成矿的岩性、地层的选择性不强。岩浆岩主要是二叠纪正长花岗岩体。构造主要表现为平缓盆状向斜,是俞井子复向斜带之神螺山-野马井复背斜次一级构造		
	成矿时代	二叠纪		
矿床特征	矿体形态	不规则脉状、脉状		
	岩石类型	砾岩、砂岩、层状英安质凝灰岩、凝灰质砂岩、萤石矿脉、石英脉		
	岩石结构	砾状结构、砂状结构、凝灰结构		
	矿物组合	矿石矿物:萤石。 脉石矿物:石英、玉髓、石膏及少量褐铁矿		
	矿石结构构造	结构:细晶结构、粗晶结构。 构造:条带状、块状、角砾状构造		
	蚀变特征	硅化、高岭土化		
	控矿条件	(1)矿体赋存于中二叠统双堡塘组第一岩段砾岩、砂岩、凝灰岩、凝灰质砂岩中。 (2)萤石矿脉的形态受北北东向、南北向、北北西向断裂构造(正断层)控制,产状与破碎带一致,呈陡倾斜产出。 (3)二叠纪正长花岗岩体与哲斯组内、外接触带		
地球物理特征	重力场特征	神螺山萤石矿床位于一明显的重力高与重力低区的分界处,推断此处有一断裂存在(F蒙-01848)。萤石矿所在处布格重力异常值为-220.00×10^{-5} m/s^2。剩余重力异常图上,神螺山萤石矿位于G蒙-872号近东西向展布的剩余重力正异常区西侧边部,Δg为$(1\sim2)\times10^{-5}$ m/s^2,异常极大值为11.48×10^{-5} m/s^2。神螺山萤石矿剩余重力异常和布格重力异常的展布形态、分布范围基本一致,重力高主要与古生代基底隆起有关;而神螺山萤石矿体主要赋存于中二叠统双堡塘组第一岩段砾岩、砂岩、凝灰岩、凝灰质砂岩中。说明神螺山萤石矿所在区域的重力特征反映了其成矿地质环境		
	磁场特征	神螺山萤石矿位于平稳的磁异常区域,其南北两侧均有一呈北西向展布的正磁异常,但磁异常强度不大。神螺山萤石矿位于0~50nT异常区		

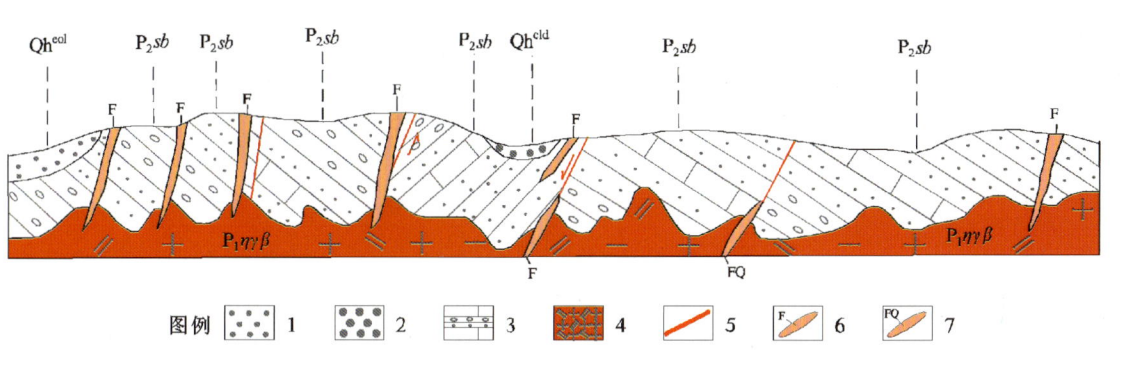

神螺山式热液充填型萤石矿区域成矿模式图

1.风积砂(Qh^{eol});2.残坡积层(Qh^{eld});3.双堡塘组(P_2sb);4.早二叠世二长花岗岩($P_1\eta\gamma\beta$);5.断裂构造;6.萤石矿脉;7.石英-萤石混合脉(矿脉)

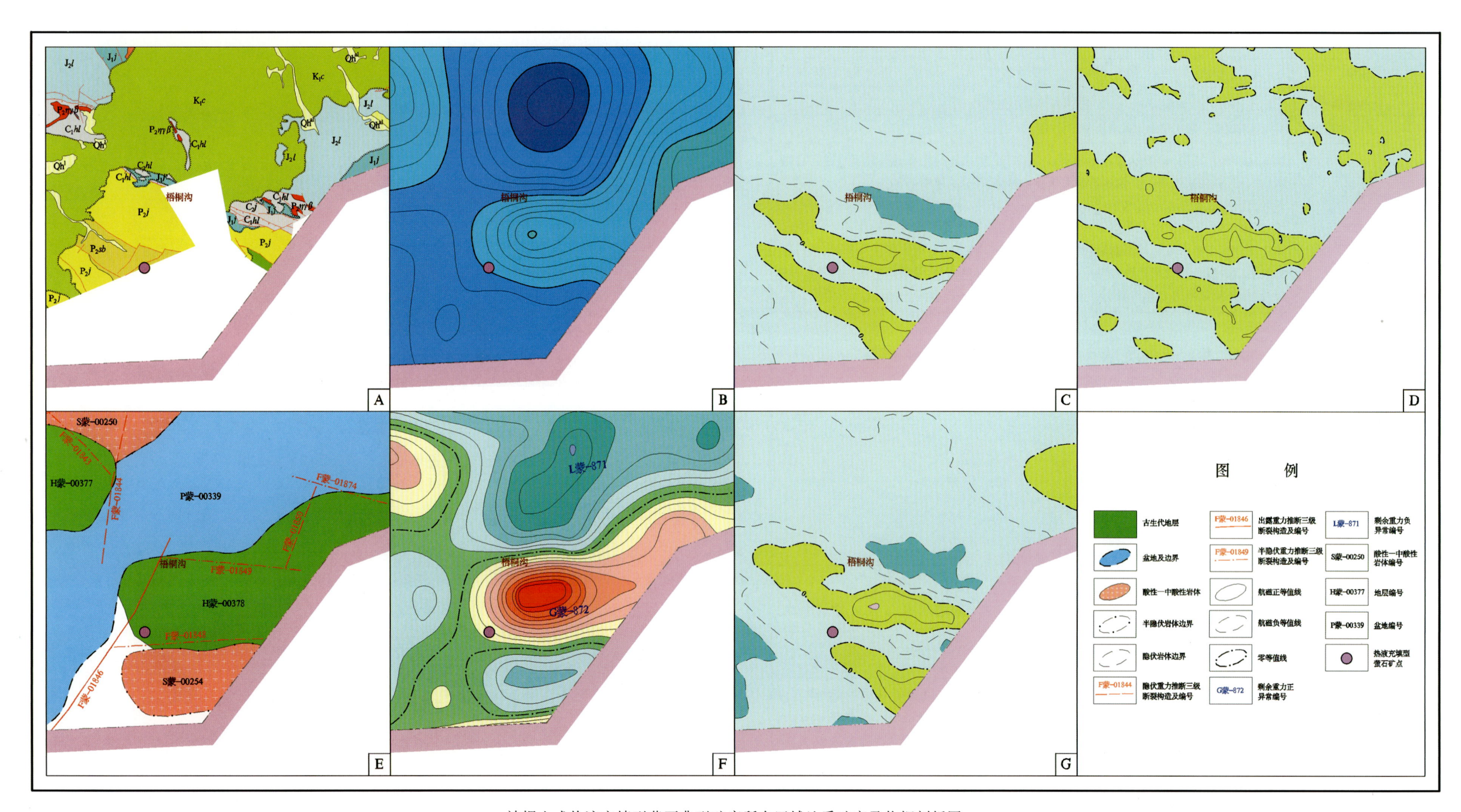

神螺山式热液充填型萤石典型矿床所在区域地质矿产及物探剖析图

A. 地质矿产图；B. 布格重力异常图；C. 航磁 ΔT 等值线平面图；D. 航磁 ΔT 化极垂向一阶导数等值线平面图；E. 重力推断地质构造图；F. 剩余重力异常图；G. 航磁 ΔT 化极等值线平面图

东七一山式热液充填型萤石矿地质、地球物理特征一览表

成矿要素		内容描述		
储量		矿石量 680 130t，CaF$_2$ 555 390t	平均品位	CaF$_2$ 81.66%
特征描述		低温热液充填型脉状萤石矿床		
地质环境	构造背景	天山-兴蒙造山系，额济纳旗-北山弧盆系，公婆泉岛弧（O—S）		
	成矿环境	成矿区带属古亚洲成矿域，塔里木成矿省，磁海-公婆泉铁、铜、金、铅、锌、钼、锰、钨、锡、铷、钒、铀、磷成矿带，石板井-东七一山钨、锡、铷、钼、铜、铁、金、铬、萤石成矿亚带（C、V）。出露的公婆泉组大理岩、安山岩、英安岩、安山质凝灰岩、砂质板岩是本区萤石矿含矿岩石；矿区内绝大多数断裂构造与成矿有关，为矿液的通道和良好的沉淀场所，构造线以北东向和近于南北向的两组断裂最为发育，断裂带内被玉髓-萤石脉充填。矿体与围岩界线清楚，交代现象不明显。本区萤石矿赋存于古生界中上志留统公婆泉组和海西中期细粒—中粗粒花岗岩体中，细粒—中粗粒花岗岩为本区萤石矿形成提供了丰富的物质来源和热源，是萤石的成矿母岩		
	成矿时代	石炭纪		
矿床特征	矿体形态	矿体主要以脉状、囊状、扁豆状形式产出		
	岩石类型	中粗粒花岗岩、安山岩、英安岩、大理岩、安山质凝灰岩		
	岩石结构	细粒—中粗粒花岗结构、安山结构、凝灰结构		
	矿物组合	矿石矿物：萤石。脉石矿物：玉髓、石英、方解石、褐铁矿		
	矿石结构构造	结构：以他形—半自形细粒结构为主，次为自形中粗粒—巨粒结构。构造：以块状、条带状、晶洞状构造为主，次为同心圆状及角砾状构造		
	蚀变特征	高岭土化、褐铁矿化、硅化		
	控矿条件	断裂构造；石炭纪（海西期）细粒—中粗粒花岗岩体		
地球物理特征	重力场特征	东七一山萤石矿位于中部布格重力相对低值区东北侧边部，布格重力异常值 Δg 为 $(-194.33 \sim -186.00) \times 10^{-5} \text{m/s}^2$。剩余重力异常图上东七一山萤石矿床亦位于L蒙-845号剩余重力负异常北侧边部，该异常呈北东向展布，为公婆泉岩浆岩带分布区。该套岩浆岩为萤石矿富集提供了丰富的物质来源和热源，岩浆岩控制本区萤石矿比较明显。矿床北侧近北西向剩余重力正异常G蒙-844号，地表多处出露太古宙变质岩，推断正异常由太古宙基底隆起所致。东七一山萤石矿所在区域地质环境复杂，该区域暂时未开展大比例尺重力测量工作，故现有资料未能较好地体现其成矿地质环境。由地质资料可知，东七一山萤石矿位于古生界志留系公婆泉组中，所在区域岩浆活动明显，岩浆活动为萤石矿富集提供了丰富的物质来源和热源		
	磁场特征	从航磁平面等值线图上看，东七一山萤石矿所在区域磁场为平稳的弱磁场区，其西南侧的近北西向条带状正异常带，长约38km，宽约6km，由地表出露的超基性岩体引起		

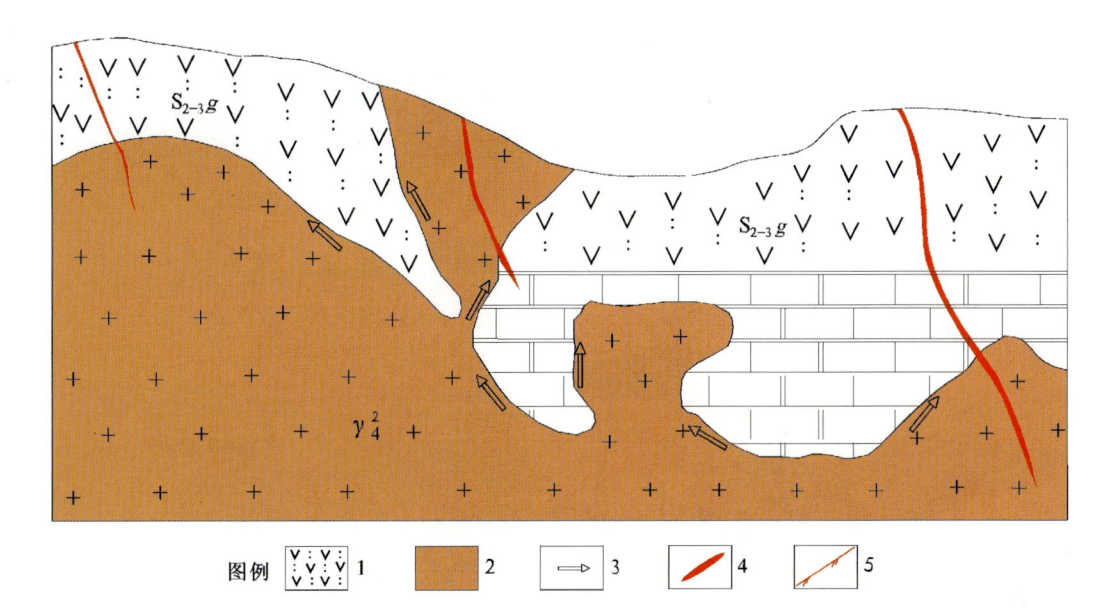

东七一山式热液充填型萤石矿典型矿床成矿模式图

1. 古生界志留系中上统公婆泉组安山质凝灰岩、砂质板岩、安山岩、英安岩、大理岩（S$_{2-3}$g）；2. 海西期花岗岩体（γ_4^2）；3. 含矿热液运移方向；4. 萤石矿体；5. 张扭性断裂

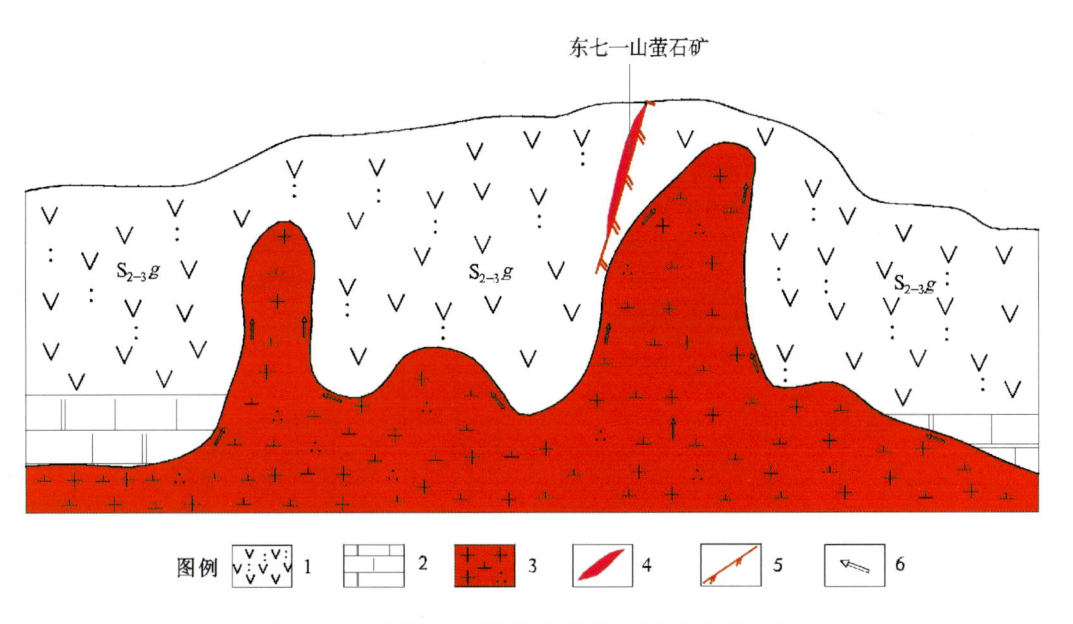

东七一山式热液充填型萤石矿区域成矿模式图

1. 志留系公婆泉组（S$_{2-3}$g）：安山质凝灰岩、砂质板岩、安山岩、英安岩；2. 志留系公婆泉组（S$_{2-3}$g）：大理岩；3. 海西期花岗闪长岩、石英闪长岩；4. 萤石矿体；5. 张扭性断裂；6. 含矿热液运移方向

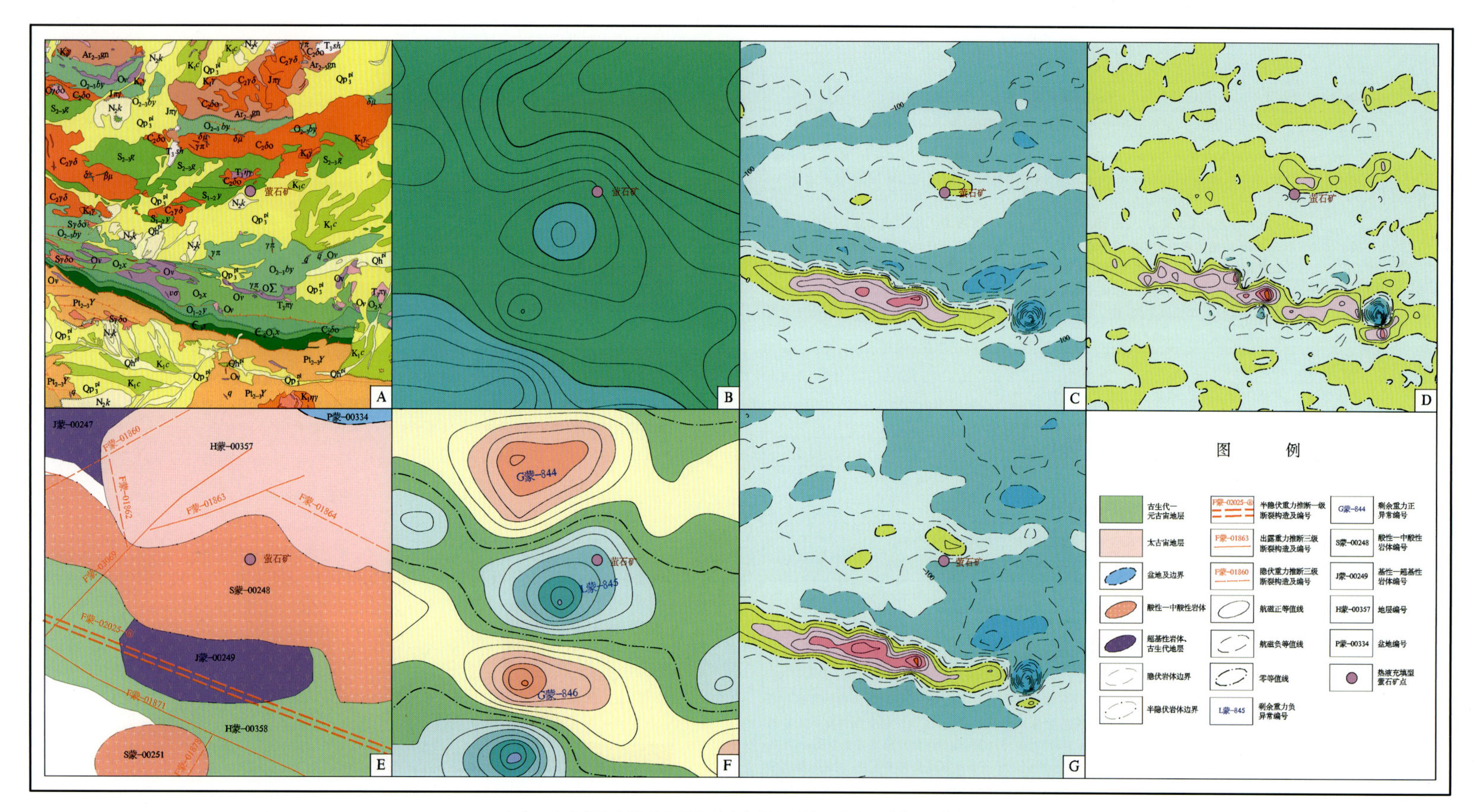

东七一山式热液充填型萤石典型矿床所在区域地质矿产及物探剖析图

A. 地质矿产图;B. 布格重力异常图;C. 航磁 ΔT 等值线平面图;D. 航磁 ΔT 化极垂向一阶导数等值线平面图;E. 重力推断地质构造图;F. 剩余重力异常图;G. 航磁 ΔT 化极等值线平面图

恩格勒式热液充填型萤石矿地质、地球物理特征一览表

成矿要素		内容描述		
储量		矿石量 281 900t,CaF$_2$ 175 400t	平均品位	CaF$_2$ 62.22%
特征描述		热液充填型萤石矿床		
地质环境	构造背景	天山-兴蒙造山系,额济纳旗-北山弧盆系,巴音戈壁弧后盆地(C)		
	成矿环境	成矿区带属古亚洲成矿域,华北(陆块)成矿省(最西部),阿拉善(隆起)铜、镍、铂、铁、稀土、磷、石墨、芒硝、盐类成矿带,雅布赖-沙拉西别铁、铜、铂、萤石、石墨、盐类、芒硝成矿亚带(Pt、V、I、Q)。 矿区出露地层为古元古界二道凹岩群斜长帘绿泥石岩、斜长角闪岩、绢云母石英片岩、绢云母石英岩、千枚岩等。古元古界二道凹岩群是萤石矿的主要围岩。矿区内出露有加里东期花岗岩,分布较广,岩石蚀变强烈;海西期侵入岩为两次侵入;印支期花岗岩在地表为萤石矿底板围岩,地下为萤石矿顶底板围岩,具硅化、绢云母化、电气石化。萤石矿主要受断层控制,矿体与断层产状一致,与围岩界线清楚。矿体产于三叠纪硅化、绢云母化花岗岩与奥陶纪蚀变闪长岩接触带中		
	成矿时代	印支期		
矿床特征	矿体形态	矿体倾向280°,倾角50°～70°,主要矿体呈脉状产出		
	岩石类型	岩性为硅化绢云母花岗岩、肉红色黑云母二长花岗岩、硅化电气石化花岗岩、细粒花岗岩		
	岩石结构	中粗粒残余结构、中粗粒花岗结构、交代残留结构		
	矿物组合	矿石矿物:萤石。 脉石矿物:石英、玉髓		
	矿石结构构造	结构:以不等粒他形粒状结构为主,次为隐晶质结构、压碎结构。 构造:块状、角砾状构造,次为条带状、环带状、网格状及蜂窝状构造		
	蚀变特征	以硅化、绢云母化为主,次为高岭土化、黄铁矿化及绿泥石化		
	控矿条件	矿体赋存于印支期黑云母花岗岩与奥陶纪蚀变闪长岩的接触带处,而花岗岩体本身含有萤石,与成矿有着密切的关系。 矿体严格受断层控制,矿体与断层产状一致,与围岩界线清楚		
地球物理特征	重力场特征	恩格勒萤石矿位于布格重力异常相对低值区,Δg 为(−180.30～−171.41)×10^{-5}m/s^2。在剩余重力异常图上,恩格勒萤石矿位于 L 蒙-700 号负异常北侧边部,异常为北东向展布,由3个局部负异常组成,极值变化范围 Δg 为(−5.89～−5.75)×10^{-5}m/s^2,地表出露较多二叠纪、三叠纪花岗岩体,故是由酸性岩体引起。矿床北侧为剩余重力正异常 G 蒙-701,异常周边零星出露太古宙、元古宙地层,故认为该正异常为太古宙、元古宙地层引起		
	磁场特征	航磁 ΔT 等值线平面图上,恩格勒萤石矿位于−150～−100nT 磁异常区;航磁 ΔT 化极等值线平面图上,恩格勒萤石矿位于−100～−50nT 磁异常区。从磁场特征看,恩格勒萤石矿区磁异常强度不高,为弱磁场区		

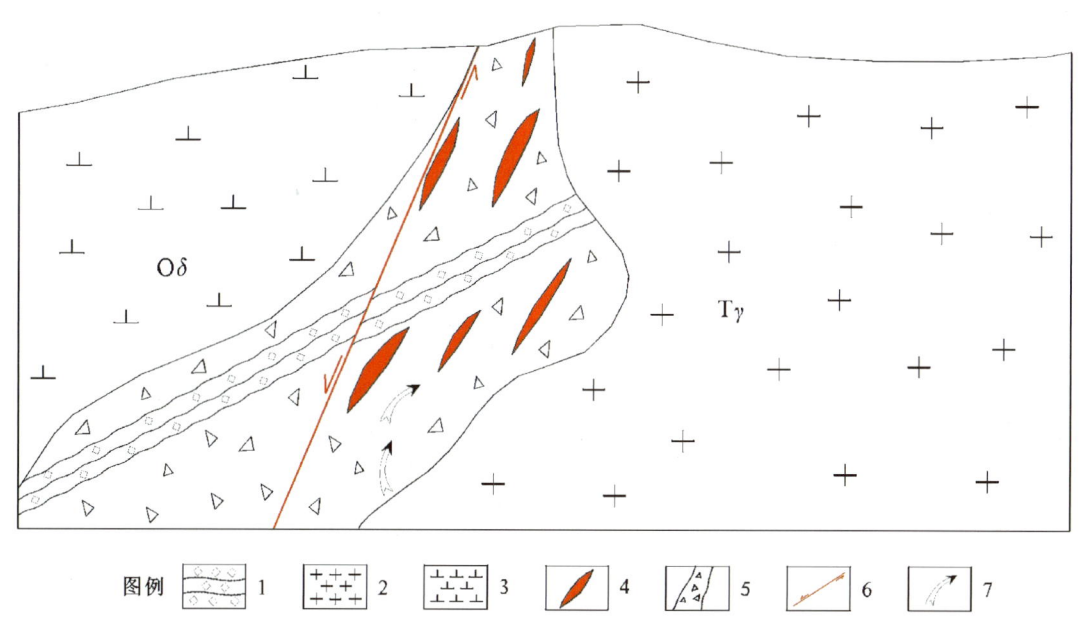

恩格勒式热液充填型萤石矿典型矿床成矿模式图

1.结晶片岩;2.花岗岩;3.蚀变闪长岩;4.萤石矿;5.断层破碎带;6.断层;7.岩浆热液运移方向

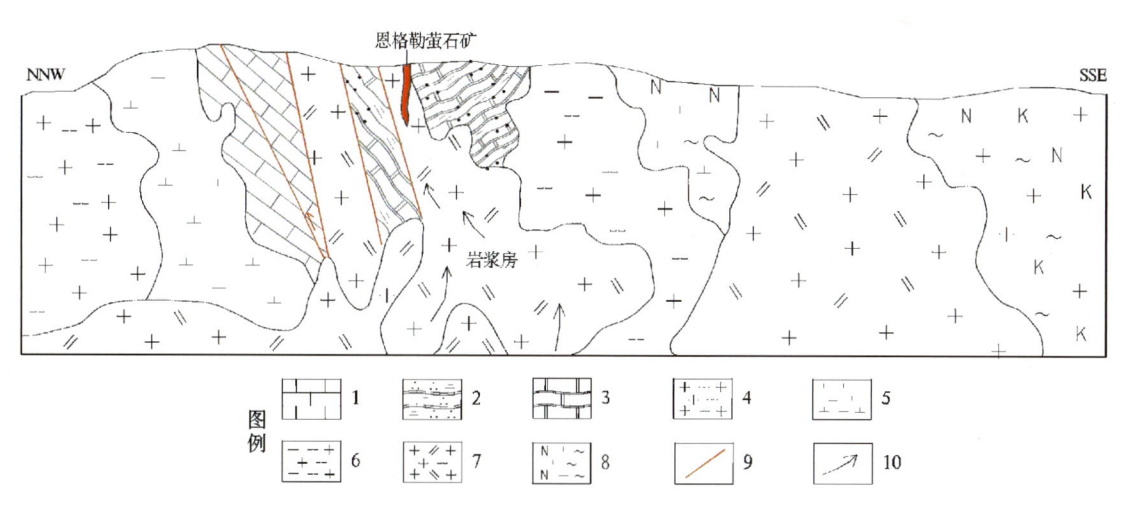

华北陆块西缘阿拉善台陆哈布达哈拉-恩格勒热液充填型萤石矿区域成矿模式图

1.灰岩;2.绢云石英片岩;3.白云质大理岩;4.黑云母花岗岩;5.闪长岩;6.似斑状黑云母花岗岩;7.中粗粒黑云母二长花岗岩;8.角闪斜长片麻岩;9.萤石矿;10.热液运移方向

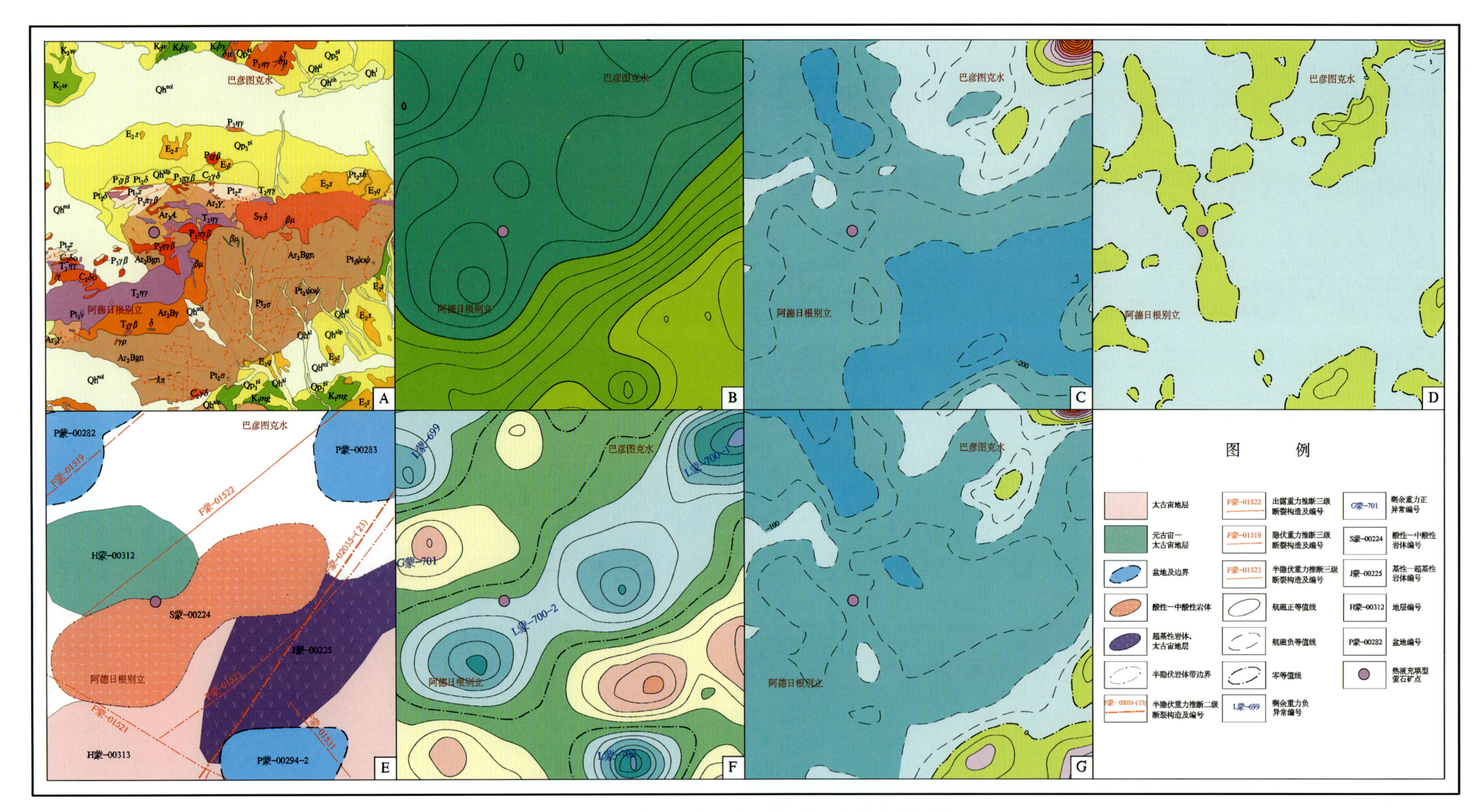

恩格勒式热液充填型萤石典型矿床所在区域地质矿产及物探剖析图
A. 地质矿产图；B. 布格重力异常图；C. 航磁 ΔT 等值线平面图；D. 航磁 ΔT 化极垂向一阶导数等值线平面图；E. 重力推断地质构造图；F. 剩余重力异常图；G. 航磁 ΔT 化极等值线平面图

巴音哈太式热液充填型萤石矿地质、地球物理特征一览表

成矿要素		内容描述		
储量		$10.99 \times 10^4 t$	平均品位	CaF_2 32.23%
特征描述		热液充填型萤石矿床		
地质环境	构造背景	华北陆块区,狼山-阴山陆块,狼山-白云鄂博裂谷(Pt_2)		
	成矿环境	成矿区带属滨太平洋成矿省(叠加在古亚洲成矿域之上),华北成矿省,华北陆块北缘西段金、铁、铌、稀土、铜、铅、锌、银、镍、铂、钨、石墨、白云母成矿带,白云鄂博-商都金、铁、铌、稀土、铜、镍成矿亚带(Ar_3,Pt,V,Y)。矿区内几乎没有地层出露。矿区内出露的岩浆岩主要为印支晚期钾长花岗岩和黑云母花岗岩,另外还有萤石石英脉,萤石矿即产于萤石石英脉中。矿区内总的构造线方向为北东向,呈单斜构造,向北及北东倾斜		
	成矿时代	三叠纪		
矿床特征	矿体形态	矿体呈脉状,近似水平方式产出		
	岩石类型	钾长花岗岩、黑云母花岗岩		
	岩石结构	花岗结构		
	矿物组合	萤石、石英、玉髓及少量方解石、重晶石、黏土		
	矿石结构构造	结构:自形—他形细粒结构。 构造:致密块状、条带状、角砾状造		
	蚀变特征	硅化、高岭土化		
	控矿条件	断裂构造,印支晚期二长花岗岩、花岗闪长岩岩体		
地球物理特征	重力场特征	巴音哈太萤石矿位于近北西向的狭长布格重力异常梯级带上,该梯级带由北西向断裂所致。矿床东侧为布格异常相对低值区,剩余重力负异常区L蒙-639,异常走向北西,地表出露较多二叠纪、三叠纪侵入岩,推断为酸性岩体分布区。矿床西侧为布格异常相对高值区,剩余重力正异常区G蒙-640,地表被大面积太古宇哈达门沟岩组($Ar_2h.$)与中元古界覆盖,故该正异常为太古宙地层与元古宙地层基底隆起所致。巴音哈太萤石矿所在位置布格异常值为$-152.00 \times 10^{-5} m/s^2$,剩余异常值$-2.00 \times 10^{-5} m/s^2$,处于酸性岩体与太古宙地层的接触带处,受断裂构造控制		
	磁场特征	由航磁异常图上可见,矿床所在区域为平稳的弱磁背景场,场值最高达150nT,且宽缓、开阔		

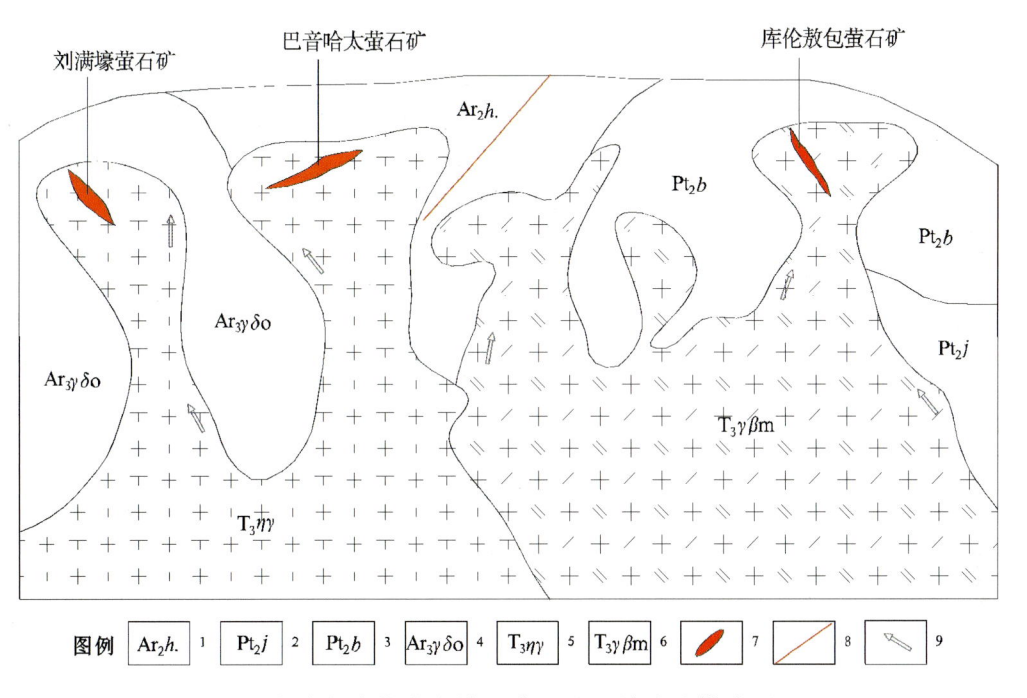

巴音哈太式热液充填型萤石矿区域成矿模式图

1.中太古界哈达门沟岩组;2.中元古界尖山组;3.中元古界比鲁特组;4.新太古代英云闪长岩;
5.三叠纪花岗闪长岩;6.三叠纪二长花岗岩;7.萤石矿体;8.断裂构造;9.含矿热液运移方向

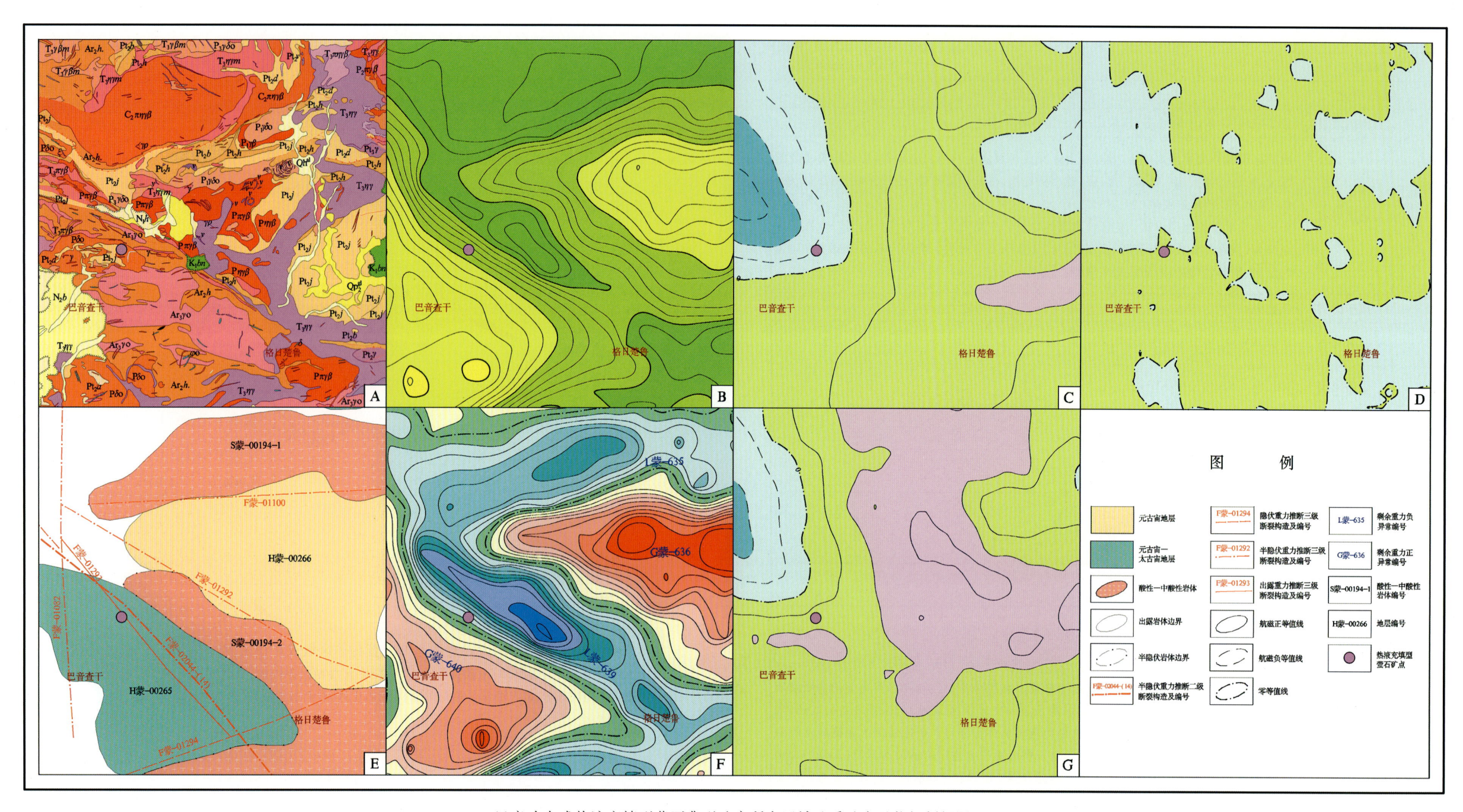

巴音哈太式热液充填型萤石典型矿床所在区域地质矿产及物探剖析图

A. 地质矿产图；B. 布格重力异常图；C. 航磁 ΔT 等值线平面图；D. 航磁 ΔT 化极垂向一阶导数等值线平面图；E. 重力推断地质构造图；F. 剩余重力异常图；G. 航磁 ΔT 化极等值线平面图

黑沙图式热液充填型萤石矿地质、地球物理特征一览表

成矿要素		内容描述		
储量		57.07×10^4 t	平均品位	CaF_2 66.13%
特征描述		热液充填型萤石矿床		
地质环境	构造背景	天山-兴蒙造山系,包尔汉图-温都尔庙弧盆系,温都尔庙俯冲增生杂岩带(Pt_2)		
	成矿环境	成矿区带属滨太平洋成矿域(叠加在古亚洲成矿域之上),大兴安岭成矿省,白乃庙-锡林郭勒铁、铜、钼、铅、锌、锰、铬、金、锗、煤、天然碱、芒硝成矿带,白乃庙-哈达庙铜、金、萤石成矿亚带(Pt、V、Y)。		
	成矿环境	矿区出露地层为古生界石炭系石英岩、石英片岩、绿泥板岩、砂岩、页岩、石灰岩。矿区内分布有区内最老的岩浆岩——片麻状花岗闪长岩,呈岩株状侵入于上石炭统砂岩及泥板岩中;白岗岩为矿体的围岩(认为是片麻状花岗闪长岩的变种);花岗闪长斑岩呈脉状产出。矿区内见有褶皱构造,为向北西西倾伏,向南倒转的背斜构造,与区域构造线相一致。区内断裂构造较为复杂		
	成矿时代	二叠纪—三叠纪		
矿床特征	矿体形态	脉状		
	岩石类型	英云闪长岩、白岗岩		
	岩石结构	花岗结构、细粒结构		
	矿物组合	矿石矿物:萤石。 脉石矿物:石英、玉髓		
	矿石结构构造	结构:半自形—他形细粒结构。 构造:块状、条带状、角砾状构造		
	蚀变特征	硅化、绢云母化、绿泥石化		
	控矿条件	矿床受断裂构造控制。 加里东期英云闪长岩为矿体的形成提供了必要的热源,白岗岩为同期英云闪长岩的变种		
地球物理特征	重力场特征	黑沙图萤石矿南部有一明显的北西向重力低值带贯穿整个布格重力异常图,其对应形成3个剩余重力负异常区:L蒙-629-1、L蒙-629-2、L蒙-632,地表均被大面积的第四系覆盖,故推断此3处局部负异常均由中新生代盆地引起;由L蒙-629-1、L蒙-629-2推断的中生代盆地即为白彦花牧场盆地东端。萤石矿西南侧的G蒙-630-2正异常,区内大面积出露古生界、元古界,故该正异常与古生代、元古宙基底隆起有关。综上,黑沙图萤石矿位于岩体与地层的接触带,且断裂构造发育		
	磁场特征	由航磁 ΔT 等值线图可见,萤石矿所在区域磁场较弱,场值在 $-50 \sim 0$ nT 之间;航磁 ΔT 化极等值线图上,萤石矿位于 ΔT 为 $100 \sim 150$ nT 的磁异常区。其东南侧近北东向正磁异常带,最高值达 450 nT,该异常带由海西期侵入岩引起		

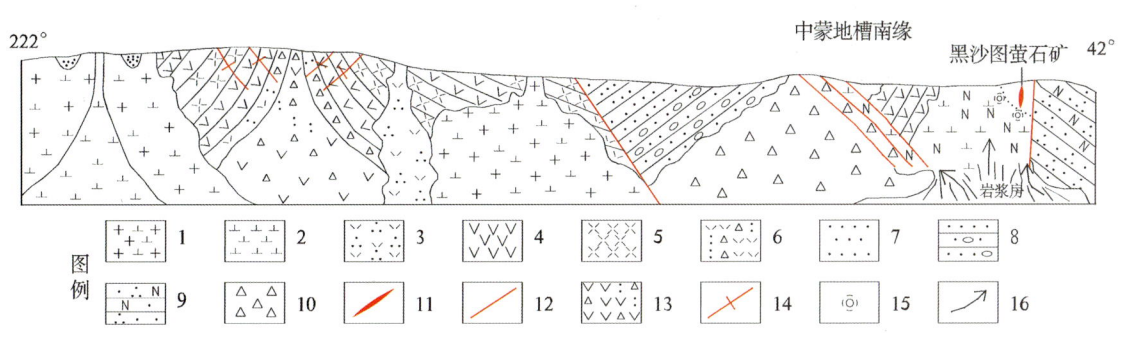

黑沙图式热液充填型萤石矿典型矿床区域成矿模式图

1.花岗闪长岩;2.闪长岩;3.石英斑岩;4.安山岩;5.流纹岩;6.流纹质凝灰角砾熔岩;7.沉积层;8.砂岩、砂砾岩;9.长石石英砂岩;10.构造角砾岩;11.萤石矿脉;12.断裂构造;13.安山质凝灰角砾熔岩;14.火山断裂;15.硅化;16.热液移动方向

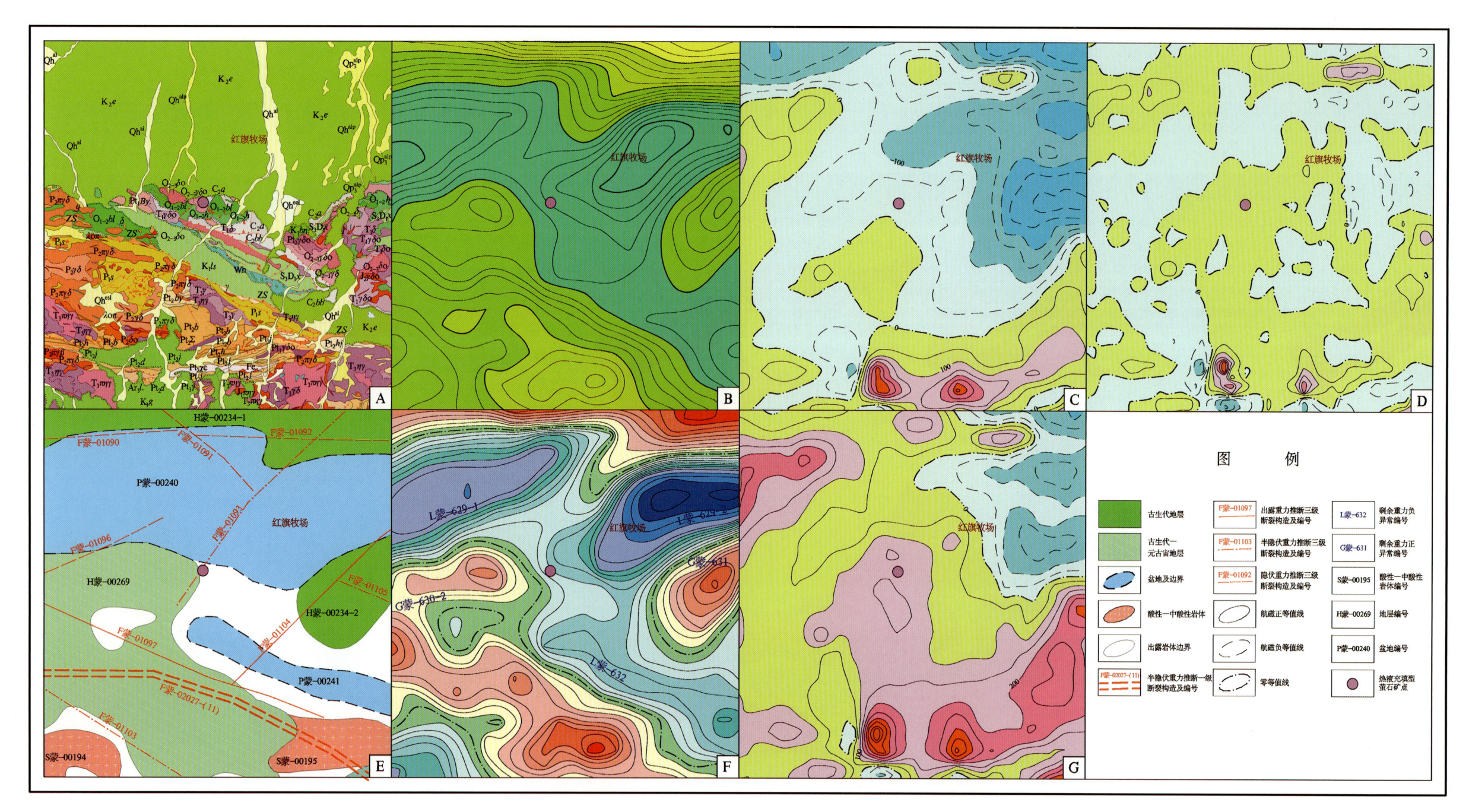

黑沙图式热液充填型萤石典型矿床所在区域地质矿产及物探剖析图

A. 地质矿产图;B. 布格重力异常图;C. 航磁 ΔT 等值线平面图;D. 航磁 ΔT 化极垂向一阶导数等值线平面图;E. 重力推断地质构造图;F. 剩余重力异常图;G. 航磁 ΔT 化极等值线平面图

苏莫查干敖包式沉积-改造型萤石矿地质、地球物理特征一览表

成矿要素		内容描述		
储量		矿石量 $2033×10^4$ t，CaF_2 $1296.241×10^4$ t	平均品位	CaF_2 63.76%
特征描述		沉积-改造（层控内生）型层状萤石矿床		
地质环境	构造背景	天山-兴蒙造山系，大兴安岭弧盆系（$Pt_3—T_2$），锡林浩特岩浆弧（Pz_2）		
	成矿环境	成矿区带属滨太平洋成矿域（叠加在古亚洲成矿域之上），大兴安岭成矿省，白乃庙-锡林郭勒铁、铜、钼、铅、锌、锰、铬、金、锗、煤、天然碱、芒硝成矿带，苏莫查干敖包-二连锰、萤石成矿亚带（V1）。苏莫查干敖包萤石矿产于二叠系大石寨组三岩段，主要萤石矿体赋存于大石寨组三岩段底部，含矿岩性为结晶灰岩、矿化大理岩以及含矿角砾岩。围岩有流纹斑岩、碳质斑点板岩，矿体严格受地层控制		
	成矿时代	沉积成矿时代为二叠纪，改造成矿时代为燕山期		
矿床特征	矿体形态	层状、似层状		
	岩石类型	碳质板岩、绢云绿泥碳质板岩、绢云绿泥斑点板岩、结晶灰岩、大理岩		
	岩石结构	变余泥质结构、细粒变晶结构、隐晶质结构		
	矿物组合	矿石矿物：萤石。金属矿物：黄铁矿、黄铜矿、闪锌矿、磁黄铁矿等。脉石矿物：石英、方解石、蛋白石、玉髓等		
	矿石结构构造	结构：自形—半自形粒状结构、他形粒状结构、伟晶结构。构造：块状、纹层状、角砾状、同心圆状、梳状、蜂窝状、皮壳状、葡萄状构造等		
	蚀变特征	绢云母化、硅化、碳酸盐化、高岭土化、褐铁（锰）矿化等		
	控矿条件	褶皱构造、断裂构造；下中二叠统大石寨组流纹斑岩、碳质板岩、结晶灰岩；白垩纪（燕山晚期）花岗岩侵入体		
地球物理特征	重力场特征	苏莫查干敖包萤石矿位于布格重力相对高值区与相对低值区接触带上，接触带走向由东西向转为北东向，萤石矿就位于异常走向改变的拐点处。矿床所在处布格异常值 Δg 为 $-150.00×10^{-5}$ m/s^2，矿床西侧为异常相对低值区，东侧为相对高值区。剩余重力异常图上，矿床位于剩余重力正异常与负异常的交替带上，矿体位于负异常一侧，区内出露大面积密度较低的二叠纪花岗岩，故该异常由中酸性侵入岩引起。苏莫查干敖包萤石矿床东侧为剩余重力正异常，地表零星出露元古宙地层，所以该正异常为元古宙基底隆起所致		
	磁场特征	从航磁等值线图上可见，萤石位于北北西向正磁异常的边部，其附近最大磁异常值为500nT，萤石矿所在处磁异常为50～100nT。局部似圆形强磁异常与局部强磁性物质富集有关		

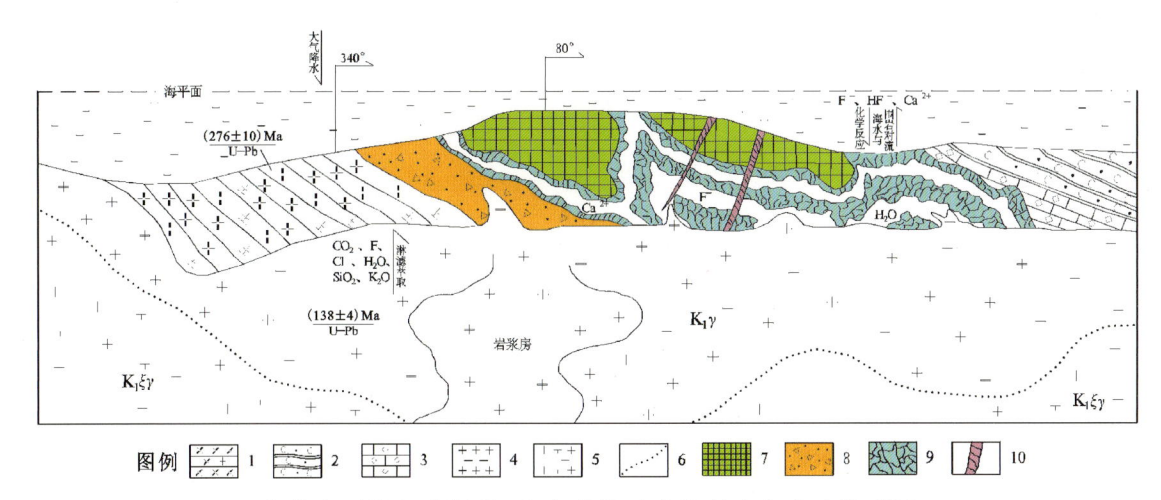

苏莫查干敖包式沉积-改造型萤石矿典型矿床成矿模式图

1.高岭土化流纹斑岩；2.碳质斑点板岩；3.结晶灰岩；4.似斑状花岗岩；5.正长花岗岩；6.岩相界线；7.细晶质块状萤石矿石；8.角砾状萤石矿石；9.条带状萤石矿石；10.束状萤石矿脉

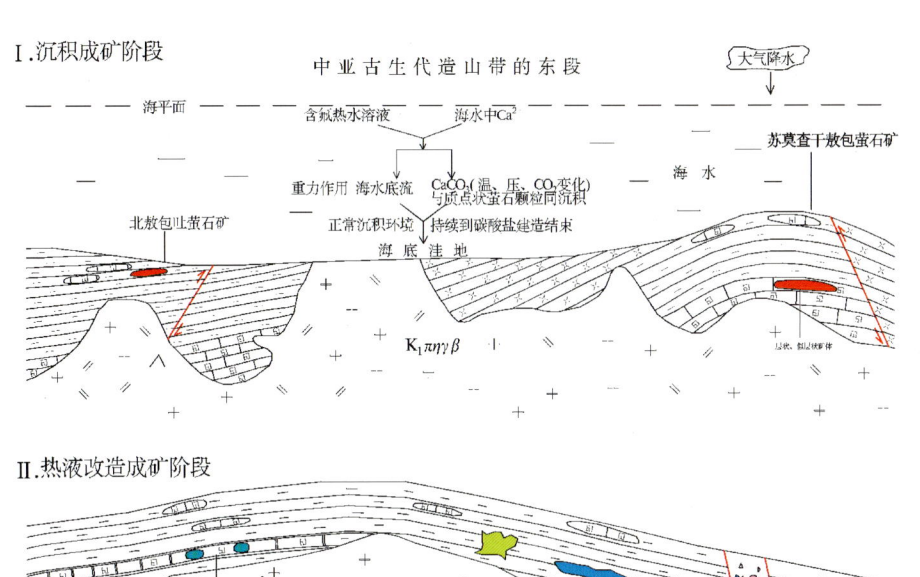

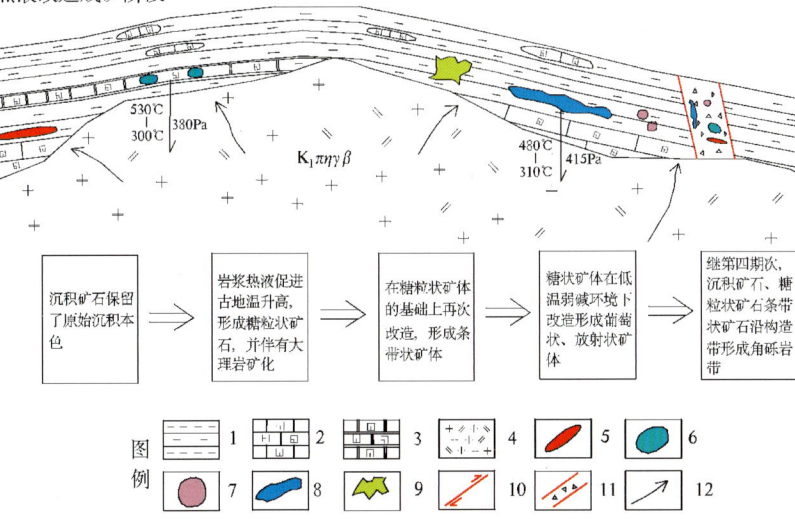

Ⅰ.沉积成矿阶段

Ⅱ.热液改造成矿阶段

苏莫查干敖包式沉积-改造型萤石矿区域成矿模式图

1.灰色泥板岩；2.萤石矿化结晶灰岩；3.萤石矿化大理岩；4.似斑状黑云二长花岗岩；5.层状矿体；6.糖粒状矿体；7.葡萄状矿体；8.条带状矿体；9.放射状矿体；10.断裂；11.构造破碎带；12.岩浆热液运移方向

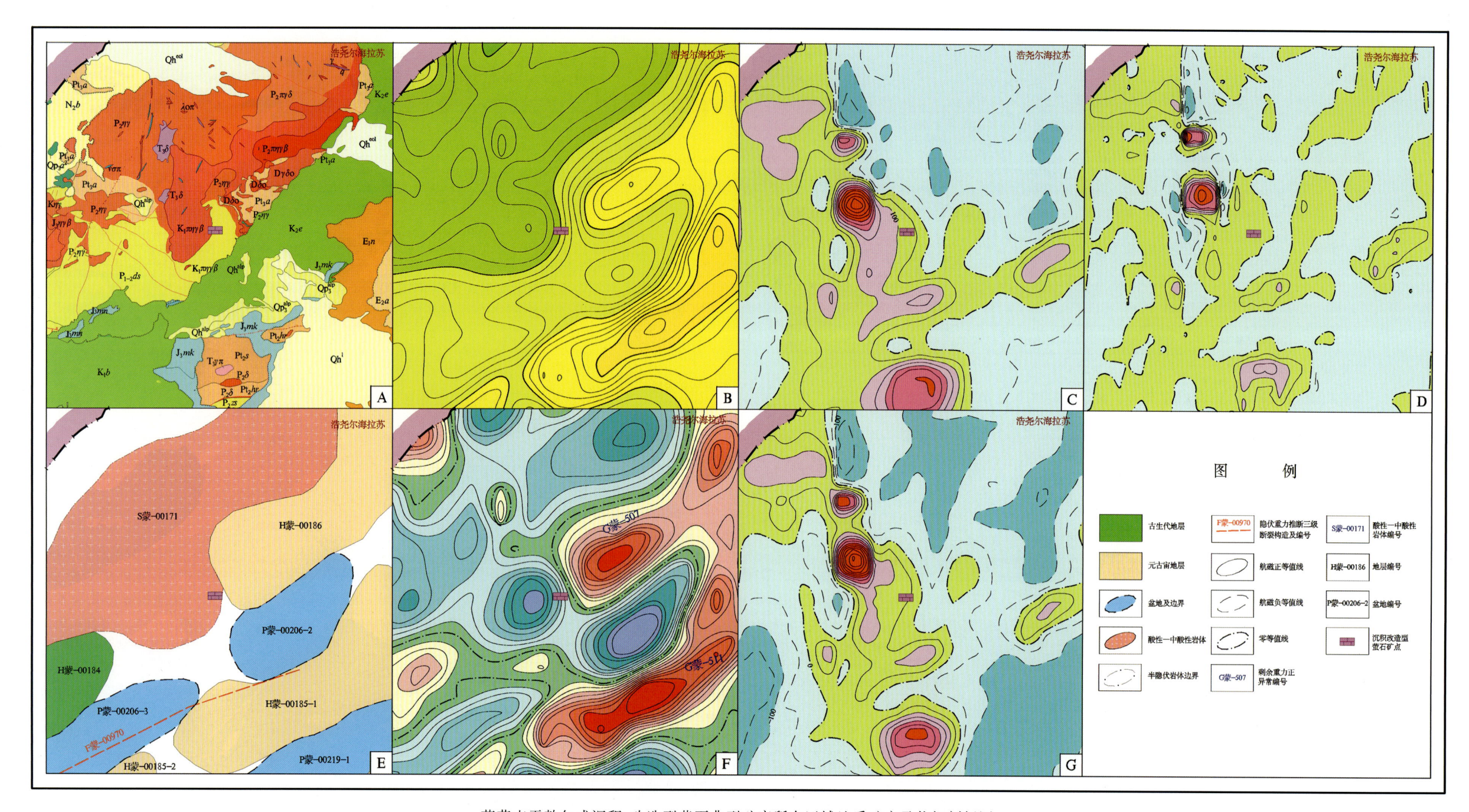

苏莫查干敖包式沉积-改造型萤石典型矿床所在区域地质矿产及物探剖析图

A. 地质矿产图；B. 布格重力异常图；C. 航磁 ΔT 等值线平面图；D. 航磁 ΔT 化极垂向一阶导数等值线平面图；E. 重力推断地质构造图；F. 剩余重力异常图；G. 航磁 ΔT 化极等值线平面图

白音脑包式热液充填型萤石矿地质、地球物理特征一览表

成矿要素		内容描述		
储量		16.87×10^4 t	平均品位	CaF_2 86.30%
特征描述		热液充填型萤石矿床		
地质环境	构造背景	天山-兴蒙造山系,大兴安岭弧盆系(Pt_3-T_2),锡林浩特岩浆弧(Pz_2)		
	成矿环境	成矿区带属滨太平洋成矿域(叠加在古亚洲成矿域之上),大兴安岭成矿省,白乃庙-锡林郭勒铁、铜、钼、铅、锌、锰、铬、金、锗、煤、天然碱、芒硝成矿带,苏莫查干敖包-二连锰、萤石成矿亚带(Ⅵ)。萤石矿体赋存于上侏罗统白音高老组中,岩性为凝灰质含砾粗砂岩、凝灰质砂岩夹流纹质凝灰岩。燕山期花岗岩、黑云母花岗岩等酸性侵入岩体,为控矿岩体。北东方向正断层构造组成一系列近似平行的构造线,并沿该方向产生剪切节理。可见沿断层破碎带所产生的矿化作用,产于围岩侏罗系中的断层及燕山期花岗岩裂隙中及其接触带附近。并在断层破碎带所生成的矿脉一般具有开采价值		
	成矿时代	侏罗纪—白垩纪		
矿床特征	矿体形态	脉状、网脉状		
	岩石类型	凝灰质含砾粗砂岩、凝灰质砂岩夹流纹质凝灰岩,花岗岩		
	岩石结构	含砾砂状结构、凝灰质结构、碎屑结构、中细粒花岗结构		
	矿物组合	矿石矿物:萤石。 脉石矿物:石英、玉髓		
	矿石结构构造	结构:自形—半自形粒状结构、他形粒状结构。 构造:平行条带状、块状、角砾状构造		
	蚀变特征	高岭土化、矽卡岩化、绢云母化		
	控矿条件	断裂构造;燕山期花岗岩、黑云母花岗岩等酸性侵入岩体		
地球物理特征	重力场特征	由布格重力异常图可见,受区域地质条件及构造断裂控制,布格重力异常总体呈北东向展布。白音脑包萤石矿位于布格重力异常相对低值带中部,布格重力值 Δg 为 $(-152.71\sim-140.00)\times10^{-5}$ m/s^2;对应形成的北东向剩余重力负异常,极值 Δg 为 $(-12.39\sim-8.77)\times10^{-5}$ m/s^2,地表出露白垩系、第四系,故该地段为中新生界坳陷盆地所在区域。北侧为局部剩余重力正异常,区内被古近系和新近系覆盖,密度为 2.11g/cm^3,据钻孔资料显示,该区域边部60m处出露石炭系本巴图组,密度为 2.53g/cm^3,故该正异常由古生界引起。东部形成的北东向剩余重力正异常,由多个局部正异常组成,Δg 为 $(6.69\sim8.92)\times10^{-5}$ m/s^2,并伴有航磁异常,结合地质资料分析,推测由基性岩体引起		
	磁场特征	由于白音脑包萤石矿所在区域大面积分布中新生代弱磁、无磁性地质体,故萤石矿床所在区域为宽缓的负磁背景区,航磁异常在 $-100\sim-50$ nT 之间。其南侧近北东向条带状正异常与剩余重力正异常相吻合,认为是密度高、磁性高的基性岩体所致		

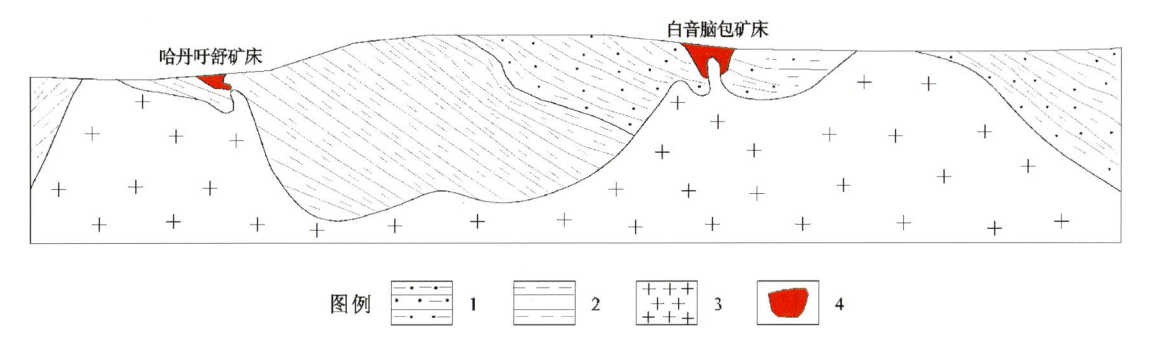

白音脑包式热液充填型萤石矿区域成矿模式图
1.古近纪砂质泥岩;2.白垩纪泥岩;3.侏罗纪花岗岩;4.萤石矿体

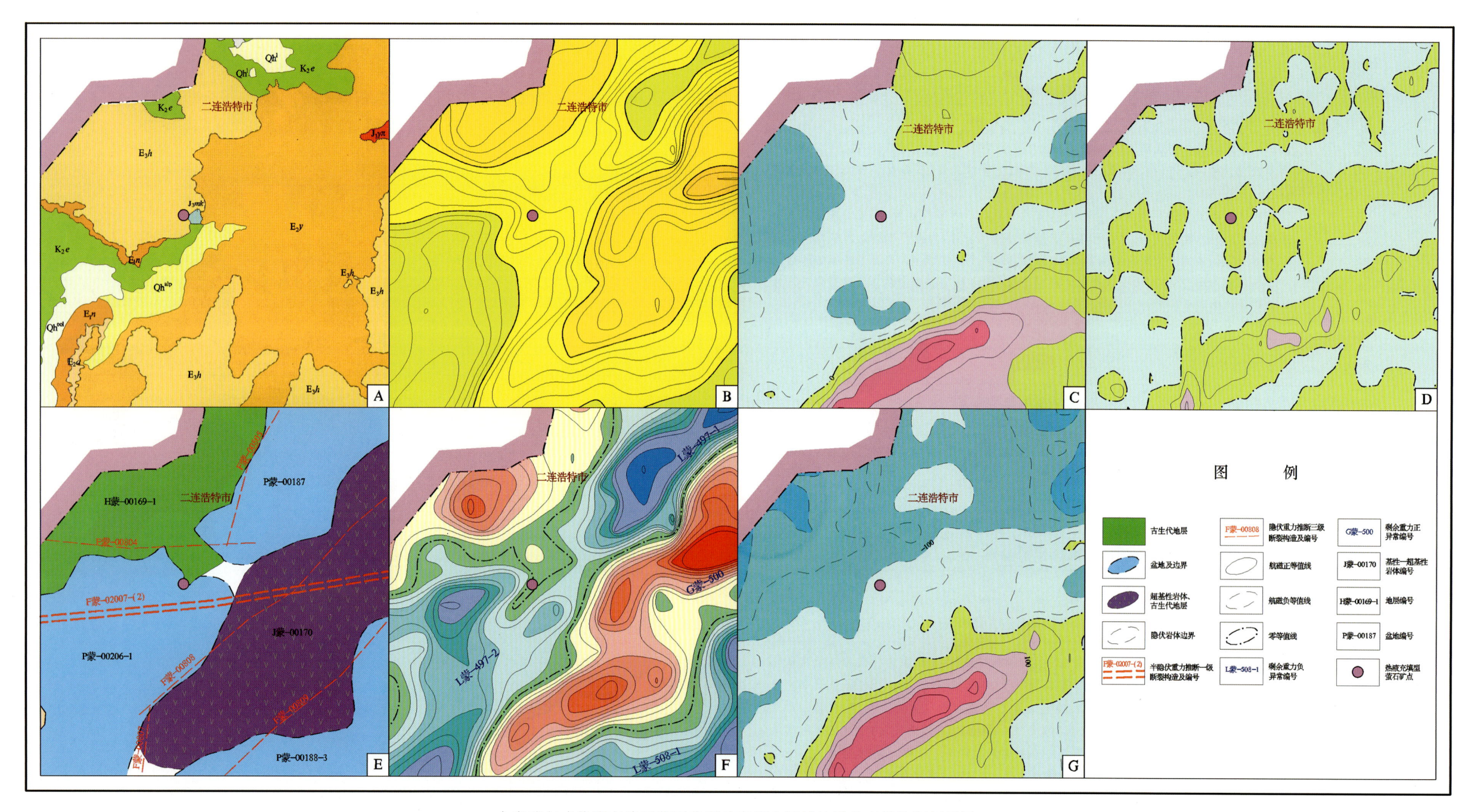

白音脑包式热液充填型萤石典型矿床所在区域地质矿产及物探剖析图

A. 地质矿产图；B. 布格重力异常图；C. 航磁 ΔT 等值线平面图；D. 航磁 ΔT 化极垂向一阶导数等值线平面图；E. 重力推断地质构造图；F. 剩余重力异常图；G. 航磁 ΔT 化极等值线平面图

白彦敖包式热液充填型萤石矿地质、地球物理特征一览表

成矿要素		内容描述		
储量		3.92×10^4 t	平均品位	CaF_2 69.81％
特征描述		热液充填型萤石矿床		
地质环境	构造背景	天山-兴蒙造山系,包尔汉图-温都尔庙弧盆系,温都尔庙俯冲增生杂岩带(Pt_2)		
	成矿环境	成矿区带属滨太平洋成矿域(叠加在古亚洲成矿域之上),华北成矿省矿区,华北陆块北缘西段金、铁、铌、稀土、铜、铅、锌、银、镍、铂、钨、石墨、白云母成矿带,白云鄂博-商都金、铁、铌、稀土、铜、镍成矿亚带(Ar_3、Pt、V、Y)。 矿区出露地层为中元古界白音布拉格组石英绢云片岩、石英岩、砂质灰岩,地层总体走向北东-南西向,与花岗岩体接触部位具混合岩化现象,萤石矿体即产于该地层与花岗岩体的接触带部位。矿区内见有大面积海西晚期花岗岩体出露,呈岩基状产出,花岗岩体地表风化强烈,具绢云母化。除矿区西部见有一小型破碎带外,地表未见有明显的断裂构造,出露矿体连续性较好		
	成矿时代	二叠纪、三叠纪		
矿床特征	矿体形态	矿体呈脉状方式产出		
	岩石类型	花岗岩、二长花岗岩、似斑状花岗岩		
	岩石结构	花岗结构		
	矿物组合	萤石、褐铁矿、石英、方解石		
	矿石结构构造	结构:自形—他形细粒结构。 构造:致密块状、条带状、角砾状构造		
	蚀变特征	硅化、高岭土化、绢云母化、碳酸盐化		
	控矿条件	断裂构造;海西晚期花岗岩、二长花岗岩、燕山期花岗岩岩体		
地球物理特征	重力场特征	白彦敖包萤石矿位于中部由近东西向转为北东向重力相对低值带拐弯处,萤石矿附近重力值约为-180.00×10^{-5} m/s²。在其北侧及南侧均为布格重力异常高值区。白彦敖包萤石矿布格重力异常与剩余重力异常对应较好,异常形态、范围较一致。白彦敖包萤石矿位于 L 蒙-554 号剩余重力负异常区,萤石矿附近剩余重力异常值约为-7×10^{-5} m/s²,该区域大面积被古近系和新近系覆盖,故该负异常由盆地引起。其北侧为剩余重力正异常区,区内均出露大面积二叠纪花岗岩(σ 为 2.59g/cm³),但异常边部又零星出露中元古界(σ 为 2.69g/cm³),可见正异常由元古宙地层引起。综上,白彦敖包萤石矿位于地层与岩体接触带中		
	磁场特征	由航磁 ΔT 等值线图可知,白彦敖包萤石矿位于大面积区域负磁场中,萤石矿床所在处磁异常值为$-200\sim-150$nT。可见,萤石矿所在区域磁性物质不富集		

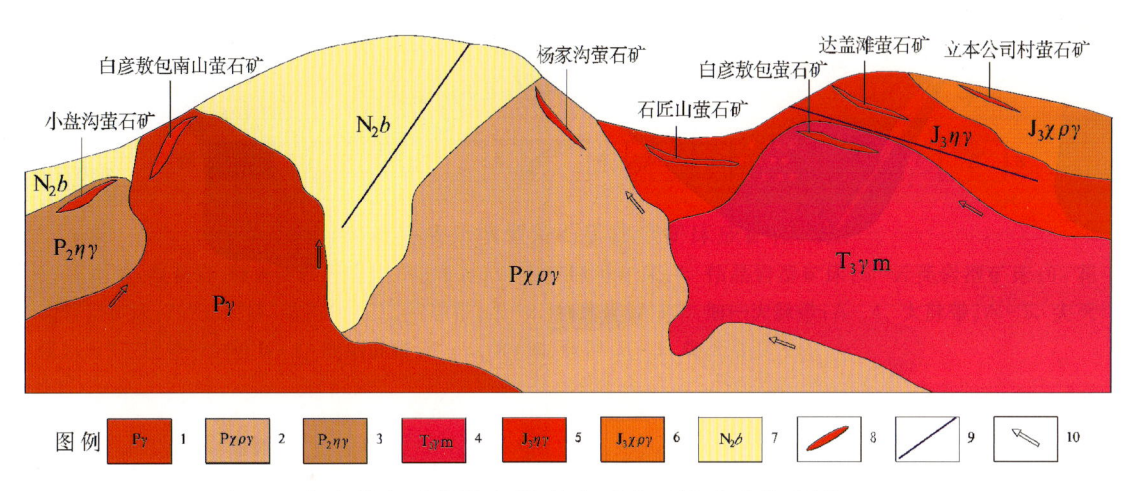

白彦敖包式热液充填型萤石矿区域成矿模式图

1.二叠纪花岗岩体;2.二叠纪碱长花岗岩体;3.中二叠世二长花岗岩体;4.晚三叠世白云母花岗岩、二长花岗岩体;5.晚侏罗世黑云母花岗岩、花岗斑岩体;6.晚侏罗世碱长花岗岩体;7.新近系上新统宝格达乌拉组;8.萤石矿体;9.断裂构造;10.含矿热液运移方向

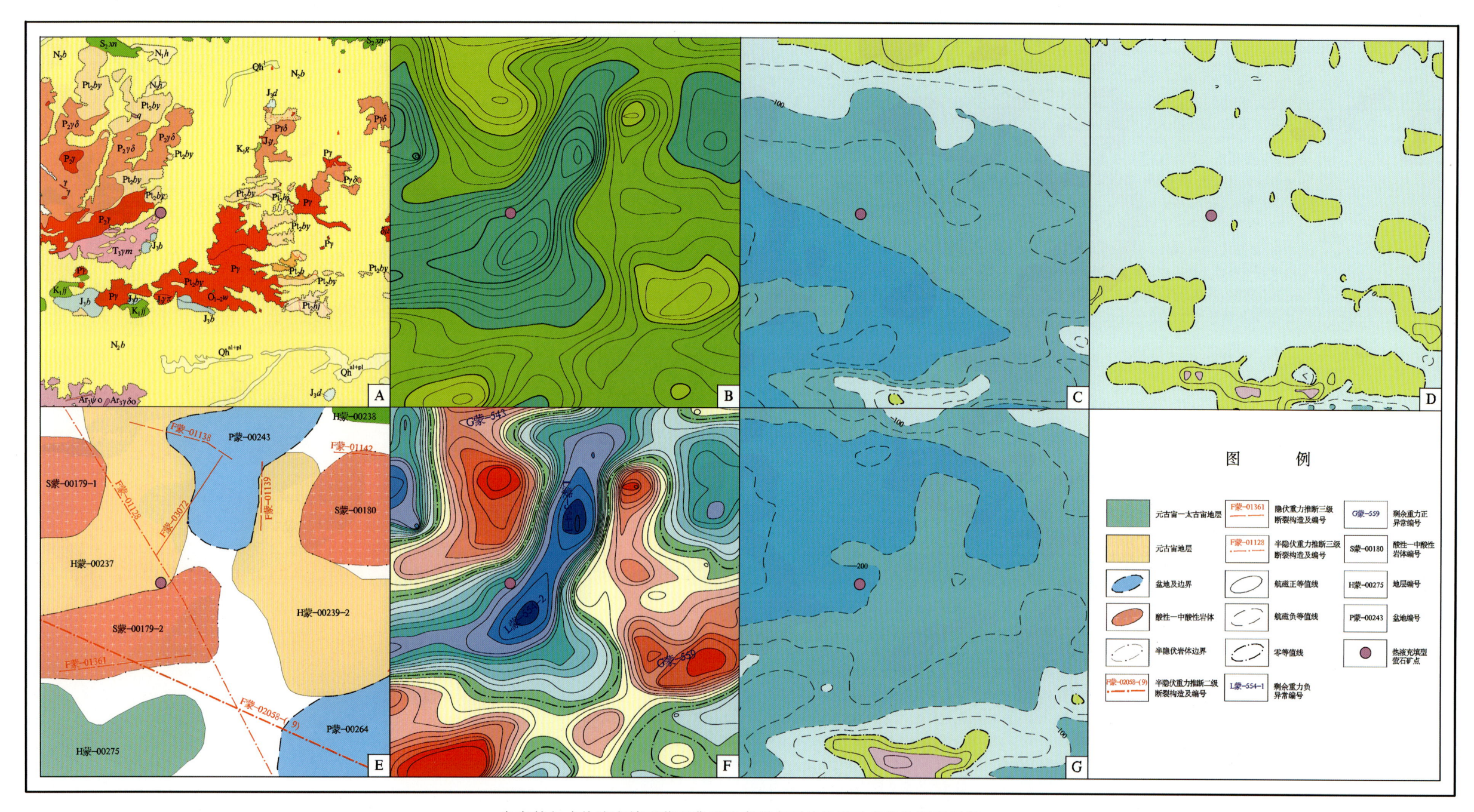

白彦敖包式热液充填型萤石典型矿床所在区域地质矿产及物探剖析图

A. 地质矿产图;B. 布格重力异常图;C. 航磁 ΔT 等值线平面图;D. 航磁 ΔT 化极垂向一阶导数等值线平面图;E. 重力推断地质构造图;F. 剩余重力异常图;G. 航磁 ΔT 化极等值线平面图

太仆寺旗东郊式热液充填型萤石矿地质、地球物理特征一览表

成矿要素		内容描述		
储量		5.12×10^4 t	平均品位	CaF_2 94.52%
特征描述		热液充填型萤石矿床		
地质环境	构造背景	华北陆块区,狼山-阴山陆块(大陆边缘岩浆弧),色尔腾山-太仆寺旗古岩浆弧(Ar_3)		
	成矿环境	成矿区带属滨太平洋成矿域(叠加在古亚洲成矿域之上),华北成矿省,华北陆块北缘东段铁、铜、钼、铅、锌、金、银、锰、铀、磷、煤、膨润土成矿带,内蒙古隆起东段铁、铜、钼、铅、锌、金、银成矿亚带(Ar、Y)。矿区出露地层为上侏罗统白音高老组,主要岩性为石英斑岩、流纹质火山角砾岩、流纹质熔结角砾岩、流纹斑岩。矿区西南部见有中粗粒花岗岩及花岗斑岩、闪长玢岩、闪长岩及玉髓脉等脉岩。区内由于水平运动形成的逆冲断层及逆掩断层,与垂直运动形成的正断层极为发育,按生成顺序可分3组,第一组呈北西—北北西向分布,后两组呈北东向与北北东向分布,均为成矿前断裂,是萤石矿液的良好通道		
	成矿时代	侏罗纪		
矿床特征	矿体形态	矿体呈脉状、透镜状		
	岩石类型	二长花岗岩		
	岩石结构	中粒结构		
	矿物组合	矿石矿物:萤石 脉石矿物:玉髓、方解石		
	矿石结构构造	结构:花岗结构、隐晶质结构。 构造:块状、角砾状构造		
	蚀变特征	高岭土化、硅化、绢云母化		
	控矿条件	(1)燕山早期的二长花岗岩为成矿母岩,该期花岗岩岩浆热液沿构造裂隙上侵,侵入到白音高老组中。 (2)矿体严格受断裂构造控制,是含矿热液的良好通道与成矿有利部位		
地球物理特征	重力场特征	太仆寺旗东郊萤石矿位于布格重力相对低值区与相对高值区的梯级带边部,此梯级带由北东向临河-察右后旗断裂引起(编号 F蒙-02046)。萤石矿所在处布格重力值 $\Delta g = -164.00 \times 10^{-5}$ m/s²,矿床北侧为相对低值区,南侧为相对高值区。剩余重力异常图上显示,萤石矿位于正负异常过渡带边部,剩余重力正异常一侧,矿床位置异常值为 $\Delta g = 2.00 \times 10^{-5}$ m/s²。矿床北侧为一明显似哑铃状北东向负异常带,且地表多处出露二叠纪花岗岩,所以此负异常由酸性侵入岩引起。因区域上矿床西南侧地表出露中太古代地层,故推断矿床所在位置正异常亦为太古宙基底隆起所致。太仆寺旗萤石矿位于色尔腾山-太仆寺旗古岩浆弧构造岩浆岩亚带(Ar_3),通过前述的北东向临河-察右后旗断裂,位于推断的酸性岩体与中太古代地层接触带上,侵入岩浆岩为成矿提供热动力来源,断裂构造为其提供了成矿场所		
	磁场特征	航磁 ΔT 等值线平面图上,太仆寺旗萤石矿位于 100nT 磁异常等值线上。航磁 ΔT 化极等值线平面图上,太仆寺旗萤石矿位于中部正磁异常区边部,该异常西侧呈近东西向条带状展布,东侧呈面状分布,磁异常应主要是对侏罗纪火山岩及燕山期岩浆岩的反映。西南角的近东西向正磁异常,最高值达 300nT,磁异常与剩余重力正异常对应,由太古宇引起		

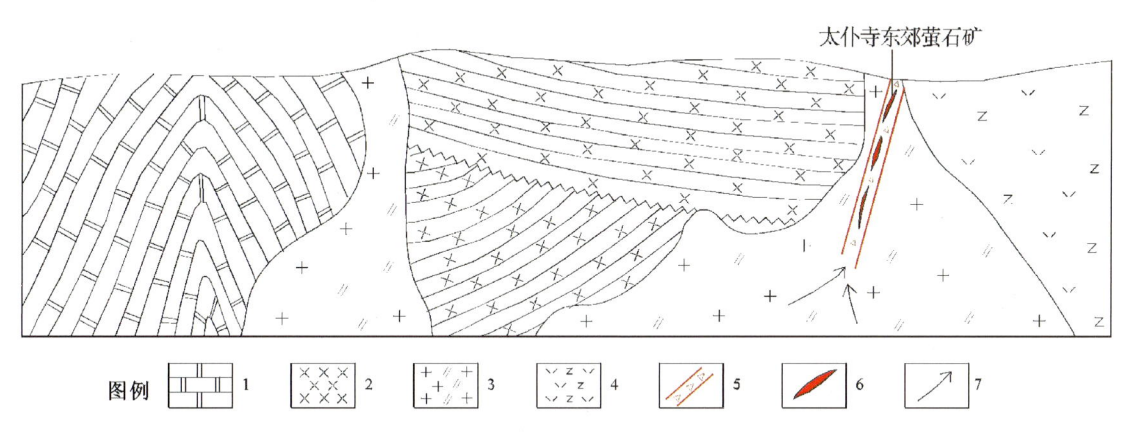

太仆寺旗东郊式热液充填型萤石矿区域成矿模式图

图例 1.白云质灰岩;2.流纹岩;3.二长花岗岩;4.霏细岩;5.构造破碎带;6.萤石矿体;7.热液运移方向

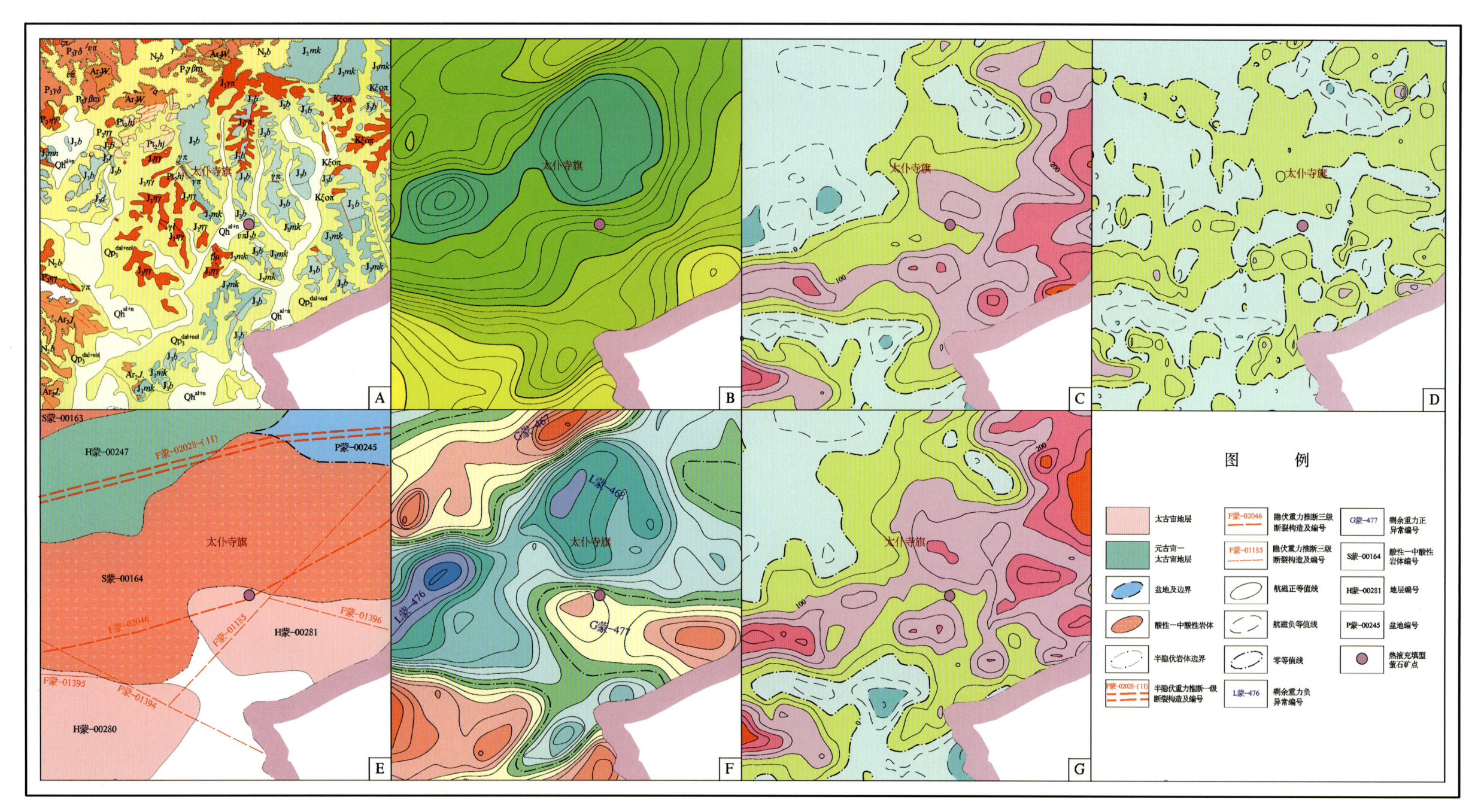

太仆寺旗东郊式热液充填型萤石典型矿床所在区域地质矿产及物探剖析图

A. 地质矿产图；B. 布格重力异常图；C. 航磁 ΔT 等值线平面图；D. 航磁 ΔT 化极垂向一阶导数等值线平面图；E. 重力推断地质构造；F. 剩余重力异常图；G. 航磁 ΔT 化极等值线平面图

跃进式热液充填型萤石矿地质、地球物理特征一览表

成矿要素		内容描述		
储量		$39.23×10^4$ t	平均品位	CaF_2 64.97%
特征描述		热液充填型萤石矿床		
地质环境	构造背景	天山-兴蒙造山系,大兴安岭弧盆系(Pt_3—T_2),锡林浩特岩浆弧(Pz_2)		
	成矿环境	成矿区带属滨太平洋成矿域(叠加在古亚洲成矿域之上),大兴安岭成矿省,白乃庙-锡林郭勒铁、铜、钼、铅、锌、锰、铬、金、锗、煤、天然碱、芒硝成矿带,温都尔庙-红格尔庙铁、金、钼成矿亚带(Pt、V、Y)。矿区出露地层为中二叠统哲斯组的砾岩带以及砂岩带。砾岩带由杂色砾岩夹中粗砂岩及粉砂岩透镜体组成,沿走向局部地段被含砾砂岩所代替,与海西晚期的黑云母斜长花岗岩呈侵入接触;出露的海西晚期黑云母斜长花岗岩是成矿的主要岩体,还出露有长石斑岩以及辉绿岩,长石斑岩侵入到黑云母斜长花岗岩中,规模不大,辉绿岩呈椭圆形,四周被第四系覆盖。矿区内断层构造发育,它是导矿、容矿的良好场所,构造活动具有多期性,后期断裂破坏了萤石矿脉。总体来讲,断裂构造主要为近南北向、北西向及少许北东向、北东东向		
	成矿时代	二叠纪		
矿床特征	矿体形态	矿体呈脉状		
	岩石类型	花岗岩		
	岩石结构	中粗粒花岗结构		
	矿物组合	矿石矿物:萤石。脉石矿物:石英、隐晶硅质		
	矿石结构构造	结构:自形—半自形粒状结构、他形粒状结构、交代结构、碎裂结构。构造:块状、条带状构造		
	蚀变特征	硅化、高岭土化、绢云母化、碳酸盐化		
	控矿条件	(1)矿体的围岩为中二叠统哲斯组的砾岩带以及砂岩带。(2)矿体受断裂构造控制,是矿体形成的有利场所。(3)海西晚期黑云母斜长花岗岩是成矿的主要岩体		
地球物理特征	重力场特征	跃进萤石矿位于两个北东向局部布格重力相对高值区的中间过渡带上,矿床位于异常为$-128.00×10^{-5}$ m/s^2 的等值线上。剩余重力异常图上,跃进萤石矿位于两个北东向正异常过渡带边部的零值线上,矿床北东侧亦为正异常区,这3处正异常区内均不同程度出露有二叠系大石寨组,均是基底隆起的综合反映。矿床东部负异常与中酸性岩浆岩有关,西部负异常为中新生界坳陷盆地所致		
	磁场特征	由航磁 ΔT 化极等值线图可见,跃进萤石矿位于区域宽缓、开阔的负磁背景场中,所在位置场值在-100~-50 nT 之间		

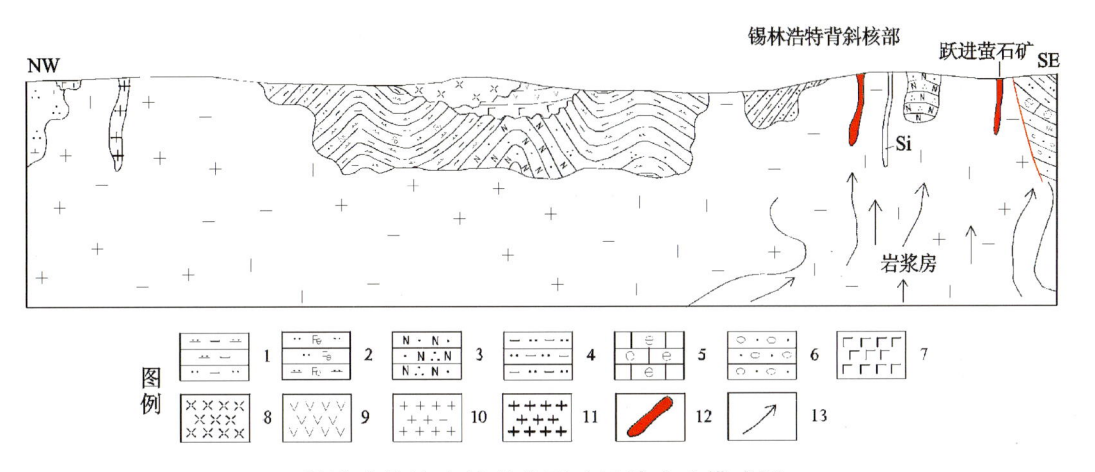

跃进式热液充填型萤石矿区域成矿模式图

1. 硅泥质岩;2. 含铁硅质岩;3. 长石石英砂岩;4. 粉砂岩-泥岩;5. 生物碎屑灰岩;6. 砂砾岩;7. 玄武岩;8. 流纹岩;9. 安山岩;10. 花岗岩;11. 花岗斑岩;12. 萤石矿体;13. 热液运移方向

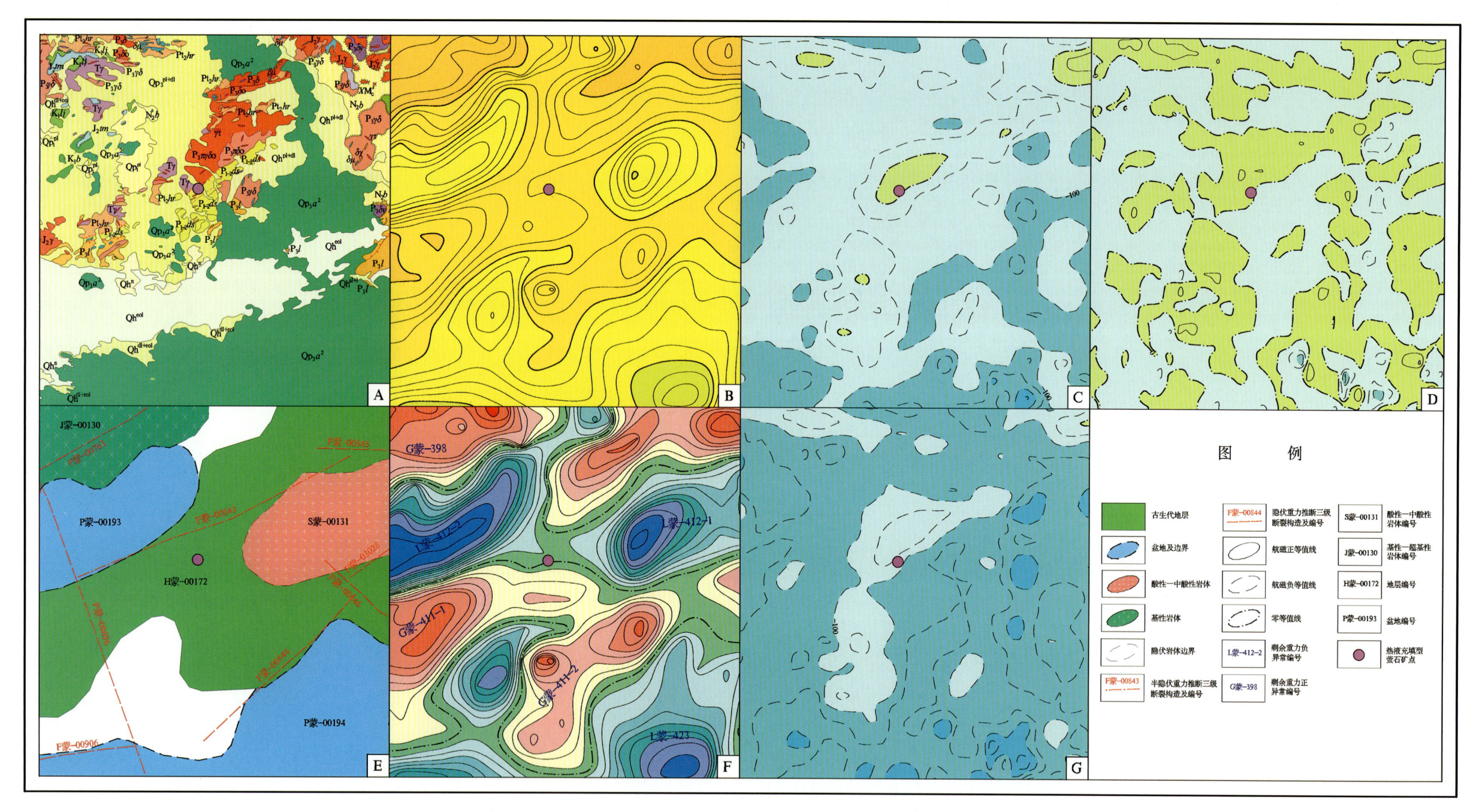

跃进式热液充填型萤石典型矿床所在区域地质矿产及物探剖析图

A. 地质矿产图；B. 布格重力异常图；C. 航磁 ΔT 等值线平面图；D. 航磁 ΔT 化极垂向一阶导数等值线平面图；E. 重力推断地质构造图；F. 剩余重力异常图；G. 航磁 ΔT 化极等值线平面图

苏达勒式热液充填型萤石矿地质、地球物理特征一览表

成矿要素		内容描述		
储量		矿石量 $26.70×10^4$ t，CaF_2 $12.86×10^4$ t	平均品位	CaF_2 47.48%
特征描述		热液充填型萤石矿床		
地质环境	构造背景	天山-兴蒙造山系，大兴安岭弧盆系(Pt_3—T_2)，锡林浩特岩浆弧(Pz_2)		
	成矿环境	成矿区带属滨太平洋成矿域(叠加在古亚洲成矿域之上)，大兴安岭成矿省，突泉-翁牛特铅、锌、银、铜、铁、锡、稀土成矿带，神山-大井子铜、铅、锌、银、铁、钼、稀土、铌、钽、萤石成矿亚带(Ⅰ-Y)。矿区出露地层为古生界上二叠统林西组，岩性为一套浅变质砂岩、粉砂岩及砂质泥岩等碎屑沉积岩。出露有角闪黑云花岗闪长岩体、辉长闪长岩以及派生脉岩，萤石矿体产于脉岩中。断裂构造发育，在矿区中有一北东向断裂破碎带，带内岩石极破碎，具角砾状构造、糜棱岩化、擦痕面及萤石、方解石、石英脉等脉岩贯入，该带具有多次构造活动，对成矿具有严格的控制作用		
	成矿时代	燕山晚期		
矿床特征	矿体形态	矿体呈脉状，倾向南东，倾角50°，矿体斜向延伸110m左右		
	岩石类型	角闪黑云花岗闪长岩、辉长闪长岩		
	岩石结构	中粒花岗结构、半自形粒状结构		
	矿物组合	矿石矿物：萤石；金属矿物：褐铁矿。脉石矿物：以石英、方解石为主，次为玉髓、蛋白石、重晶石		
	矿石结构构造	结构：碎裂结构、他形粒状结构。构造：块状、角砾状构造，少量条带状、梳状构造		
	蚀变特征	硅化、高岭土化、绿泥石化、碳酸盐化		
	控矿条件	燕山晚期角闪黑云花岗闪长岩(与区域上黑云母花岗岩同属燕山期构造岩浆活动产物)是矿体形成的母岩，为矿体形成提供热源。断裂破碎带为矿体形成的主要场所，具多次构造活动，对成矿具有严格的控制作用		
地球物理特征	重力场特征	苏达勒式萤石矿位于两个布格重力相对高值区中间的重力低值区，异常走向北西，向北西方向重力场范围变宽。矿床所在处布格异常 Δg 为$(-75.44\sim-75.17)×10^{-5}$ m/s²。剩余异常图苏达勒萤石矿正位于G蒙-288号正异常和L蒙-289号负异常的接触带附近，正异常主要为古生代基底隆起所致，而负异常因区内大面积酸性—中酸性岩体侵入引起，主要岩性为黑云母花岗岩		
	磁场特征	由苏达勒萤石矿所在区域航磁等值线平面图可见，磁场总体呈北东走向，这与重力场相吻合，且与总体构线方向一致。苏达勒萤石矿位于正、负磁场分界线处，南东部正异常最高达600nT，正异常主要由燕山期黑云母花岗岩引起。可见苏达勒萤石矿位于酸性岩与地层的内接触带中，岩浆岩对成矿具有控制作用		

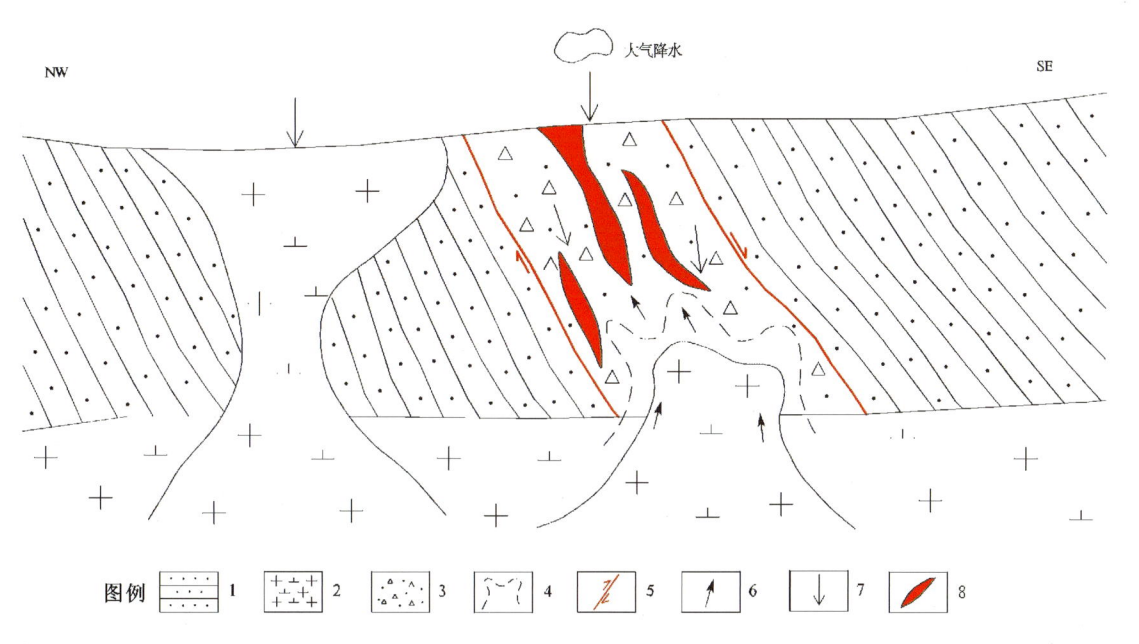

苏达勒式热液充填型萤石矿典型矿床成矿模式图

1. 变质细砂岩；2. 角闪黑云花岗闪长岩；3. 构造角砾岩；4. 燕山晚期岩浆热液引起的热异常范围；5. 断层；
6. 含矿热液运移方向；7. 大气降水及下渗方向；8. 萤石矿体

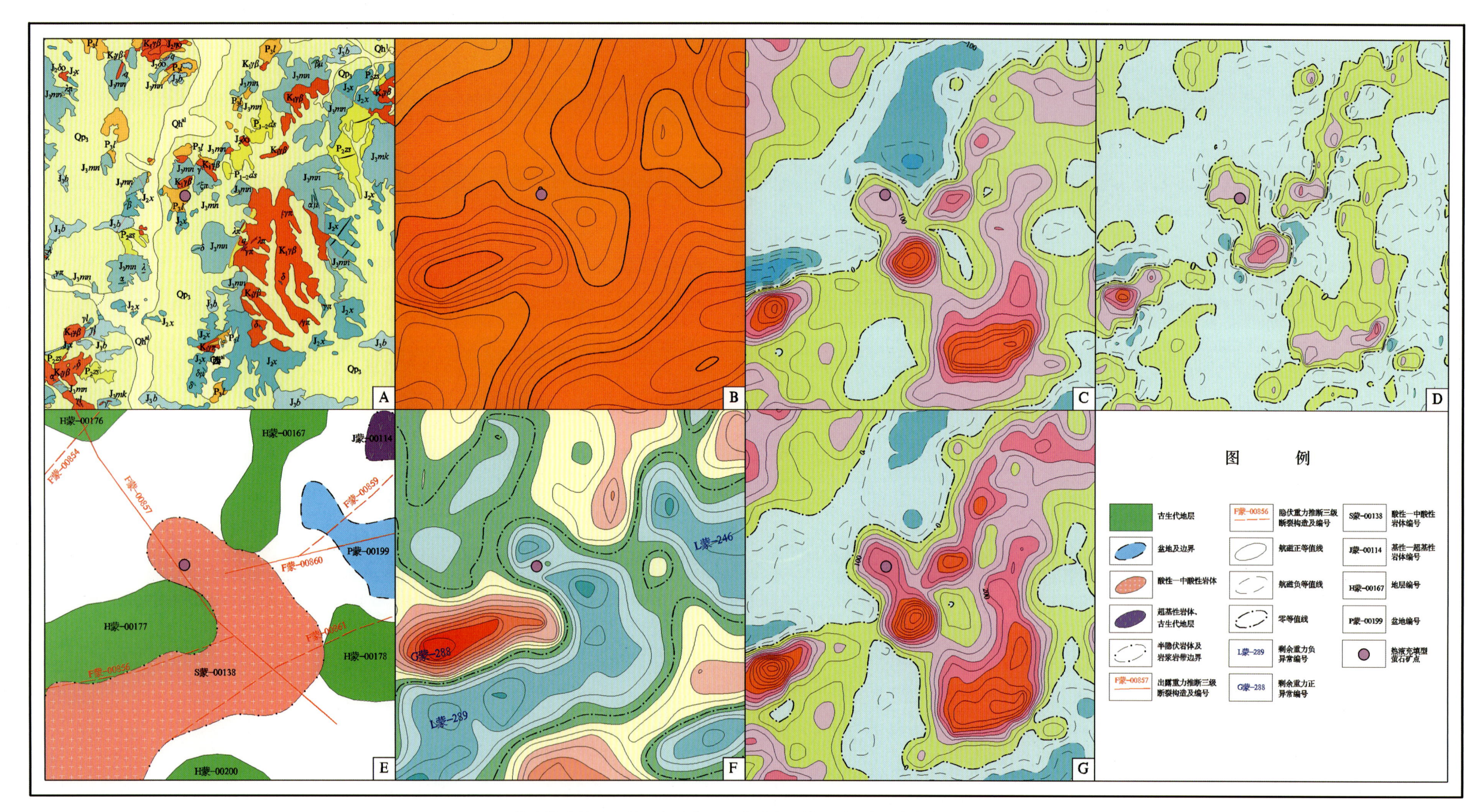

苏达勒式热液充填型萤石典型矿床所在区域地质矿产及物探剖析图

A. 地质矿产图；B. 布格重力异常图；C. 航磁 ΔT 等值线平面图；D. 航磁 ΔT 化极垂向一阶导数等值线平面图；E. 重力推断地质构造图；F. 剩余重力异常图；G. 航磁 ΔT 化极等值线平面图

大西沟式热液充填型萤石矿地质、地球物理特征一览表

成矿要素		内容描述		
储量		矿石量 27.774×10^4 t, CaF_2 21.027×10^4 t	平均品位	CaF_2 75.51%
特征描述		热液充填型脉状萤石矿床		
地质环境	构造背景	华北陆块区,大青山-冀北古弧盆系(Ar_3-Pt_2),恒山-承德-建平古岩浆弧(Ar_3-Pt_1)		
	成矿环境	成矿区带属滨太平洋成矿域(叠加在古亚洲成矿域之上),华北成矿省,华北陆块北缘东段铁、铜、钼、铅、锌、金、银、锰、铀、磷、煤、膨润土成矿带,内蒙古隆起东段铁、铜、钼、铅、锌、金、银成矿亚带(Ar,Y)。 矿区主要出露地层为下白垩统义县组(K_1y),岩性为安山岩、玄武安山岩、凝灰砂岩、凝灰质砂岩夹流纹质凝灰岩。岩浆岩为侏罗纪(燕山早期)中细粒花岗岩体,以及零星的花岗斑岩及石英脉。区内断裂构造活动比较频繁,对地质构造轮廓的形成起主导作用的是北东向断裂,其次是北西向断裂。而北北东向断裂破碎带南起汤土沟门,该断裂破碎带被晚期石英脉充填,由于热液交代的不完全和破碎带连续性较差,石英脉呈透镜状等。较长的次一级断裂与该断裂破碎带近于平行,这些断裂是热液的良好通道,大西沟萤石矿就产在这些断裂和破碎带之中		
	成矿时代	侏罗纪—白垩纪(燕山期)		
矿床特征	矿体形态	脉状		
	岩石类型	下白垩统义县组凝灰岩、凝灰砂砾岩,侏罗纪中细粒花岗岩		
	岩石结构	凝灰结构、砂砾结构、中细粒花岗结构		
	矿物组合	矿石矿物:萤石;金属矿物:赤铁矿、褐铁矿、黄铁矿。 脉石矿物:石英、长石、高岭石、绢云母、方解石等		
	矿石结构构造	结构:自形—半自形中粗粒结构、他形粒状结构。 构造:致密块状、条带状、环带状、角砾状、嵌布状构造		
	蚀变特征	硅化、绢云母化、高岭土化、碳酸盐化		
	控矿条件	北北东向断裂破碎带是热液的良好通道。 矿床与石英脉密切相关。 侏罗纪(燕山早期)中细粒花岗岩体		
地球物理特征	重力场特征	大西沟式热液充填型萤石矿所在处布格重力异常 $\Delta g_{min}=-114.54\times 10^{-5}$ m/s², $\Delta g_{max}=-85.51\times 10^{-5}$ m/s²,矿床西侧异常相对低,东侧相对高。剩余重力异常图上,萤石矿位于北西向正异常区边缘,因资料不足,故此区未进行推断。大西沟萤石矿床东侧的条带状剩余重力正异常,由元古宙、太古宙地层引起。而剩余重力负异常带 L 蒙-304,因地表分布有大量的酸性岩体,故推测该负异常主要为酸性侵入岩所引起		
	磁场特征	从航磁等值线平面图上看,大西沟热液充填型萤石矿航磁异常位于近南北向负异常带,异常值为-100nT。其东侧的大面积正磁异常由酸性岩浆岩引起,异常最大值为 400nT		

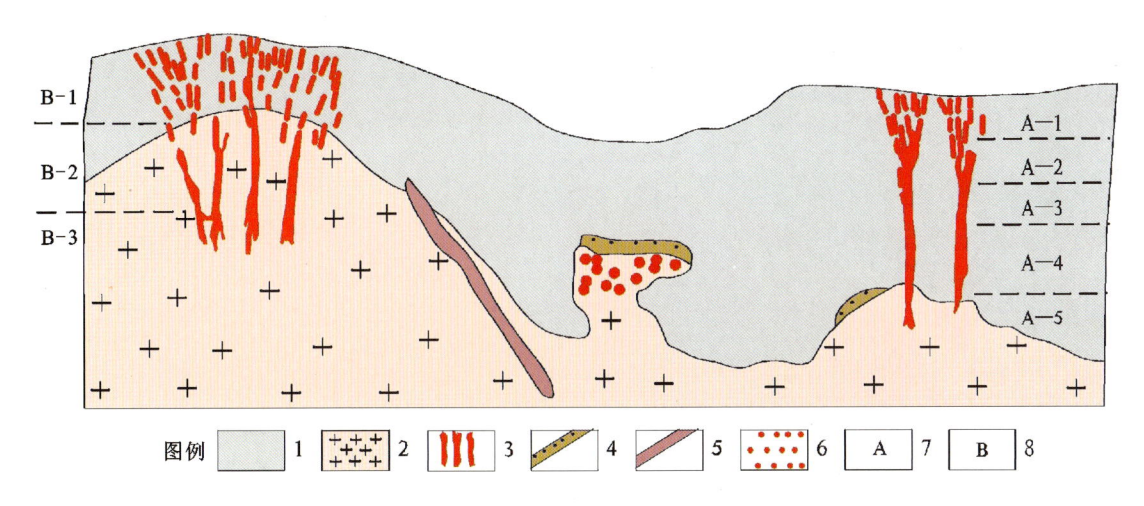

大西沟式热液充填型萤石矿典型矿床成矿模式图

图例 1 2 3 4 5 6 A 7 B 8

1. 安山岩、凝灰岩、凝灰质砂砾岩;2. 花岗岩;3. 石英脉型矿床;4. 伟晶岩型矿床;5. 云英岩型矿床;6. 花岗岩型矿床;7. "五层楼"结构(A-1. 线脉带;A-2. 细脉带;A-3. 细—大脉带;A-4. 大脉带;A-5. 尖灭带);8. "三层楼"结构[B-1. 线细脉带;B-2. 大(细)脉带;B-3. 尖灭带]

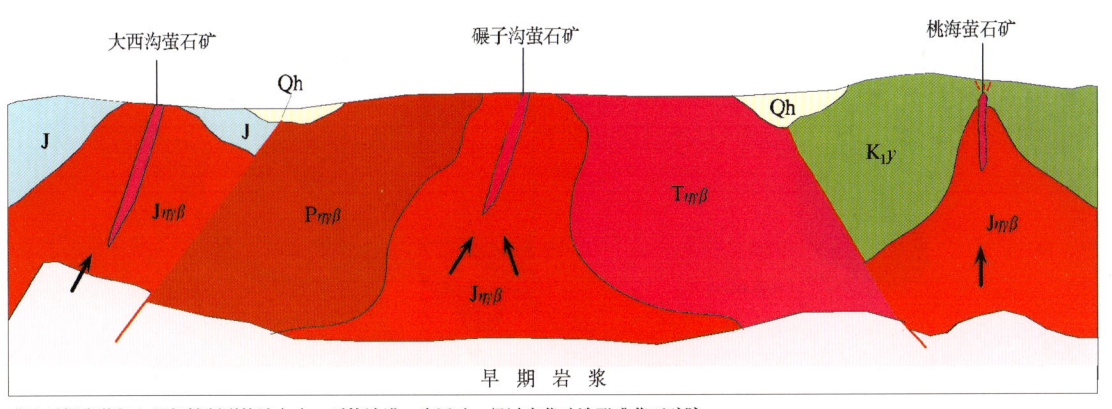

燕山早期岩浆侵入压扭性断裂构造之中,后构造进一步活动,经过交代改造形成萤石矿脉。

图例 Qh 1 K_1y 2 J 3 $T_{m}\beta$ 4 $J_{m}\beta$ 5 $P_{m}\beta$ 6 7 8 9

大西沟式热液充填型萤石矿区域成矿模式图

1. 第四系;2. 白垩纪义县组;3. 侏罗纪;4. 三叠纪黑云二长花岗岩;5. 侏罗纪黑云母二长花岗岩;6. 二叠纪黑云母二长花岗岩;7. 萤石矿床 8. 断裂构造;9. 含矿岩浆热液运移方向

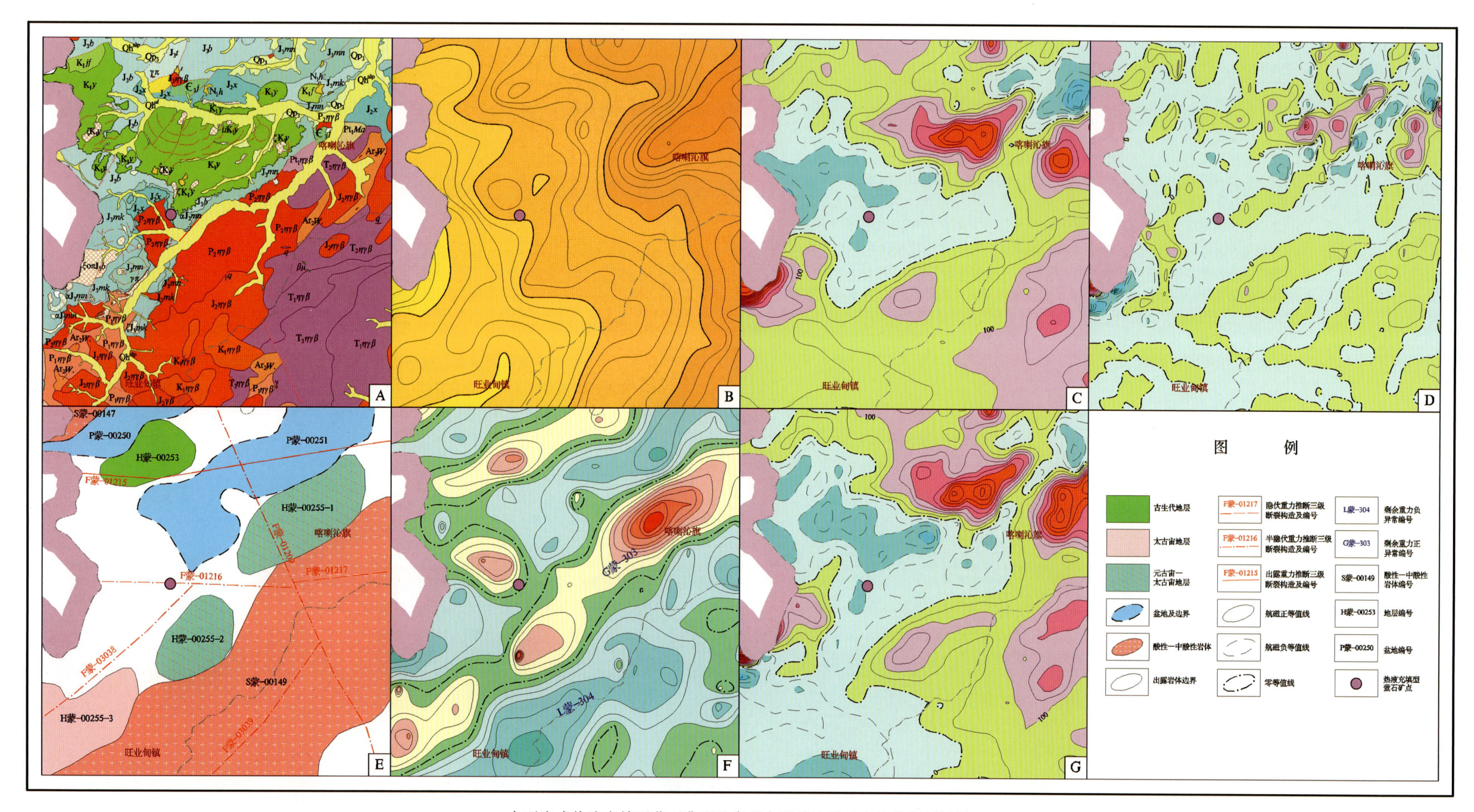

大西沟式热液充填型萤石典型矿床所在区域地质矿产及物探剖析图

A. 地质矿产图；B. 布格重力异常图；C. 航磁 ΔT 等值线平面图；D. 航磁 ΔT 化极垂向一阶导数等值线平面图；E. 重力推断地质构造图；F. 剩余重力异常图；G. 航磁 ΔT 化极等值线平面图

陈道沟式热液充填型萤石矿地质、地球物理特征一览表

成矿要素		内容描述		
储量		$17.08×10^4$ t	平均品位	CaF_2 47.54%
特征描述		热液充填型萤石矿床		
地质环境	构造背景	华北陆块区,大青山-冀北古弧盆系($Ar_3—Pt_2$),恒山-承德-建平古岩浆弧($Ar_3—Pt_1$)		
	成矿环境	成矿区带属滨太平洋成矿域(叠加在古亚洲成矿域之上),吉黑成矿省,松辽盆地石油、天然气、铀成矿区,库里吐-汤家杖子钼、铜、铅、锌、钨、金成矿亚带(Vm、Y)。矿体赋存于上石炭统酒局子组第二岩段绢云母片岩、绢云母片岩夹薄层结晶灰岩、千枚状绢云母片岩与结晶灰岩中。矿区内岩浆岩不发育,以花岗斑岩和石英脉为主,尚见有闪长玢岩、正长斑岩和煌斑岩等脉岩出露。矿区内断裂、层间破碎、滑动、片理等破裂构造行迹极其发育。区内构造主要为断裂构造,其中压扭性断裂既是导矿、容矿构造,又对主要成矿期的矿体产生破坏,对晚期矿液活动起控矿作用。故认为该组断裂是成矿前的断裂构造,后期又有多次活动。张扭性断裂为成矿后期破坏矿体的构造		
	成矿时代	二叠纪—侏罗纪		
矿床特征	矿体形态	脉状、似层状		
	岩石类型	结晶灰岩、绢云母片岩、绢云石英片岩		
	岩石结构	细粒变晶结构、鳞片粒状变晶结构		
	矿物组合	矿石矿物:萤石。 脉石矿物:石英、方解石、玉髓、绢云母、高岭石等		
	矿石结构构造	结构:他形粒状结构、自形—半自形粒状结构、交代残余结构。 构造:块状、蜂窝状、条带状、角砾状、梳状、网格状构造		
	蚀变特征	硅化、高岭土化、碳酸盐化		
	控矿条件	(1)压扭性及张扭性构造带发育的地段。 (2)燕山期花岗杂岩体分布的外接触带		
地球物理特征	重力场特征	陈道沟热液充填型萤石矿所在区域布格重力异常相对较高,场值变化不大,Δg 变化范围为$(-64.00~-30.00)×10^{-5}$ m/s²。矿床位于中部一明显北北东向重力低异常带边部,此重力低异常带东西两侧与重力高分界处推断有断裂存在。从剩余重力异常图上看,没形成强度较高的重力异常,矿床位于$-1×10^{-5}$ m/s² 等值线上。萤石矿所在处的弱剩余重力负异常主要由地表大量侵入的酸性岩体引起。面积较小的局部异常与老地层基底隆起有关		
	磁场特征	从航磁等值线图上看,矿床航磁异常变化比较平缓,总体处于负磁背景区,其航磁异常最小为-300nT,最大为100nT		

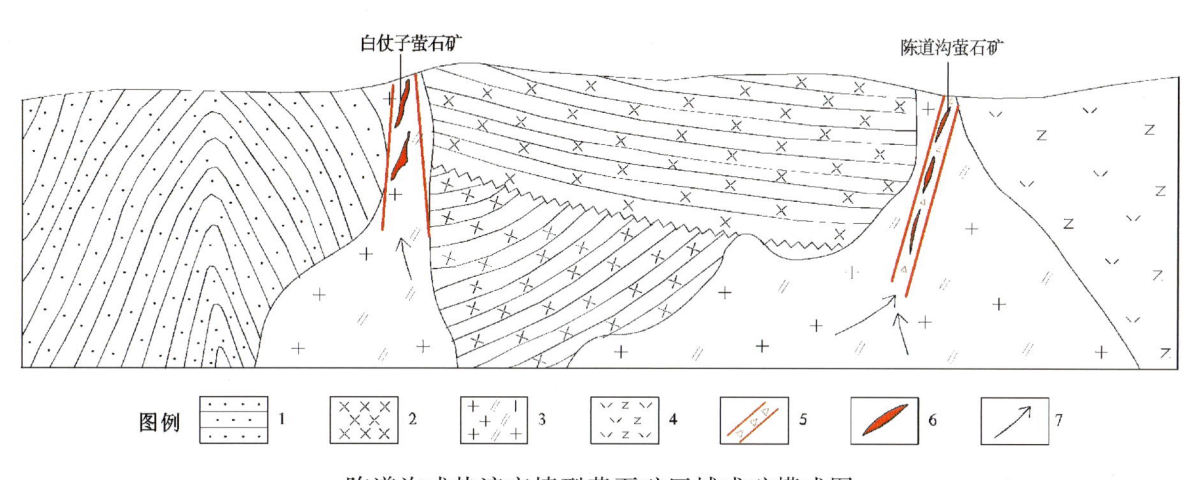

陈道沟式热液充填型萤石矿区域成矿模式图

1.砂岩;2.流纹岩;3.二长花岗岩;4.霏细岩;5.构造破碎带;6.萤石矿体;7.热液运移方向

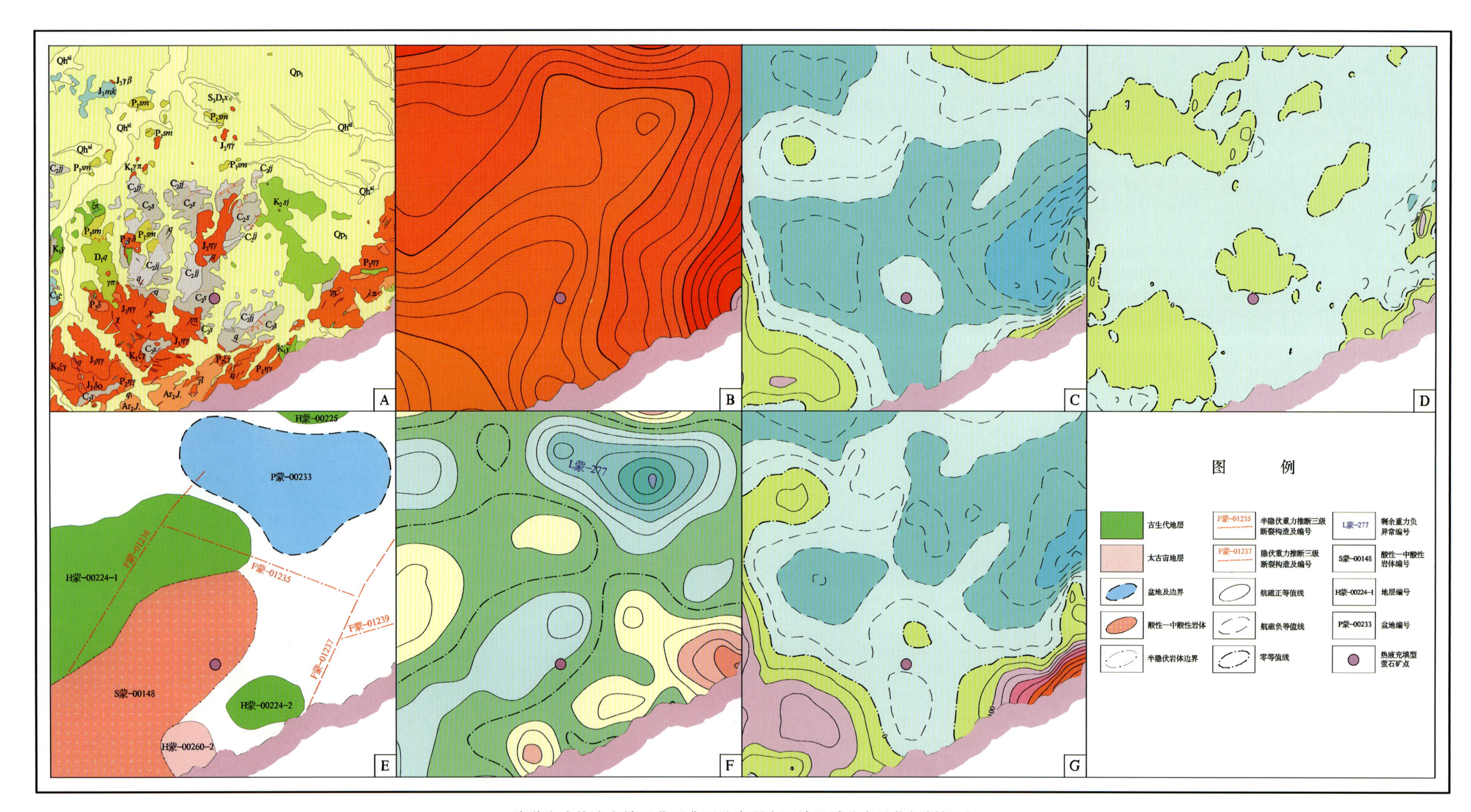

陈道沟式热液充填型萤石典型矿床所在区域地质矿产及物探剖析图

A. 地质矿产图；B. 布格重力异常图；C. 航磁 ΔT 等值线平面图；D. 航磁 ΔT 化极垂向一阶导数等值线平面图；E. 重力推断地质构造图；F. 剩余重力异常图；G. 航磁 ΔT 化极等值线平面图

昆库力式热液充填型萤石矿地质、地球物理特征一览表

成矿要素		内容描述		
储量		矿石量 5.44×10^4 t,CaF_2 4.03×10^4 t	平均品位	CaF_2 74.08%
特征描述		热液充填型脉状萤石矿床		
地质环境	构造背景	天山-兴蒙造山系,大兴安岭弧盆系(Pt_3-T_2),海拉尔-呼玛弧后盆地($O、D_3、C$)		
	成矿环境	成矿区带属滨太平洋成矿域(叠加在古亚洲成矿域之上),大兴安岭成矿省,新巴尔虎右旗-根河(拉张区)铜、钼、铅、锌、银、金、萤石、煤(铀)成矿带,额尔古纳金、铁、锌、硫、萤石成矿亚带(V、Y)。 矿区仅见有第四系全新统。区内大面积出露二叠纪中粒黑云花岗岩,矿体赋存于该类岩浆岩内。矿区内构造发育,主要为断裂构造和沿断裂裂隙充填的岩脉。萤石矿脉的形态受北北东向、北北西向断裂构造破碎带控制,产状与破碎带一致,呈陡倾斜产出		
	成矿时代	石炭纪		
矿床特征	矿体形态	萤石矿体均呈单脉产出,可见尖灭再现、分支复合现象		
	岩石类型	中粒黑云母花岗岩体		
	岩石结构	花岗结构		
	矿物组合	矿石矿物:萤石、石英为主,偶见绢云母、萤石,粒度为2~10mm,石英呈他形—半自形叶片状、细脉状沿萤石裂隙或晶体间隙充填分布		
	矿石结构构造	结构:他形—半自形粒状结构、结晶结构。 构造:块状、条带状、角砾状构造		
	蚀变特征	硅化		
	控矿条件	(1)矿体产于石炭纪中粒黑云母花岗岩体内。 (2)萤石矿脉的形态受断裂构造破碎带控制,产状与破碎带一致,呈陡倾斜产出		
地球物理特征	重力场特征	昆库力热液充填型萤石矿布格重力异常值总体相对较高,Δg变化范围为$(-91.71\sim-68.05)\times10^{-5}$ m/s²。萤石矿位于布格重力异常相对高、低过渡带上。从剩余重力异常图上看,剩余重力异常与布格重力异常对应关系较好。萤石所在的中部近东西向的剩余重力正异常带 G蒙-46 区内被侏罗系所覆盖,但零星出露有震旦纪地层,所以推测该正异常为元古宙基底隆起所致。而剩余重力负异常带 L蒙-45,为与第四系和侏罗系有关的中—新生代盆地所引起		
	磁场特征	从航磁ΔT化极等值线图上看,萤石矿床所在区域航磁异常背景较杂乱,最小的航磁异常值为-250nT,最大值为300nT,规模较大的正磁异常由侏罗纪磁性物质引起		

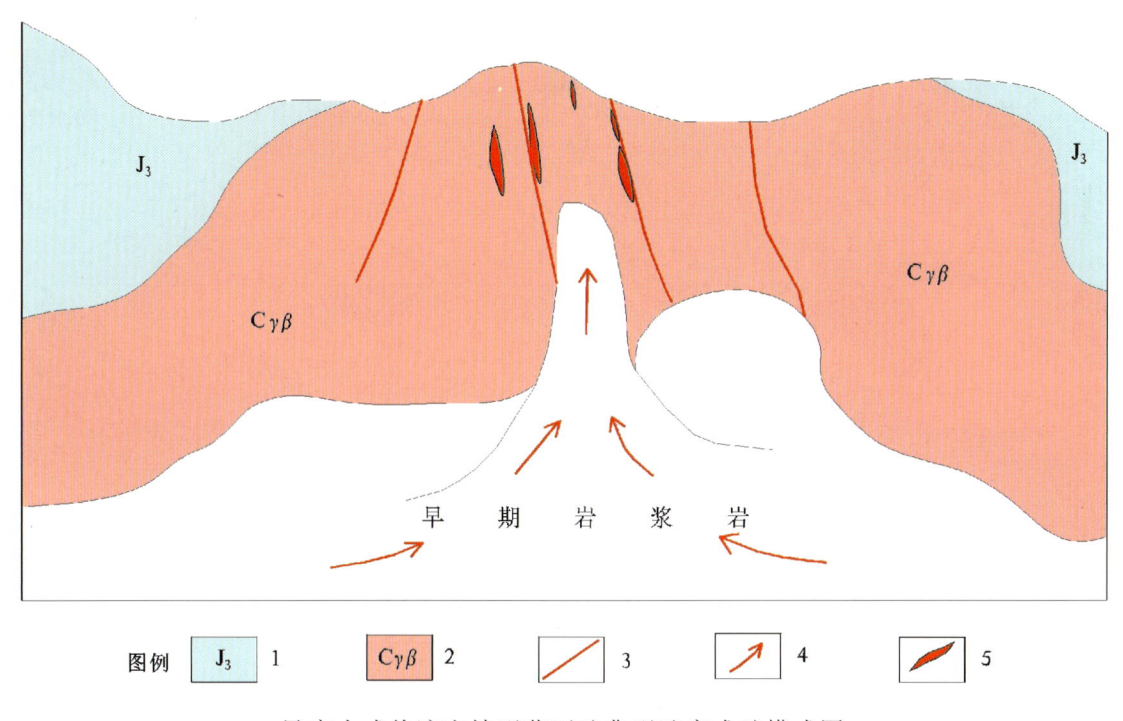

昆库力式热液充填型萤石矿典型矿床成矿模式图

1.晚侏罗世火山岩;2.石炭纪黑云母花岗岩类;3.断裂;4.含矿热液运移方向;5.萤石矿床

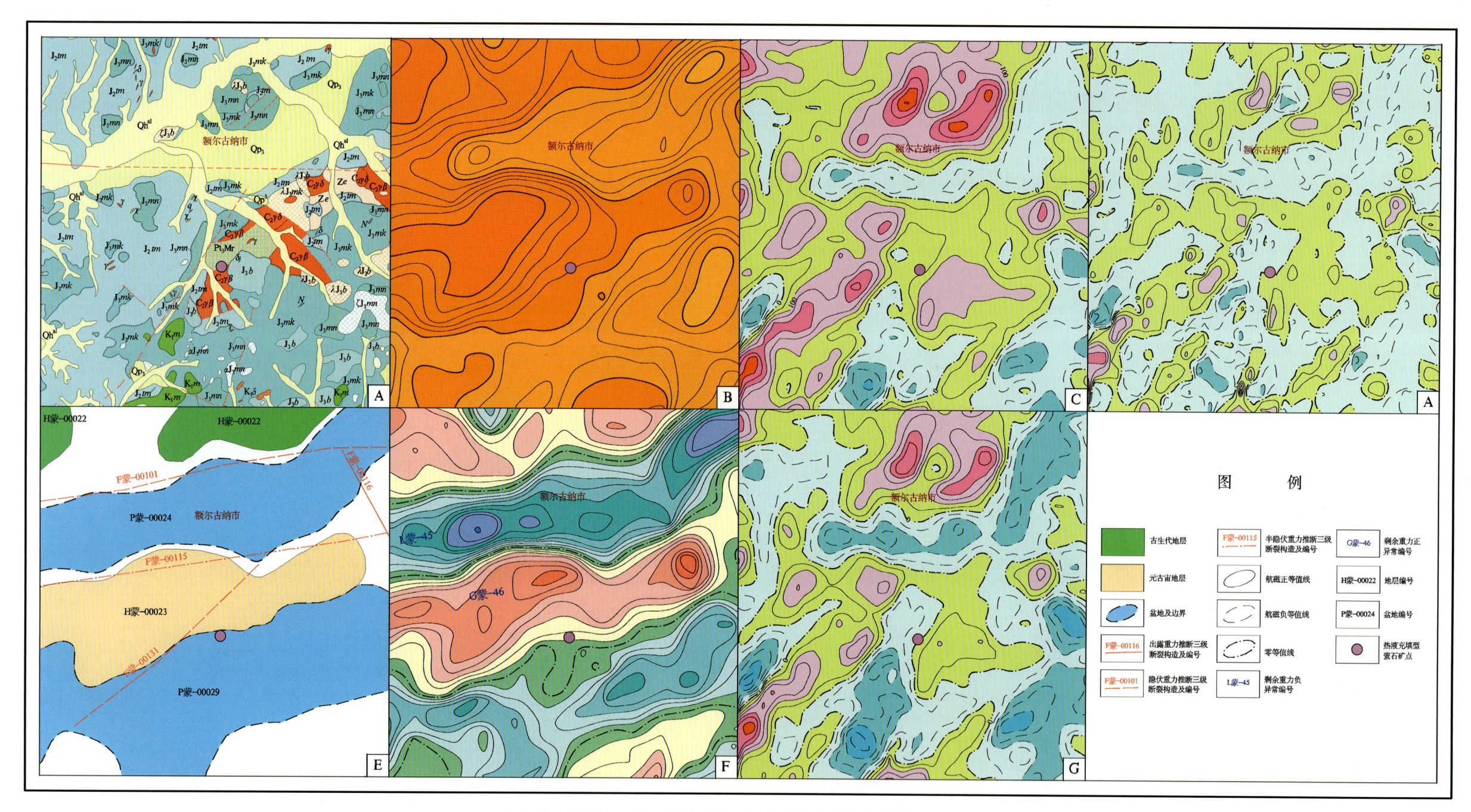

昆库力式热液充填型萤石典型矿床所在区域地质矿产及物探剖析图

A. 地质矿产图；B. 布格重力异常图；C. 航磁 ΔT 等值线平面图；D. 航磁 ΔT 化极垂向一阶导数等值线平面图；E. 重力推断地质构造图；F. 剩余重力异常图；G. 航磁 ΔT 化极等值线平面图

哈达汗式热液充填型萤石矿地质、地球物理特征一览表

成矿要素		内容描述		
储量		6.36×10^4 t	平均品位	CaF_2 70.92%
特征描述		热液充填型萤石矿床		
地质环境	构造背景	天山-兴蒙造山系，大兴安岭弧盆系(Pt_3—T_2)，扎兰屯-多宝山岛弧(Pz_2)		
	成矿环境	成矿区带属滨太平洋成矿域(叠加在古亚洲成矿域之上)，大兴安岭成矿省，新巴尔虎右旗-根河(拉张区)铜、钼、铅、锌、银、金、萤石、煤(铀)成矿带，根河-甘河钼、铅、锌、银成矿亚带(Y)。 矿区出露地层主要为古生界中上泥盆统大民山组变质长石石英砂岩、变质粉砂质泥岩、变泥岩、变质泥灰岩、大理岩，其中大理岩和变质粉砂质泥岩为萤石矿体直接围岩。矿区内侵入岩较发育，主要为花岗斑岩和正长斑岩，呈岩株状或脉状形式存在，其中花岗斑岩株为萤石矿体成矿母岩。矿区范围内褶皱构造、断裂构造均较发育，构造线总体走向为近南北向、北东东向、北西西向。近南北向张性断裂为本区主干构造，南北两端分别被北东东向断裂破坏，本区最大萤石矿体即充填于该断裂带内		
	成矿时代	侏罗纪—白垩纪		
矿床特征	矿体形态	矿体主要以脉状形式产出		
	岩石类型	大理岩、变质粉砂质泥岩、变质长石石英砂岩		
	岩石结构	变晶结构、泥质结构		
	矿物组合	主要矿物为萤石、石英		
	矿石结构构造	结构：自形粒状、他形粒状结构。 构造：块状、角砾状构造		
	蚀变特征	主要为硅化、绢云母化、绿泥石化、碳酸盐化		
	控矿条件	近南北向张性断裂和北东东向张扭性断裂为萤石矿体主要含矿构造；白垩纪花岗斑岩和石英正长斑岩岩体		
地球物理特征	重力场特征	哈达汗萤石矿在布格重力异常图上，位于近南北向的重力异常梯级带上，该梯级带由深大断裂构造引起。哈达汗热液充填型萤石矿所在区域布格重力异常相对较高，由西向东布格异常逐渐增大，Δg 变化范围为$(-72.00 \sim -51.80) \times 10^{-5}$ m/s^2。从剩余重力异常图上看，哈达汗热液充填型萤石矿位于剩余异常零值区内，矿床所在区域地表多处出露酸性岩体，正处于全区推断的岩浆岩分布区		
	磁场特征	从航磁化极等值线图上看，萤石矿床位于正、负磁异常的接触带部位，西侧正磁异常最大值为250nT，东侧负磁异常最小值为-500nT		

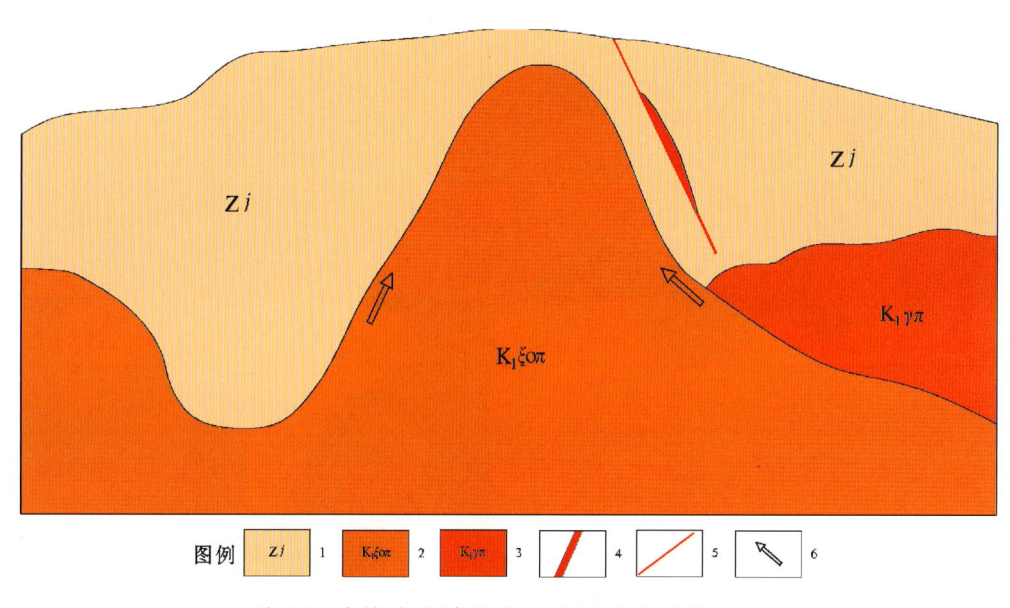

哈达汗式热液充填型萤石矿区域成矿模式图

1.震旦系吉祥沟组；2.中生代早白垩世石英正长斑岩体；3.中生代早白垩纪花岗斑岩体；4.萤石矿体；5.断裂构造；6.含矿热液运移方向

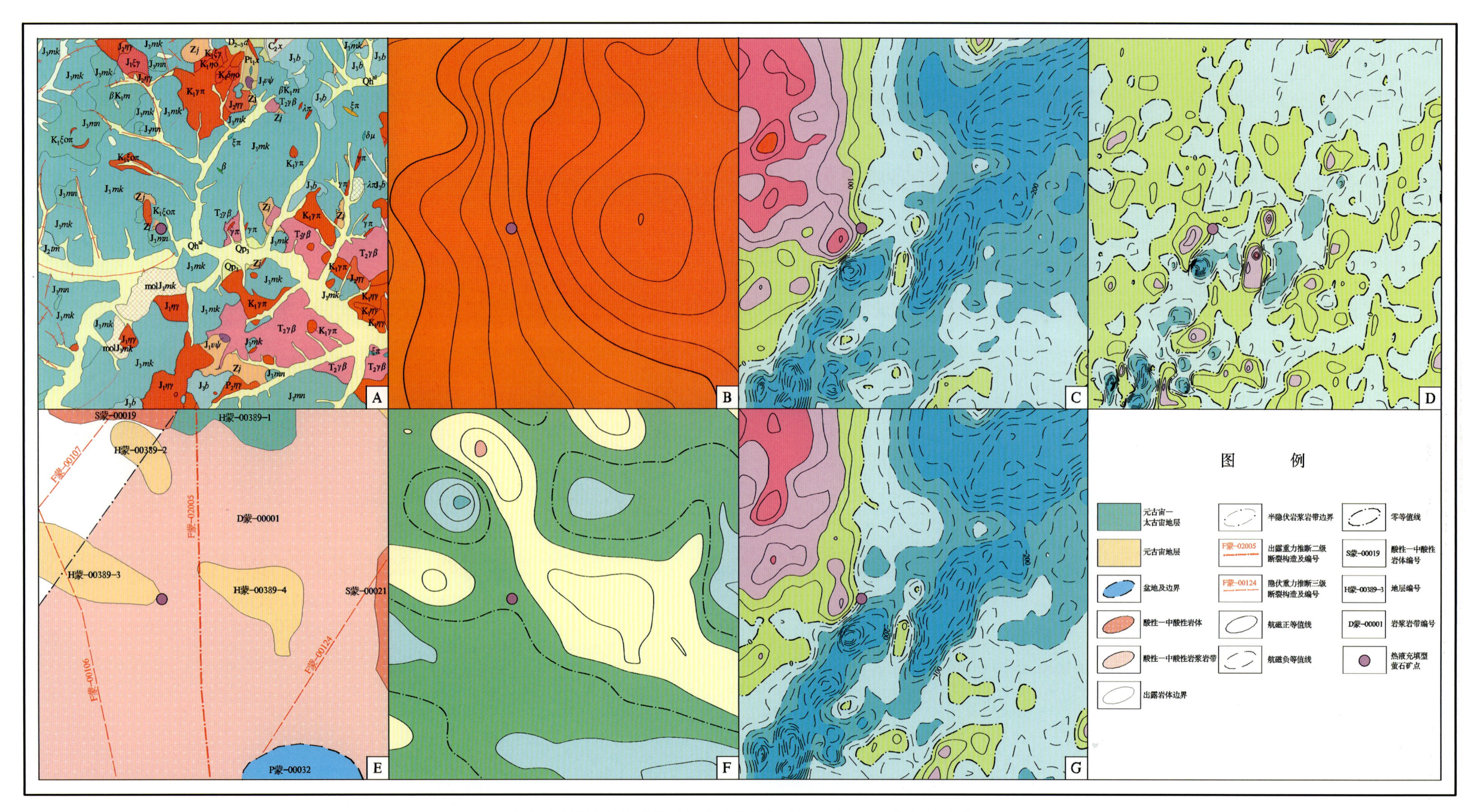

哈达汗式热液充填型萤石典型矿床所在区域地质矿产及物探剖析图

A. 地质矿产图；B. 布格重力异常图；C. 航磁 ΔT 等值线平面图；D. 航磁 ΔT 化极垂向一阶导数等值线平面图；E. 重力推断地质构造图；F. 剩余重力异常图；G. 航磁 ΔT 化极等值线平面图

六合屯式热液充填型萤石矿地质、地球物理特征一览表

成矿要素		内容描述		
储量		5400t	平均品位	CaF_2 65.69%
特征描述		热液充填型萤石矿床		
地质环境	构造背景	天山-兴蒙造山系,大兴安岭弧盆系($Pt_3—T_2$),锡林浩特岩浆弧(Pz_2)		
	成矿环境	成矿区带属滨太平洋成矿域(叠加在古亚洲成矿域之上),大兴安岭成矿省,突泉-翁牛特铅、锌、银、铜、铁、锡、稀土成矿带,神山-大井子铜、铅、锌、银、铁、钼、稀土、铌、钽、萤石成矿亚带(I-Y)。 矿区出露地层主要为中生界上侏罗统白音高老组岩屑晶屑凝灰岩、含砾岩屑晶屑凝灰岩、流纹质岩屑晶屑凝灰岩、细凝灰岩和流纹斑岩;萤石矿主要赋存于岩屑晶屑凝灰岩中。区内侵入岩极不发育,出露的仅有闪长玢岩岩脉,呈北西西方向延伸。该侵入岩为萤石矿富集提供了丰富的物质来源和热源。矿区内断裂构造较发育,构造线总体走向为北西向,由西向东有收敛趋势。张扭性断裂为本区萤石矿主要含矿断裂,各断裂具有不同程度的斜列现象		
	成矿时代	侏罗纪—白垩纪		
矿床特征	矿体形态	矿体以脉状、透镜状形式产出		
	岩石类型	岩屑晶屑凝灰岩、流纹质岩屑晶屑凝灰岩、细凝灰岩		
	岩石结构	凝灰结构		
	矿物组合	主要矿物有萤石、石英、方解石、玉髓		
	矿石结构构造	结构:半自形—自形粒状结构。 构造:块状、角砾状、条带状构造		
	蚀变特征	硅化、高岭土化、绿泥石化、碳酸盐化		
	控矿条件	断裂构造;侏罗纪—白垩纪闪长玢岩和花岗斑岩岩体		
地球物理特征	重力场特征	六合屯热液充填型萤石矿所在区域布格重力异常相对较高,Δg 变化范围为$(-30.51$~$-19.36)\times 10^{-5} m/s^2$。六合屯热液充填型萤石矿位于$-26.00\times 10^{-5} m/s^2$ 等值线上。剩余异常图上,萤石矿位于剩余重力异常负值区边部,异常-1.00×10^{-5}~$0m/s^2$ 等值线中间区域。萤石矿所在区域没有明显突兀的剩余重力异常正值带或负值带,即异常强度较弱,这主要是由于区内大面积出露密度较低的酸性岩体所致,六合屯萤石矿位于全区推断的岩浆岩带所在区域		
	磁场特征	航磁化极等值线图,矿床位于航磁负磁异常区,即地表大面积出露酸性岩体区域。萤石矿所在区域航磁异常最小值为$-250nT$,最大值为$550nT$		

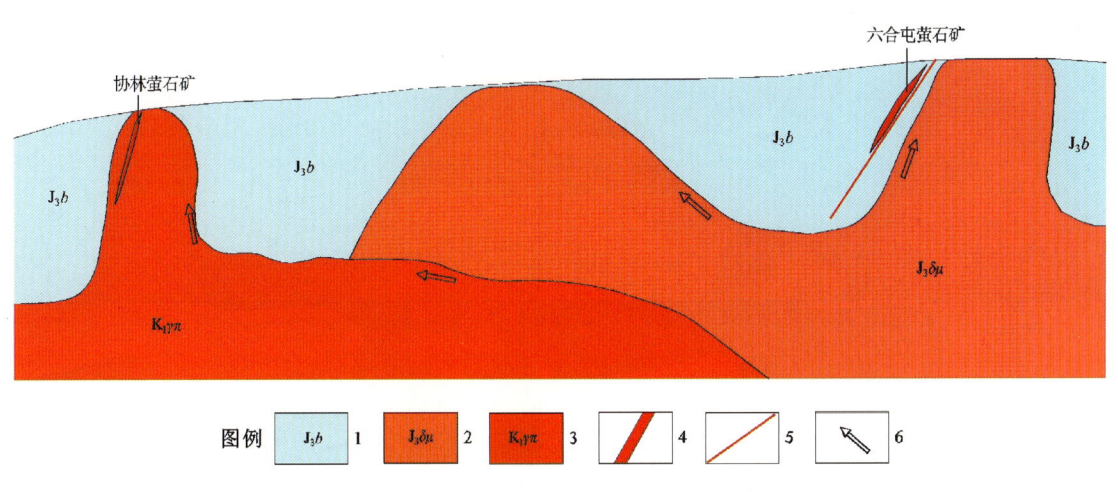

六合屯式热液充填型萤石矿区域成矿模式图

1.上侏罗统白音高老组;2.中生代晚侏罗世闪长玢岩体;3.中生代早白垩世花岗斑岩体;4.萤石矿体;5.断裂构造;6.含矿热液运移方向

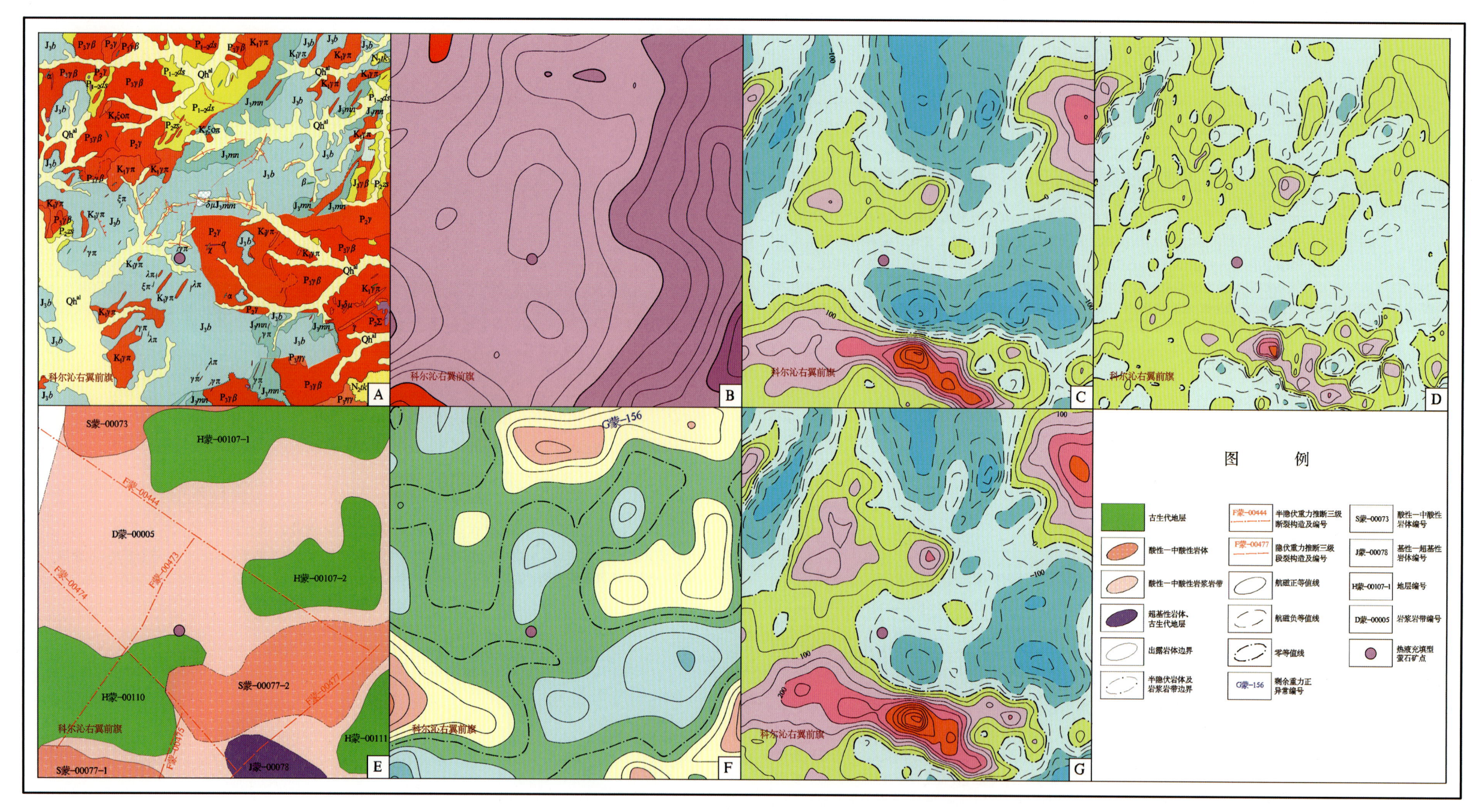

六合屯式热液充填型萤石典型矿床所在区域地质矿产及物探剖析图

A. 地质矿产图；B. 布格重力异常图；C. 航磁 ΔT 等值线平面图；D. 航磁 ΔT 化极垂向一阶导数等值线平面图；E. 重力推断地质构造图；F. 剩余重力异常图；G. 航磁 ΔT 化极等值线平面图

白音锡勒牧场式热液充填型萤石矿地质、地球物理特征一览表

成矿要素		内容描述		
储量		26.04×10^4 t	平均品位	CaF_2 80%~82%
特征描述		热液充填型萤石矿床		
地质环境	构造背景	天山-兴蒙造山系,大兴安岭弧盆系($Pt_3—T_2$),锡林浩特岩浆弧(Pz_2)		
	成矿环境	成矿区带属滨太平洋成矿域(叠加在古亚洲成矿域之上),大兴安岭成矿省,突泉-翁牛特铅、锌、银、铜、铁、锡、稀土成矿带,索伦镇-黄岗梁铁、锡、铜、铅、锌、银成矿亚带(V-Y)。矿区内出露地层单一,主要为上石炭统本巴图组,按岩性分为3个岩性段。下段主要岩性为硅质板岩夹薄层灰岩,1号、2号矿化带位于该层位中。中段主要岩性为结晶灰岩、硅质条带灰岩、硅质板岩,3号矿化带位于其中。上段岩性主要为厚层泥质板岩,为1号主矿体赋矿层位。矿区内出露燕山期花岗岩,主要为晚期的脉岩(细晶花岗岩、闪长玢岩、石英脉)。矿区内断裂构造发育且复杂,具有连续性、多期性。北北东-北东东向张扭性正断层及其断裂破碎带为本矿区的控矿构造,为成矿(前)期断裂构造。成矿后期断裂活动也十分发育,成矿后期断裂使矿体位移、错断,产状扭曲和改变,矿石破碎		
	成矿时代	燕山期		
矿床特征	矿体形态	矿体呈脉状、透镜状		
	岩石类型	正长花岗岩、细粒黑云母斑状花岗岩、中粒花岗岩		
	岩石结构	细粒结构、细粒斑状结构、中粒结构		
	矿物组合	矿石矿物:萤石。脉石矿物:石英、玉髓、方解石		
	矿石结构构造	结构:花岗结构。构造:块状、角砾状构造		
	蚀变特征	硅化、绢云母化、角岩化		
	控矿条件	燕山早期的正长花岗岩为成矿母岩,该期花岗岩岩浆热液沿构造裂隙上侵。矿体严格受张扭性正断层及其断裂破碎带控制		
地球物理特征	重力场特征	白音锡勒牧场式萤石矿所在区域布格重力异常 Δg 变化范围为$(-137.37~-109.59) \times 10^{-5}$ m/s^2,位于中部相对低值区的边缘,其东西均为相对重力高值,萤石矿东侧附近等值线密集,存在北西向的断裂带。白音锡勒牧场萤石矿所在区域剩余重力异常图与布格异常图对应较好,矿床位于-1×10^{-5} m/s^{2}等值线附近。萤石矿床东西两侧的正异常为古生代基底隆起所致,南北两侧的剩余重力负异常由中—新生代盆地引起,地表局部出露的燕山期酸性岩浆岩为其提供热源及物质来源		
	磁场特征	从航磁等值线图上可见,矿床处于较平稳的负磁背景区,异常强度范围为$-250~0$nT,这与该区域主要出露的弱磁、无磁性地层有关		

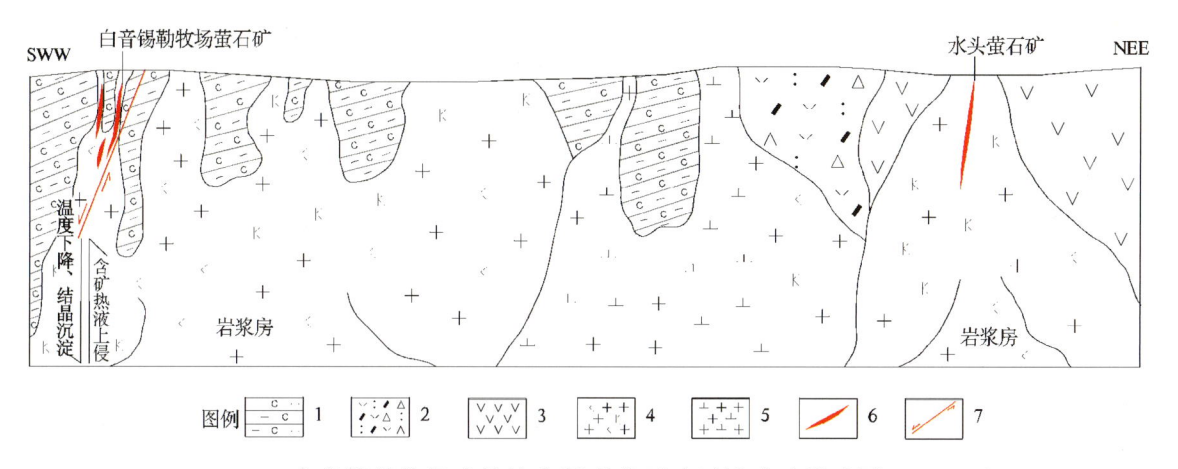

白音锡勒牧场式热液充填型萤石矿区域成矿模式图

1.碳泥质板岩;2.流纹岩、流纹质凝灰岩、砂砾岩;3.安山岩、英安岩;4.正长花岗岩;5.闪长花岗岩;6.萤石矿体;7.断裂

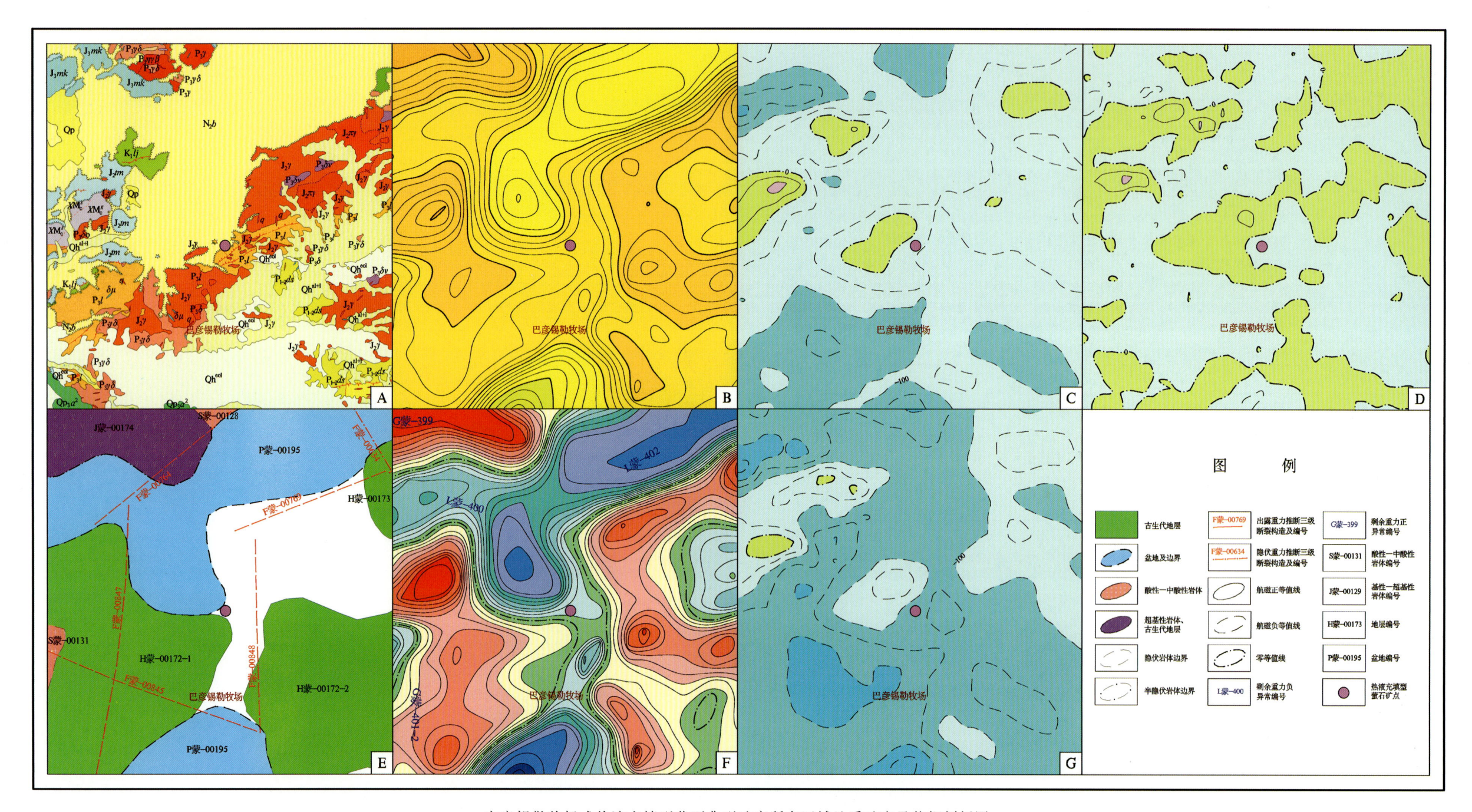

白音锡勒牧场式热液充填型萤石典型矿床所在区域地质矿产及物探剖析图

A. 地质矿产图；B. 布格重力异常图；C. 航磁 ΔT 等值线平面图；D. 航磁 ΔT 化极垂向一阶导数等值线平面图；E. 重力推断地质构造图；F. 剩余重力异常图；G. 航磁 ΔT 化极等值线平面图

炭窑口狼山式沉积喷流型硫铁矿地质、地球物理特征一览表

成矿要素		内容描述		
储量		6865.33×10^4 t	平均品位	27.10%
特征描述		沉积喷流型层控（锌）硫铁矿床		
地质环境	构造背景	华北陆块区，狼山-阴山陆块，狼山-白云鄂博裂谷带		
地质环境	成矿环境	成矿区带属滨太平洋成矿域（叠加在古亚洲成矿域之上），华北成矿省，华北陆块北缘西段金、铁、铌、稀土、铜、铅、锌、银、镍、铂、钨、石墨、白云母成矿带，狼山-渣尔泰山铅、锌、金、铁、铜、铂、镍、硫成矿亚带（Ar_3、Pt、V）。矿体赋存于渣尔泰山群增隆昌组及阿古鲁沟组中，岩性为碳质千枚岩、白云质灰岩、碳质板岩、灰岩与板岩互层。矿区北侧大面积出露石炭纪—二叠纪黑云母花岗岩、花岗闪长岩，但与成矿关系不大。本区地处狼山-白云鄂博裂谷带，构造线总体走向北东、北东东，狼山复背斜控制着区内硫铁矿和其他矿产的分布。炭窑口硫铁矿赋存于狼山复背斜北翼，含矿地层为走向北东、倾向北西、倾角50°～70°的单斜构造		
地质环境	成矿时代	中元古代		
矿床特征	矿体形态	层状、似层状		
矿床特征	岩石类型	渣尔泰山群阿古鲁沟组含碳白云质灰岩、含碳砂质板岩、碳质板岩		
矿床特征	岩石结构	变余泥质结构、微细粒变晶结构		
矿床特征	矿物组合	矿石矿物：黄铁矿、磁黄铁矿、闪锌矿、方铅矿等。 脉石矿物：白云石、方解石、石英、透闪石、钾长石、电气石等		
矿床特征	矿石结构构造	结构：他形粒状结构、变胶状结构、自形—半自形粒状结构、碎裂结构。 构造：条带状、条纹状、浸染状、块状、斑杂状构造		
矿床特征	蚀变特征	褐铁矿化		
矿床特征	控矿条件	华北地台北缘断陷海槽控制着硫多金属成矿带（南带）的分布范围和含矿特征，其中二级断陷盆地控制着一个或几个矿田的分布范围和含矿特征，三级断陷盆地则控制着矿床的分布范围和含矿特征		
地球物理特征	重力场特征	炭窑口硫多金属矿在布格重力异常图上处在相对高值区与相对低值区的过渡带上，该过渡带为北东向展布的布格重力异常梯级带，推测此处有北东向断裂存在。矿床所在区域布格重力异常值 Δg 为 $(-227.52\sim-152.63)\times10^{-5}$ m/s²。炭窑口硫多金属矿位于编号为 G蒙-662 的剩余重力正异常区内，从地质图可见，此区域地表主要出露元古宙、太古宙地层，故推断此正异常是由元古宙、太古宙基底隆起所致。而炭窑口硫多金属矿赋存于渣尔泰山群增隆昌组及阿古鲁沟组中，说明炭窑口硫多金属矿所在区域的重力正异常反映了其成矿地质环境		
地球物理特征	磁场特征	炭窑口硫多金属矿位于北东向椭圆状正磁异常带，异常值为0～100nT。磁异常形状基本与布格重力高、低异常区相吻合。该磁异常与元古宙、太古宙含铁建造有关		

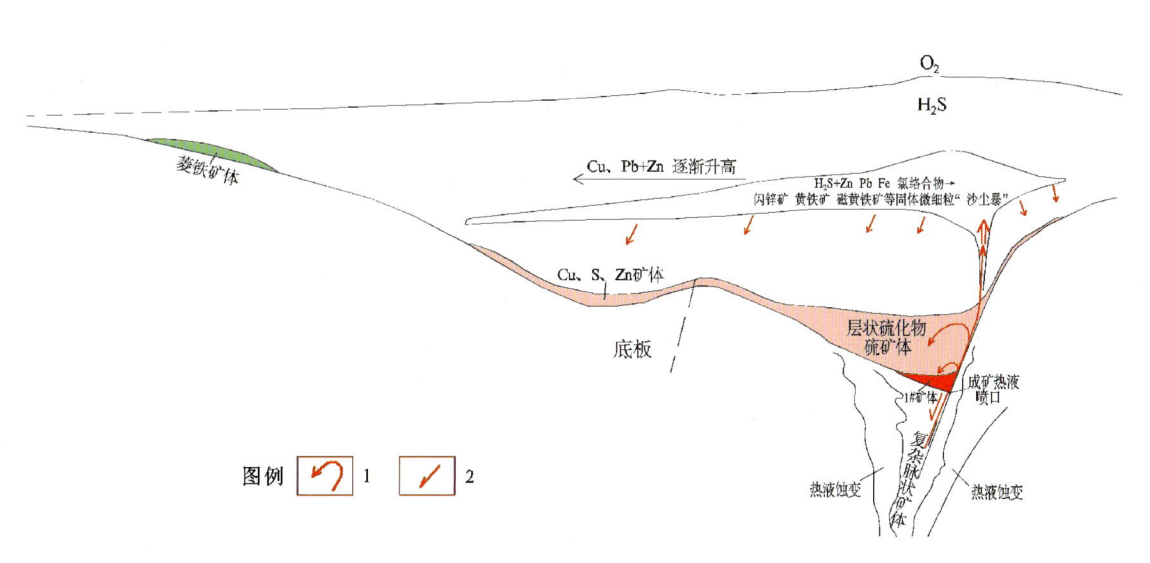

炭窑口(山片沟)狼山式沉积喷流型硫铁矿典型矿床成矿模式图
1.成矿金属运移及沉淀方向；2.断层运动方向

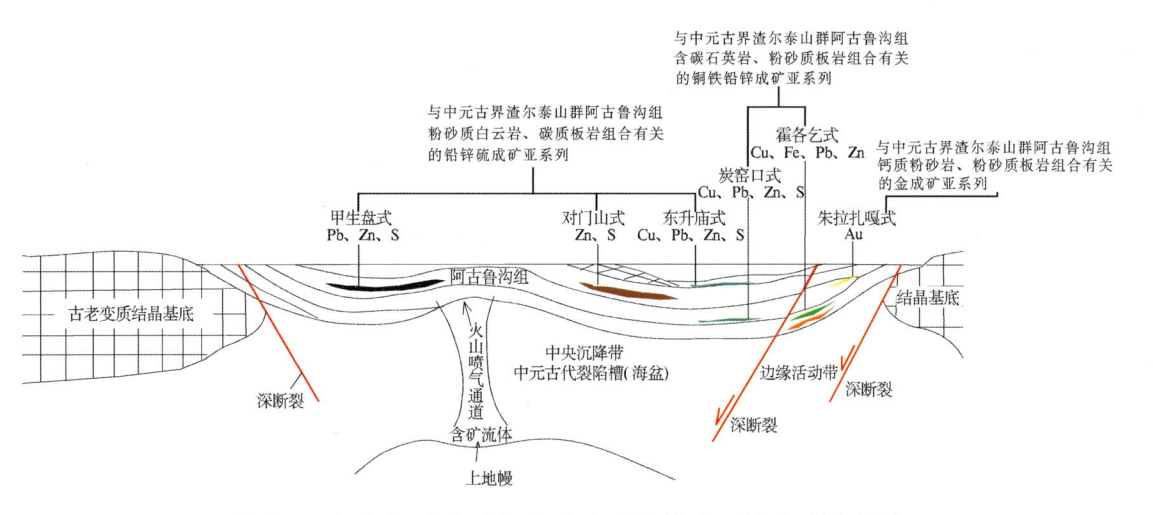

炭窑口(山片沟)狼山式沉积喷流型硫铁矿区域成矿模式图

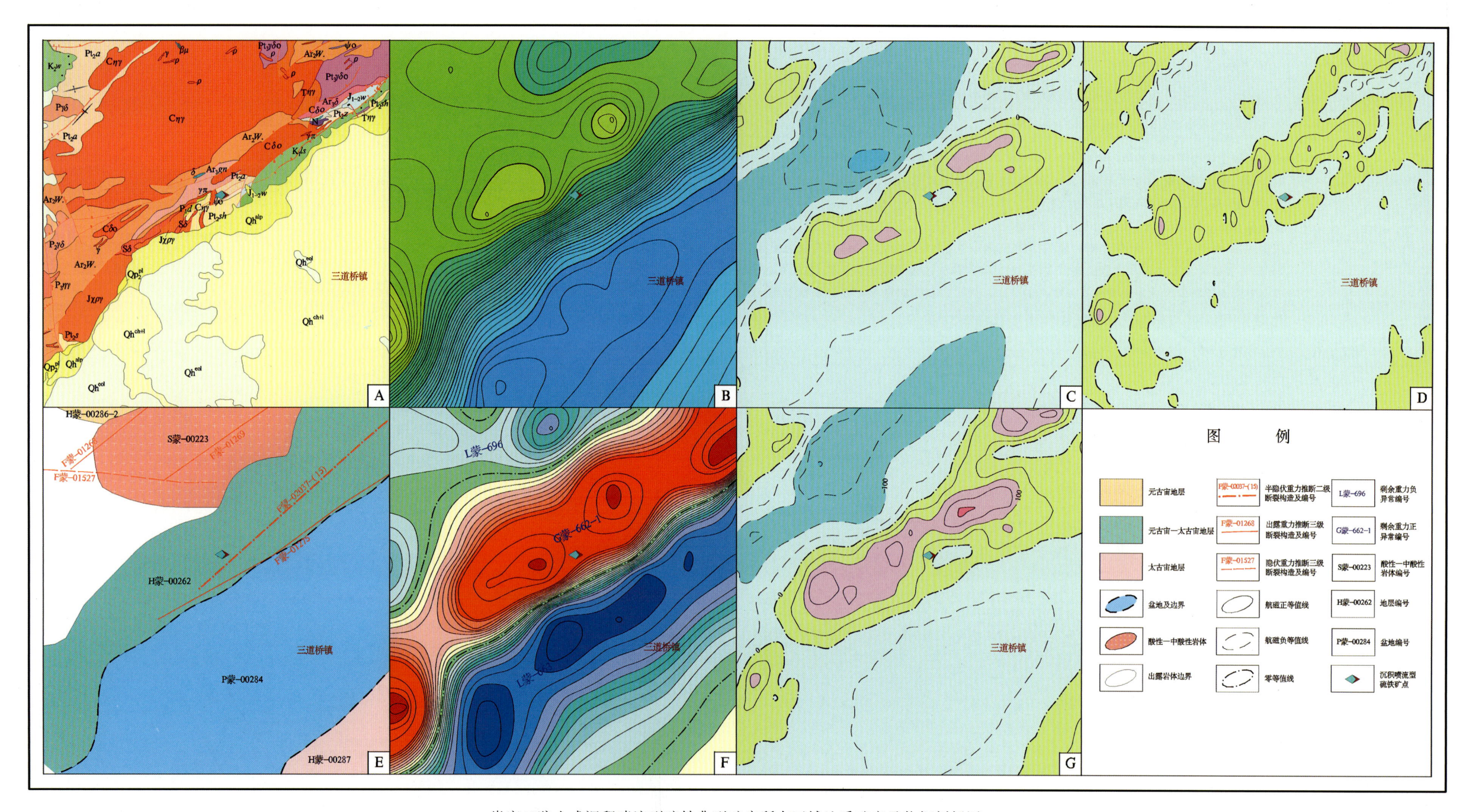

炭窑口狼山式沉积喷流型硫铁典型矿床所在区域地质矿产及物探剖析图

A. 地质矿产图；B. 布格重力异常图；C. 航磁 ΔT 等值线平面图；D. 航磁 ΔT 化极垂向一阶导数等值线平面图；E. 重力推断地质构造图；F. 剩余重力异常图；G. 航磁 ΔT 化极等值线平面图

东升庙狼山式沉积喷流型硫铁矿地质、地球物理特征一览表

成矿要素		内容描述		
储量		$21\,308\times10^4$ t	平均品位	21.07%
特征描述		海底喷流-沉积（层控）型硫铁矿床		
地质环境	构造背景	华北陆块区，狼山-阴山陆块，狼山-白云鄂博裂谷带		
	成矿环境	成矿区带属滨太平洋成矿域（叠加在古亚洲成矿域之上），华北成矿省，华北陆块北缘西段金、铁、铌、稀土、铜、铅、锌、银、镍、铂、钨、石墨、白云母成矿带，狼山-渣尔泰山铅、锌、金、铁、铜、铂、镍、硫成矿亚带（Ar_3、Pt、V）。矿区内出露的主要地层为中元古代地层。矿体赋存于渣尔泰山群增隆昌组和阿古鲁沟组中，岩性为绢云石墨片岩、白云石大理岩、碳质千枚岩、白云质灰岩、碳质板岩、灰岩与板岩互层。矿体严格受地层控制。矿区内分布着不同时代、不同期次和多种类型的岩浆岩，形成时代从中元古代到燕山期，其中海西期岩浆活动最为强烈，其次为印支期和燕山期。矿区位于华北陆块北缘，内蒙古地轴西段狼山复背斜南翼。区内不同时代、不同期次、不同规模的褶皱、断裂都有发育，褶皱和断裂的有机配置，构成了不同构造旋回各自的构造群落，控制了区内的变质作用、岩浆活动、沉积作用和成矿作用。矿床赋存于狼山复背斜一翼，成矿后期的断裂构造对矿体有一定的破坏作用		
	成矿时代	中元古代		
矿床特征	矿体形态	层状		
	岩石类型	（含粉砂）碳质泥岩-碳酸盐岩建造，其中普遍发育有喷气成因的燧石夹层或条带		
	岩石结构	变余泥质结构		
	矿物组合	矿石矿物：黄铁矿、磁黄铁矿、闪锌矿、方铅矿、黄铜矿、磁铁矿等。 脉石矿物：白云石、绢云母、黑云母、石英、长石、方解石、石墨、重晶石、电气石、磷灰石、透闪石等		
	矿石结构构造	结构：半自形—他形粒状、自形粒状结构为主，其次有包含结构、充填结构、溶蚀结构、斑状变晶结构、固溶体分离结构、反应边结构、压碎结构等。 构造：条纹-条带状、块状、浸染状、细脉浸染状、角砾状、凝块状、鲕状-结核状、定向构造等		
	蚀变特征	与矿化关系密切的蚀变有黑云母化、绿泥石化和碳酸岩化，在含矿层及其上、下盘围岩中均有发育，如电气石化、碱性长石化、绿泥石化、绿帘石化、黝帘石化、碳酸盐化、硅化等。其中最具特征的是下盘的电气石化，分布广泛，属层状蚀变，成分为镁电气石或镁电气石与铁电气石过渡种属，与海底喷气有关		
	控矿条件	华北地台北缘断陷海槽控制着硫多金属成矿带（南带）的分布范围和含矿特征，其中二级断陷盆地控制着一个或几个矿田的分布范围和含矿特征；三级断陷盆地则控制着矿床的分布范围和含矿特征		
地球物理特征	重力场特征	东升庙硫多金属矿床位于布格重力异常相对高值区与相对低值区的过渡带上，此处推断有断裂存在。布格重力异常值 Δg 为$(-228.47\sim-165.70)\times10^{-5}$ m/s^2。从剩余重力异常图可见，剩余重力异常和布格重力异常的展布形态、分布范围基本一致。东升庙硫多金属矿位于G蒙-662剩余重力正异常与L蒙-663剩余重力负异常区的接触带上。矿床西北侧为剩余重力正异常G蒙-662，此区域地表出露元古宙、太古宙地层，故推断此正异常主要与元古宙、太古宙基底隆起有关。矿床东南侧为L蒙-663剩余重力负异常区，此区域地表被第四系覆盖，故推断此负异常是由新生代沉积盆地即河套盆地所致		
	磁场特征	从航磁等值线化极平面图上看，东升庙硫多金属所在区域磁场总体呈北东向展布，这与重力场及构造线方向基本一致。正异常与元古宙、太古宙绿片岩系及含铁建造有关。东升庙硫多金属矿床位于局部似椭圆状弱正磁异常区，异常值为0～100nT		

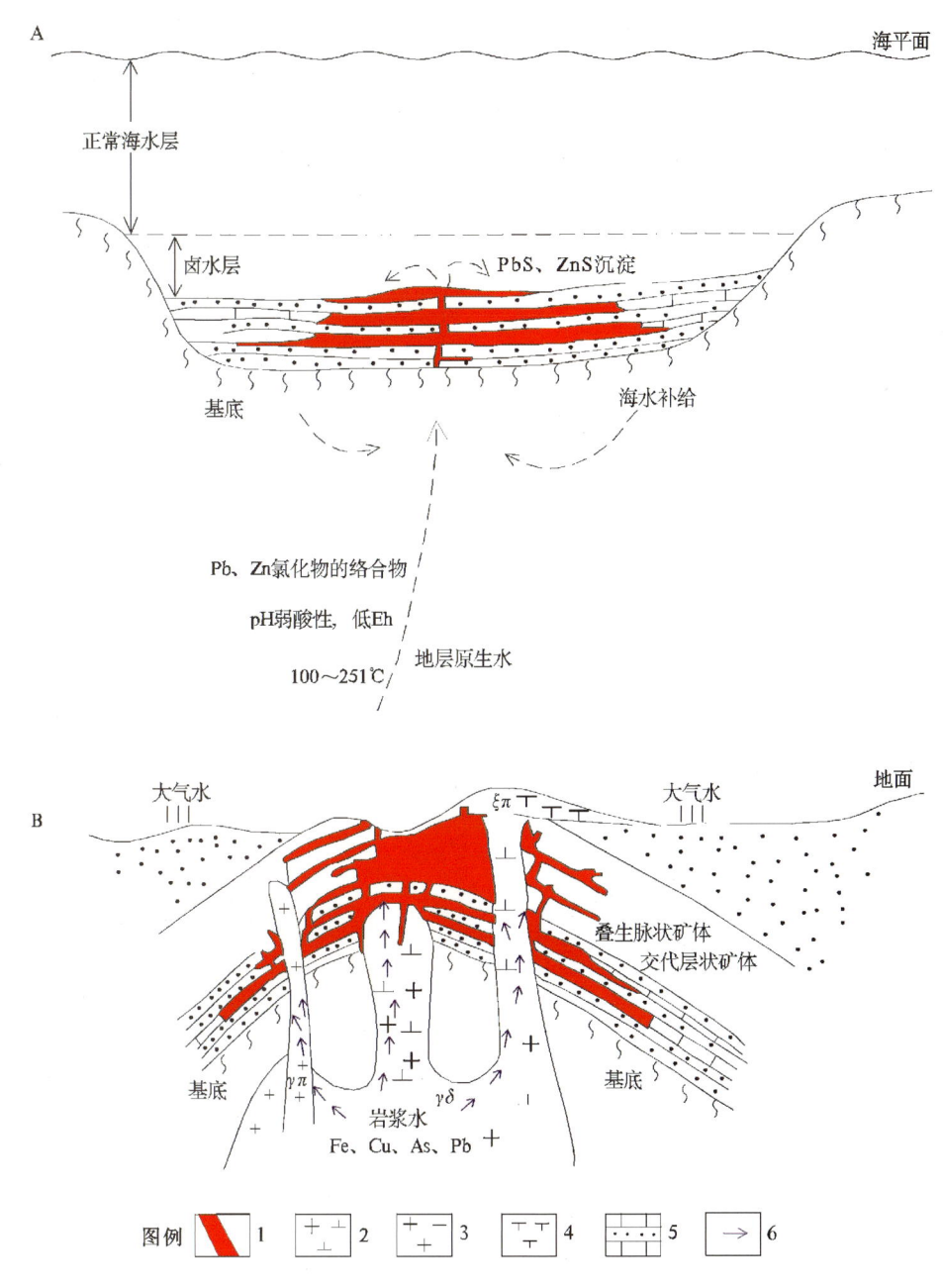

东升庙狼山式沉积喷流型硫铁矿典型矿床成矿模式图

A.沉积阶段；B.喷流阶段；1.矿体及编号；2.花岗闪长岩($\gamma\delta$)；3.花岗斑岩($\gamma\pi$)；4.正长斑岩($\xi\pi$)；5.灰岩、砂岩；6.热液运移方向

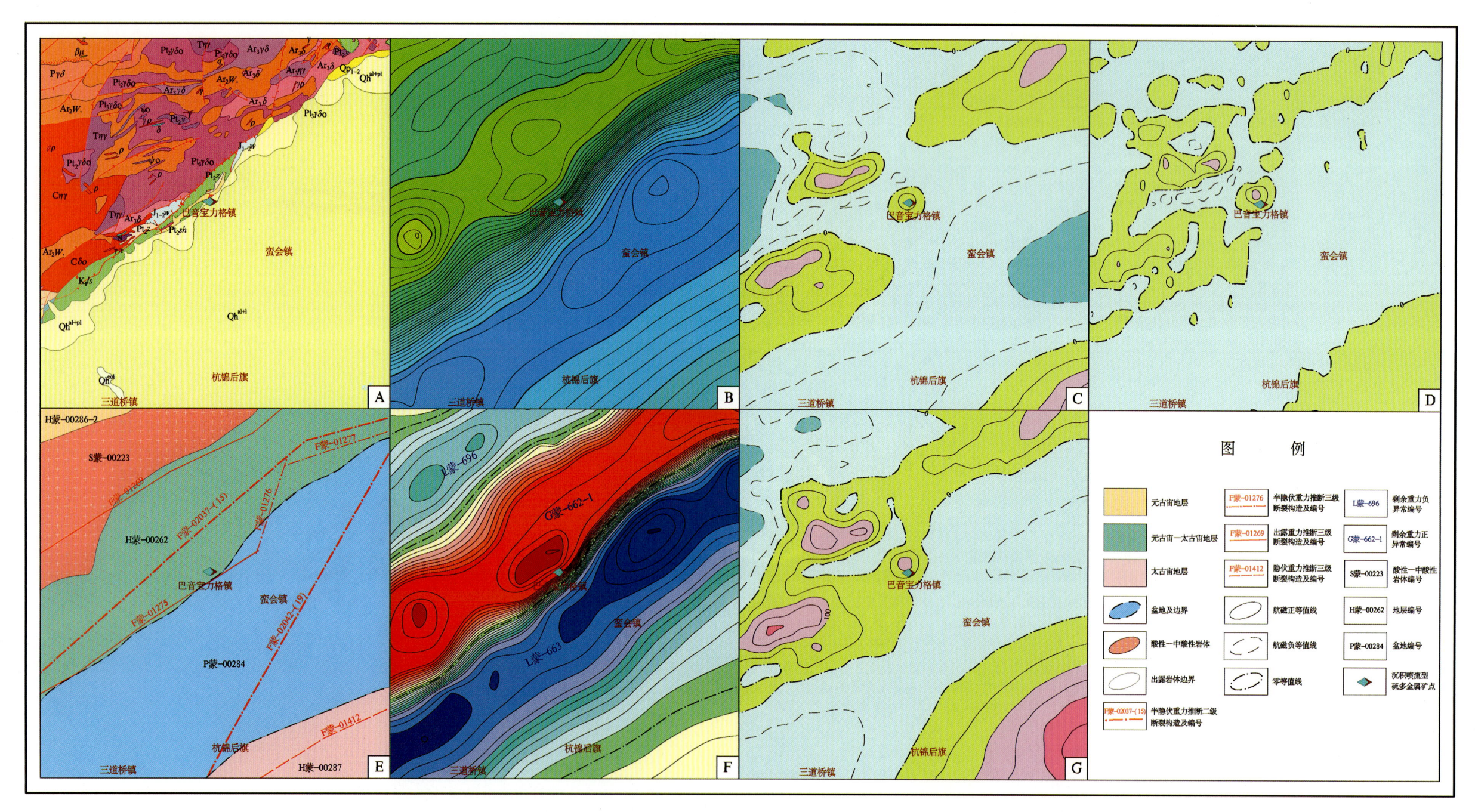

东升庙狼山式沉积喷流型硫铁典型矿床所在区域地质矿产及物探剖析图

A. 地质矿产图；B. 布格重力异常图；C. 航磁 ΔT 等值线平面图；D. 航磁 ΔT 化极垂向一阶导数等值线平面图；E. 重力推断地质构造图；F. 剩余重力异常图；G. 航磁 ΔT 化极等值线平面图

山片沟狼山式沉积喷流型硫铁矿地质、地球物理特征一览表

成矿要素		内容描述		
储量		$12\,564.58\times10^4$ t	平均品位	19.59%
特征描述		沉积喷流变质型层控(锌)硫铁矿床		
地质环境	构造背景	华北陆块区,狼山-阴山陆块,狼山-白云鄂博裂谷带		
地质环境	成矿环境	成矿区带属滨太平洋成矿域(叠加在古亚洲成矿域之上),华北成矿省,华北陆块北缘西段金、铁、铌、稀土、铜、铅、锌、银、镍、铂、钨、石墨、白云母成矿带,狼山-渣尔泰山铅、锌、金、铁、铜、铂、镍、硫成矿亚带(Ar_3、Pt、V)。 矿区内出露的主要地层为中元古代地层。矿体赋存于渣尔泰山群阿古鲁沟组中,岩性为暗色板岩、碳质板岩、含碳泥砂质白云岩、含碳粉砂质、白云质泥灰岩。矿区仅见海西晚期侵入岩和部分脉岩,但与成矿关系不大。矿区位于渣尔泰山复背斜北翼,总体上为向北西倾,倾角70°的单斜,沿倾向有小褶皱存在。矿区断裂构造相当发育,因受南北向的挤压,故以近东西向的逆断层为主,其次为近南北走向的平推断层。成矿后期的断裂构造对矿体有一定的破坏作用		
地质环境	成矿时代	中元古代		
矿床特征	矿体形态	层状、似层状		
矿床特征	岩石类型	渣尔泰山群阿古鲁沟组含碳白云质灰岩、含碳砂质板岩、碳质板岩		
矿床特征	岩石结构	变余泥质结构、微细粒变晶结构		
矿床特征	矿物组合	矿石矿物:黄铁矿、磁黄铁矿、闪锌矿、方铅矿等 脉石矿物:白云石、方解石、石英、透闪石、钾长石、电气石等		
矿床特征	矿石结构构造	结构:他形粒状结构、变胶状结构、自形—半自形粒状结构、碎裂结构。 构造:条带状、条纹状、浸染状、块状、斑杂状构造		
矿床特征	蚀变特征	褐铁矿化		
矿床特征	控矿条件	(1)渣尔泰山群阿古鲁沟组。 (2)北东向复背斜构造		
地球物理特征	重力场特征	山片沟硫铁矿位于$\Delta g=-156.0\times10^{-5}$ m/s² 的布格重力异常等值线上,其北侧局部布格重力异常相对低。在剩余重力异常图上,山片沟硫铁矿位于剩余重力负异常与剩余重力正异常接触带上。剩余重力负异常与酸性侵入岩体有关。剩余重力正异常区地表局部出露有元古宙、太古宙地层,故推断该区正异常由元古宙、太古宙老基底隆起所致。根据地质资料,矿体赋存于渣尔泰山群阿古鲁沟组中。综合分析认为,山片沟硫铁矿位于地层与酸性岩体的外接触带上		
地球物理特征	磁场特征	从各类航磁平面图上看,山片沟硫铁矿所在区域磁场强度不高,均表现为弱磁场区。航磁化极等值线平面图上,硫铁矿位于弱正、负磁场分界线处之零值线上,可见矿床所在位置构造发育		

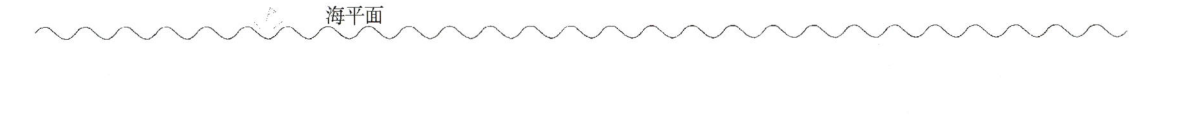

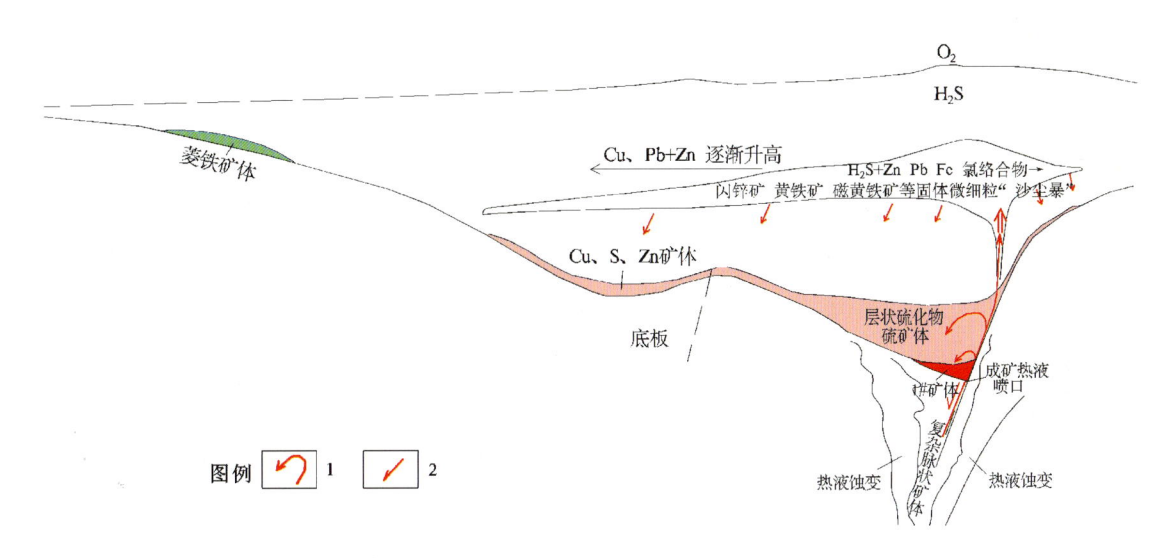

山片沟(炭窑口)狼山式沉积喷流型硫铁矿典型矿床成矿模式图
1. 成矿金属运移及沉淀方向;2. 断层运动方向

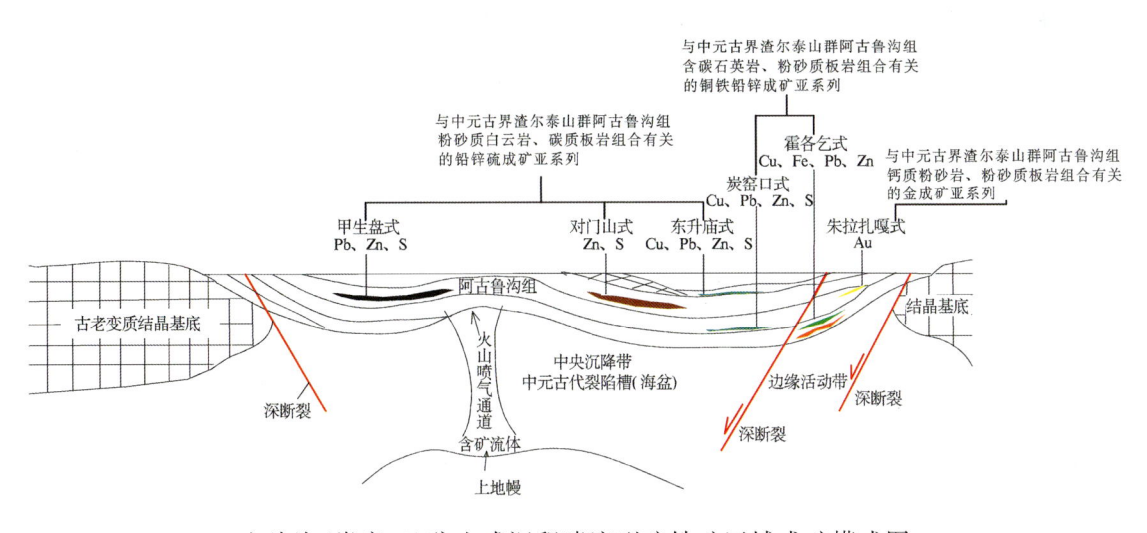

山片沟(炭窑口)狼山式沉积喷流型硫铁矿区域成矿模式图

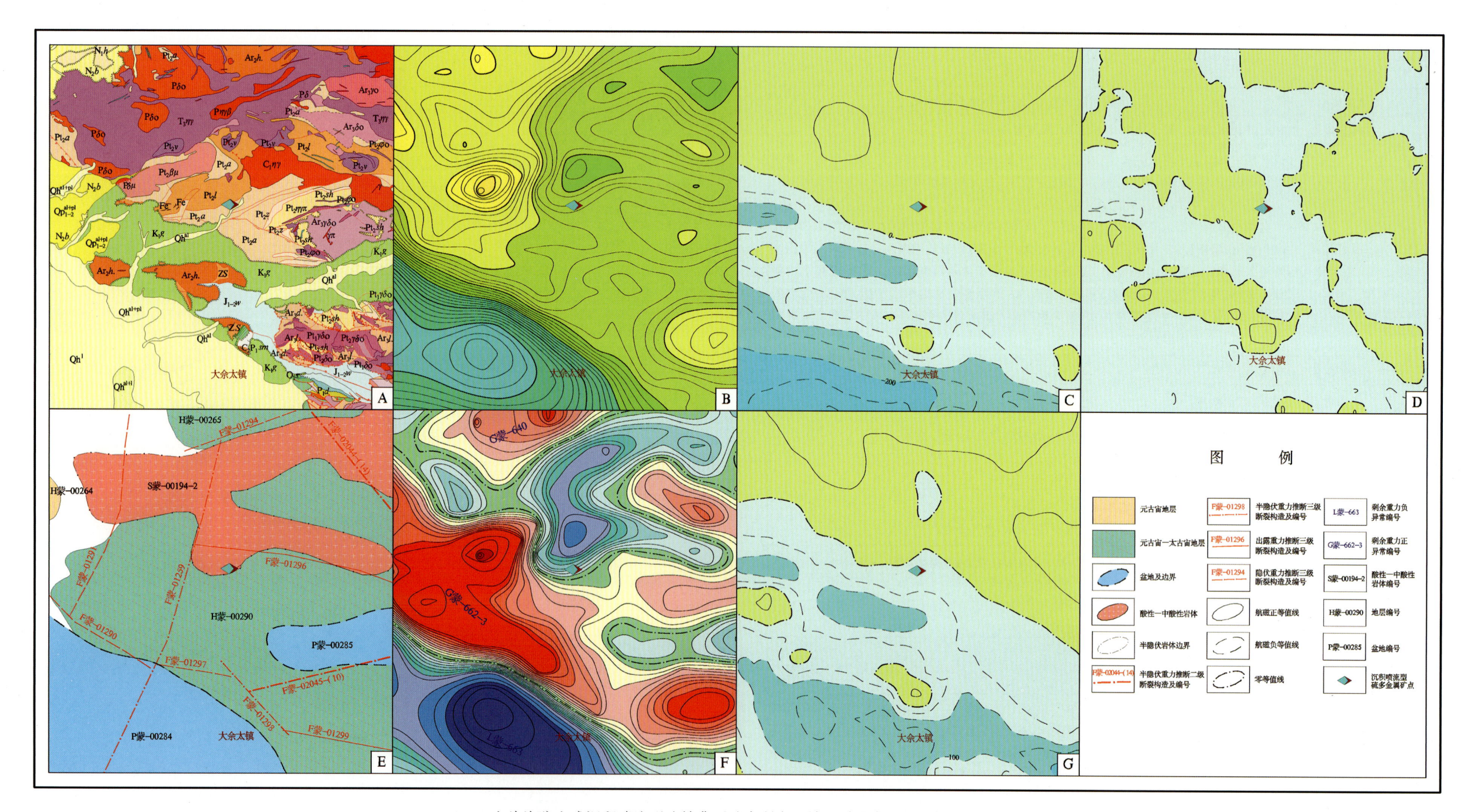

山片沟狼山式沉积喷流型硫铁典型矿床所在区域地质矿产及物探剖析图

A. 地质矿产图；B. 布格重力异常图；C. 航磁 ΔT 等值线平面图；D. 航磁 ΔT 化极垂向一阶导数等值线平面图；E. 重力推断地质构造图；F. 剩余重力异常图；G. 航磁 ΔT 化极等值线平面图

榆树湾阳泉式沉积型硫铁矿地质、地球物理特征一览表

成矿要素		内容描述		
储量		89.1×10^4 t	平均品位	38%
特征描述		沉积型硫铁矿床		
地质环境	构造背景	华北陆块区,鄂尔多斯陆块,鄂尔多斯陆核		
	成矿环境	成矿区带属滨太平洋成矿域(叠加在古亚洲成矿域之上),华北成矿省,山西(断隆)铁、铝土矿、石膏、煤、煤层气成矿带。矿区内出露地层主要有下中奥陶统马家沟组石灰岩,上石炭统本溪组黏土页岩、泥质石灰岩,上石炭统太原组砂岩、砂质页岩、页岩、碳质页岩及煤层,二叠系山西组粗砂岩、砂质页岩、薄层细砂岩、黑色页岩,二叠系石盒子组黏土页岩、薄层砂岩、灰黑色页岩及煤线。矿体赋存于上石炭统底部黏土页岩中。矿区内未见发生具体岩浆活动的具体现象和依据,仅见有几处岩层受热变质,但变质岩完全持有原沉积岩的特征,说明没有岩浆侵入的可能		
	含矿岩系	矿体赋存于上石炭统本溪组底部黏土页岩(铝土页岩)中。黏土页岩呈厚层状,层理构造,含有结核状、层状黄铁矿晶簇以及星散状斑点,与铝土矿共存		
	成矿时代	石炭纪		
矿床特征	矿体形态	结核状、层状、透镜状		
	岩石类型	铝土页岩、石灰岩		
	岩石结构	层状		
	矿物组合	矿石矿物:黄铁矿、黄铜矿。		
		脉石矿物:铝土矿、石膏		
	矿石结构构造	结构:结核状、层状结构。		
		构造:层理构造、块状构造		
	控矿条件	矿体赋存于上石炭统本溪组底部黏土页岩(铝土页岩)中,硫铁矿与铝土页岩同时生成。区矿构造简单,主要为小褶皱构造,对矿体控制作用不大		
地球物理特征	重力场特征	榆树湾矿区所在区域布格重力异常值由西南到东北逐渐升高,一般 Δg 为 $(-152.00 \sim -132.00) \times 10^{-5}$ m/s^2,矿床所在位置的布格重力异常等值线值约为 -146.00×10^{-5} m/s^2。从剩余重力异常图可见,榆树湾硫铁矿位于剩余重力正异常边缘,区域地表出露石炭纪地层,故推断此处剩余重力正异常与古生代地层有关,而矿体赋存于上石炭统底部铝土页岩中,说明榆树湾硫铁矿所在区域的重力正异常反映了其成矿地质环境		
	磁场特征	榆树湾矿区磁异常强度不高,为弱磁场区		

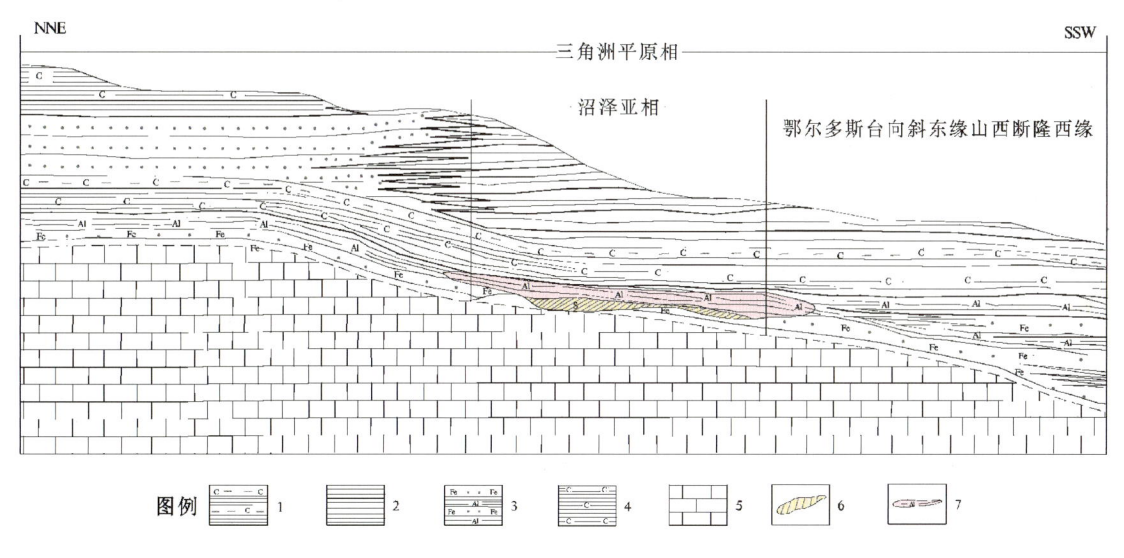

榆树湾阳泉式沉积型硫铁矿典型矿床成矿模式图

1.碳质黏土页岩建造;2.含煤碎屑岩建造;3.铁铝质岩建造;4.含煤碳质页岩建造;5.厚层灰岩;6.硫铁矿;7.含矿层

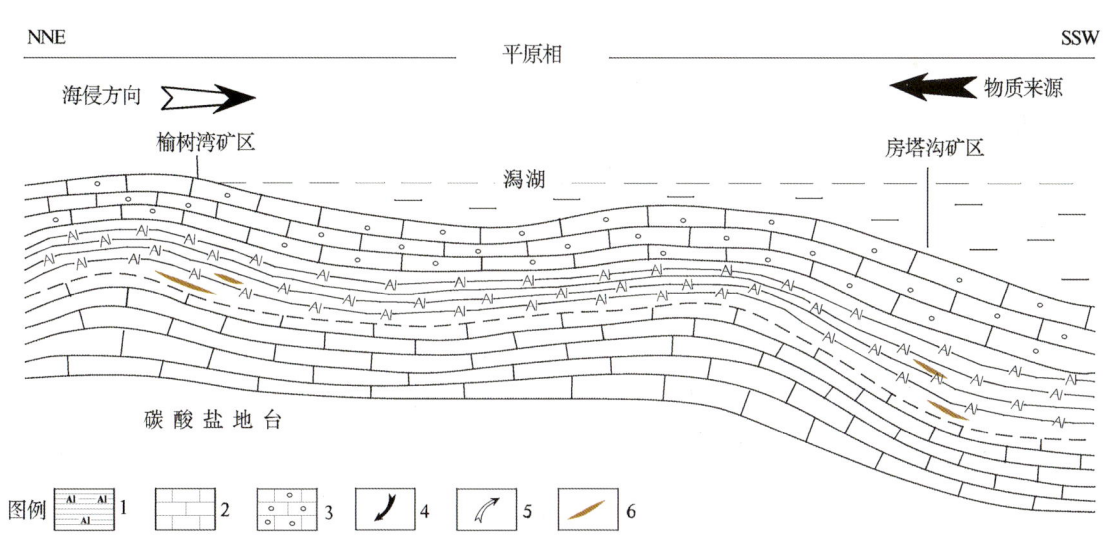

房塔沟-榆树湾沉积型硫铁矿区域成矿模式图

1.铝土页岩建造;2.碳酸盐岩建造;3.砾屑灰岩建造;4.物质来源方向;5.海侵方向;6.硫铁矿体

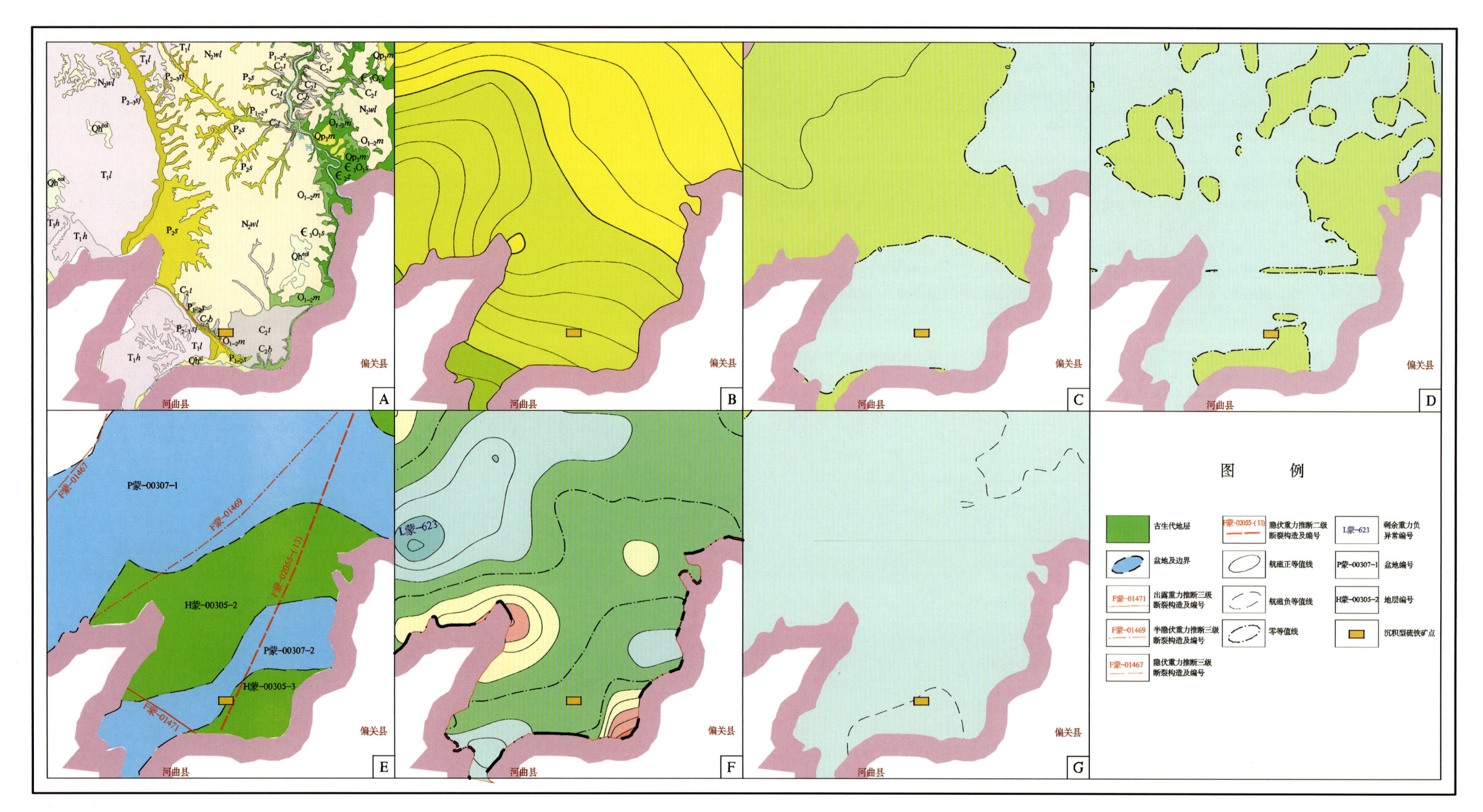

榆树湾阳泉式沉积型硫铁典型矿床所在区域地质矿产及物探剖析图

A. 地质矿产图；B. 布格重力异常图；C. 航磁 ΔT 等值线平面图；D. 航磁 ΔT 化极垂向一阶导数等值线平面图；E. 重力推断地质构造图；F. 剩余重力异常图；G. 航磁 ΔT 化极等值线平面图

别鲁乌图式热液型硫铁矿地质、地球物理特征一览表

成矿要素		内容描述		
储量		1371.43×10^4 t	平均品位	22.67%
特征描述		岩浆期后热液充填交代型脉状硫多金属矿床		
地质环境	构造背景	天山-兴蒙造山系,包尔汉图-温都尔庙弧盆系(Pz_2),温都尔庙俯冲增生杂岩带		
	成矿环境	成矿区带属滨太平洋成矿域(叠加在古亚洲成矿域之上),大兴安岭成矿省,白乃庙-锡林郭勒铁、铜、钼、铅、锌、锰、铬、金、锗、煤、天然碱、芒硝成矿带,白乃庙-哈达庙铜、金、萤石成矿亚带(Pt、V、Y)。矿体主要产于上石炭统本巴图组变质粉砂岩中。矿体多受地层层间破碎蚀变带控制,矿体产状多与围岩一致,少数与地层走向有一定夹角。主矿体多呈板状,小矿体多呈透镜状。矿区内岩浆活动较为强烈,主要有海西中期的石英闪长玢岩、石英斜长斑岩等,次为海西晚期的石英闪长岩、闪长岩、花岗闪长岩等。岩浆岩的形成早于矿体,往往被沿顺层构造带形成的矿体切穿。矿区内断裂构造较发育,但规模较小。断裂构造展布的方向大体可分为北东、北西及近东西向3组,其中以北东向张性断裂为主,并为矿区的主要控矿构造,矿床或矿体的产状、形态均受其控制。而北西向的压扭性断裂次之,为矿区内导矿构造		
	成矿时代	二叠纪(海西期)		
矿床特征	矿体形态	脉状、透镜状、扁豆状		
	岩石类型	上石炭统本巴图组(C_2bb)变质粉砂岩、粉砂质板岩		
	岩石结构	变余砂状结构、变余泥质结构		
	矿物组合	矿石矿物:黄铁矿、磁黄铁矿、黄铜矿、方铅矿、闪锌矿、磁铁矿。 脉石矿物:黑云母、绿泥石、石英、方解石等		
	矿石结构构造	结构:自形—半自形粒状结构、他形粒状结构、包含变晶结构、交代溶蚀结构。 构造:块状、细脉浸染状、浸染状、团块状、角砾状构造		
	蚀变特征	硅化、滑石化、碳酸盐化、绢云母化、绿泥石化		
	控矿条件	(1)北东向断裂构造。 (2)上石炭统本巴图组(C_2bb)。 (3)二叠纪(海西期)花岗闪长岩侵入体		
地球物理特征	重力场特征	别鲁乌图硫铁矿位于布格重力异常相对高值区与相对低值区的过渡带上,此过渡带为一条近东西向宽缓梯级带,并局部发生同向扭曲,推断为东西向断裂和北东向断裂所致,这些断裂为矿区的主要控矿构造,矿床或矿体的产状、形态均受其控制。在剩余重力异常图上,别鲁乌图硫铁矿位于两处带状剩余重力负异常的东西向接触带上,推断为半隐伏酸性岩体所致。在矿床的东北、西北、西南方向分别有3处等轴状剩余重力正异常,这些区域地表局部出露基性岩,并有明显航磁异常,故推断该正异常是由基性岩体引起的		
	磁场特征	别鲁乌图硫铁矿位于大面积弱正磁场区,磁场最高值200nT		

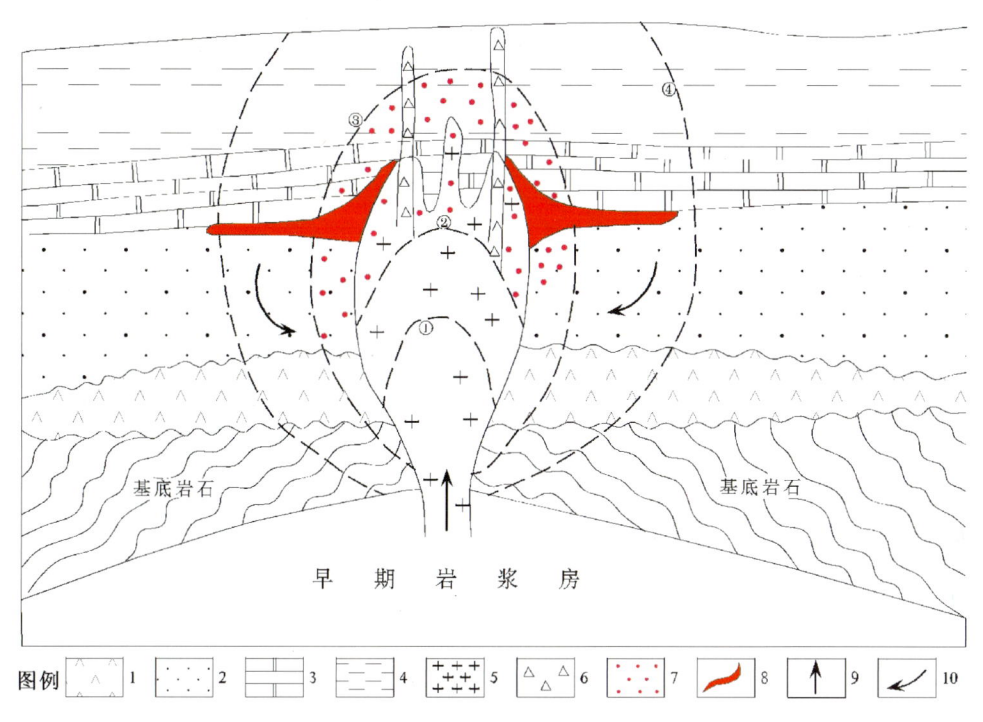

别鲁乌图式热液型硫铁矿典型矿床成矿模式图

1.火山岩;2.泥质砂岩;3.碳酸盐岩;4.泥质岩;5.浅成斑体岩;6.爆破角砾岩筒;7.斑岩型铜矿化;8.硫化物型矿化;9.上升岩浆流体;10.大气降水循环方向;①钾化带底界;②绢英岩化带底界;③青磐岩化带底界;④青磐岩化带顶界

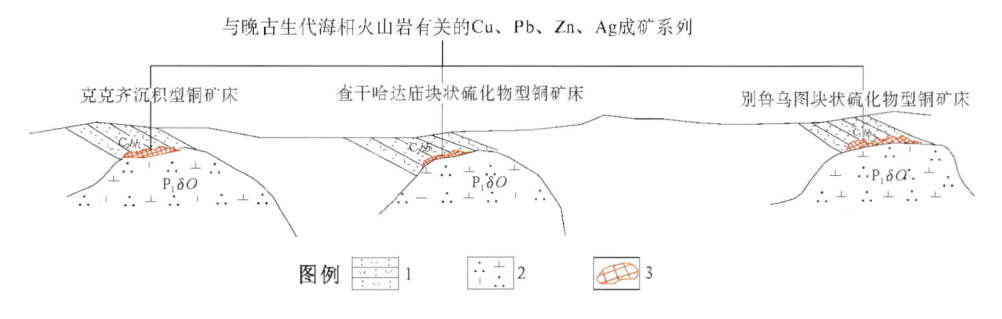

别鲁乌图式热液型硫铁矿区域成矿模式图

1.石炭系本巴图组(C_2bb):流纹质凝灰岩;2.二叠纪石英闪长岩($P_1\delta o$);3.铜矿体

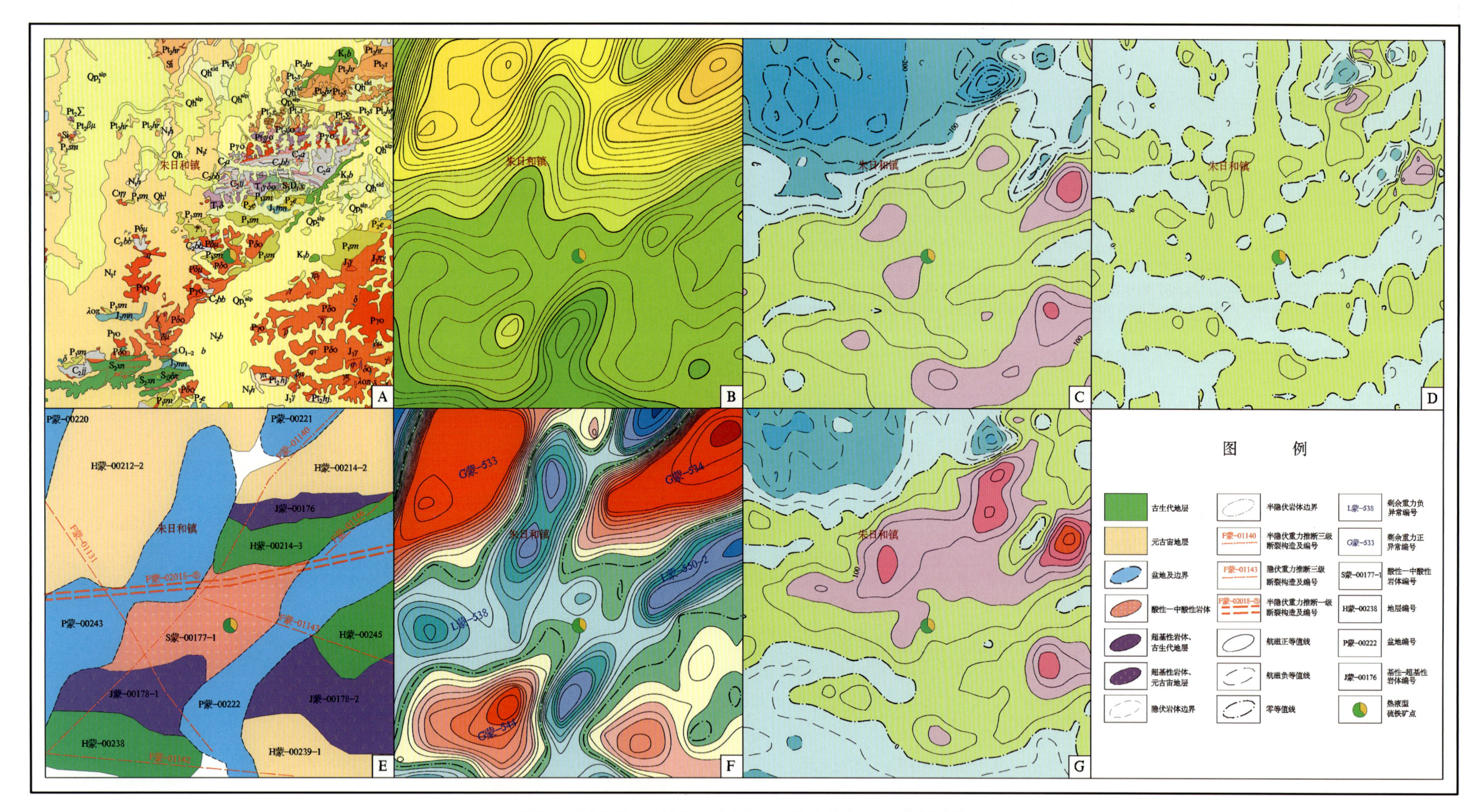

别鲁乌图式热液型硫铁典型矿床所在区域地质矿产及物探剖析图

A. 地质矿产图；B. 布格重力异常图；C. 航磁 ΔT 等值线平面图；D. 航磁 ΔT 化极垂向一阶导数等值线平面图；E. 重力推断地质构造图；F. 剩余重力异常图；G. 航磁 ΔT 化极等值线平面图

六一式火山沉积型硫铁矿地质、地球物理特征一览表

成矿要素		内容描述		
储量		606.34×10^4 t	平均品位	19.08%
特征描述		火山沉积-热液型硫铁矿床		
地质环境	构造背景	天山-兴蒙造山系,大兴安岭弧盆系,海拉尔-呼玛弧后盆地(Pz)		
	成矿环境	成矿区带属滨太平洋成矿域(叠加在古亚洲成矿域之上),大兴安岭成矿省,新巴尔虎右旗-根河(拉张区)铜、钼、铅、锌、银、金、萤石、煤(铀)成矿带,额尔古纳金、铁、锌、硫、萤石成矿亚带(V、Y)。矿体赋存于古生界石炭—二叠系宝力高庙组(C_2P_1bl)中,岩性为绢云母石英片岩、流纹岩、流纹质角砾熔岩、安山质角砾熔岩、安山质凝灰熔岩。硫铁矿体受地层控制。矿区侵入岩均呈岩脉产出,岩性主要为闪长玢岩、细晶岩、云斜煌斑岩等。受上泥盆统海相火山岩系控制,侵入岩体为似斑状花岗岩。矿区构造的产生与发展,严格受区域构造控制。断裂构造发育,多平行于区域断裂被后期脉岩贯入;在区域变质作用的基础上,受后期构造挤压而造成的片理化及轻微破碎的构造岩分布广泛,并多为矿体的直接顶板		
	成矿时代	石炭纪		
矿床特征	矿体形态	透镜状、似层状		
	岩石类型	宝力高庙组绢云母石英片岩		
	岩石结构	斑状变晶结构,基质为粒状变晶结构		
	矿物组合	矿石矿物:黄铁矿、磁黄铁矿、闪锌矿、方铅矿等。 脉石矿物:白云石、方解石、石英、透闪石、钾长石、电气石等		
	矿石结构构造	结构:自形、半自形、他形粒状结构,交代溶蚀结构,碎裂结构,斑状变晶结构。 构造:块状、浸染状、条带状、脉状、角砾团块状构造		
	蚀变特征	绢云母化、硅化、黄铁矿化、绿泥石化、绿帘石化		
	控矿条件	(1)矿体赋存于宝力高庙组中,岩性为绢云母石英片岩、流纹岩、流纹质角砾熔岩、安山质角砾熔岩、安山质凝灰熔岩。 (2)矿体严格受北东向区域构造的控制		
地球物理特征	重力场特征	六一硫铁矿所在区域重力场总体较高。矿床位于相对高值区,相对高值区与相对低值区由一条呈北北东方向展布的梯级带分开,推断此梯级带处存在断裂构造。剩余重力异常和布格重力异常的展布形态、分布范围基本一致。矿床位于北东向剩余重力正异常G蒙-59上,该正异常区域地表出露古生代地层,可见该剩余重力正异常是由古生代基底隆起所致。而矿体赋存于宝力高庙组(C_2P_1bl)中,由此说明六一硫铁矿所在区域的重力正异常反映了其成矿地质环境,矿体受地层控制		
	磁场特征	在航磁ΔT等值线平面图和航磁ΔT化极等值线平面图上均可以明显看到,硫铁矿位于负磁场区。硫铁矿北部的航磁异常显示为高磁异常。根据地质资料该局部地表出露侏罗纪的玛尼吐组、满克头鄂博组,故推断此异常是由带磁性的火山岩引起的		

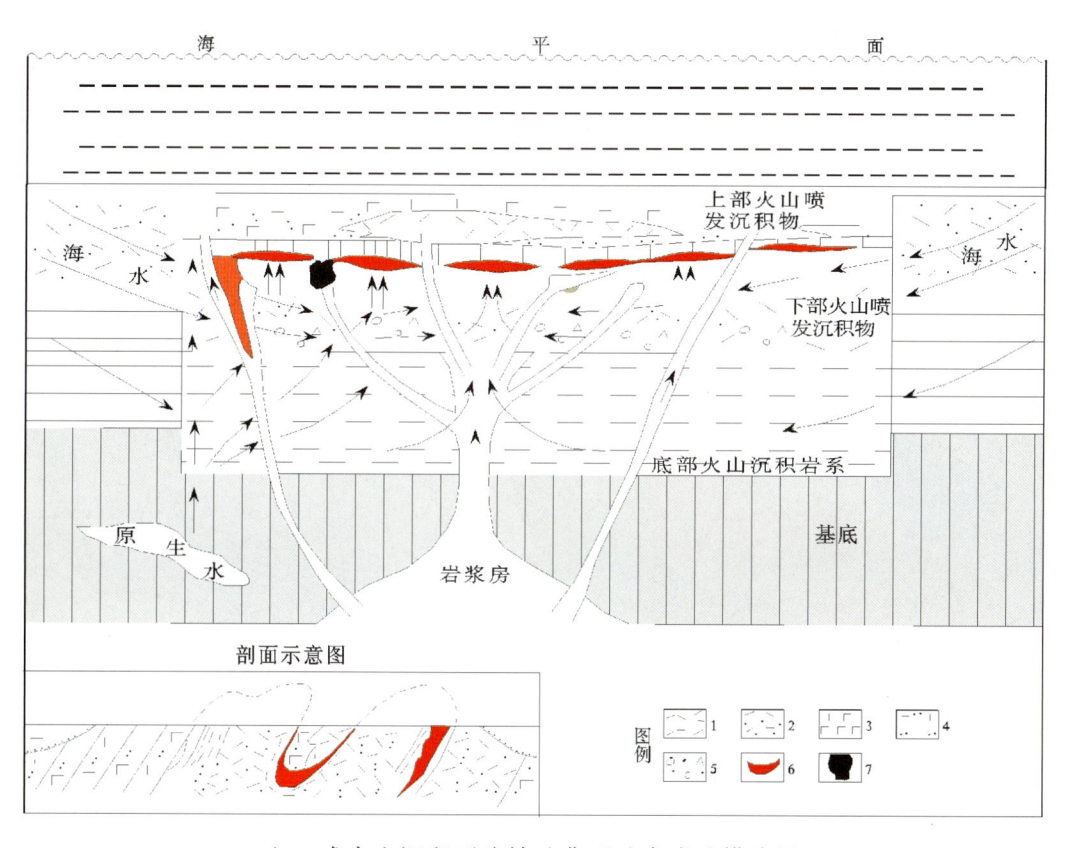

六一式火山沉积型硫铁矿典型矿床成矿模式图

1.酸性熔岩;2.酸性火山碎屑岩;3.基性熔岩;4.基性火山碎屑岩;5.火山粗碎屑岩;6.硫化物沉积层;7.矿化石英钠长斑岩

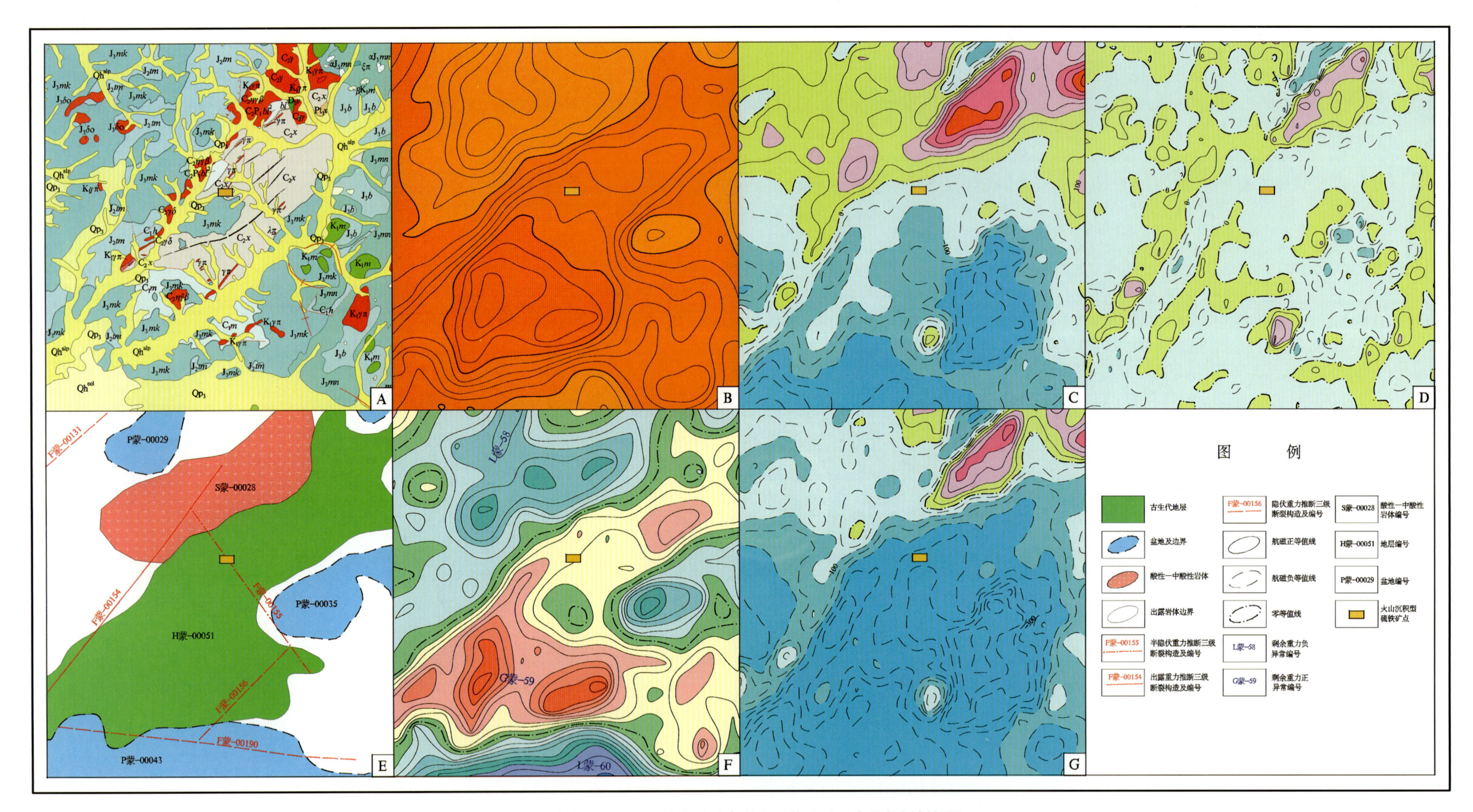

六一式火山沉积型硫铁典型矿床所在区域地质矿产及物探剖析图

A. 地质矿产图；B. 布格重力异常图；C. 航磁 ΔT 等值线平面图；D. 航磁 ΔT 化极垂向一阶导数等值线平面图；E. 重力推断地质构造图；F. 剩余重力异常图；G. 航磁 ΔT 化极等值线平面图

朝不楞式接触交代型硫铁矿地质、地球物理特征一览表

成矿要素		内容描述		
储量		64.80×10^4 t	平均品位	16.58%
特征描述		接触交代型伴生硫铁矿床		
地质环境	构造背景	天山-兴蒙造山系,大兴安岭弧盆系(Pt_3-T_2),扎兰屯-多宝山岛弧(Pz_2)		
	成矿环境	成矿区带属滨太平洋成矿域(叠加在古亚洲成矿域之上),大兴安岭成矿省,东乌珠穆沁旗-嫩江(中强挤压区)铜、钼、铅、锌、金、钨、锡、铬成矿带,二连-东乌珠穆沁旗钨、钼、铁、锌、铅、金、银、铬成矿亚带(V、Y)。矿区出露地层为古生界中上泥盆统塔尔巴格特组石英绢云母片岩、砂质板岩、大理岩、变质粉砂岩。硫矿赋存于大理岩和变质粉砂岩接触层面及其附近,受地层控制明显。矿区内侵入岩较发育,其中大面积出露燕山早期黑云母花岗岩、石英闪长岩、闪长岩及其派生脉岩。黑云母花岗岩出露规模最大,为本区铁矿和硫矿成矿母岩,受岩浆岩控制也比较明显。矿区内构造较发育,褶皱构造的走向与区域构造线方向基本相同,但矿体受构造控制不甚明显		
	含矿岩系	硫矿赋存于古生界中上泥盆统塔尔巴格特组大理岩和变质粉砂岩接触层面及其附近		
	成矿时代	燕山期		
矿床特征	矿体形态	矿体呈扁豆状、条带状形式产出		
	岩石类型	塔尔巴格特组石英绢云母片岩、砂质板岩、大理岩、变质粉砂岩;燕山早期黑云母花岗岩、石英闪长岩、闪长岩及其派生脉岩		
	岩石结构	沉积岩为碎屑结构和变晶结构,侵入岩为细粒结构		
	矿物组合	矿石矿物:黄铁矿、磁黄铁矿、黄铜矿、方铅矿、闪锌矿、磁铁矿。脉石矿物:黑云母、绿泥石、石英、方解石等		
	矿石结构构造	结构:半自形粒状结构、他形晶粒状结构、自形晶粒状结构、反应边结构、压碎结构、固溶体分解结构。构造:块状、条带状、浸染状、斑杂状、角砾状、斑点状构造		
	蚀变特征	矽卡岩化、阳起石化		
	控矿条件	(1)古生界中上泥盆统塔尔巴格特组岩石地层。 (2)北东向断裂构造。 (3)燕山期黑云母花岗岩、石英闪长岩、闪长岩岩体		
地球物理特征	重力场特征	朝不楞式硫铁矿位于布格重力异常梯级带上,其西部为相对高值区,东部为相对低值区。因存在断裂构造,此梯级带发生局部扭曲。由剩余重力异常图可见,硫铁矿床位于剩余重力正异常与负异常的交接带上,以矿床为界,南部为与古生代基底隆起有关的剩余重力正异常带。其北部是与燕山期黑云母花岗岩有关的近东西向剩余重力负异常。重磁场特征反映了该硫铁矿的成矿地质环境,说明矿体受地层和岩浆岩共同控制		
	磁场特征	由航磁化极等值线平面图可见,朝不楞硫铁矿所在区域为强磁场区,最高值达700nT。矿床所在位置航磁异常呈近东西向展布,与上述剩余重力负异常对应较好,推断此正磁异常由具有磁性的黑云母花岗岩引起		

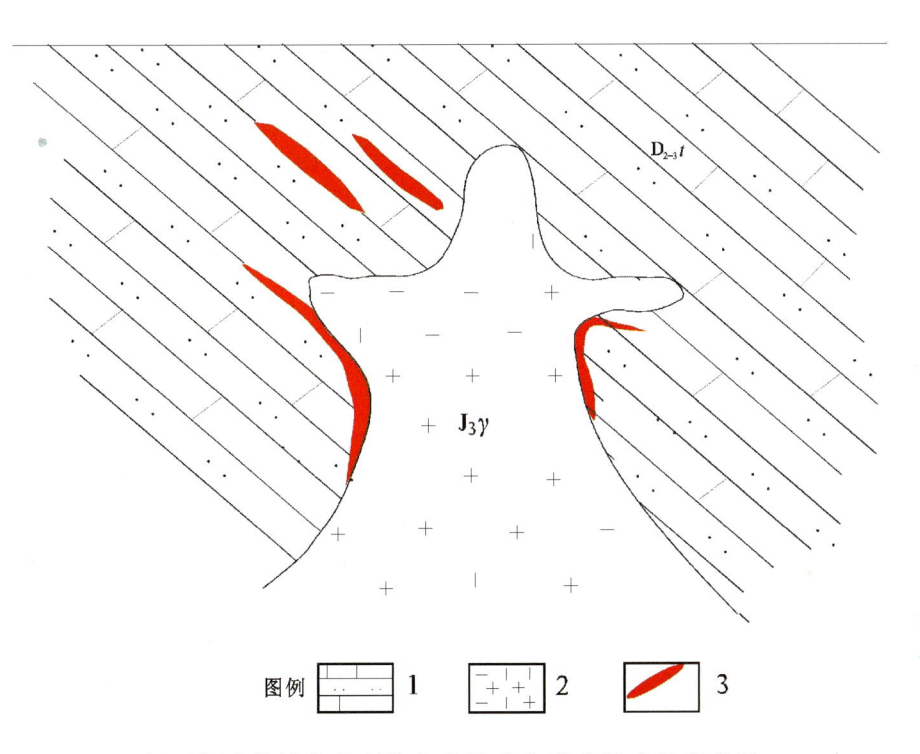

朝不楞式接触交代型伴生硫铁矿典型矿床成矿模式图

1. 泥盆系塔尔巴格特组($D_{2-3}t$)下岩段变质粉砂岩、大理岩;2. 燕山期花岗岩体($J_3\gamma$);
3. 硫铁矿矿体

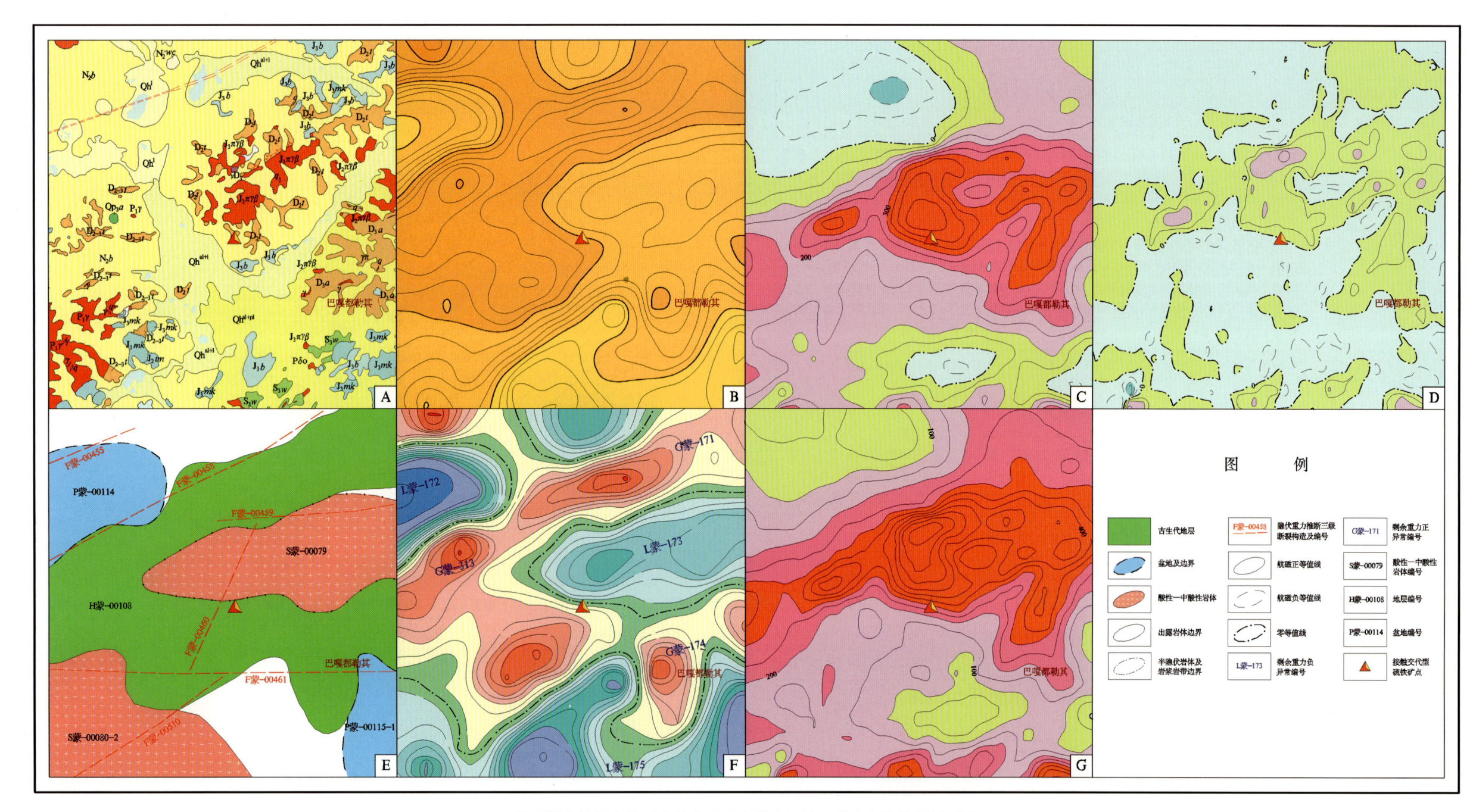

朝不楞式接触交代型硫铁典型矿床所在区域地质矿产及物探剖析图

A. 地质矿产图；B. 布格重力异常图；C. 航磁 ΔT 等值线平面图；D. 航磁 ΔT 化极垂向一阶导数等值线平面图；E. 重力推断地质构造图；F. 剩余重力异常图；G. 航磁 ΔT 化极等值线平面图

拜仁达坝式岩浆热液型硫铁矿地质、地球物理特征一览表

成矿要素		内容描述		
储量		1 545 032t	平均品位	16.58%
特征描述		中低温热液硫铁矿床		
地质环境	构造背景	天山-兴蒙造山系,大兴安岭弧盆系,锡林浩特岩浆弧		
	成矿环境	成矿区带属滨太平洋成矿域(叠加在古亚洲成矿域之上),大兴安岭成矿省,突泉-翁牛特铅、锌、银、铜、铁、锡、稀土成矿带,索伦镇-黄岗梁铁、锡、铜、铅、锌、银成矿亚带(V-Y)。矿区内出露的地层单一,除第四系外,仅出露宝音图岩群第一岩段黑云斜长片麻岩,局部见少量角闪斜长片麻岩,分布于矿区南北两侧。矿区内出露岩浆岩以海西期石英闪长岩为主,燕山早期第一次花岗岩零星出露,岩浆期后脉岩发育。海西期石英闪长岩呈岩株侵入于古元古代黑云斜长片麻岩中,燕山早期花岗岩侵入黑云斜长片麻岩中,该期次花岗岩为成矿母岩。矿区内断裂构造发育,以北东向断裂构造为主,其次为北西向及近东西向断裂。矿带和矿体的赋存明显受构造控制,北东向区域构造控制海西期石英闪长岩的分布,同时控制矿带的展布,而北北西向和近东西向的张性构造是矿区内的主要控矿构造		
	成矿时代	海西期		
矿床特征	矿体形态	脉状		
	岩石类型	海西期石英闪长岩		
	岩石结构	花岗结构		
	矿物组合	主要为磁黄铁矿、方铅矿、铁闪锌矿、毒砂、黄铁矿、银黝铜矿、黄铜矿等,其次还有闪锌矿、辉银矿、自然银、黝锡矿、硫锑铅矿、胶状黄铁矿、铅矾、褐铁矿、孔雀石等矿物		
	矿石结构构造	结构:主要有半自形粒状结构、他形粒状结构、骸晶结构、交代结构、固溶体分离结构、碎裂结构。构造:主要为条带状、网脉状、块状、浸染状构造,其次为斑杂状、角砾状构造		
	蚀变特征	硅化、白云母化、绢云母化、绿泥石化、碳酸盐化、高岭土化,其次还可见绿帘石化及叶蜡石化等。其中与 Ag、Pb、Zn 矿化关系密切的是硅化、绿泥石化、绢云母化		
	控矿条件	黑云斜长片麻岩、二云斜长片麻岩、角闪斜长片麻岩及变质深成侵入体斜长角闪岩。近东西向压扭性断裂为矿区主要控矿构造,北西向张性断裂是次要控矿构造		
地球物理特征	重力场特征	拜仁达坝多金属矿位于两处布格重力异常相对高值区所夹的狭长布格重力异常相对低值区,Δg 约为 $-124.00 \times 10^{-5} m/s^2$。在相对高值区与相对低值区的过渡带上存在有梯级带,推断有断裂存在。布格重力相对高值区形成与矿床有关的剩余重力正异常,编号 G 蒙-403,为古生代基底隆起区。布格重力异常相对低值区形成与侵入岩有关的两处剩余重力负异常,即 L 蒙-370、L 蒙-404,矿床即位于两处负异常过渡带上。综上所述,拜仁达坝多金属矿赋存于酸性岩体与地层的外接触带上		
	磁场特征	由航磁图可见,矿床位于大面积弱负磁异常区,磁异常为 -100nT 左右。矿床北部为弱正磁异常,异常值为 0~100nT,形状基本与剩余重力正异常 G 蒙-390 相近。由地质资料,该区域地表局部出露超基性岩体,故推断此重力高、磁力高异常是由基性岩体引起的		

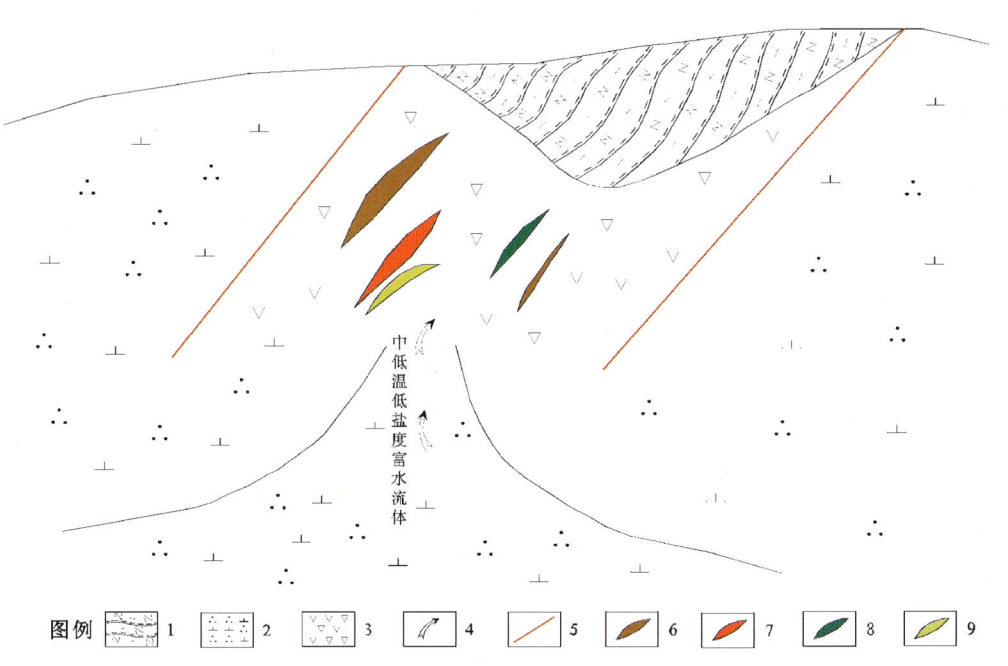

拜仁达坝式岩浆热液型伴生硫铁矿典型矿床成矿模式图

1.黑云斜长片麻岩;2.石英闪长岩;3.构造角砾岩;4.流体运移方向;5.断层;6.锌矿体;7.锌铜矿体;8.铜矿体;9.硫矿体

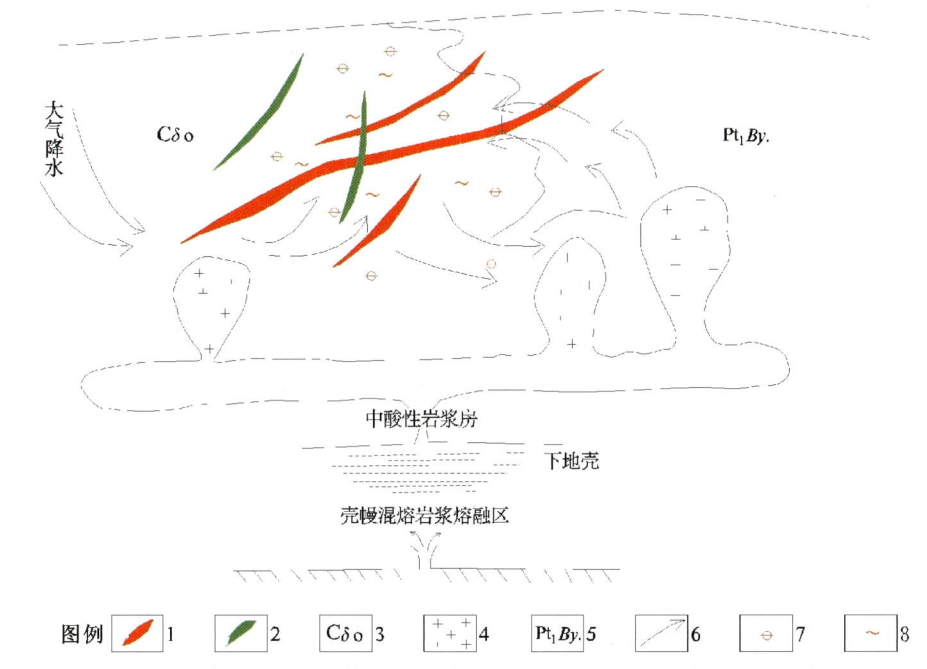

拜仁达坝式岩浆热液型伴生硫铁矿区域成矿模式图

1.矿体;2.基性岩脉;3.石炭纪石英闪长岩;4.中酸性岩浆;5.古元古界宝音图岩群;6.流体移动方向;7.绿帘石化;8.绿泥石化

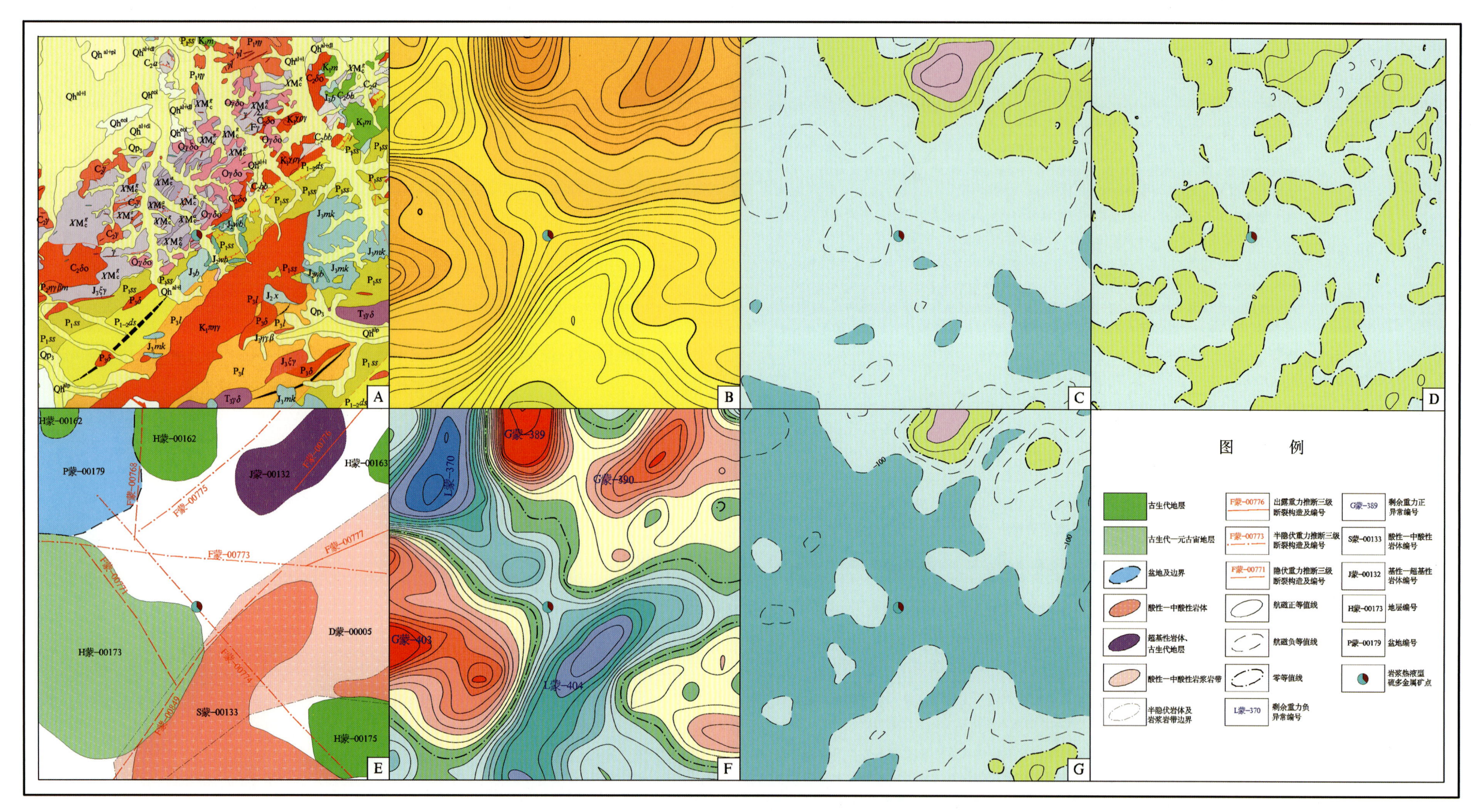

拜仁达坝式岩浆热液型硫铁典型矿床所在区域地质矿产及物探剖析图

A. 地质矿产图；B. 布格重力异常图；C. 航磁 ΔT 等值线平面图；D. 航磁 ΔT 化极垂向一阶导数等值线平面图；E. 重力推断地质构造图；F. 剩余重力异常图；G. 航磁 ΔT 化极等值线平面图

驼峰山式海相火山岩型硫铁矿地质、地球物理特征一览表

成矿要素		内容描述		
储量		$277×10^4$ t	平均品位	16.23%
特征描述		海相火山岩型硫铁矿床		
地质环境	构造背景	天山-兴蒙造山系,大兴安岭弧盆系,锡林浩特岩浆弧		
	成矿环境	成矿区带属滨太平洋成矿域(叠加在古亚洲成矿域之上),大兴安岭成矿省,突泉-翁牛特铅、锌、银、铜、铁、锡、稀土成矿带,神山-大井子铜、铅、锌、银、铁、钼、稀土、铌、钽、萤石成矿亚带(I-Y)。矿区内出露地层有:上石炭统本巴图组,主要岩性为结晶灰岩、碎屑灰岩,分布于矿区西南部;下中二叠统大石寨组,岩性为晶屑凝灰岩、角砾凝灰岩、岩屑晶屑火山角砾岩;上二叠统林西组,岩性为(绢云母化)含角砾霏细状流纹岩。矿体赋存于下中二叠统大石寨组3个岩段当中,主要含矿岩性为晶屑凝灰熔岩、晶屑凝灰岩、凝灰岩。矿区范围外的西南部见有石英脉侵入上石炭统结晶灰岩中。燕山期岩浆岩为第二个期次矿体的形成起到了作用,矿内地表未见此岩体。矿区构造与区域北东向构造一致,位于黄岗梁-甘珠尔庙复背斜南翼次级老房身-驼峰山-龙头山背斜轴部。地表未见断裂构造		
	成矿时代	二叠纪		
矿床特征	矿体形态	层状、透镜状		
	岩石类型	晶屑火山角砾岩、晶屑凝灰岩、凝灰岩		
	岩石结构	火山角砾结构、晶屑结构、斑状结构		
	矿物组合	矿石矿物:黄铁矿、黄铜矿。脉石矿物:石英、长石、绢云母		
	矿石结构构造	结构:自形-半自形粒状结构、他形粒状结构、压碎结构、交代结构。构造:块状、浸染状、细脉浸染状、晶簇状构造		
	控矿条件	矿体赋存于下中二叠统大石寨组中,主要含矿岩性为晶屑凝灰熔岩、晶屑凝灰岩、凝灰岩		
地球物理特征	重力场特征	驼峰山硫铁矿所在区域重力场总体值较高,布格重力异常值由西北到东南逐渐升高,矿床所在位置布格重力异常等值线值为 $-50.00×10^{-5}$ m/s^2。驼峰山硫铁矿位于剩余重力正异常 G 蒙-247 的北部边缘处。此正异常由两个椭圆形单异常组成,此区域地表出露石炭系、二叠系,故此异常与古生代地层有关。而矿体赋存于下中二叠统大石寨组,说明驼峰山硫铁矿所在区域的重力正异常反映了成矿地质环境		
	磁场特征	从航磁图上看,驼峰山硫铁矿所在区域磁场形态较为杂乱,这与地表出露的磁性不均匀的侏罗纪火山岩密切相关。矿床位于局部弱正磁异常边部,该正磁异常正是火山岩所致		

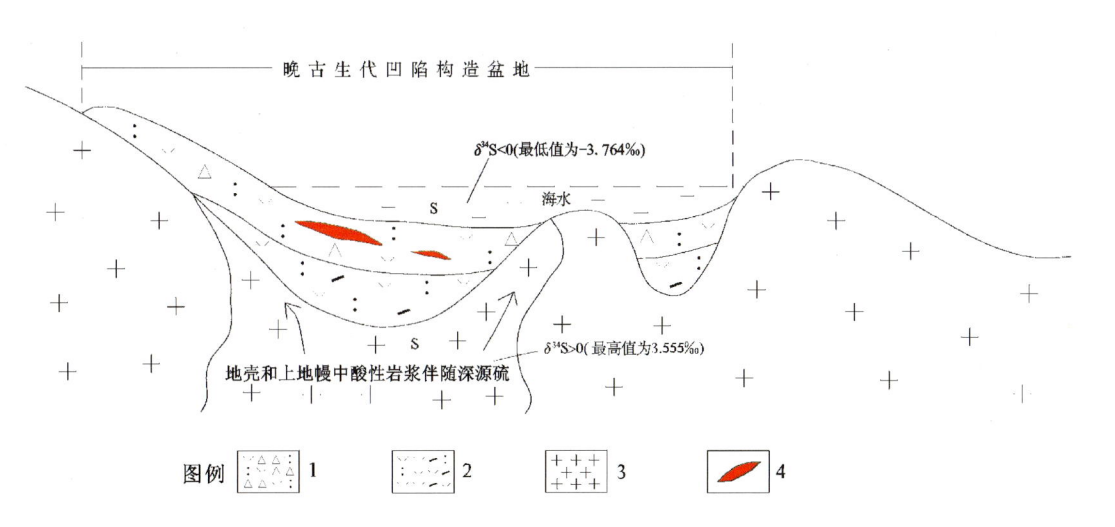

驼峰山式海相火山岩型硫铁矿典型矿床成矿模式图

1.流纹质晶屑凝灰岩;2.流纹质晶屑凝灰熔岩;3.中酸性岩浆岩;4.硫铁矿体

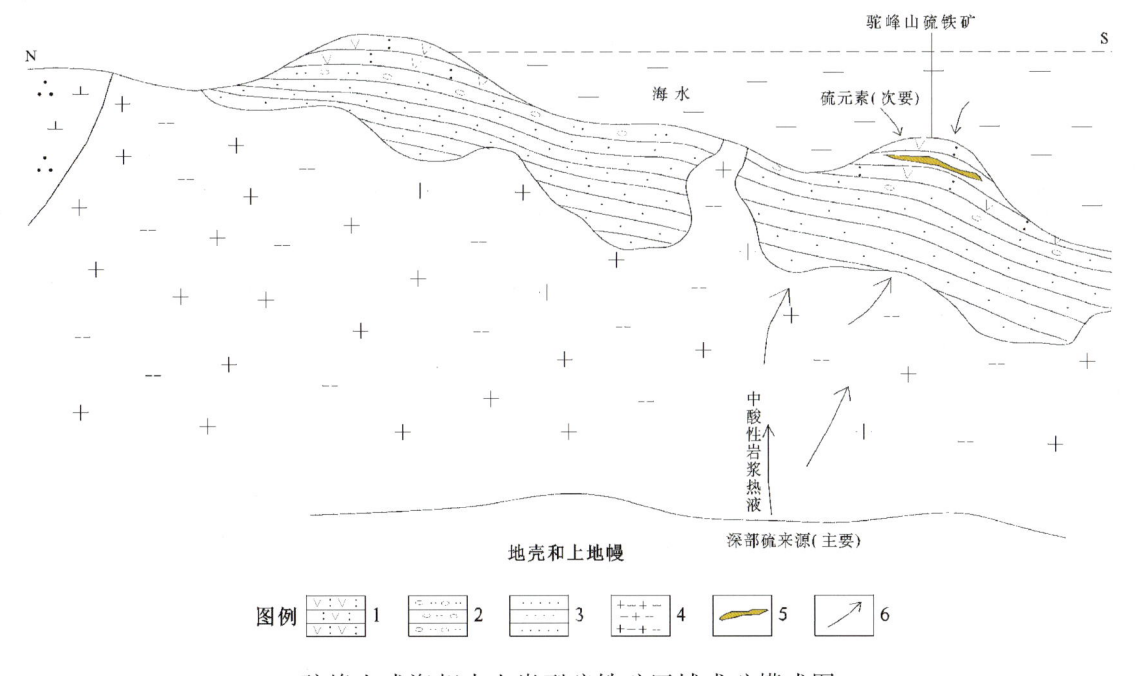

驼峰山式海相火山岩型硫铁矿区域成矿模式图

1.安山岩及凝灰岩;2.含砾砂岩;3.砂岩;4.黑云母花岗岩;5.硫铁矿;6.硫元素运移方向

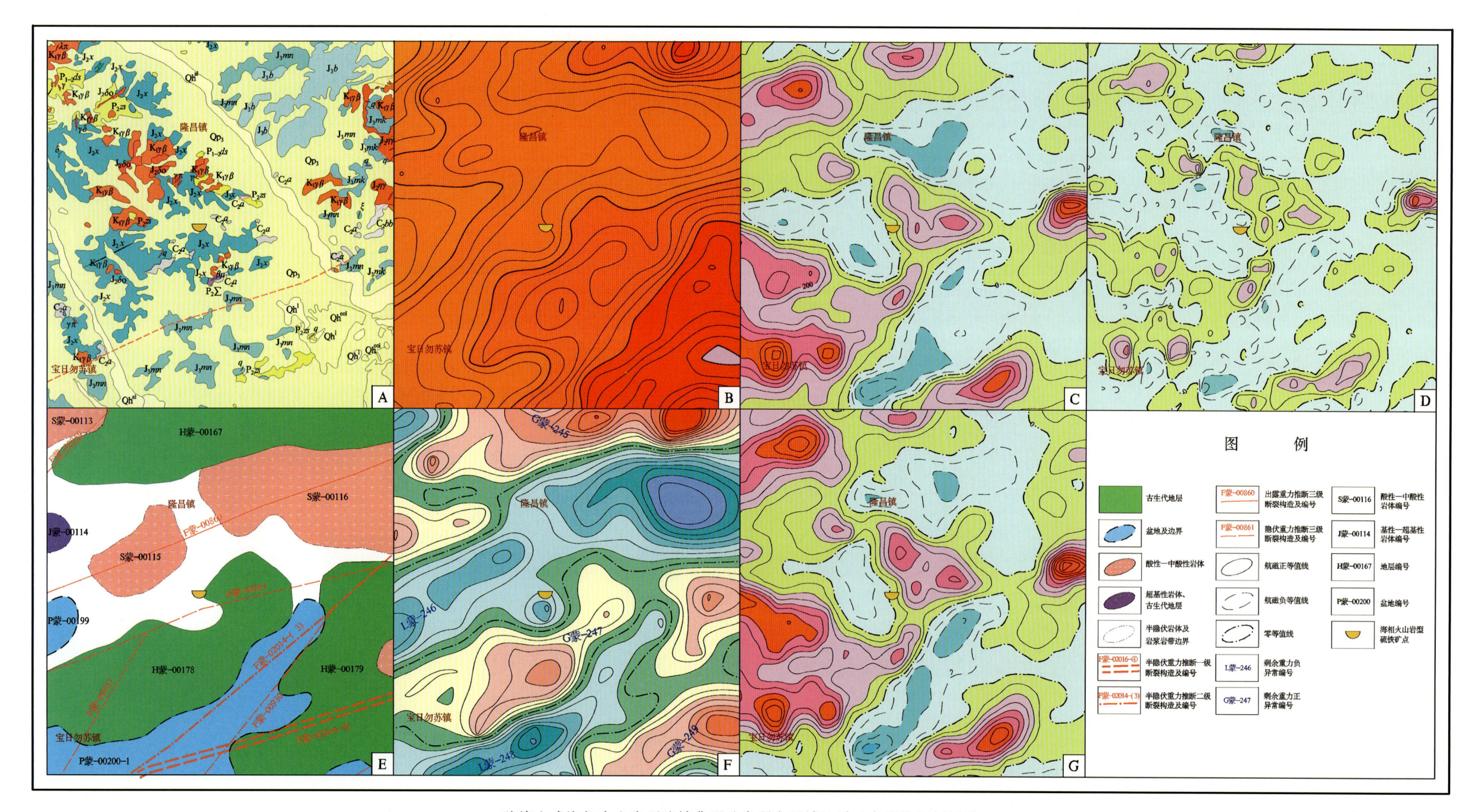

驼峰山式海相火山岩型硫铁典型矿床所在区域地质矿产及物探剖析图

A. 地质矿产图；B. 布格重力异常图；C. 航磁 ΔT 等值线平面图；D. 航磁 ΔT 化极垂向一阶导数等值线平面图；E. 重力推断地质构造图；F. 剩余重力异常图；G. 航磁 ΔT 化极等值线平面图

察汗奴鲁式风化壳型菱镁矿地质、地球物理特征一览表

成矿要素		内容描述		
储量		143.9×10^4 t	平均品位	MgO 43.63%
特征描述		风化壳型菱镁矿矿床		
地质环境	构造背景	天山-兴蒙造山系,大兴安岭弧盆系,锡林浩特岩浆弧		
	成矿环境	成矿区带属滨太平洋成矿域(叠加在古亚洲成矿域之上),大兴安岭成矿省,白乃庙-锡林郭勒铁、铜、钼、铅、锌、锰、铬、金、锗、煤、天然碱、芒硝成矿带,索伦山-查干哈达庙铬、铜成矿亚带(Vm)。矿区没有地层出露。区内出露有超基性侵入岩,岩性为纯橄榄岩和斜方辉橄岩,但表面均蛇纹石化。矿区内构造不明显,均为一些矿体内部的小构造。矿体主要以不规则网状和脉状形式产出,矿体无明显规则形状,大致呈水平分布,或向东缓倾斜1°~5°。矿体埋深为0~30m,矿体在地表出露		
	含矿岩系	矿区内出露的超基性侵入岩体,即斜方辉橄岩和纯橄榄岩,是本区菱镁矿主要成矿物质来源,两者经蛇纹石化后,菱镁矿即赋存在该碳酸盐化淋滤蛇纹岩带中		
	成矿时代	二叠纪(海西期)		
矿床特征	矿体形态	菱镁矿以不规则网状和脉状形式产出		
	岩石类型	蛇纹石化斜方辉橄岩、蛇纹石化纯橄榄岩		
	岩石结构	网状结构		
	矿物组合	矿石矿物:菱镁矿。 脉石矿物:玉髓、蛋白石、石英、方解石。 其他矿物:氧化铁		
	矿石结构构造	结构:半自形—自形粒状结构。 构造:致密块状、浸染状构造		
	蚀变特征	蛇纹石化		
	控矿条件	海西晚期超基性侵入岩体(斜方辉橄岩、纯橄榄岩)		
地球物理特征	重力场特征	察汗奴鲁菱镁矿位于布格重力梯度带边部,Δg 约为 -154.00×10^{-5} m/s^2。在剩余重力异常图上,察汗奴鲁菱镁矿位于正异常北部剩余重力正、负异常交接带的低值正异常附近。剩余重力正异常为椭圆状,剩余重力值 Δg 为 2.37×10^{-5} m/s^2,对应于超基性岩体		
	磁场特征	由航磁等值线图可见,察汗奴鲁菱镁矿处于正磁异常边部。结合重磁场特征及地质资料,认为正磁异常与剩余重力正异常吻合的区域,反映基性、超基性侵入岩体存在。察汗奴鲁式与超基性岩有关的风化壳型菱镁矿位于剩余重力高异常边缘,矿床主要受海西晚期超基性岩带的控制		

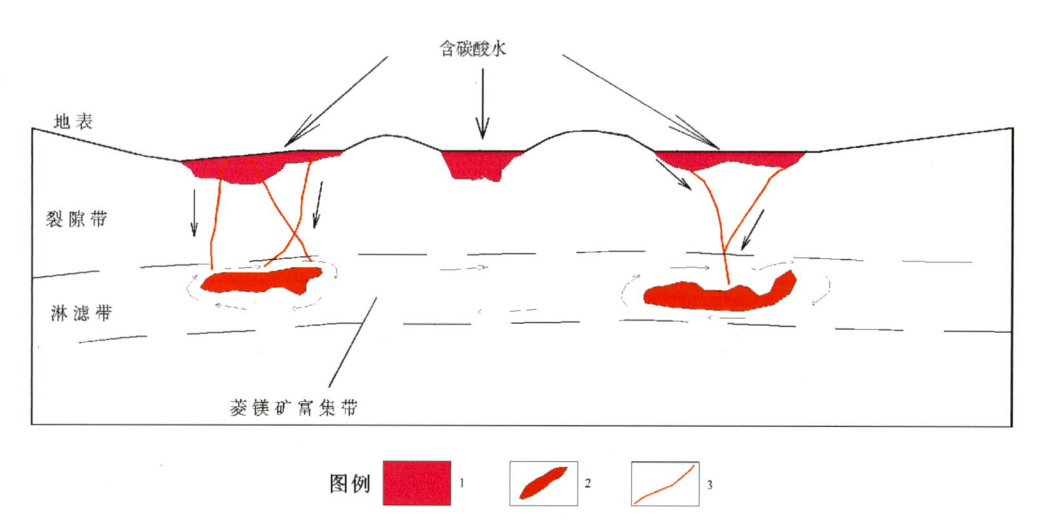

察汗奴鲁式风化壳型菱镁矿典型矿床成矿模式图

1.由二叠纪纯橄榄岩和斜方辉橄岩形成的蛇纹岩风化壳;2.菱镁矿体;3.岩石裂隙

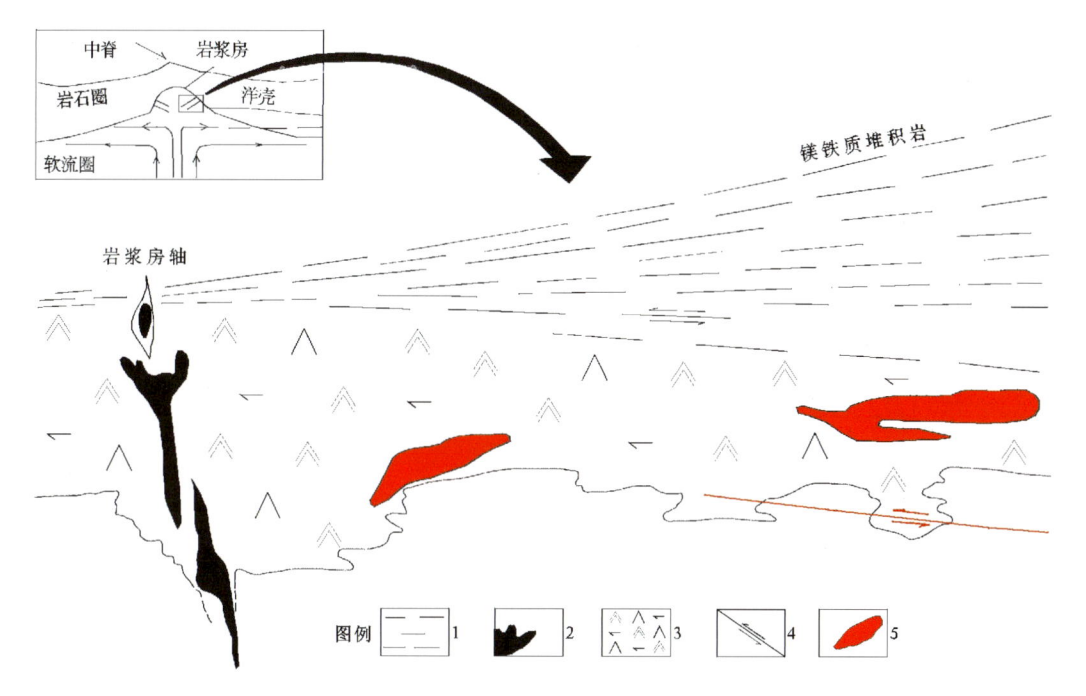

察汗奴鲁式风化壳型菱镁矿典型矿床区域成矿模式图

1.二叠纪镁铁质堆积岩;2.二叠纪纯橄榄岩、斜方辉橄岩;3.岩浆热液;4.叶理及剪切方向;5.菱镁矿矿体

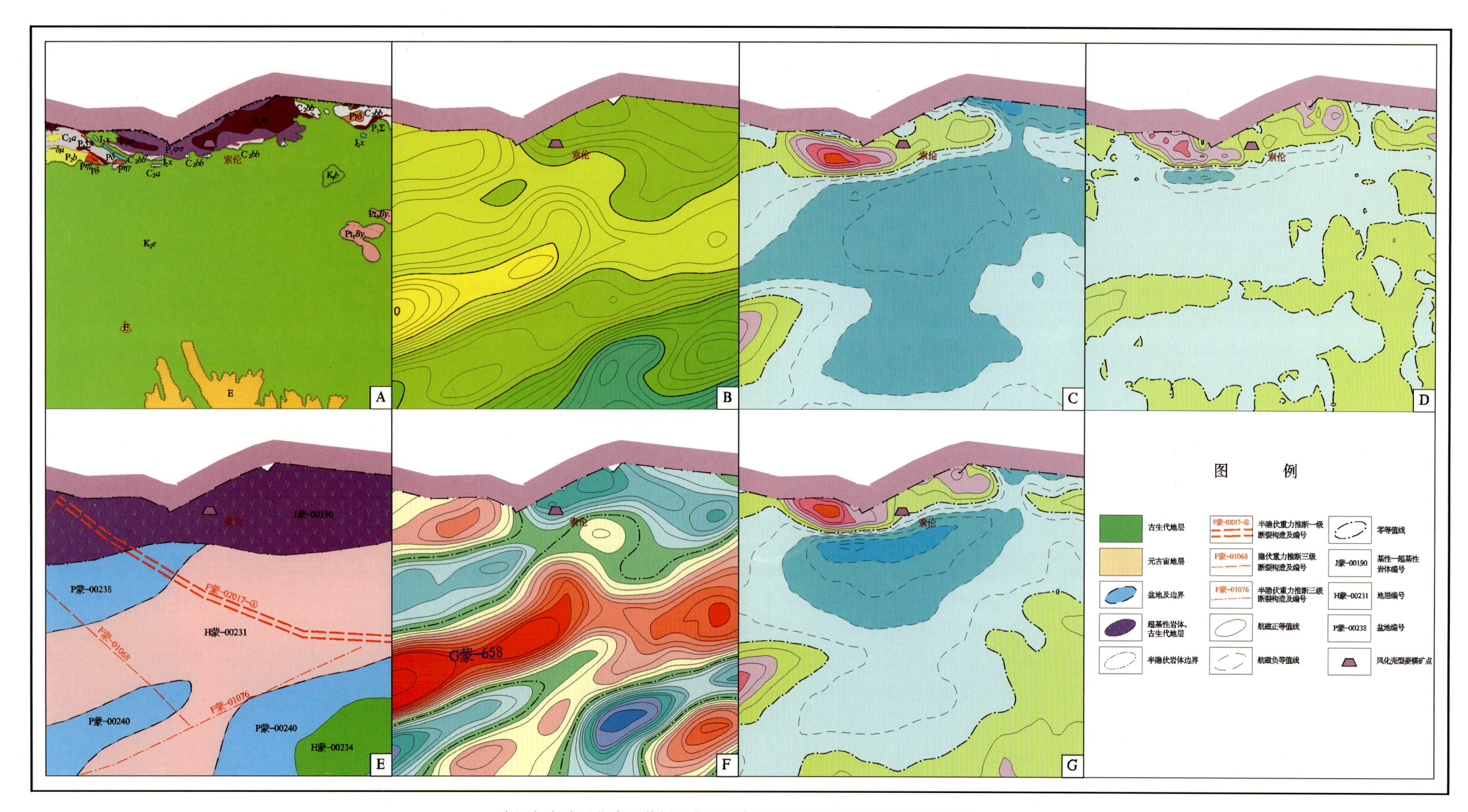

察汗奴鲁式风化壳型菱镁矿典型矿床所在区域地质矿产及物探剖析图
A. 地质矿产图;B. 布格重力异常图;C. 航磁 ΔT 等值线平面图;D. 航磁 ΔT 化极垂向一阶导数等值线平面图;E. 重力推断地质构造图;F. 剩余重力异常图;G. 航磁 ΔT 化极等值线平面图

巴升河式热液型重晶石矿地质、地球物理特征一览表

成矿要素		内容描述			
储量		小型，1.96×10^4 t		平均品位	$BaSO_4$ 60.20%
特征描述		中低温热液型重晶石矿床			
地质环境	构造背景	天山-兴蒙造山系，大兴安岭弧盆系(Pt_3—T_2)，扎兰屯-多宝山岛弧(Pz_2)			
	成矿环境	成矿区带属滨太平洋成矿域(叠加在古亚洲成矿域之上)，大兴安岭成矿省，东乌珠穆沁旗-嫩江(中强挤压区)铜、钼、铅、锌、金、钨、锡、铬成矿带，罕达盖-博克图铁、铜、钼、锌、铅、银、铍成矿亚带(V、Y)。矿区出露地层为中生界上侏罗统满克头鄂博组，岩性为凝灰质砂岩、粉砂岩、安山玢岩及安山质凝灰熔岩，为赋矿围岩。区内侵入岩较发育，其中海西期花岗岩分布于矿区南部，燕山期花岗岩分布于矿区西北部；区内岩脉也较发育，出露的岩脉有闪长岩、闪长玢岩、斜闪煌斑岩以及石英斑岩脉。矿区内出露的海西期花岗岩为本区重晶石矿床含矿热液来源，故受岩浆岩控制也比较明显。矿区内断裂构造发育，呈北北东向和北西向展布，与重晶石矿床成矿有关的主要为北北东向断裂构造，重晶石即产于该断裂构造带内，故受构造控制明显			
	成矿时代	白垩纪(燕山期)			
矿床特征	矿体形态	矿体主要以脉状、似透镜状形式产出			
	岩石类型	安山质凝灰熔岩、凝灰质砂岩、凝灰质粉砂岩、安山玢岩			
	岩石结构	凝灰结构、砂粒结构、斑状结构			
	矿物组合	矿石矿物：重晶石。 脉石矿物：石英			
	矿石结构构造	结构：粒状结构。 构造：致密块状、角砾状构造			
	蚀变特征	硅化、绿帘石化、黄铁矿化、磁铁矿化			
	控矿条件	(1)北北东向及北西向断裂构造。 (2)燕山期正长花岗岩岩体			
地球物理特征	重力场特征	巴升河重晶石矿位于区域重力场高背景区重力异常梯级带上，其所在位置等值线发生明显的同向扭曲，推断该处有北东向的断裂构造存在。矿床的东南部重力值较高，南西、北部重力值相对较低。布格重力异常高值区对应形成北东向展布的剩余重力正异常，重晶石矿南侧的剩余重力异常区主要出露二叠系、奥陶系，推断剩余重力正异常与古生代基底隆起有关。布格重力异常相对低值区，对应形成剩余重力负异常，异常区多出露成片白垩纪花岗岩，结合物性资料分析认为，该负异常由酸性侵入岩引起			
	磁场特征	航磁图上，重晶石矿位于磁异常相对较平稳区，在矿床南部分布有北东向的高磁异常区，推断此航磁异常主要是由该区域出露的侏罗纪地层中带磁性的火山岩所引起			

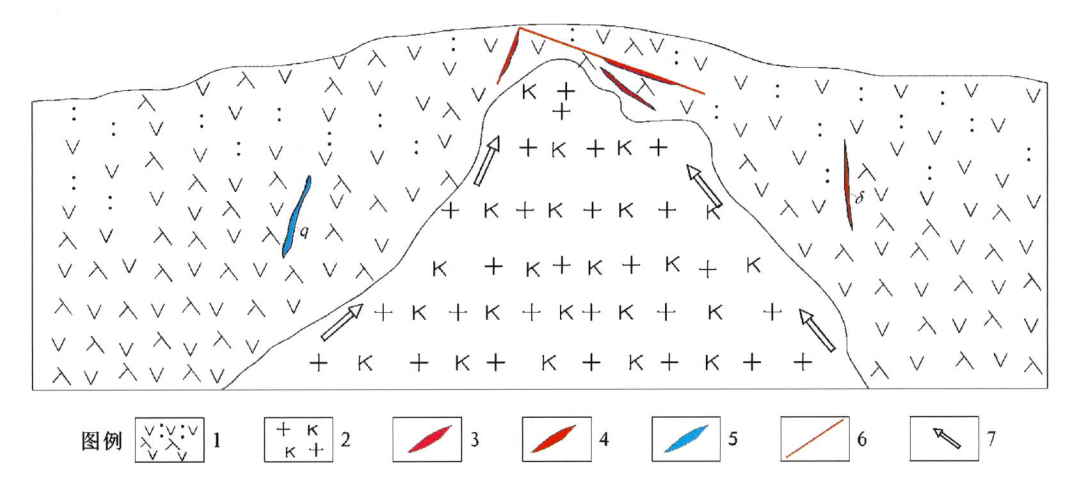

巴升河式热液型重晶石矿典型矿床成矿模式图

1.上侏罗统满克头鄂博组安山质凝灰熔岩、凝灰质砂岩、凝灰质粉砂岩、安山玢岩；2.白垩纪正长花岗岩体；3.重晶石矿脉；4.石英脉；5.闪长岩脉；6.断裂构造；7.含矿热液运移方向

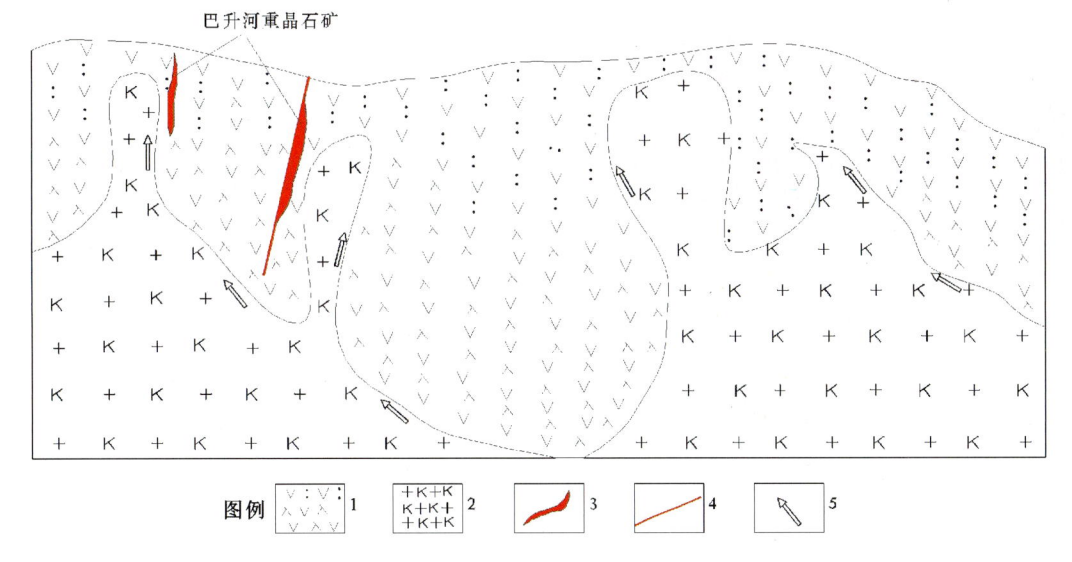

巴升河式热液型重晶石矿区域成矿模式图

1.上侏罗统满克头鄂博组流纹质含角砾熔结凝灰岩、晶屑凝灰岩、安山玢岩；2.白垩纪正长花岗岩体；3.重晶石矿脉；4.断裂构造；5.含矿热液运移方向

巴升河式热液型重晶石典型矿床所在区域地质矿产及物探剖析图

A. 地质矿产图；B. 布格重力异常图；C. 航磁 ΔT 等值线平面图；D. 航磁 ΔT 化极垂向一阶导数等值线平面图；E. 重力推断地质构造图；F. 剩余重力异常图；G. 航磁 ΔT 化极等值线平面图